Después de sufrir un atentado en contra de su ejemplar e intachable carrera profesional, el Ingeniero Israel Laisequilla nos ofrece en esta obra una guía detallada y claramente redactada que nos permite adentrarnos en el mundo de la industria, de la manera tan peculiar como solo el llamado "ingeniero más polémico" logra hacerlo.

INSTRUCCIONES

La información aquí presentada considera el acceso y/o disponibilidad de la información y tecnologías actuales. En caso de requerir más información, formatos y/o ejemplos, su consulta, podría aumentar su confiabilidad gracias a los criterios desarrollados con la obra. Cualquier información adicional, fórmulas y/o videos pueden ser requeridos con el asistente artificial de su preferencia.

Manufactura

el enfoque moderno

Manufactura | Ingeniería
Metodologías | Calidad | Estadística

TALLER DEL INGE

I. LAISEQUILLA

Revisión 1

A los ingenieros

Manufactura: el enfoque moderno

CONTENIDO

INGENIERÍA INDUSTRIAL

MÉTODOS INDUSTRIALES

CALIDAD INDUSTRIAL

CALIDAD AUTOMOTRIZ

ESTADÍSTICA (SIX SIGMA)

MANUFACTURA

AGRADECIMIENTOS

A mis queridos hijos, quienes con su amor incondicional y comprensión han sido mi sostén durante los largos días y noches dedicados a la creación de este libro. Su paciencia y ánimo han sido mi mayor inspiración y motivación para superar cada obstáculo en este apasionante viaje.

A mi excepcional editor, cuya visión, orientación experta y meticulosa atención al detalle han sido fundamentales para transformar mis ideas en un texto coherente y accesible. Su compromiso incansable con la calidad ha elevado este trabajo a un estándar que supera mis expectativas iniciales.

A todos mis apreciados lectores, a quienes dedico este libro con profundo agradecimiento. Su curiosidad intelectual y entusiasmo por explorar nuevas fronteras en la manufactura moderna han sido la fuerza impulsora detrás de cada página escrita. Espero sinceramente que encuentren en estas líneas tanto conocimiento práctico como inspiración para innovar y prosperar en sus propios proyectos industriales.

Agradezco también a mis colegas y colaboradores, cuyas perspectivas y debates enriquecedores han mejorado enormemente el contenido de este libro. Su experiencia y contribuciones han sido invaluables para abordar los desafíos complejos de la manufactura con soluciones innovadoras y eficaces.

Este libro representa no solo mi dedicación personal, sino también el apoyo incondicional y la colaboración de muchas personas excepcionales. Espero que este esfuerzo conjunto sirva como un recurso valioso y práctico para todos aquellos que buscan avanzar en el campo dinámico y desafiante de la manufactura moderna.

Con gratitud sincera,

Taller del inge

INTRODUCCIÓN A LA INGENIERÍA INDUSTRIAL

La ingeniería industrial es una disciplina que se enfoca en el diseño, mejora y gestión de sistemas y procesos para la producción de bienes y servicios. Esta disciplina se basa en los principios de la ingeniería, la ciencia y la gestión, y abarca una amplia gama de campos que incluyen la gestión de operaciones, la logística, la producción, la ergonomía, la seguridad laboral, la automatización y el control, entre otros.

El objetivo principal de la ingeniería industrial es optimizar los procesos y sistemas para mejorar la eficiencia, reducir los costos, aumentar la calidad y garantizar la seguridad y el bienestar de los trabajadores y consumidores. Para lograr estos objetivos, los ingenieros industriales utilizan herramientas y técnicas avanzadas de análisis, diseño y gestión, así como una amplia variedad de tecnologías y metodologías.

El papel de la ingeniería industrial en la sociedad es crucial, ya que permite la producción eficiente y efectiva de bienes y servicios, lo que a su vez contribuye al crecimiento económico y al bienestar general. La ingeniería industrial se utiliza en una amplia gama de sectores, incluyendo la manufactura, la energía, la salud, el transporte, las comunicaciones y los servicios financieros.

La evolución de la ingeniería industrial

La ingeniería industrial ha evolucionado a lo largo de los años, y su origen se remonta a la Revolución Industrial en el siglo XVIII. En aquel entonces, la industria manufacturera se encontraba en un período de crecimiento y expansión, y la necesidad de aumentar la eficiencia y la productividad era evidente. La invención de la máquina de vapor y otros avances tecnológicos permitieron la creación de fábricas y la producción en masa, lo que llevó a una mayor demanda de ingenieros y expertos en gestión.

Con el tiempo, la ingeniería industrial se ha expandido para abarcar una amplia gama de campos, desde la gestión de la producción hasta la logística y la gestión de la cadena de suministro. La disciplina también ha evolucionado para incluir una mayor atención a la sostenibilidad y la responsabilidad social, a medida que los problemas ambientales y sociales se han vuelto más prominentes en la sociedad.

Los fundamentos de la ingeniería industrial

Los ingenieros industriales utilizan una variedad de herramientas y técnicas para optimizar los procesos y sistemas. Algunas de estas herramientas incluyen la investigación de operaciones, la estadística, la simulación, la programación lineal, la optimización y la modelización de sistemas. Los ingenieros industriales también utilizan una variedad de técnicas de gestión, como la gestión de proyectos, la gestión de la calidad, la gestión del cambio y la gestión de la cadena de suministro.

El trabajo del ingeniero industrial implica una combinación de habilidades técnicas y de gestión, lo que significa que los ingenieros industriales deben tener una sólida formación en matemáticas, ciencias físicas y sociales, así como en gestión y liderazgo. Además, los ingenieros industriales deben ser capaces de trabajar en equipo, comunicarse de manera efectiva y tener un pensamiento crítico para abordar y resolver problemas complejos.

El campo de la ingeniería industrial también implica una comprensión profunda de la ergonomía y la seguridad laboral, ya que los ingenieros industriales trabajan en estrecha colaboración con los trabajadores en los procesos de producción y deben garantizar que los trabajadores estén seguros y cómodos mientras realizan sus tareas.

Otro aspecto importante de la ingeniería industrial es la automatización y el control, que se refiere a la implementación de sistemas y tecnologías para mejorar la eficiencia y la calidad en los procesos de producción. Los ingenieros industriales trabajan con robots, sistemas de control y tecnologías avanzadas para optimizar los procesos y reducir los costos.

Aplicaciones de la ingeniería industrial

La ingeniería industrial se utiliza en una amplia variedad de industrias y sectores. En la industria manufacturera, los ingenieros industriales trabajan en la producción en masa, la automatización, la robótica y la mejora de la calidad. En la industria de la salud, los ingenieros industriales pueden trabajar en el diseño y la implementación de sistemas de atención médica eficientes y efectivos. En la industria del transporte, los ingenieros industriales pueden trabajar en la gestión de la cadena de suministro y la logística para garantizar la entrega oportuna y eficiente de bienes y servicios.

En el sector de servicios financieros, los ingenieros industriales pueden trabajar en la gestión de procesos y sistemas para garantizar la eficiencia y la seguridad en las transacciones financieras. En el sector energético, los ingenieros industriales pueden trabajar en la mejora de la eficiencia energética y la implementación de tecnologías sostenibles.

Además, la ingeniería industrial también tiene aplicaciones en el sector público, donde los ingenieros industriales pueden trabajar en la mejora de la eficiencia y la calidad en los procesos gubernamentales y en la prestación de servicios públicos.

Desafíos y oportunidades en la ingeniería industrial

La ingeniería industrial se enfrenta a una serie de desafíos y oportunidades en la actualidad. Uno de los mayores desafíos es la necesidad de abordar los problemas ambientales y sociales, como la sostenibilidad y la responsabilidad social. Los ingenieros industriales deben encontrar formas de reducir el impacto ambiental de los procesos de producción y garantizar que las prácticas empresariales sean socialmente responsables.

Otro desafío importante es la necesidad de adaptarse a los avances tecnológicos y la digitalización de los procesos de producción. Los ingenieros industriales deben mantenerse actualizados sobre las últimas tecnologías y herramientas para garantizar que los procesos y sistemas sean eficientes y efectivos.

Además, la globalización y la competencia internacional han aumentado la necesidad de mejorar la eficiencia y la calidad en los procesos de producción. Los ingenieros industriales deben encontrar formas de competir en un mercado globalizado y garantizar que sus procesos sean eficientes y rentables.

A pesar de estos desafíos, la ingeniería industrial también ofrece muchas oportunidades emocionantes para aquellos que buscan una carrera en esta disciplina. La creciente demanda de ingenieros industriales significa que hay una amplia gama de oportunidades de empleo en una variedad de industrias y sectores. Además, la ingeniería industrial es una disciplina en constante evolución, lo que significa que hay muchas oportunidades para el crecimiento profesional y la innovación en el campo.

En resumen, la ingeniería industrial es una disciplina fascinante que combina una amplia gama de habilidades y conocimientos para mejorar la eficiencia y la calidad en los procesos de producción. Desde la gestión de la cadena de suministro hasta la mejora de la calidad, la automatización y la implementación de tecnologías avanzadas, los ingenieros industriales desempeñan un papel crítico en el éxito de una variedad de industrias y sectores. Con una creciente demanda de profesionales en este campo, la ingeniería industrial ofrece una emocionante variedad de oportunidades de empleo y crecimiento profesional.

FUNDAMENTOS DE LA GESTIÓN DE OPERACIONES

La gestión de operaciones es una disciplina clave en la ingeniería industrial, ya que se enfoca en la planificación, coordinación y control de los procesos productivos y de servicios. En este capítulo, exploraremos los fundamentos de la gestión de operaciones y cómo se aplican en la práctica.

Conceptos básicos de la gestión de operaciones

La gestión de operaciones se centra en la eficiencia y eficacia de los procesos productivos y de servicios. Su objetivo es optimizar el uso de los recursos, mejorar la calidad del producto o servicio y aumentar la satisfacción del cliente. Para lograr esto, se utilizan herramientas y técnicas específicas, como la planificación de la producción, la gestión de inventarios, la programación de la producción, la gestión de la calidad y la gestión de la cadena de suministro.

Planificación de la producción

La planificación de la producción es un proceso clave en la gestión de operaciones. Implica la definición de los objetivos de producción, la determinación de los recursos necesarios y la programación de las actividades necesarias para producir el producto o servicio. La planificación de la producción se puede dividir en tres niveles: planificación a largo plazo, planificación a medio plazo y planificación a corto plazo.

En la planificación a largo plazo, se establecen los objetivos de producción a largo plazo, se determinan los recursos necesarios y se definen los planes de inversión. En la planificación a medio plazo, se definen los planes de producción a mediano plazo, se programan las actividades necesarias para cumplir los objetivos a largo plazo y se determina la capacidad requerida. En la planificación a corto plazo, se definen los planes de producción a corto plazo, se programan las actividades necesarias para cumplir los objetivos a medio plazo y se determina la capacidad requerida.

Gestión de inventarios

La gestión de inventarios se refiere al control y monitoreo de la cantidad y valor de los productos o materiales almacenados en un almacén o bodega. Esta gestión es importante para garantizar la disponibilidad de los productos y materiales necesarios para la producción, pero también para evitar la acumulación de inventarios excesivos que puedan generar costos innecesarios. Para la gestión de inventarios, se utilizan técnicas específicas, como el punto de reorden, el inventario de seguridad y el análisis ABC.

Programación de la producción

La programación de la producción es un proceso que implica la asignación de recursos y la programación de las actividades necesarias para producir el producto o servicio. En la programación de la producción, se utilizan técnicas específicas, como el diagrama de Gantt, el método PERT y la programación lineal. Estas técnicas permiten programar las actividades de producción de manera efectiva y eficiente.

Gestión de la calidad

La gestión de la calidad se refiere al conjunto de actividades que se realizan para garantizar que un producto o servicio cumpla con los requisitos y expectativas del cliente. Esta gestión es importante para garantizar la satisfacción del cliente y para evitar costos innecesarios asociados con la insatisfacción del cliente. Para la gestión de la calidad, se utilizan técnicas específicas, como el control de calidad estadístico, el muestreo de aceptación y el análisis de causa y efecto.

Gestión de la cadena de suministro

La gestión de la cadena de suministro se refiere a la coordinación y gestión de los procesos que se realizan desde la obtención de los materiales y componentes necesarios para la producción, hasta la entrega del producto o servicio al cliente final. Esta gestión es importante para garantizar la disponibilidad de los materiales y componentes necesarios, así como para garantizar la entrega puntual y eficiente del producto o servicio. Para la gestión de la cadena de suministro, se utilizan técnicas específicas, como la planificación de la demanda, la gestión de proveedores y la gestión de almacenes.

Herramientas y técnicas de la gestión de operaciones

Además de los conceptos básicos de la gestión de operaciones, existen varias herramientas y técnicas que se utilizan para mejorar la eficiencia y eficacia de los procesos productivos y de servicios.

Lean manufacturing

El lean manufacturing es una metodología que se enfoca en la eliminación de desperdicios en los procesos productivos. Se basa en cinco principios: identificar el valor, mapear el flujo de valor, crear flujo continuo, establecer un sistema pull y buscar la perfección. Al implementar la metodología lean manufacturing, las empresas pueden mejorar la eficiencia y reducir costos.

Seis Sigma

El Seis Sigma es una metodología que se enfoca en la reducción de la variabilidad en los procesos productivos. Se basa en la medición, análisis y mejora de los procesos para lograr una reducción significativa de defectos. Al implementar la metodología Seis Sigma, las empresas pueden mejorar la calidad de sus productos o servicios y reducir costos.

Teoría de restricciones

La teoría de restricciones es una metodología que se enfoca en la identificación y eliminación de las limitaciones en los procesos productivos. Se basa en la identificación de la restricción más crítica y la implementación de medidas para eliminarla o reducirla. Al implementar la teoría de restricciones, las empresas pueden mejorar la eficiencia de sus procesos y reducir los tiempos de producción.

Justo a tiempo

El justo a tiempo es una metodología que se enfoca en la eliminación del inventario innecesario. Se basa en la producción y entrega de los productos o materiales justo en el momento en que son necesarios. Al implementar el justo a tiempo, las empresas pueden reducir los costos asociados con la gestión de inventarios y mejorar la eficiencia de sus procesos.

Conclusiones

En resumen, la gestión de operaciones es una disciplina clave en la ingeniería industrial, ya que se enfoca en la planificación, coordinación y control de los procesos productivos y de servicios. La gestión de operaciones implica la planificación de la producción, la gestión de inventarios, la programación de la producción, la gestión de la calidad y la gestión de la cadena de suministro. Además, existen herramientas y técnicas específicas, como el lean manufacturing, el Seis Sigma, la teoría de restricciones y el justo a tiempo, que se utilizan para mejorar la eficiencia y eficacia de los procesos productivos y de servicios.

DISEÑO DE SISTEMAS Y PROCESOS INDUSTRIALES

El diseño de sistemas y procesos industriales es una parte fundamental de la ingeniería industrial. El diseño adecuado de sistemas y procesos puede mejorar la eficiencia, la productividad, la calidad y la seguridad en los entornos industriales. En este capítulo, exploraremos los fundamentos del diseño de sistemas y procesos industriales, así como algunas de las herramientas y técnicas utilizadas en este proceso.

Diseño de sistemas

El diseño de sistemas implica la creación de un conjunto de componentes y subsistemas interconectados que trabajan juntos para lograr un objetivo específico. El diseño de sistemas puede ser aplicado a una amplia variedad de aplicaciones industriales, incluyendo la fabricación, el transporte, la energía, la salud y la seguridad.

En el diseño de sistemas, es importante tener en cuenta las necesidades y expectativas del usuario final, así como las restricciones técnicas y económicas. Además, el diseño de sistemas debe ser capaz de soportar cambios y adaptaciones futuras.

El proceso de diseño de sistemas implica varias etapas, que pueden incluir la definición de requisitos, la identificación de alternativas de diseño, la evaluación de las alternativas, la selección del diseño preferido y la implementación y validación del diseño.

Diseño de procesos

El diseño de procesos implica la creación de un conjunto de actividades interconectadas que convierten materias primas y energía en productos o servicios. El diseño adecuado de procesos puede mejorar la eficiencia, la calidad, la seguridad y la sostenibilidad en los entornos industriales.

En el diseño de procesos, es importante tener en cuenta las necesidades y expectativas del cliente, así como las restricciones técnicas y económicas. Además, el diseño de procesos debe ser capaz de soportar cambios y adaptaciones futuras.

El proceso de diseño de procesos implica varias etapas, que pueden incluir la definición de requisitos, la identificación de alternativas de diseño, la evaluación de las alternativas, la selección del diseño preferido y la implementación y validación del diseño.

Herramientas y técnicas de diseño de sistemas y procesos

Existen varias herramientas y técnicas que pueden ser utilizadas en el diseño de sistemas y procesos industriales. Algunas de las herramientas y técnicas más comunes incluyen:

Diagramas de flujo: los diagramas de flujo son herramientas utilizadas para visualizar y analizar los procesos. Los diagramas de flujo pueden ayudar a identificar áreas problemáticas en los procesos y diseñar soluciones para mejorar la eficiencia y efectividad de los procesos.

Análisis de riesgos: el análisis de riesgos es una técnica utilizada para identificar y evaluar los riesgos asociados con los sistemas y procesos. El análisis de riesgos puede ayudar a las empresas a diseñar soluciones para mitigar los riesgos y mejorar la seguridad de los sistemas y procesos.

Simulación: la simulación es una técnica utilizada para modelar y analizar los sistemas y procesos. La simulación puede ayudar a las empresas a identificar áreas problemáticas en los sistemas y procesos y diseñar soluciones para mejorar la eficiencia y efectividad de los sistemas y procesos.

Diseño para manufacturabilidad: el diseño para manufacturabilidad es una técnica utilizada para Diseño de sistemas y procesos industriales. En la industria, el diseño de sistemas y procesos es una de las tareas más importantes para asegurar la calidad y eficiencia de la producción. En este capítulo, se explorará la importancia del diseño de sistemas y procesos en la ingeniería industrial, así como los principios clave que los ingenieros deben tener en cuenta al diseñar sistemas y procesos efectivos.

Introducción al diseño de sistemas y procesos

El diseño de sistemas y procesos industriales es un proceso clave que involucra la creación y desarrollo de sistemas y procesos efectivos para la producción y la manufactura de productos. En términos generales, el diseño de sistemas y procesos industriales implica una amplia gama de actividades, desde la planificación y diseño inicial de sistemas y procesos hasta la implementación y optimización de sistemas y procesos existentes.

En la ingeniería industrial, el diseño de sistemas y procesos es una tarea crítica para garantizar la calidad, la eficiencia y la rentabilidad de la producción. Los ingenieros industriales se dedican a crear sistemas y procesos optimizados para maximizar la productividad, minimizar los costos y garantizar la calidad del producto. Al diseñar sistemas y procesos efectivos, los ingenieros industriales pueden mejorar la competitividad y la rentabilidad de la empresa.

Principios clave del diseño de sistemas y procesos industriales

El diseño de sistemas y procesos industriales implica una amplia gama de actividades, pero hay algunos principios clave que los ingenieros industriales deben tener en cuenta al diseñar sistemas y procesos efectivos. Estos principios incluyen:

Definir los objetivos y requisitos del sistema o proceso: Antes de comenzar el diseño de un sistema o proceso, es importante definir claramente los objetivos y requisitos del mismo. Los ingenieros industriales deben tener en cuenta los objetivos de la empresa, las necesidades de los clientes y las limitaciones de recursos al diseñar un sistema o proceso.

Identificar los procesos clave: El diseño efectivo de un sistema o proceso requiere la identificación y el análisis de los procesos clave involucrados. Los ingenieros industriales deben comprender cómo se realizan los procesos y cómo se relacionan entre sí para diseñar sistemas y procesos efectivos.

Diseñar para la calidad: La calidad del producto es un objetivo crítico en el diseño de sistemas y procesos industriales. Los ingenieros industriales deben diseñar sistemas y procesos que minimicen la variabilidad y maximicen la calidad del producto.

Diseñar para la eficiencia: La eficiencia es otro objetivo importante en el diseño de sistemas y procesos industriales. Los ingenieros industriales deben diseñar sistemas y procesos que minimicen el desperdicio de materiales, energía y tiempo.

Diseñar para la flexibilidad: Los sistemas y procesos industriales deben ser diseñados para ser flexibles y adaptables a los cambios en las necesidades del cliente o en la producción. Los ingenieros industriales deben anticipar posibles cambios y diseñar sistemas y procesos que puedan adaptarse a ellos.

Evaluar y mejorar continuamente: El diseño de sistemas y procesos industriales es un proceso continuo que requiere evaluación y mejora constante. Los ingenieros industriales deben analizar regularmente los sistemas y procesos existentes para identificar oportunidades de mejora Además del análisis de flujo de proceso, otra herramienta que se utiliza en el diseño de sistemas y procesos industriales es la simulación. La simulación permite a los ingenieros industriales crear un modelo matemático de un sistema o proceso y usarlo para predecir su comportamiento bajo diferentes condiciones. Esto es especialmente útil cuando se trata de sistemas o procesos complejos, ya que puede ser difícil predecir cómo funcionarán en la vida real.

La simulación se realiza a menudo mediante el uso de software especializado que puede modelar sistemas y procesos complejos. Estos modelos pueden ser muy detallados e incluir múltiples variables y factores. Los ingenieros industriales pueden usar la simulación para probar diferentes escenarios y ver cómo afectan el rendimiento del sistema o proceso. También pueden utilizar la simulación para identificar cuellos de botella y otros problemas de rendimiento que podrían no ser evidentes de otra manera.

El diseño de sistemas y procesos también implica la selección de equipos y tecnologías adecuados. Los ingenieros industriales deben entender las capacidades y limitaciones de diferentes tipos de equipos y tecnologías para poder seleccionar el más adecuado para cada tarea. Esto puede incluir la selección de maquinaria, herramientas, materiales y otros recursos.

Una vez que se ha seleccionado el equipo y la tecnología adecuados, los ingenieros industriales pueden comenzar a diseñar los procesos de producción. Esto incluye la creación de diagramas de flujo detallados que muestran el movimiento de los materiales y los trabajadores a través del proceso. Estos diagramas de flujo también pueden ayudar a los ingenieros industriales a identificar áreas donde se pueden mejorar la eficiencia y reducir los costos.

Además de la planificación y el diseño, el proceso de diseño de sistemas y procesos también incluye la implementación y puesta en marcha. Durante esta fase, los ingenieros industriales trabajan con los trabajadores y los gerentes de la planta para implementar los nuevos sistemas y procesos. También pueden proporcionar capacitación y soporte para asegurarse de que todos los empleados comprendan el nuevo sistema o proceso y se sientan cómodos usándolo.

Finalmente, los ingenieros industriales deben monitorear y medir el rendimiento del nuevo sistema o proceso para asegurarse de que está funcionando según lo previsto. Esto implica la medición y el análisis de métricas clave como el rendimiento, la eficiencia y los costos. Los ingenieros industriales también pueden utilizar la retroalimentación de los empleados y los gerentes para identificar áreas donde se pueden realizar mejoras adicionales.

En resumen, el diseño de sistemas y procesos industriales es un aspecto fundamental de la ingeniería industrial. Implica la planificación, el diseño, la implementación y la medición del rendimiento de los sistemas y procesos utilizados en la producción industrial. Los ingenieros industriales utilizan una variedad de herramientas y técnicas, incluyendo el análisis de flujo de proceso, la simulación y la selección de equipos y tecnologías, para crear sistemas y procesos eficientes y rentables que ayuden a las empresas a lograr sus objetivos de producción.

CONTROL DE CALIDAD Y MEJORA CONTINUA

El control de calidad y la mejora continua son dos conceptos críticos en cualquier organización que busca mejorar sus procesos y ofrecer productos o servicios de alta calidad a sus clientes. El control de calidad es un proceso que busca garantizar que los productos o servicios cumplen con los requisitos y especificaciones del cliente y que se entregan de manera consistente. La mejora continua, por otro lado, es un proceso que busca mejorar continuamente los procesos y productos de la organización a lo largo del tiempo. En este capítulo, exploraremos los conceptos de control de calidad y mejora continua en profundidad, analizando sus componentes clave y su impacto en la organización.

Control de Calidad

El control de calidad es un proceso que se enfoca en garantizar que los productos o servicios que se ofrecen cumplan con los requisitos y especificaciones del cliente. Este proceso se basa en la identificación de problemas o desviaciones en los procesos y productos, la implementación de medidas para corregir estos problemas y la medición de la eficacia de estas medidas. El control de calidad se enfoca en garantizar que los productos o servicios cumplan con las especificaciones de calidad establecidas por la organización, la industria o los clientes.

El control de calidad se divide en dos tipos principales: el control de calidad interno y el control de calidad externo. El control de calidad interno se enfoca en garantizar que los productos o servicios cumplan con los requisitos y especificaciones internos de la organización. El control de calidad externo, por otro lado, se enfoca en garantizar que los productos o servicios cumplan con los requisitos y especificaciones de los clientes o las regulaciones externas.

Componentes del Control de Calidad

Existen varios componentes clave en el control de calidad. Estos incluyen la planificación, el control de procesos, la evaluación de la calidad, la mejora continua y el enfoque en el cliente.

Planificación

La planificación es un componente clave del control de calidad. En este proceso, se establecen los objetivos de calidad, se identifican los procesos y productos críticos, se establecen las especificaciones de calidad y se desarrollan los planes de control de calidad. La planificación también incluye la identificación de los riesgos y la implementación de medidas para mitigarlos.

Control de Procesos

El control de procesos es un componente clave del control de calidad. Este proceso se enfoca en garantizar que los procesos de la organización estén funcionando de manera óptima y cumplan con los requisitos y especificaciones de calidad establecidos. El control de procesos incluye la identificación de los puntos críticos del proceso, la implementación de medidas para controlar estos puntos y la medición de la eficacia de estas medidas.

Evaluación de la Calidad

La evaluación de la calidad es otro componente clave del control de calidad. Este proceso se enfoca en medir la calidad de los productos o servicios que se ofrecen. La evaluación de la calidad incluye la medición de la conformidad del producto o servicio con las especificaciones de calidad establecidas, la identificación de problemas o desviaciones y la implementación de medidas para corregir estos problemas.

Mejora Continua

La mejora continua es un componente clave del control de calidad. Este proceso se enfoca en identificar áreas de mejora en los procesos y productos de la organización y en implementar medidas para mejorar continuamente estos procesos y productos. La mejora continua se basa en el ciclo de mejora continua de Deming, que consta de cuatro pasos: planificar, hacer, verificar y actuar. En el primer paso, se planifican las mejoras a implementar, en el segundo paso, se implementan las mejoras planificadas, en el tercer paso se verifica la eficacia de las mejoras implementadas y en el cuarto paso se actúa en función de los resultados obtenidos, para continuar mejorando el proceso.

Enfoque en el Cliente

El enfoque en el cliente es otro componente clave del control de calidad. Este proceso se enfoca en entender las necesidades y expectativas del cliente y en garantizar que los productos o servicios ofrecidos cumplan con estas necesidades y expectativas. El enfoque en el cliente incluye la retroalimentación del cliente y la implementación de medidas para mejorar la satisfacción del cliente.

Herramientas del Control de Calidad

Existen varias herramientas del control de calidad que se utilizan para mejorar los procesos y garantizar la calidad de los productos o servicios. Algunas de las herramientas más comunes incluyen:

Diagrama de Pareto: es una herramienta utilizada para identificar los problemas críticos en un proceso y priorizarlos en función de su impacto en la calidad del producto o servicio.

Diagrama de Ishikawa: también conocido como diagrama de espina de pescado, es una herramienta utilizada para identificar las causas de un problema y entender cómo estas causas están relacionadas.

Gráficos de control: son herramientas utilizadas para monitorear la calidad de un proceso a lo largo del tiempo y detectar desviaciones que puedan indicar problemas en el proceso.

Muestreo estadístico: es una herramienta utilizada para medir la calidad de un proceso a través de la recolección y análisis de una muestra de productos o servicios.

Mejora Continua

La mejora continua es un proceso crítico para cualquier organización que busca garantizar la calidad de sus productos o servicios y mejorar continuamente sus procesos. La mejora continua se enfoca en identificar áreas de mejora y en implementar medidas para mejorar continuamente los procesos y productos de la organización.

El ciclo de mejora continua de Deming es una herramienta utilizada para implementar la mejora continua en una organización. Este ciclo consta de cuatro pasos: planificar, hacer, verificar y actuar.

Planificar: en este paso, se identifican las áreas de mejora y se desarrollan planes para implementar mejoras en estas áreas.

Hacer: en este paso, se implementan las mejoras planificadas.

Verificar: en este paso, se verifica la eficacia de las mejoras implementadas a través de la medición y análisis de los resultados.

Actuar: en este paso, se actúa en función de los resultados obtenidos y se continúa mejorando el proceso.

La mejora continua es un proceso que requiere la participación y compromiso de todos los miembros de la organización. Es importante establecer una cultura de mejora continua en la organización y fomentar la participación de todos los miembros en la identificación de áreas de mejora y en la implementación de mejoras.

Beneficios del Control de Calidad y la Mejora Continua

El control de calidad y la mejora continua tienen muchos beneficios para una organización. Algunos de estos beneficios incluyen:

Mejora de la calidad de los productos o servicios ofrecidos.

Reducción de los costos asociados con la producción y la entrega de productos o servicios.

Mejora de la eficiencia y eficacia de los procesos.

Mejora de la satisfacción del cliente.

Aumento de la lealtad y retención de clientes.

Reducción de la tasa de devolución de productos o cancelaciones de servicios.

Mejora de la reputación de la organización.

Aumento de la competitividad de la organización.

Mejora del ambiente laboral al involucrar a los empleados en el proceso de mejora continua.

En general, el control de calidad y la mejora continua son fundamentales para el éxito a largo plazo de una organización. Al implementar estos procesos, una organización puede garantizar que sus productos o servicios cumplan con las expectativas de sus clientes y mejorar continuamente sus procesos para seguir siendo competitivos en un mercado en constante cambio.

Ejemplo de Aplicación del Control de Calidad y la Mejora Continua

Para ilustrar cómo el control de calidad y la mejora continua se aplican en la práctica, se puede utilizar el ejemplo de una empresa de fabricación de automóviles.

Planificación: en esta fase, se identifican las áreas de mejora para el proceso de fabricación de automóviles. En este caso, se puede identificar el proceso de pintura como una posible área de mejora, ya que se han identificado algunas inconsistencias en el color y la calidad de la pintura en algunos de los vehículos fabricados.

Hacer: en esta fase, se implementan las mejoras planificadas para el proceso de pintura. Se pueden implementar mejoras en el proceso de mezclado y aplicación de la pintura para garantizar que se aplique uniformemente y se ajuste al color y la calidad requeridos.

Verificación: en esta fase, se verifica la eficacia de las mejoras implementadas a través de la medición y análisis de los resultados. En este caso, se puede medir la calidad de la pintura aplicada a los vehículos fabricados y compararla con los resultados anteriores para determinar si las mejoras han tenido un impacto positivo.

Actuar: en esta fase, se actúa en función de los resultados obtenidos y se continúa mejorando el proceso. Si los resultados son positivos, se pueden implementar las mejoras en el proceso de pintura en todos los vehículos fabricados en el futuro. Si los resultados no son satisfactorios, se pueden identificar otras áreas de mejora y comenzar el proceso de mejora continua nuevamente.

Conclusiones

En conclusión, el control de calidad y la mejora continua son procesos críticos para cualquier organización que busque garantizar la calidad de sus productos o servicios y mejorar continuamente sus procesos. Estos procesos pueden ayudar a reducir los costos, aumentar la eficiencia y la eficacia, mejorar la satisfacción del cliente y aumentar la competitividad de la organización.

El enfoque en el cliente es fundamental para el éxito del control de calidad y la mejora continua, ya que permite a las organizaciones comprender las necesidades y expectativas del cliente y garantizar que sus productos o servicios cumplan con estas necesidades y expectativas.

Las herramientas del control de calidad son valiosas para identificar áreas de mejora y garantizar la calidad de los productos o servicios. Sin embargo, es importante recordar que estas herramientas deben ser utilizadas en conjunto con un enfoque holístico de mejora continua para lograr resultados óptimos.

En resumen, el control de calidad y la mejora continua son procesos dinámicos y continuos que requieren la participación y compromiso de todos los miembros de la organización. Al implementar estos procesos de manera efectiva, una organización puede garantizar la calidad de sus productos o servicios, satisfacer las necesidades y expectativas del cliente y mantenerse competitiva en un mercado en constante cambio.

MÉTODOS DE ANÁLISIS Y OPTIMIZACIÓN

El capítulo de Métodos de análisis y optimización es uno de los pilares fundamentales en la toma de decisiones y la resolución de problemas en una amplia variedad de campos. En este capítulo, se exploran técnicas y herramientas para analizar y optimizar sistemas, procesos, proyectos, entre otros. En esta ocasión, abordaremos los principales conceptos y técnicas utilizadas en la optimización y análisis de sistemas y procesos, además de algunos ejemplos prácticos de aplicación.

Conceptos fundamentales

Antes de adentrarnos en las técnicas y herramientas para analizar y optimizar sistemas y procesos, es importante definir algunos conceptos fundamentales. En primer lugar, la optimización se refiere al proceso de buscar la mejor solución posible dentro de un conjunto de opciones posibles. En segundo lugar, el análisis se refiere al proceso de entender cómo funciona un sistema o proceso, identificar sus fortalezas y debilidades y detectar oportunidades de mejora.

Otro concepto fundamental en la optimización y análisis de sistemas y procesos es el de función objetivo. La función objetivo es una medida cuantitativa de lo que se desea optimizar o maximizar. Por ejemplo, en un proceso de producción, la función objetivo puede ser maximizar la producción y minimizar los costos. En un sistema de transporte, la función objetivo puede ser minimizar el tiempo de viaje o maximizar la eficiencia del combustible.

Métodos de optimización

Existen numerosos métodos y técnicas para optimizar sistemas y procesos, cada uno con sus propias ventajas y desventajas. A continuación, se presentan algunos de los métodos más comunes.

Método de prueba y error

El método de prueba y error es uno de los métodos más simples para optimizar un sistema o proceso. En este método, se prueban diferentes configuraciones o ajustes hasta encontrar la mejor solución. Aunque es un método intuitivo y fácil de implementar, puede ser ineficiente y llevar mucho tiempo.

Método de gradiente descendente

El método de gradiente descendente es un método iterativo para encontrar el mínimo de una función objetivo. En este método, se parte de un punto aleatorio y se calcula la dirección y magnitud del gradiente de la función objetivo. Luego, se mueve en la dirección opuesta al gradiente, en la que la función objetivo disminuye. Este proceso se repite hasta que se alcanza un mínimo local.

Método de búsqueda aleatoria

El método de búsqueda aleatoria consiste en generar aleatoriamente una solución y evaluar su valor de función objetivo. Luego, se generan nuevas soluciones aleatorias y se evalúan, y se repite el proceso hasta encontrar la mejor solución posible. Aunque este método es simple y fácil de implementar, puede ser muy ineficiente y requerir muchas evaluaciones de la función objetivo.

Método de programación lineal

La programación lineal es un método matemático para optimizar una función objetivo lineal sujeta a restricciones lineales. En este método, se definen variables de decisión y se establecen restricciones sobre ellas. Luego, se busca la solución óptima que maximiza o minimiza la función objetivo sujeta a las restricciones. La programación lineal es un método poderoso y eficiente para resolver problemas de optimización lineal.

Método de programación entera

La programación entera es una extensión de la programación lineal, en la que las variables de decisión se restringen a valores enteros. Esto hace que el problema sea más complejo y difícil de resolver, pero permite modelar una amplia variedad de problemas reales, como la asignación de recursos y la programación de producción.

Método de simulación

El método de simulación consiste en crear un modelo matemático del sistema o proceso que se desea optimizar, y luego simular su comportamiento para evaluar diferentes escenarios y configuraciones. Este método permite analizar el impacto de diferentes decisiones en el sistema o proceso, sin tener que realizar experimentos en el mundo real. La simulación es una herramienta poderosa para el análisis y optimización de sistemas y procesos complejos.

Método de análisis de sensibilidad

El método de análisis de sensibilidad se utiliza para evaluar cómo cambia la función objetivo cuando cambian los parámetros del modelo. Por ejemplo, si la función objetivo es la producción de una fábrica, los parámetros pueden ser los costos de los materiales, los tiempos de procesamiento, etc. El análisis de sensibilidad permite identificar qué parámetros tienen un impacto significativo en la función objetivo, y cuáles son menos importantes.

Ejemplo práctico

Para ilustrar el uso de algunos de estos métodos de optimización y análisis, consideremos el siguiente ejemplo. Una empresa de transporte desea optimizar su flota de camiones para minimizar los costos de combustible y maximizar la eficiencia del transporte. La empresa tiene una flota de camiones de diferentes tamaños y capacidades, y necesita decidir qué camiones asignar a qué rutas para minimizar los costos.

Para resolver este problema, podemos utilizar un modelo de programación lineal para asignar los camiones a las rutas de manera óptima. El modelo puede incluir variables de decisión para la asignación de camiones a rutas, así como restricciones sobre la capacidad de los camiones y la demanda de cada ruta. La función objetivo puede ser una combinación de los costos de combustible y la eficiencia del transporte, ponderados por la importancia relativa de cada uno.

Una vez que se ha construido el modelo, se puede utilizar un software de programación lineal para encontrar la solución óptima. Luego, se pueden realizar análisis de sensibilidad para evaluar cómo cambia la solución óptima cuando cambian los parámetros del modelo, como los precios del combustible o la demanda de cada ruta.

Otro enfoque para optimizar la flota de camiones es utilizar el método de simulación. En este enfoque, se construye un modelo matemático del sistema de transporte y se simula su comportamiento para evaluar diferentes escenarios y configuraciones. Por ejemplo, se puede simular el impacto de cambiar la asignación de camiones a rutas, o el impacto de agregar nuevos camiones a la flota.

Conclusiones

El capítulo de Métodos de análisis y optimización es esencial para la resolución de problemas y la toma de decisiones en una amplia variedad de campos. En este capítulo, hemos revisado los conceptos fundamentales de la optimización y el análisis, así como los métodos más comunes utilizados en la práctica. Además, hemos presentado un ejemplo práctico de aplicación de estos métodos en el contexto de la optimización de una flota de camiones.

Es importante destacar que, aunque existen diferentes métodos de análisis y optimización, es crucial seleccionar el método adecuado para cada problema específico. Por ejemplo, la programación lineal es adecuada para problemas que pueden ser modelados como ecuaciones lineales, mientras que la programación entera es necesaria cuando las variables de decisión deben restringirse a valores enteros. Del mismo modo, el método de simulación es adecuado para sistemas y procesos complejos que no pueden ser modelados fácilmente mediante ecuaciones matemáticas.

Además, es importante recordar que los modelos matemáticos utilizados en la optimización y el análisis son simplificaciones de la realidad, y siempre existirán limitaciones y suposiciones en el modelo. Por lo tanto, es importante validar los resultados obtenidos a través de la simulación o el análisis de sensibilidad mediante la comparación con datos del mundo real.

En resumen, el capítulo de Métodos de análisis y optimización es fundamental para la resolución de problemas y la toma de decisiones en una amplia variedad de campos. Los métodos presentados en este capítulo, como la programación lineal, la programación entera, el método de simulación y el análisis de sensibilidad, son herramientas poderosas para el análisis y la optimización de sistemas y procesos complejos. Sin embargo, es importante seleccionar el método adecuado para cada problema específico, validar los resultados y tener en cuenta las limitaciones y suposiciones en el modelo utilizado.

MODELOS DE SIMULACIÓN Y TOMA DE DECISIONES

La simulación es una herramienta ampliamente utilizada en la toma de decisiones en diferentes campos, desde la ingeniería hasta las finanzas y la salud. Permite modelar sistemas complejos y predecir su comportamiento en diferentes situaciones. La toma de decisiones basada en la simulación implica el uso de modelos matemáticos para simular diferentes escenarios y evaluar el impacto de cada uno de ellos. En este capítulo, se discutirán los modelos de simulación y su aplicación en la toma de decisiones.

Tipos de modelos de simulación

Existen varios tipos de modelos de simulación que se utilizan en diferentes campos. Algunos de los tipos más comunes son los siguientes:

Modelos de eventos discretos: Este tipo de modelo se utiliza para simular sistemas en los que los eventos ocurren en momentos específicos y discretos. Los ejemplos incluyen colas en supermercados o aeropuertos, procesos de producción y sistemas de transporte.

Modelos de sistemas dinámicos: Este tipo de modelo se utiliza para simular sistemas en los que las variables cambian continuamente con el tiempo. Los ejemplos incluyen sistemas climáticos, sistemas económicos y sistemas biológicos.

Modelos de simulación basados en agentes: Este tipo de modelo se utiliza para simular sistemas en los que los agentes individuales tienen comportamientos autónomos y pueden interactuar entre sí. Los ejemplos incluyen simulaciones de tráfico, simulaciones de mercado y simulaciones de comportamiento animal.

Cada tipo de modelo tiene sus propias ventajas y desventajas, y la elección del tipo de modelo depende del sistema que se esté simulando y de los objetivos de la simulación.

Etapas de la simulación

El proceso de simulación consta de varias etapas, que incluyen la formulación del problema, la construcción del modelo, la validación del modelo, la ejecución de la simulación y el análisis de los resultados.

Formulación del problema: En esta etapa, se define el problema que se va a simular y se establecen los objetivos de la simulación. También se identifican las variables que influyen en el sistema y se definen los parámetros del modelo.

Construcción del modelo: En esta etapa, se construye el modelo matemático que representa el sistema a simular. Se selecciona el tipo de modelo que se va a utilizar y se establecen las ecuaciones que describen el comportamiento del sistema.

Validación del modelo: En esta etapa, se comprueba que el modelo sea válido y que refleje con precisión el comportamiento del sistema real. Se comparan los resultados de la simulación con datos históricos o experimentales para evaluar la precisión del modelo.

Ejecución de la simulación: En esta etapa, se ejecuta la simulación utilizando el modelo construido y los parámetros definidos en las etapas anteriores.

Análisis de los resultados: En esta etapa, se analizan los resultados de la simulación para evaluar el impacto de diferentes escenarios y tomar decisiones basadas en los resultados.

Aplicaciones de la simulación en la toma de decisiones

La simulación se utiliza en una amplia variedad de campos para la toma de decisiones. Algunas de las aplicaciones más comunes son las siguientes:

Simulación en ingeniería: La simulación se utiliza en la ingeniería para modelar sistemas complejos y predecir su comportamiento en diferentes situaciones. Por ejemplo, se puede utilizar para simular el flujo de fluidos en un sistema de tuberías, para evaluar el rendimiento de un sistema de producción o para predecir el comportamiento de una estructura durante un terremoto.

Simulación en finanzas: La simulación se utiliza en finanzas para modelar diferentes escenarios económicos y evaluar su impacto en una cartera de inversiones o en una empresa. Por ejemplo, se puede utilizar para evaluar el riesgo de inversión, para simular el comportamiento de los precios de las acciones o para evaluar el impacto de diferentes estrategias de inversión.

Simulación en salud: La simulación se utiliza en la salud para modelar sistemas biológicos complejos y predecir su comportamiento en diferentes situaciones. Por ejemplo, se puede utilizar para simular el comportamiento de un virus en una población, para evaluar el impacto de diferentes tratamientos en pacientes o para simular el comportamiento de un sistema inmune.

Simulación en logística: La simulación se utiliza en la logística para modelar sistemas de transporte y predecir su comportamiento en diferentes situaciones. Por ejemplo, se puede utilizar para simular el comportamiento del tráfico en una ciudad, para evaluar el impacto de diferentes rutas de transporte en la entrega de productos o para simular el comportamiento de un sistema de distribución.

Simulación en energía: La simulación se utiliza en la energía para modelar sistemas energéticos y predecir su comportamiento en diferentes situaciones. Por ejemplo, se puede utilizar para simular el comportamiento de una red eléctrica, para evaluar el impacto de diferentes fuentes de energía en el medio ambiente o para simular el comportamiento de un sistema de almacenamiento de energía.

Ventajas y desventajas de la simulación en la toma de decisiones

La simulación tiene varias ventajas y desventajas que deben tenerse en cuenta al utilizarla en la toma de decisiones.

Ventajas:

Permite modelar sistemas complejos: La simulación permite modelar sistemas complejos que serían difíciles de entender o predecir utilizando métodos analíticos.

Permite simular diferentes escenarios: La simulación permite simular diferentes escenarios y evaluar el impacto de cada uno de ellos. Esto permite tomar decisiones informadas sobre cómo abordar diferentes situaciones.

Reduce el riesgo: La simulación permite reducir el riesgo al predecir el comportamiento de un sistema antes de tomar una decisión. Esto puede ayudar a evitar errores costosos o peligrosos.

Ahorra tiempo y dinero: La simulación puede ahorrar tiempo y dinero al permitir que se prueben diferentes escenarios antes de implementar una solución.

Desventajas:

Requiere datos precisos: La simulación requiere datos precisos y completos para construir un modelo preciso. Si los datos son inexactos o incompletos, el modelo no reflejará con precisión el comportamiento del sistema real.

Requiere conocimientos técnicos: La simulación requiere conocimientos técnicos para construir modelos y ejecutar simulaciones. Si no se tiene la experiencia necesaria, se pueden cometer errores que afecten la precisión del modelo.

No siempre refleja la realidad: La simulación es una simplificación del mundo real y siempre hay cierto grado de incertidumbre asociado con los modelos de simulación. Además, los supuestos utilizados en el modelo pueden no ser precisos y pueden afectar la precisión del resultado.

Puede ser costosa: La construcción de un modelo de simulación preciso puede ser costosa, especialmente si se requiere software especializado o hardware de alta gama.

En general, la simulación puede ser una herramienta poderosa para la toma de decisiones, especialmente cuando se enfrenta a situaciones complejas o inciertas. Sin embargo, es importante reconocer que la simulación tiene limitaciones y que los resultados obtenidos deben ser interpretados cuidadosamente.

Etapas del proceso de simulación

El proceso de simulación consta de varias etapas que deben ser seguidas para obtener resultados precisos y significativos. A continuación, se describen las cinco etapas principales del proceso de simulación.

Definición del problema: En la primera etapa del proceso de simulación, se define el problema que se desea resolver y se establecen los objetivos de la simulación. Es importante definir el alcance de la simulación y los límites del modelo, incluyendo los supuestos utilizados y las variables a considerar.

Construcción del modelo: En la segunda etapa del proceso de simulación, se construye el modelo matemático que describe el comportamiento del sistema a simular. Esto implica definir las variables y relaciones que influyen en el comportamiento del sistema y desarrollar las ecuaciones necesarias para representarlas.

Validación del modelo: En la tercera etapa del proceso de simulación, se valida el modelo construido para asegurarse de que sea preciso y represente con precisión el comportamiento del sistema real. Esto implica comparar los resultados de la simulación con los datos reales para determinar la precisión del modelo.

Ejecución de la simulación: En la cuarta etapa del proceso de simulación, se ejecuta la simulación utilizando los datos de entrada definidos en la primera etapa. Se pueden realizar múltiples simulaciones para evaluar diferentes escenarios y obtener resultados estadísticos significativos.

Análisis de resultados: En la quinta y última etapa del proceso de simulación, se analizan los resultados obtenidos de la simulación para evaluar el desempeño del sistema en diferentes situaciones y tomar decisiones informadas. Se deben comparar los resultados con los objetivos establecidos en la primera etapa y evaluar la precisión y confiabilidad del modelo.

Herramientas de simulación

Existen varias herramientas de simulación disponibles que se pueden utilizar para construir y ejecutar modelos de simulación. A continuación, se describen algunas de las herramientas más comunes utilizadas en la simulación.

Simuladores de eventos discretos: Los simuladores de eventos discretos se utilizan para simular sistemas que cambian de estado en momentos discretos en el tiempo. Esto implica que los eventos ocurren en momentos específicos y que el sistema permanece en un estado constante entre eventos.

Simuladores de procesos: Los simuladores de procesos se utilizan para simular sistemas que cambian de estado continuamente en el tiempo. Esto implica que los eventos ocurren de manera continua y que el sistema no permanece en un estado constante entre eventos.

Simuladores de Monte Carlo: Los simuladores de Monte Carlo se utilizan para simular sistemas complejos y estocásticos utilizando métodos estadísticos. Esta técnica utiliza números aleatorios para simular la variabilidad y la incertidumbre en el modelo y proporciona resultados probabilísticos.

Simuladores de dinámica de sistemas: Los simuladores de dinámica de sistemas se utilizan para simular sistemas complejos y dinámicos que tienen múltiples retroalimentaciones y relaciones causales. Esta técnica utiliza diagramas de flujo para representar el sistema y puede modelar la complejidad de la interacción entre las diferentes variables.

Simuladores de agentes: Los simuladores de agentes se utilizan para simular sistemas que consisten en múltiples agentes individuales que interactúan entre sí. Esta técnica se utiliza comúnmente en la modelización de sistemas sociales y económicos, como la simulación de mercados financieros y la toma de decisiones en grupos.

Cada herramienta de simulación tiene sus propias fortalezas y debilidades, y la elección de la herramienta depende del tipo de problema que se desea resolver y de los datos disponibles.

Ejemplos de aplicaciones de simulación

La simulación se utiliza en una amplia variedad de campos, desde la ingeniería y la ciencia hasta la economía y las ciencias sociales. A continuación, se presentan algunos ejemplos de aplicaciones de simulación en diferentes campos.

Ingeniería: La simulación se utiliza comúnmente en la ingeniería para diseñar y optimizar sistemas complejos, como aviones, automóviles y plantas de energía. La simulación se utiliza para evaluar el desempeño de diferentes diseños y para identificar áreas para mejorar la eficiencia y la seguridad.

Ciencias de la salud: La simulación se utiliza en las ciencias de la salud para evaluar el efecto de diferentes tratamientos y terapias en pacientes. La simulación también se utiliza para entrenar a profesionales de la salud en situaciones de emergencia y para desarrollar y probar nuevos dispositivos médicos.

Economía y finanzas: La simulación se utiliza en la economía y las finanzas para modelar el comportamiento de los mercados financieros y evaluar diferentes estrategias de inversión. La simulación también se utiliza para evaluar el efecto de diferentes políticas económicas y para predecir el impacto de eventos futuros en la economía.

Ciencias sociales: La simulación se utiliza en las ciencias sociales para modelar el comportamiento de los individuos y los grupos en diferentes situaciones. La simulación se utiliza para evaluar el efecto de diferentes políticas públicas y para predecir el impacto de eventos futuros en la sociedad.

Conclusión

La simulación es una herramienta poderosa para la toma de decisiones que se utiliza en una amplia variedad de campos. La simulación puede ser utilizada para evaluar diferentes escenarios y tomar decisiones informadas en situaciones complejas e inciertas. Sin embargo, es importante reconocer que la simulación tiene limitaciones y que los resultados obtenidos deben ser interpretados cuidadosamente. El proceso de simulación consta de varias etapas que deben ser seguidas para obtener resultados precisos y significativos, y existen varias herramientas de simulación disponibles que se pueden utilizar para construir y ejecutar modelos de simulación.

GESTIÓN DE LA CADENA DE SUMINISTRO Y LOGÍSTICA

La gestión de la cadena de suministro y logística es uno de los aspectos más importantes en el éxito de cualquier empresa. Se refiere a la planificación, coordinación y control de las actividades relacionadas con la obtención, fabricación y entrega de productos o servicios a los clientes. En este capítulo, exploraremos los conceptos clave de la gestión de la cadena de suministro y logística, incluyendo la planificación de la demanda, la gestión de inventario, la logística de entrada y salida y la optimización de la cadena de suministro.

Planificación de la demanda:

La planificación de la demanda es el proceso de predecir la cantidad de productos o servicios que los clientes comprarán en el futuro. La precisión de esta predicción es crucial para garantizar que una empresa tenga suficientes productos en stock para satisfacer la demanda del cliente, sin incurrir en costos adicionales de inventario. Para realizar una planificación de la demanda efectiva, las empresas pueden utilizar una variedad de técnicas, incluyendo la recopilación de datos de ventas históricas, la realización de encuestas de opinión de los clientes y el análisis de tendencias de mercado.

Gestión de inventario:

La gestión de inventario es el proceso de administrar el inventario de una empresa para garantizar que haya suficientes productos en stock para satisfacer la demanda del cliente, sin incurrir en costos innecesarios de almacenamiento y gestión. La gestión de inventario efectiva requiere una combinación de técnicas de planificación de la demanda, pronóstico y gestión de la cadena de suministro. Las empresas pueden utilizar una variedad de herramientas y tecnologías para optimizar su gestión de inventario, incluyendo software de gestión de inventario, análisis de datos y sistemas de seguimiento de inventario en tiempo real.

Logística de entrada:

La logística de entrada se refiere al proceso de recibir y administrar los materiales y componentes necesarios para la producción de productos o servicios. La logística de entrada efectiva es esencial para garantizar que los productos se produzcan y se entreguen a tiempo y a un costo razonable. Las empresas pueden optimizar su logística de entrada mediante la implementación de sistemas de planificación de la producción, el seguimiento de la cadena de suministro y la colaboración con los proveedores para mejorar la eficiencia.

Logística de salida:

La logística de salida se refiere al proceso de administrar y entregar productos o servicios a los clientes finales. La logística de salida efectiva es esencial para garantizar que los productos se entreguen a tiempo y en buen estado, lo que puede tener un impacto significativo en la satisfacción del cliente y la lealtad a la marca. Las empresas pueden optimizar su logística de salida mediante la implementación de sistemas de seguimiento de envío en tiempo real, la colaboración con socios logísticos y el uso de tecnología de la información para mejorar la visibilidad y la eficiencia de la cadena de suministro.

Optimización de la cadena de suministro:

La optimización de la cadena de suministro es el proceso de identificar y eliminar ineficiencias y redundancias en la cadena de suministro de una empresa. La optimización de la cadena de suministro puede mejorar significativamente la eficiencia, reducir los costos y mejorar la satisfacción del cliente. Las empresas pueden optimizar su cadena de suministro mediante la implementación de tecnología de la información, como el uso de sistemas de gestión de la cadena de suministro y análisis de datos. También pueden colaborar con proveedores y socios logísticos para mejorar la eficiencia y la transparencia en la cadena de suministro.

Además, la optimización de la cadena de suministro puede implicar la reorganización de procesos y la eliminación de cuellos de botella, lo que puede mejorar la eficiencia en toda la cadena de suministro. Por ejemplo, una empresa podría utilizar técnicas lean para identificar y eliminar el desperdicio en la producción y la entrega de productos.

Otra estrategia común para la optimización de la cadena de suministro es la externalización de actividades no esenciales. Por ejemplo, una empresa puede externalizar la logística de entrada o la gestión de inventario a un tercero especializado, lo que permite a la empresa centrarse en sus competencias principales y reducir los costos.

La optimización de la cadena de suministro también puede implicar la mejora de la colaboración y la comunicación en toda la cadena de suministro. Las empresas pueden trabajar con proveedores y socios logísticos para mejorar la visibilidad y la transparencia en la cadena de suministro, lo que puede ayudar a prevenir problemas y retrasos en la entrega de productos.

Conclusión:

En resumen, la gestión de la cadena de suministro y logística es un aspecto clave del éxito empresarial. La planificación de la demanda, la gestión de inventario, la logística de entrada y salida y la optimización de la cadena de suministro son aspectos fundamentales de la gestión de la cadena de suministro y logística. Las empresas pueden utilizar una variedad de herramientas y técnicas para mejorar su gestión de la cadena de suministro, incluyendo el uso de tecnología de la información, la colaboración con proveedores y socios logísticos y la implementación de estrategias de optimización de la cadena de suministro. Al enfocarse en la gestión de la cadena de suministro y logística, las empresas pueden mejorar la eficiencia, reducir los costos y mejorar la satisfacción del cliente.

DISEÑO DE INSTALACIONES Y DISTRIBUCIÓN DE PLANTAS

El diseño de instalaciones y la distribución de plantas son fundamentales en el éxito de cualquier empresa. La forma en que se organizan las áreas de producción, la ubicación de los equipos y la eficiencia de los procesos tienen un impacto directo en la calidad de los productos, los tiempos de entrega y los costos operativos.

Este capítulo aborda los principales conceptos y estrategias relacionados con el diseño de instalaciones y la distribución de plantas, con un enfoque en la optimización de los recursos y la mejora continua de los procesos.

Diseño de instalaciones:

El diseño de instalaciones es el proceso de planificación y configuración de los espacios físicos donde se llevan a cabo las actividades productivas. Incluye la ubicación de las áreas de producción, los equipos, las materias primas y los productos terminados, así como la definición de los flujos de trabajo y la organización del espacio.

Uno de los principales objetivos del diseño de instalaciones es optimizar el uso de los recursos, lo que implica maximizar la eficiencia y la productividad de los procesos productivos, minimizar los tiempos de producción y reducir los costos operativos. Para lograr esto, es necesario considerar una serie de factores, como el tamaño y la forma de los espacios, la ubicación de los equipos y las áreas de almacenamiento, la disposición de las instalaciones eléctricas, hidráulicas y de ventilación, entre otros.

La eficiencia en el diseño de instalaciones puede mejorar significativamente los procesos de producción. Por ejemplo, una correcta planificación de las áreas de trabajo puede reducir los tiempos de traslado de materiales y productos, lo que se traduce en una mayor eficiencia y productividad. Asimismo, la disposición de los equipos de producción puede facilitar la realización de tareas y minimizar el riesgo de accidentes laborales.

Otro aspecto importante del diseño de instalaciones es la capacidad de adaptación. Es necesario que las instalaciones sean flexibles y puedan ser adaptadas a las necesidades cambiantes de la empresa, en función de los cambios en la demanda, la introducción de nuevos productos o la adopción de nuevas tecnologías.

Distribución de plantas:

La distribución de plantas es el proceso de organización y disposición de las áreas de producción dentro de una planta industrial. La finalidad de la distribución de plantas es lograr una eficiente interacción entre los recursos disponibles y los procesos productivos.

El objetivo principal de la distribución de plantas es reducir los costos y mejorar la eficiencia de la producción. Para lograr esto, es necesario considerar una serie de factores, como la ubicación de los equipos, la disposición de las áreas de almacenamiento, la organización del flujo de trabajo y la planificación del espacio.

La distribución de plantas también puede tener un impacto en la calidad de los productos y la satisfacción del cliente. Una correcta disposición de las áreas de trabajo puede reducir los tiempos de producción, lo que permite entregar los productos en menor tiempo y con una mayor calidad.

Existen varios enfoques para la distribución de plantas, entre ellos, el enfoque por proceso, que se enfoca en agrupar las actividades por función, y el enfoque por producto, que agrupa las actividades de producción en torno a los productos que se fabrican. También existe un enfoque híbrido, que combina ambos enfoques para obtener los beneficios de cada uno.

El enfoque por proceso se utiliza cuando se producen diferentes productos utilizando los mismos equipos y procesos. En este caso, las áreas de producción se agrupan en función de la actividad que se realiza, como el mecanizado, el ensamblaje o el acabado. Este enfoque permite maximizar la eficiencia de los procesos, ya que se puede utilizar un mismo equipo para producir diferentes productos.

El enfoque por producto, por otro lado, se utiliza cuando se producen productos diferentes que requieren procesos y equipos específicos. En este caso, las áreas de producción se organizan en función de los productos que se fabrican. Este enfoque permite optimizar la producción de cada producto, ya que se pueden adaptar los procesos y equipos específicos para cada producto.

El enfoque híbrido combina ambos enfoques para obtener los beneficios de cada uno. En este caso, se agrupan las áreas de producción en función de los procesos, pero se adaptan a las necesidades específicas de cada producto.

Factores a considerar en el diseño de instalaciones y distribución de plantas:

Al diseñar instalaciones y distribuir plantas, es necesario considerar una serie de factores que tienen un impacto directo en la eficiencia de los procesos y la rentabilidad de la empresa. Algunos de los factores más importantes a considerar son:

La capacidad de producción: Es necesario determinar la capacidad de producción de las instalaciones para asegurarse de que sean suficientes para cumplir con la demanda actual y futura.

Los flujos de trabajo: Es necesario analizar los flujos de trabajo para asegurarse de que los procesos se realicen de manera eficiente y sin interrupciones.

La seguridad: Es necesario garantizar la seguridad de los trabajadores y la integridad de los equipos, mediante la implementación de medidas de seguridad adecuadas.

La ergonomía: Es necesario considerar la ergonomía en el diseño de las instalaciones y la distribución de plantas para evitar lesiones o fatiga en los trabajadores.

La eficiencia energética: Es necesario considerar la eficiencia energética en el diseño de las instalaciones y la distribución de plantas para reducir los costos operativos.

La flexibilidad: Es necesario asegurarse de que las instalaciones sean flexibles y puedan ser adaptadas a las necesidades cambiantes de la empresa.

Estrategias para la mejora continua en el diseño de instalaciones y distribución de plantas:

La mejora continua en el diseño de instalaciones y distribución de plantas es fundamental para mantener la eficiencia y la rentabilidad de la empresa. Algunas estrategias para la mejora continua en el diseño de instalaciones y distribución de plantas son:

La implementación de sistemas de gestión de calidad: La implementación de sistemas de gestión de calidad, como ISO 9001, puede ayudar a la empresa a identificar oportunidades de mejora en el diseño de instalaciones y distribución de plantas.

La evaluación periódica de las instalaciones: Es necesario realizar evaluaciones periódicas de las instalaciones para identificar oportunidades de mejora en la distribución de plantas, los flujos de trabajo, la seguridad y la eficiencia energética.

La actualización de tecnologías: La actualización de tecnologías puede ayudar a mejorar la eficiencia de los procesos y reducir los costos operativos en el diseño de instalaciones y distribución de plantas.

La formación y capacitación de los trabajadores: Es necesario asegurarse de que los trabajadores estén capacitados para utilizar las instalaciones de manera eficiente y segura, mediante la formación y capacitación continua.

La implementación de procesos de mejora continua: La implementación de procesos de mejora continua, como Lean Manufacturing o Six Sigma, puede ayudar a identificar y eliminar desperdicios en los procesos de producción y mejorar la eficiencia en el diseño de instalaciones y distribución de plantas.

La colaboración con proveedores y clientes: La colaboración con proveedores y clientes puede ayudar a identificar oportunidades de mejora en el diseño de instalaciones y distribución de plantas, y mejorar la eficiencia en toda la cadena de suministro.

Conclusiones:

El diseño de instalaciones y distribución de plantas es fundamental para mantener la eficiencia y la rentabilidad de la empresa. Al diseñar instalaciones y distribuir plantas, es necesario considerar una serie de factores que tienen un impacto directo en la eficiencia de los procesos y la rentabilidad de la empresa, como la capacidad de producción, los flujos de trabajo, la seguridad, la ergonomía, la eficiencia energética y la flexibilidad.

La mejora continua en el diseño de instalaciones y distribución de plantas es fundamental para mantener la eficiencia y la rentabilidad de la empresa. Algunas estrategias para la mejora continua en el diseño de instalaciones y distribución de plantas son la implementación de sistemas de gestión de calidad, la evaluación periódica de las instalaciones, la actualización de tecnologías, la formación y capacitación de los trabajadores, la implementación de procesos de mejora continua y la colaboración con proveedores y clientes.

En resumen, el diseño de instalaciones y distribución de plantas es una tarea crítica para la eficiencia y rentabilidad de la empresa. Al considerar los factores mencionados y aplicar estrategias de mejora continua, las empresas pueden mejorar significativamente la eficiencia de sus procesos y reducir sus costos operativos, lo que se traduce en una ventaja competitiva en el mercado.

PLANIFICACIÓN Y PROGRAMACIÓN DE LA PRODUCCIÓN

El capítulo de Planificación y programación de la producción es uno de los temas más importantes en la gestión de la producción, ya que se encarga de establecer los procesos necesarios para lograr la eficiencia y eficacia en la producción de bienes y servicios. En este capítulo, se abordan los aspectos más relevantes de la planificación y programación de la producción, su importancia en la gestión empresarial, los métodos y herramientas utilizados, así como los factores que influyen en su desarrollo y su aplicación.

Importancia de la planificación y programación de la producción

La planificación y programación de la producción es esencial para la gestión eficiente de la producción. Su objetivo es asegurar que los recursos estén disponibles en el momento en que se necesiten para producir los bienes y servicios requeridos en la cantidad y calidad adecuadas, al menor costo posible. De esta manera, se logra mejorar la rentabilidad y la competitividad de la empresa.

La planificación y programación de la producción es un proceso continuo que comienza con la definición de los objetivos y metas de la empresa, y se extiende hasta la programación detallada de la producción en el corto plazo. Los objetivos a largo plazo incluyen la definición de la estrategia de producción, la identificación de los mercados y clientes a los que se dirige la empresa, la definición de los productos y servicios que se ofrecen, la identificación de los recursos necesarios y la planificación de la capacidad de producción.

En el corto plazo, la planificación y programación de la producción implica la programación detallada de la producción diaria o semanal, la asignación de recursos a las tareas de producción, el seguimiento y control de la producción y la resolución de problemas y desviaciones.

Métodos y herramientas de planificación y programación de la producción

Existen diversos métodos y herramientas para la planificación y programación de la producción, que se seleccionan en función de las características y necesidades de la empresa y de la producción. Algunos de los métodos y herramientas más utilizados son los siguientes:

Planificación de la capacidad: Este método consiste en la evaluación de la capacidad de producción disponible y la identificación de los recursos necesarios para cumplir con los objetivos de producción establecidos. Esto permite a la empresa planificar la inversión en recursos necesarios para aumentar la capacidad de producción y mejorar la eficiencia.

Programación de la producción: Esta herramienta permite la asignación de recursos a las tareas de producción y la definición de las fechas de inicio y finalización de las actividades. La programación de la producción se realiza a través de herramientas informáticas, como sistemas de gestión de la producción (ERP) y herramientas de programación avanzada.

Control de la producción: El control de la producción implica el seguimiento y monitoreo del progreso de la producción y la identificación de desviaciones y problemas. Para ello, se utilizan herramientas de seguimiento y control de la producción, como el análisis de indicadores de rendimiento (KPI), sistemas de gestión de la calidad y sistemas de control estadístico del proceso (SPC).

Factores que influyen en la planificación y programación de la producción

La planificación y programación de la producción puede verse afectada por diversos factores que influyen en su desarrollo y aplicación. Algunos de estos factores son los siguientes:

La demanda del mercado: La demanda del mercado es un factor crítico que afecta la planificación y programación de la producción. Si la demanda del mercado es alta, la empresa debe planificar y programar su producción de manera eficiente para asegurarse de que puede satisfacer las necesidades del mercado en el menor tiempo posible. Por otro lado, si la demanda es baja, la empresa debe planificar y programar su producción de manera que no genere excesos de inventario que puedan resultar en costos innecesarios.

La disponibilidad de recursos: La disponibilidad de recursos, como materiales, maquinaria y personal, puede influir en la planificación y programación de la producción. Si los recursos no están disponibles en el momento en que se necesitan, puede generar retrasos en la producción y afectar la capacidad de la empresa para cumplir con sus compromisos de entrega.

Las limitaciones técnicas: Las limitaciones técnicas pueden influir en la planificación y programación de la producción. Por ejemplo, si la maquinaria no puede producir una cierta cantidad de bienes en un determinado tiempo, la empresa debe ajustar su plan de producción en consecuencia.

La estacionalidad: La estacionalidad es un factor importante que influye en la planificación y programación de la producción. Por ejemplo, una empresa que produce juguetes puede tener una demanda muy alta durante la temporada navideña, y una demanda muy baja durante el resto del año. La empresa debe planificar y programar su producción para poder satisfacer la demanda durante los periodos de alta demanda y evitar excesos de inventario durante los periodos de baja demanda.

La competencia: La competencia es un factor importante que influye en la planificación y programación de la producción. Si la competencia ofrece productos similares a precios más bajos, la empresa debe planificar y programar su producción de manera que pueda competir en términos de precio y calidad.

En resumen, la planificación y programación de la producción es un proceso fundamental en la gestión empresarial, ya que permite la optimización de los recursos y la mejora de la eficiencia y eficacia en la producción de bienes y servicios. Para lograr una planificación y programación efectiva, se deben considerar diversos factores que pueden afectar el proceso, y utilizar herramientas y métodos apropiados que permitan una gestión eficiente y efectiva de la producción.

GESTIÓN DE INVENTARIOS Y ALMACENES

La gestión de inventarios y almacenes es una de las actividades más importantes dentro de cualquier empresa que se dedique a la venta de productos. Los inventarios representan una inversión significativa para la empresa y una gestión adecuada puede maximizar los beneficios y minimizar las pérdidas. La gestión de almacenes es el proceso de administrar y organizar los productos almacenados en un lugar determinado. En este capítulo, se discutirán las principales estrategias para la gestión de inventarios y almacenes.

Estrategias de gestión de inventarios

La gestión de inventarios es el proceso de controlar el flujo de productos en una empresa. Es importante asegurarse de que los productos estén disponibles para los clientes en el momento adecuado y en la cantidad correcta. A continuación, se describen las principales estrategias para la gestión de inventarios.

Justo a tiempo (JIT)

La estrategia JIT implica tener el inventario justo cuando se necesita. Esto significa que la empresa no mantiene grandes cantidades de inventario en stock, lo que reduce el costo de almacenamiento. La estrategia JIT puede ser muy efectiva para empresas que producen productos de alta demanda, ya que minimiza el costo de inventario sin sacrificar la capacidad de producción. Sin embargo, esta estrategia es muy dependiente de la capacidad del proveedor para entregar los productos a tiempo, lo que puede ser un riesgo.

Máximo-mínimo

La estrategia de máximo-minimo se basa en establecer una cantidad máxima y mínima de inventario que se debe mantener. Cuando el inventario llega al punto mínimo, se realiza un pedido de reabastecimiento. Esta estrategia es útil para productos que tienen una demanda estable, ya que permite mantener un inventario mínimo sin arriesgarse a quedarse sin productos. Sin embargo, esta estrategia puede llevar a un exceso de inventario si no se establecen los niveles adecuados.

ABC

La estrategia ABC se basa en clasificar los productos en tres categorías: A, B y C. Los productos A son aquellos que tienen alta demanda y representan una gran parte de las ventas de la empresa. Los productos B tienen una demanda moderada y los productos C tienen una demanda baja. La empresa puede aplicar diferentes estrategias para la gestión de inventarios de cada categoría. Por ejemplo, los productos A pueden tener un mayor nivel de inventario que los productos B y C. Esta estrategia permite a la empresa concentrarse en los productos más importantes y evitar el exceso de inventario de productos de baja demanda.

Estrategias de gestión de almacenes

La gestión de almacenes es el proceso de organizar los productos almacenados en un lugar determinado. Una buena gestión de almacenes puede mejorar la eficiencia y reducir los costos de almacenamiento. A continuación, se describen las principales estrategias para la gestión de almacenes.

Almacenamiento por ubicación fija

La estrategia de almacenamiento por ubicación fija implica asignar un lugar específico para cada producto en el almacén. Esto permite una gestión más eficiente del inventario y reduce el tiempo necesario para encontrar un producto. Además, esta estrategia puede ser muy útil para las empresas que tienen un gran número de productos diferentes.

Almacenamiento por ubicación aleatoria

La estrategia de almacenamiento por ubicación aleatoria implica no asignar un lugar específico para cada producto en el almacén. En cambio, los productos se colocan en cualquier lugar disponible en el momento en que llegan al almacén.

Esta estrategia puede ser muy efectiva para las empresas que tienen una alta rotación de productos, ya que reduce el tiempo necesario para encontrar un producto específico. Sin embargo, esta estrategia puede ser más difícil de administrar si la empresa tiene una gran cantidad de productos diferentes.

Cross-docking

La estrategia de cross-docking implica recibir los productos y enviarlos directamente a los clientes sin almacenarlos en el almacén. Esta estrategia puede ser muy efectiva para empresas que tienen una alta rotación de productos y un sistema de distribución eficiente. Sin embargo, esta estrategia requiere una planificación cuidadosa y una coordinación eficiente entre los proveedores y los clientes.

Almacenamiento por temperatura

La estrategia de almacenamiento por temperatura implica almacenar los productos a diferentes temperaturas según sus requisitos específicos. Por ejemplo, los productos perecederos pueden requerir un almacenamiento en frío, mientras que los productos electrónicos pueden requerir un almacenamiento en seco y con temperatura controlada. Esta estrategia puede ser muy efectiva para empresas que venden una amplia variedad de productos con diferentes requisitos de almacenamiento.

Almacenamiento automatizado

La estrategia de almacenamiento automatizado implica el uso de sistemas automatizados para almacenar y recuperar los productos en el almacén. Estos sistemas pueden incluir robots, transportadores y sistemas de control de inventario automatizados. Esta estrategia puede mejorar la eficiencia y la precisión del proceso de gestión de almacenes, pero requiere una inversión significativa en tecnología y capacitación.

Conclusión

La gestión de inventarios y almacenes es una actividad crítica para cualquier empresa que se dedique a la venta de productos. Una gestión adecuada de inventarios puede maximizar los beneficios y minimizar las pérdidas, mientras que una gestión adecuada de almacenes puede mejorar la eficiencia y reducir los costos de almacenamiento. Las estrategias de gestión de inventarios y almacenes descritas en este capítulo pueden ayudar a las empresas a optimizar su gestión de inventarios y almacenes de acuerdo con sus necesidades y requisitos específicos. Es importante que las empresas evalúen cuidadosamente estas estrategias y elijan las que mejor se adapten a sus operaciones y objetivos comerciales.

INGENIERÍA DE MÉTODOS Y TIEMPOS

La ingeniería de métodos y tiempos es una disciplina que se enfoca en la mejora de los procesos productivos a través de la identificación y eliminación de actividades innecesarias y la optimización de las tareas necesarias para la realización de una actividad o proyecto. En este capítulo, se explicará en detalle en qué consiste la ingeniería de métodos y tiempos, sus objetivos, sus principales técnicas y herramientas, así como su importancia en la gestión de procesos productivos y la mejora continua de las organizaciones.

Definición de ingeniería de métodos y tiempos

La ingeniería de métodos y tiempos se define como una disciplina que tiene como objetivo principal la mejora de los procesos productivos a través de la identificación y eliminación de actividades innecesarias y la optimización de las tareas necesarias para la realización de una actividad o proyecto. Esta disciplina se enfoca en la gestión de la eficiencia, la reducción de los costos y la eliminación de los desperdicios en los procesos productivos.

La ingeniería de métodos y tiempos se basa en el estudio sistemático de los procesos productivos, con el fin de identificar y eliminar todas aquellas actividades que no aportan valor, y optimizar las actividades que sí lo hacen. Para ello, se utilizan técnicas y herramientas específicas, que permiten la medición, análisis y mejora de los procesos productivos.

Objetivos de la ingeniería de métodos y tiempos

Los objetivos de la ingeniería de métodos y tiempos son los siguientes:

Mejora de la eficiencia: La ingeniería de métodos y tiempos tiene como objetivo principal mejorar la eficiencia de los procesos productivos, reduciendo el tiempo necesario para la realización de una actividad o proyecto.

Reducción de los costos: La mejora de la eficiencia permite reducir los costos asociados a la realización de una actividad o proyecto, ya que se eliminan las actividades innecesarias y se optimizan las tareas necesarias.

Eliminación de los desperdicios: La ingeniería de métodos y tiempos tiene como objetivo la eliminación de los desperdicios en los procesos productivos, lo que se traduce en una reducción de los costos y una mejora de la calidad del producto o servicio.

Mejora de la calidad: La mejora de la eficiencia y la eliminación de los desperdicios permiten mejorar la calidad del producto o servicio, ya que se eliminan los errores y se optimiza la realización de las tareas necesarias.

Técnicas y herramientas de la ingeniería de métodos y tiempos

Las principales técnicas y herramientas utilizadas en la ingeniería de métodos y tiempos son las siguientes:

Diagramas de flujo: Los diagramas de flujo permiten representar gráficamente los procesos productivos, identificando las actividades necesarias y la relación entre ellas. Estos diagramas son útiles para identificar las actividades innecesarias y optimizar las tareas necesarias.

Análisis de procesos: El análisis de procesos permite identificar y eliminar todas aquellas actividades que no aportan valor, y optimizar las tareas necesarias. Este análisis se realiza a través de la observación directa del proceso productivo y la recopilación de datos relevantes, como el tiempo que se tarda en realizar cada actividad.

Estudio de tiempos y movimientos: El estudio de tiempos y movimientos es una técnica que permite medir el tiempo necesario para realizar una tarea o actividad, identificando los movimientos necesarios y eliminando aquellos que no aportan valor. Esta técnica es útil para mejorar la eficiencia y reducir los costos asociados a la realización de una actividad o proyecto.

Balance de línea: El balance de línea es una técnica que permite distribuir de manera óptima las tareas necesarias para la realización de un proyecto o actividad, con el fin de maximizar la eficiencia y reducir los costos. Esta técnica es especialmente útil en los procesos productivos en cadena, donde cada tarea depende de la realización de la anterior.

Mejora continua: La mejora continua es una filosofía que se enfoca en la búsqueda constante de la mejora de los procesos productivos, mediante la identificación y eliminación de las actividades innecesarias y la optimización de las tareas necesarias. Esta filosofía se basa en la creencia de que siempre es posible mejorar, y que la mejora continua es esencial para la supervivencia y el crecimiento de las organizaciones.

Importancia de la ingeniería de métodos y tiempos

La ingeniería de métodos y tiempos es esencial para la gestión de procesos productivos y la mejora continua de las organizaciones, ya que permite identificar y eliminar todas aquellas actividades que no aportan valor, y optimizar las tareas necesarias. Algunas de las razones por las que la ingeniería de métodos y tiempos es importante son las siguientes:

Reducción de los costos: La mejora de la eficiencia y la eliminación de los desperdicios permiten reducir los costos asociados a la realización de una actividad o proyecto, lo que se traduce en un aumento de la rentabilidad de la organización.

Mejora de la calidad: La mejora de la eficiencia y la eliminación de los errores permiten mejorar la calidad del producto o servicio, lo que se traduce en una mayor satisfacción del cliente y en una mejora de la reputación de la organización.

Mayor flexibilidad: La optimización de los procesos productivos permite una mayor flexibilidad en la gestión de la producción, lo que permite adaptarse a las necesidades del mercado y a los cambios en la demanda.

Mayor competitividad: La mejora de la eficiencia y la reducción de los costos permiten una mayor competitividad en el mercado, lo que se traduce en una mayor cuota de mercado y en un aumento de los beneficios de la organización.

Conclusiones

En conclusión, la ingeniería de métodos y tiempos es una disciplina esencial para la gestión de procesos productivos y la mejora continua de las organizaciones. Esta disciplina permite identificar y eliminar todas aquellas actividades que no aportan valor, y optimizar las tareas necesarias para la realización de una actividad o proyecto. Las técnicas y herramientas utilizadas en la ingeniería de métodos y tiempos, como los diagramas de flujo, el análisis de procesos, el estudio de tiempos y movimientos, el balance de línea y la mejora continua, son esenciales para la mejora de la eficiencia, la reducción de los costos, la mejora de la calidad y la competitividad de las organizaciones.

Es importante destacar que la ingeniería de métodos y tiempos no es una técnica que se utilice únicamente en la industria manufacturera, sino que también es aplicable en otros ámbitos, como la gestión de proyectos, la logística, la atención al cliente, entre otros. En cualquier actividad en la que se deba realizar una tarea, se puede aplicar la ingeniería de métodos y tiempos para mejorar su eficiencia y reducir los costos asociados.

En definitiva, la ingeniería de métodos y tiempos es una disciplina que aporta grandes beneficios a las organizaciones, permitiendo la mejora de los procesos productivos, la reducción de los costos y la mejora de la calidad, lo que se traduce en una mayor satisfacción del cliente y en una mayor competitividad en el mercado. Por ello, es esencial que las organizaciones inviertan en la formación y capacitación de sus equipos en esta disciplina, para poder aprovechar todo su potencial y seguir creciendo y mejorando en el futuro.

ERGONOMÍA Y SEGURIDAD LABORAL

La ergonomía y la seguridad laboral son dos áreas fundamentales en el ambiente laboral. La ergonomía se encarga de estudiar la relación entre el trabajador y su entorno de trabajo, con el objetivo de mejorar la eficiencia, productividad y calidad de vida del trabajador. Por otro lado, la seguridad laboral se enfoca en identificar, evaluar y controlar los riesgos que pueden afectar la salud y seguridad de los trabajadores.

En este capítulo se abordarán los principales aspectos relacionados con la ergonomía y la seguridad laboral. Se revisarán los conceptos básicos de la ergonomía, así como las principales técnicas y herramientas que se utilizan para su aplicación en el lugar de trabajo. Asimismo, se analizarán las principales normas y regulaciones relacionadas con la seguridad laboral, y se discutirán las principales estrategias para la prevención y control de riesgos laborales.

Ergonomía en el lugar de trabajo

La ergonomía es una disciplina que se encarga de estudiar la relación entre el trabajador y su entorno de trabajo, con el objetivo de optimizar el bienestar del trabajador, aumentar la eficiencia y productividad, y reducir el riesgo de lesiones y enfermedades laborales.

El primer paso para aplicar la ergonomía en el lugar de trabajo es realizar un análisis detallado de las tareas y actividades que se realizan en la empresa. Esto incluye la observación de los trabajadores en su entorno de trabajo, así como la evaluación de los equipos, herramientas y mobiliario que se utilizan.

Una vez que se ha realizado el análisis, se pueden aplicar las siguientes técnicas y herramientas de ergonomía en el lugar de trabajo:

Diseño ergonómico del puesto de trabajo: El diseño ergonómico del puesto de trabajo implica adaptar el entorno laboral al trabajador, con el objetivo de minimizar los riesgos de lesiones y enfermedades laborales. Esto incluye la selección de muebles y equipos ergonómicos, la optimización de la iluminación y la temperatura, y la adaptación del espacio de trabajo para que se ajuste a las necesidades del trabajador.

Evaluación de la carga de trabajo: La evaluación de la carga de trabajo implica identificar las tareas y actividades que requieren mayor esfuerzo físico o mental, con el objetivo de diseñar un entorno laboral que reduzca la fatiga y el estrés en el trabajador.

Análisis biomecánico: El análisis biomecánico implica evaluar la forma en que el cuerpo humano se mueve y se esfuerza en diferentes situaciones laborales, con el objetivo de diseñar un entorno laboral que minimice el riesgo de lesiones musculoesqueléticas.

Análisis de la postura: El análisis de la postura implica evaluar la forma en que el trabajador se sienta, se para o se mueve en el entorno laboral, con el objetivo de diseñar un entorno laboral que promueva una postura saludable y reduzca el riesgo de lesiones musculoesqueléticas.

Entrenamiento en ergonomía: El entrenamiento en ergonomía implica educar a los trabajadores sobre los principios básicos de la ergonomía, con el objetivo de fomentar una cultura de trabajo saludable y prevenir lesiones laborales. Los trabajadores pueden aprender sobre la importancia de la postura adecuada, cómo ajustar la altura del escritorio y la silla, cómo utilizar equipos ergonómicos y cómo hacer pausas para estirar y descansar.

Normas y regulaciones de seguridad laboral

La seguridad laboral es una disciplina que se encarga de identificar, evaluar y controlar los riesgos que pueden afectar la salud y seguridad de los trabajadores. Para ello, existen diversas normas y regulaciones que establecen las obligaciones y responsabilidades de los empleadores y los trabajadores en materia de seguridad laboral.

Entre las normas y regulaciones más importantes de seguridad laboral se encuentran:

Reglamento de Salud y Seguridad en el Trabajo: Este reglamento establece las obligaciones y responsabilidades de los empleadores y los trabajadores en materia de seguridad laboral. Asimismo, establece los criterios para la identificación, evaluación y control de los riesgos laborales.

Reglamento de Seguridad y Salud en el Trabajo: Este reglamento establece las disposiciones para la prevención de accidentes y enfermedades laborales. Asimismo, establece los procedimientos y criterios para la evaluación de los riesgos laborales y la implementación de medidas preventivas.

Estrategias de prevención y control de riesgos laborales

La prevención y el control de los riesgos laborales son fundamentales para garantizar un ambiente de trabajo saludable y seguro. Para ello, existen diversas estrategias que pueden ser implementadas por los empleadores y los trabajadores, entre ellas:

Evaluación y gestión de riesgos: La evaluación y gestión de riesgos implica la identificación de los riesgos laborales, la evaluación de su probabilidad de ocurrencia y su gravedad, y la implementación de medidas preventivas para minimizar o eliminar estos riesgos.

Formación y entrenamiento: La formación y el entrenamiento de los trabajadores en materia de seguridad laboral es fundamental para promover una cultura de trabajo seguro. Los trabajadores deben estar capacitados en el uso de equipos de protección personal, en la identificación de riesgos laborales y en la implementación de medidas preventivas.

Implementación de medidas de seguridad: Las medidas de seguridad son aquellas medidas técnicas o administrativas que se implementan para reducir o eliminar los riesgos laborales. Estas medidas pueden incluir la instalación de equipos de protección colectiva, la implementación de procedimientos de trabajo seguro y la utilización de equipos de protección personal.

Inspecciones de seguridad: Las inspecciones de seguridad son una herramienta importante para identificar los riesgos laborales y evaluar la efectividad de las medidas preventivas implementadas. Las inspecciones pueden ser realizadas por los empleadores o por los trabajadores, y deben ser registradas y reportadas para su seguimiento.

Conclusiones

La ergonomía y la seguridad laboral son aspectos fundamentales para garantizar un ambiente de trabajo saludable y seguro. La ergonomía se enfoca en el diseño y adaptación del ambiente de trabajo a las necesidades físicas y psicológicas de los trabajadores, mientras que la seguridad laboral se enfoca en la identificación, evaluación y control de los riesgos que pueden afectar la salud y seguridad de los trabajadores.

Es importante que los empleadores y los trabajadores tomen conciencia de la importancia de la ergonomía y la seguridad laboral, y trabajen juntos para implementar medidas preventivas y garantizar un ambiente de trabajo seguro. Esto implica la identificación y evaluación de los riesgos laborales, la implementación de medidas preventivas, la formación y el entrenamiento de los trabajadores, y la realización de inspecciones de seguridad.

Además, es importante que los empleadores cumplan con las normas y regulaciones de seguridad laboral establecidas por las autoridades competentes. La Ley General de Salud y Seguridad en el Trabajo, las NOM y el Reglamento Federal de Seguridad y Salud en el Trabajo establecen las obligaciones y responsabilidades de los empleadores y los trabajadores en materia de seguridad laboral, y establecen los criterios para la identificación, evaluación y control de los riesgos laborales.

En conclusión, la ergonomía y la seguridad laboral son aspectos fundamentales para garantizar un ambiente de trabajo saludable y seguro. Los empleadores y los trabajadores deben trabajar juntos para implementar medidas preventivas y garantizar un ambiente de trabajo seguro, y cumplir con las normas y regulaciones de seguridad laboral establecidas por las autoridades competentes.

GESTIÓN DEL MANTENIMIENTO Y FIABILIDAD

La gestión del mantenimiento y la fiabilidad son aspectos críticos para el éxito de cualquier organización. La implementación efectiva de estos procesos puede mejorar la eficiencia operativa, reducir los costos de mantenimiento, aumentar la vida útil de los activos y mejorar la seguridad del personal y de la maquinaria. En este capítulo, exploraremos los conceptos básicos de la gestión del mantenimiento y la fiabilidad, sus beneficios y cómo se pueden implementar en una organización.

Gestión del mantenimiento

La gestión del mantenimiento se refiere a los procesos utilizados para mantener y mejorar la funcionalidad, confiabilidad y seguridad de los equipos y sistemas en una organización. La gestión del mantenimiento se puede dividir en dos categorías principales: mantenimiento correctivo y mantenimiento preventivo.

El mantenimiento correctivo se realiza después de que un equipo o sistema ha fallado. El objetivo principal del mantenimiento correctivo es reparar el equipo o sistema lo más rápido posible para minimizar el tiempo de inactividad. Sin embargo, el mantenimiento correctivo puede ser costoso y puede tener un impacto negativo en la productividad y la rentabilidad de la organización.

El mantenimiento preventivo, por otro lado, se realiza antes de que se produzca una falla en el equipo o sistema. El objetivo principal del mantenimiento preventivo es evitar las fallas en el equipo o sistema y minimizar el tiempo de inactividad. El mantenimiento preventivo se puede dividir en dos categorías:

mantenimiento basado en el tiempo y mantenimiento basado en la condición.

El mantenimiento basado en el tiempo se realiza en intervalos regulares, independientemente del estado del equipo o sistema. Este tipo de mantenimiento es útil para equipos y sistemas que tienen un ciclo de vida predecible, como cambiar el aceite de un automóvil cada cierto número de kilómetros.

El mantenimiento basado en la condición, por otro lado, se realiza cuando el equipo o sistema alcanza un cierto nivel de degradación o cuando se detecta una anomalía. Este tipo de mantenimiento se basa en la monitorización continua de los equipos y sistemas para identificar problemas antes de que se produzcan fallas.

Fiabilidad

La fiabilidad se refiere a la capacidad de un equipo o sistema para funcionar de manera continua y sin fallas durante un período de tiempo determinado. La fiabilidad es un aspecto crítico de cualquier equipo o sistema, especialmente en entornos de alta seguridad y de misión crítica. La fiabilidad se puede mejorar mediante la implementación de procesos de gestión del mantenimiento y la aplicación de técnicas de análisis de fiabilidad.

La tasa de fallas es una medida común de la fiabilidad. La tasa de fallas se refiere a la frecuencia con la que se producen fallas en un equipo o sistema durante un período de tiempo determinado. La tasa de fallas se puede reducir mediante la implementación de procesos de mantenimiento preventivo, el uso de materiales de alta calidad y la mejora del diseño del equipo o sistema.

El tiempo medio entre fallas (MTBF, por sus siglas en inglés) es otra medida común de la fiabilidad. El MTBF se refiere al tiempo promedio entre dos fallas consecutivas en un equipo o sistema. El MTBF se puede aumentar mediante la mejora del diseño del equipo o sistema, el uso de materiales de alta calidad y la implementación de procesos de mantenimiento preventivo.

Otro aspecto importante de la fiabilidad es la disponibilidad. La disponibilidad se refiere al tiempo durante el cual un equipo o sistema está disponible y en funcionamiento. La disponibilidad se puede mejorar mediante la implementación de procesos de mantenimiento preventivo, la reducción del tiempo de reparación y la mejora del diseño del equipo o sistema.

Implementación de la gestión del mantenimiento y la fiabilidad

La implementación efectiva de la gestión del mantenimiento y la fiabilidad puede mejorar significativamente la eficiencia operativa, reducir los costos de mantenimiento y mejorar la seguridad del personal y de la maquinaria. Aquí hay algunos pasos clave para implementar con éxito la gestión del mantenimiento y la fiabilidad en una organización:

Evaluar la situación actual: El primer paso en la implementación de la gestión del mantenimiento y la fiabilidad es evaluar la situación actual de la organización. Esto puede incluir la revisión de los registros de mantenimiento existentes, la identificación de los problemas actuales y la evaluación del desempeño del equipo o sistema.

Desarrollar un plan de mantenimiento: Una vez que se ha evaluado la situación actual, es importante desarrollar un plan de mantenimiento que aborde las áreas problemáticas identificadas. El plan de mantenimiento debe incluir una combinación de mantenimiento preventivo y correctivo para minimizar el tiempo de inactividad y mejorar la fiabilidad del equipo o sistema.

Implementar procesos de mantenimiento preventivo: El mantenimiento preventivo es fundamental para mejorar la fiabilidad del equipo o sistema. Se deben implementar procesos de mantenimiento preventivo para asegurar que el equipo o sistema se mantenga en condiciones óptimas.

Utilizar técnicas de análisis de fiabilidad: Las técnicas de análisis de fiabilidad, como el análisis de modo de falla y efecto (AMFE) y el análisis de árbol de fallas (AAF), pueden ayudar a identificar las áreas de mayor riesgo y a desarrollar estrategias de mitigación.

Capacitar al personal: El personal debe estar capacitado en los procesos de mantenimiento y las técnicas de análisis de fiabilidad. Esto garantizará que el personal esté preparado para realizar el mantenimiento preventivo y para identificar problemas potenciales antes de que se produzcan fallas.

Monitorear el desempeño: Una vez implementados los procesos de gestión del mantenimiento y la fiabilidad, es importante monitorear el desempeño del equipo o sistema. Esto puede incluir la monitorización de la tasa de fallas, el MTBF y la disponibilidad.

Beneficios de la gestión del mantenimiento y la fiabilidad

La implementación efectiva de la gestión del mantenimiento y la fiabilidad puede proporcionar una serie de beneficios significativos para una organización. Algunos de estos beneficios incluyen:

Reducción de los costos de mantenimiento: La implementación de procesos de mantenimiento preventivo puede reducir los costos de mantenimiento a largo plazo al minimizar la necesidad de reparaciones costosas y extensas.

Mejora de la eficiencia operativa: La implementación de procesos de mantenimiento preventivo puede mejorar la eficiencia operativa al minimizar el tiempo de inactividad y aumentar la disponibilidad del equipo o sistema.

Aumento de la vida útil de los activos: La implementación de procesos de mantenimiento preventivo puede aumentar la vida útil de los activos al minimizar el desgaste y la fatiga del equipo o sistema.

Mejora de la seguridad: La implementación de procesos de mantenimiento preventivo puede mejorar la seguridad del personal y de la maquinaria al identificar y corregir problemas potenciales antes de que se produzcan fallas.

Mejora de la calidad del producto: La implementación de procesos de mantenimiento preventivo puede mejorar la calidad del producto al reducir la variabilidad en el proceso de producción y minimizar los defectos del producto.

Mejora de la satisfacción del cliente: La mejora de la eficiencia operativa y la calidad del producto puede mejorar la satisfacción del cliente al proporcionar productos de alta calidad en un plazo de entrega más rápido.

Conclusiones

En resumen, la gestión del mantenimiento y la fiabilidad son fundamentales para la eficiencia operativa, la seguridad y la calidad del producto. La implementación efectiva de la gestión del mantenimiento y la fiabilidad puede reducir los costos de mantenimiento, mejorar la eficiencia operativa, aumentar la vida útil de los activos, mejorar la seguridad, mejorar la calidad del producto y mejorar la satisfacción del cliente. Los procesos de mantenimiento preventivo, las técnicas de análisis de fiabilidad y la capacitación del personal son algunos de los aspectos clave de la gestión del mantenimiento y la fiabilidad. Al implementar estos procesos, las organizaciones pueden lograr una mayor confiabilidad y eficiencia operativa en su producción.

TECNOLOGÍAS DE AUTOMATIZACIÓN Y CONTROL

En la actualidad, la tecnología de automatización y control está presente en una gran variedad de industrias, desde la producción manufacturera hasta la gestión de infraestructuras y servicios públicos. Esta tecnología utiliza sistemas de control para automatizar procesos y mejorar la eficiencia, la calidad y la seguridad de los productos y servicios que se ofrecen.

En este capítulo, se explorarán las principales tecnologías de automatización y control, así como los beneficios y desafíos que presentan. Además, se examinarán los diferentes tipos de sistemas de control, desde los sistemas de control basados en relés hasta los sistemas de control programables más avanzados.

Tecnologías de Automatización y Control

Las tecnologías de automatización y control incluyen una amplia gama de herramientas y sistemas diseñados para mejorar la eficiencia, la calidad y la seguridad de los procesos industriales. Estas tecnologías se utilizan en una variedad de industrias, desde la fabricación hasta la gestión de infraestructuras y servicios públicos.

Algunas de las principales tecnologías de automatización y control incluyen:

Control Numérico Computarizado (CNC)

El Control Numérico Computarizado (CNC) es un sistema de automatización utilizado en la producción manufacturera para controlar máquinas herramienta mediante el uso de programas de software. Los programas de software CNC permiten a los usuarios definir las herramientas y los movimientos que se deben realizar en la pieza de trabajo.

El CNC es ampliamente utilizado en la producción de piezas de alta precisión, como componentes para la industria aeroespacial y médica.

Robótica

La robótica es una tecnología de automatización que utiliza robots para realizar tareas en una variedad de entornos industriales. Los robots pueden ser programados para realizar tareas repetitivas y peligrosas, lo que aumenta la seguridad de los trabajadores y mejora la eficiencia del proceso.

La robótica se utiliza en una amplia gama de industrias, desde la fabricación hasta la logística y la atención médica.

Sistemas de Control de Procesos

Los sistemas de control de procesos son herramientas de automatización que se utilizan para controlar y supervisar los procesos industriales en tiempo real. Estos sistemas utilizan sensores y controladores para medir y ajustar los parámetros del proceso, como la temperatura, la presión y el flujo.

Los sistemas de control de procesos se utilizan en una amplia gama de industrias, desde la producción química hasta la fabricación de alimentos y bebidas.

Sistemas de Control de Calidad

Los sistemas de control de calidad son herramientas de automatización que se utilizan para garantizar que los productos y servicios cumplan con los estándares de calidad requeridos. Estos sistemas utilizan técnicas de medición y análisis para detectar y corregir problemas de calidad.

Los sistemas de control de calidad se utilizan en una amplia gama de industrias, desde la fabricación hasta la atención médica y los servicios financieros.

Tipos de Sistemas de Control

Existen varios tipos de sistemas de control utilizados en la tecnología de automatización y control. Estos sistemas se clasifican en función de su complejidad y capacidad de programación.

Sistemas de Control Basados en Relés

Los sistemas de control basados en relés son los sistemas de control más antiguos y simples. Estos sistemas utilizan relés electromecánicos para controlar el funcionamiento de una máquina o proceso. Los relés se activan o desactivan en función de la señal eléctrica que reciben, lo que permite controlar el encendido y apagado de los componentes del sistema.

Los sistemas de control basados en relés son limitados en su capacidad de programación y sólo pueden realizar tareas simples y repetitivas. Sin embargo, estos sistemas son fiables y se utilizan en aplicaciones donde la simplicidad es más importante que la funcionalidad avanzada.

Sistemas de Control Lógico Programable (PLC)

Los sistemas de control lógico programable (PLC) son una forma más avanzada de control que utiliza una computadora programable para controlar el funcionamiento de una máquina o proceso. Los PLCs utilizan un lenguaje de programación especializado para controlar la secuencia de operaciones y ajustar los parámetros del proceso.

Los PLCs son flexibles y pueden programarse para realizar una amplia variedad de tareas y operaciones. Estos sistemas se utilizan en una amplia gama de aplicaciones industriales, desde la producción manufacturera hasta la gestión de infraestructuras y servicios públicos.

Sistemas de Control Distribuido (DCS)

Los sistemas de control distribuido (DCS) son sistemas avanzados de control que se utilizan en procesos industriales complejos. Estos sistemas utilizan una red de controladores distribuidos para supervisar y controlar múltiples procesos en tiempo real.

Los DCSs son altamente escalables y se pueden programar para controlar procesos de gran escala y complejidad. Estos sistemas se utilizan en una amplia gama de aplicaciones industriales, desde la producción química hasta la generación de energía y la gestión de infraestructuras.

Sistemas de Control de Alto Nivel (HIL)

Los sistemas de control de alto nivel (HIL) son sistemas de simulación que se utilizan para probar y validar sistemas de control en entornos virtuales. Estos sistemas utilizan modelos matemáticos para simular el comportamiento de los sistemas en tiempo real, lo que permite a los ingenieros probar y optimizar el rendimiento de los sistemas de control antes de implementarlos en un entorno real.

Los sistemas HIL se utilizan en una amplia gama de aplicaciones industriales, desde la automoción hasta la aeronáutica y la ingeniería eléctrica.

Beneficios de la Tecnología de Automatización y Control

La tecnología de automatización y control ofrece una serie de beneficios a las empresas y organizaciones que la utilizan. Algunos de los principales beneficios incluyen:

Aumento de la Eficiencia

La automatización y el control permiten a las empresas mejorar la eficiencia de sus procesos, reduciendo el tiempo de producción y minimizando los errores humanos. Esto permite a las empresas aumentar su producción y reducir los costos de fabricación.

Mejora de la Calidad

La tecnología de automatización y control permite a las empresas mejorar la calidad de sus productos y servicios, reduciendo la variabilidad y minimizando los errores. Esto aumenta la satisfacción del cliente y mejora la imagen de la marca.

Aumento de la Seguridad

La automatización y el control permiten mejorar la seguridad en el lugar de trabajo al minimizar la exposición humana a situaciones peligrosas. Esto se logra al automatizar procesos peligrosos o al implementar sistemas de seguridad que monitorean el funcionamiento de las máquinas y equipos para detectar fallos o condiciones peligrosas.

Reducción de los Costos

La tecnología de automatización y control puede ayudar a reducir los costos de producción al minimizar el desperdicio de materiales y energía, así como al reducir la necesidad de mano de obra humana.

Aumento de la Flexibilidad

Los sistemas de control avanzados, como los PLCs y los DCSs, son altamente flexibles y pueden programarse para realizar una amplia variedad de tareas y operaciones. Esto permite a las empresas adaptarse rápidamente a los cambios en el mercado y a las nuevas demandas de los clientes.

Mejora del Análisis de Datos

La tecnología de automatización y control permite a las empresas recopilar y analizar grandes cantidades de datos sobre sus procesos y operaciones. Esto les permite identificar áreas de mejora y optimizar sus procesos para maximizar la eficiencia y la rentabilidad.

Desafíos en la Implementación de la Tecnología de Automatización y Control

Si bien la tecnología de automatización y control ofrece una serie de beneficios a las empresas, también presenta una serie de desafíos en su implementación. Algunos de los principales desafíos incluyen:

Costo

La implementación de sistemas de control avanzados puede ser costosa, especialmente para pequeñas y medianas empresas. Además del costo de los equipos y sistemas de control, también se requiere personal altamente capacitado para instalar, programar y mantener estos sistemas.

Integración

La implementación de sistemas de control avanzados a menudo requiere la integración de múltiples sistemas y equipos, lo que puede ser un desafío técnico. Además, los sistemas de control pueden no ser compatibles con los sistemas existentes, lo que requiere una inversión adicional en la actualización de los sistemas existentes o la adquisición de nuevos equipos.

Capacitación del personal

La implementación de sistemas de control avanzados requiere personal altamente capacitado y especializado para programar, mantener y operar los sistemas. La capacitación del personal puede ser costosa y llevar tiempo, lo que puede retrasar la implementación del sistema de control.

Seguridad Cibernética

Los sistemas de control avanzados están conectados a la red y pueden ser vulnerables a los ataques cibernéticos. La seguridad cibernética debe ser una consideración importante en la implementación de sistemas de control avanzados para proteger los sistemas y los datos sensibles.

Ejemplos de la Tecnología de Automatización y Control en la Industria

La tecnología de automatización y control se utiliza en una amplia gama de industrias, desde la manufacturera hasta la energética y la automotriz. A continuación se presentan algunos ejemplos de cómo se utiliza la tecnología de automatización y control en la industria.

Automoción

En la industria automotriz, la tecnología de automatización y control se utiliza para mejorar la eficiencia y la calidad en la producción de automóviles. Los sistemas de control avanzados se utilizan para controlar el proceso de producción, desde el ensamblaje de piezas hasta la pintura y el acabado final. También se utilizan sistemas de robots y máquinas automatizadas para realizar tareas que antes requerían mano de obra humana, como el ensamblaje de componentes y la soldadura.

Energía

En la industria de la energía, la tecnología de automatización y control se utiliza para mejorar la eficiencia y la seguridad en la producción de energía, desde la generación de electricidad hasta la extracción de petróleo y gas. Los sistemas de control avanzados se utilizan para monitorear y controlar el funcionamiento de las plantas de energía, lo que ayuda a optimizar la producción y reducir los costos.

Manufactura

En la industria manufacturera, la tecnología de automatización y control se utiliza para mejorar la eficiencia y la calidad en la producción de bienes, desde la fabricación de productos electrónicos hasta la producción de alimentos y bebidas. Los sistemas de control avanzados se utilizan para monitorear y controlar los procesos de producción, lo que ayuda a reducir los costos y mejorar la calidad del producto.

Minería

En la industria minera, la tecnología de automatización y control se utiliza para mejorar la seguridad y la eficiencia en la extracción de minerales y metales. Los sistemas de control avanzados se utilizan para monitorear y controlar el funcionamiento de los equipos de minería, lo que ayuda a minimizar los riesgos para los trabajadores y maximizar la producción.

Agricultura

En la industria agrícola, la tecnología de automatización y control se utiliza para mejorar la eficiencia y la productividad en la producción de alimentos y cultivos. Los sistemas de control avanzados se utilizan para monitorear y controlar los procesos de riego, fertilización y cosecha, lo que ayuda a maximizar el rendimiento de los cultivos y reducir los costos de producción.

Conclusiones

La tecnología de automatización y control es una herramienta poderosa para mejorar la eficiencia, la seguridad y la rentabilidad en una amplia gama de industrias. La implementación de sistemas de control avanzados puede ayudar a las empresas a reducir los costos, mejorar la calidad del producto y adaptarse rápidamente a los cambios en el mercado.

Sin embargo, la implementación de sistemas de control avanzados también presenta una serie de desafíos, como el costo, la integración, la capacitación del personal y la seguridad cibernética. Es importante que las empresas evalúen cuidadosamente los beneficios y los desafíos de la implementación de sistemas de control avanzados antes de tomar una decisión.

En última instancia, la tecnología de automatización y control puede ser una herramienta valiosa para ayudar a las empresas a mantenerse competitivas en un mercado global cada vez más exigente.

DESARROLLO Y GESTIÓN DE PROYECTOS INDUSTRIALES

El desarrollo y gestión de proyectos industriales es una tarea crucial para las empresas que buscan mejorar sus procesos de producción y, por lo tanto, aumentar su competitividad en el mercado. Este capítulo tiene como objetivo proporcionar una visión general de los procesos y herramientas necesarios para llevar a cabo con éxito proyectos industriales.

Fases del desarrollo de proyectos industriales

El desarrollo de un proyecto industrial consta de varias fases, que pueden variar según la naturaleza del proyecto y la empresa que lo lleva a cabo. Sin embargo, es posible identificar algunas fases que son comunes a la mayoría de los proyectos:

Identificación de la necesidad: en esta fase se define el problema o necesidad que se desea resolver a través del proyecto. También se identifican los objetivos del proyecto y se establece un marco de tiempo y un presupuesto estimado.

Planificación: en esta fase se elabora un plan detallado que establece las actividades necesarias para lograr los objetivos del proyecto, los recursos que se necesitarán y los plazos en los que se realizarán.

Ejecución: en esta fase se llevan a cabo las actividades planificadas y se realiza el seguimiento y control de los resultados obtenidos.

Cierre: en esta fase se evalúan los resultados obtenidos, se documenta el proyecto y se realizan las acciones necesarias para su cierre.

Herramientas para la gestión de proyectos industriales

Existen diversas herramientas que pueden utilizarse para llevar a cabo la gestión de proyectos industriales. Algunas de las más comunes son las siguientes:

Diagrama de Gantt: esta herramienta permite representar gráficamente el plan de actividades del proyecto, mostrando las tareas que se deben realizar y su duración estimada. También permite establecer relaciones de dependencia entre las tareas.

Red de Pert: esta herramienta es similar al diagrama de Gantt, pero se centra en las relaciones de dependencia entre las tareas. Permite identificar cuáles son las tareas críticas del proyecto, es decir, aquellas que deben realizarse en plazo para que el proyecto se complete en tiempo y forma.

Matriz de riesgos: esta herramienta permite identificar los riesgos asociados al proyecto y establecer estrategias para minimizarlos o eliminarlos. También permite evaluar la probabilidad y el impacto de cada riesgo.

Plan de contingencia: este plan establece las medidas que se tomarán en caso de que se produzca algún imprevisto que afecte al desarrollo del proyecto. Es importante que este plan se establezca antes de que se produzca el imprevisto, para poder actuar de manera rápida y eficaz.

Software de gestión de proyectos: existen diversas herramientas informáticas que permiten llevar a cabo la gestión de proyectos de manera eficaz, como Microsoft Project o Trello. Estas herramientas permiten planificar las tareas, establecer plazos y recursos, y realizar un seguimiento en tiempo real del desarrollo del proyecto.

Factores clave para el éxito de un proyecto industrial

El éxito de un proyecto industrial depende de diversos factores, algunos de los cuales son los siguientes:

Definición clara de los objetivos del proyecto: es importante que los objetivos del proyecto estén bien definidos desde el principio, para que todos los miembros del equipo trabajen en la misma dirección y sepan cuál es el resultado esperado.

Asignación adecuada de recursos: es fundamental que se asignen los recursos adecuados al proyecto, incluyendo personal, presupuesto y tiempo. Si no se asignan los recursos necesarios, el proyecto podría enfrentar dificultades y retrasos.

Comunicación efectiva: es esencial que exista una comunicación clara y efectiva entre todos los miembros del equipo del proyecto, así como con los clientes y proveedores. Una buena comunicación puede prevenir malentendidos y problemas que podrían afectar el éxito del proyecto.

Gestión de riesgos: es importante que se identifiquen los riesgos asociados al proyecto y se establezcan estrategias para minimizarlos o eliminarlos. Esto puede ayudar a prevenir problemas y retrasos en el desarrollo del proyecto.

Seguimiento y evaluación: es necesario realizar un seguimiento constante del proyecto para asegurarse de que se está avanzando de acuerdo con el plan establecido y para detectar cualquier desviación o problema. Además, es importante realizar una evaluación al final del proyecto para determinar si se han cumplido los objetivos y si se han obtenido los resultados esperados.

Ejemplo de gestión de proyecto industrial

Para ilustrar la gestión de un proyecto industrial, a continuación, se presenta un ejemplo hipotético:

Empresa X desea implementar una nueva línea de producción para fabricar un producto específico. El proyecto se desarrollará en un plazo de seis meses y se ha establecido un presupuesto de $100,000. El equipo del proyecto está compuesto por un gerente de proyecto, un ingeniero de producción, un diseñador industrial y un equipo de operarios de producción.

Fase 1: Identificación de la necesidad

El equipo del proyecto se reúne para definir el problema que se desea resolver y los objetivos del proyecto. Se establece que la empresa necesita una nueva línea de producción para fabricar un producto específico debido al aumento de la demanda. Los objetivos del proyecto son aumentar la producción del producto, mejorar la calidad y reducir los costos.

Fase 2: Planificación

El equipo del proyecto elabora un plan detallado que establece las actividades necesarias para lograr los objetivos del proyecto, los recursos que se necesitarán y los plazos en los que se realizarán. Se establecen las siguientes actividades principales:

Diseño de la línea de producción

Adquisición de los equipos necesarios

Capacitación de los operarios de producción

Pruebas de producción y ajustes

El equipo del proyecto utiliza un diagrama de Gantt para representar gráficamente el plan de actividades del proyecto y establecer las relaciones de dependencia entre las tareas.

Fase 3: Ejecución

El equipo del proyecto comienza a llevar a cabo las actividades planificadas y realiza el seguimiento y control de los resultados obtenidos. Se establecen reuniones periódicas para evaluar el avance del proyecto y hacer ajustes si es necesario.

Fase 4: Cierre

Una vez que se ha completado la implementación de la nueva línea de producción, se realiza una evaluación del proyecto para determinar si se han cumplido los objetivos y si se han obtenido los resultados esperados. Se documenta el proyecto y se realiza su cierre.

Conclusión

La gestión de proyectos industriales es una tarea compleja que requiere una planificación detallada, una buena gestión de recursos, una comunicación efectiva, la identificación y gestión de riesgos, y un seguimiento constante del proyecto. El éxito del proyecto dependerá en gran medida de la gestión adecuada de estas áreas clave.

Es importante que los gerentes de proyecto industriales tengan una buena comprensión de las actividades y procesos que se llevarán a cabo en el proyecto, así como de los recursos necesarios para completarlo. También es importante que tengan habilidades de liderazgo, comunicación y gestión del tiempo para poder liderar el equipo del proyecto y asegurarse de que se cumplan los plazos y objetivos establecidos.

La utilización de herramientas de gestión de proyectos, como los diagramas de Gantt, puede ser muy útil para la planificación y seguimiento de los proyectos industriales. Estas herramientas permiten una visualización clara de las actividades y los plazos, y pueden ayudar a identificar los cuellos de botella y los retrasos en el proyecto.

En resumen, la gestión de proyectos industriales es un proceso complejo que requiere una planificación cuidadosa, una gestión adecuada de recursos y riesgos, una comunicación efectiva y un seguimiento constante del proyecto. La implementación adecuada de estas prácticas puede ayudar a garantizar el éxito del proyecto y la satisfacción del cliente.

ANÁLISIS DE COSTO-BENEFICIO Y EVALUACIÓN DE PROYECTOS

En la gestión de proyectos, es esencial que se realice una evaluación cuidadosa de los costos y los beneficios antes de tomar cualquier decisión importante. Esto se debe a que cualquier inversión en un proyecto debe ser rentable y beneficiosa para la organización en su conjunto. Para evaluar los costos y los beneficios de un proyecto, se utiliza una técnica llamada análisis de costo-beneficio. En este capítulo, discutiremos en detalle qué es el análisis de costo-beneficio, cómo se lleva a cabo y su importancia en la evaluación de proyectos.

¿Qué es el análisis de costo-beneficio?

El análisis de costo-beneficio es una técnica utilizada para evaluar la relación entre los costos y los beneficios de un proyecto. Este análisis se realiza para determinar si los beneficios esperados del proyecto justifican los costos asociados con él. En otras palabras, el análisis de costo-beneficio ayuda a las organizaciones a determinar si un proyecto es rentable y si es viable económicamente.

El análisis de costo-beneficio implica la identificación de todos los costos asociados con el proyecto, tanto los costos directos como los indirectos. Los costos directos son aquellos que están directamente relacionados con la ejecución del proyecto, como los costos de materiales y mano de obra. Los costos indirectos, por otro lado, son aquellos que están relacionados con el proyecto pero no son directamente atribuibles a él, como los costos administrativos generales.

Por otro lado, los beneficios del proyecto deben identificarse y cuantificarse. Los beneficios pueden ser tangibles o intangibles. Los beneficios tangibles son aquellos que pueden medirse en términos monetarios, como el aumento de las ventas o la reducción de costos. Los beneficios intangibles son aquellos que no pueden medirse fácilmente en términos monetarios, como la mejora de la imagen de la marca o la satisfacción del cliente.

Una vez que se han identificado todos los costos y beneficios asociados con el proyecto, se realiza un análisis para determinar si los beneficios justifican los costos. Si el análisis muestra que los beneficios superan los costos, entonces el proyecto se considera viable económicamente.

Pasos para llevar a cabo el análisis de costo-beneficio

El análisis de costo-beneficio se realiza en varias etapas. Estas etapas incluyen:

Identificación de costos y beneficios: El primer paso en el análisis de costo-beneficio es identificar todos los costos y beneficios asociados con el proyecto. Esto incluye tanto los costos directos como los indirectos, y los beneficios tangibles e intangibles.

Cuantificación de costos y beneficios: El siguiente paso es cuantificar todos los costos y beneficios identificados. Los costos se cuantifican en términos monetarios, mientras que los beneficios tangibles también se cuantifican en términos monetarios. Los beneficios intangibles se cuantifican utilizando métodos subjetivos, como encuestas o análisis de opinión.

Establecimiento de una línea de base: Una vez que se han identificado y cuantificado todos los costos y beneficios, se establece una línea de base. La línea de base es una representación de los costos y beneficios esperados sin el proyecto en cuestión. Esto ayuda a comparar los costos y beneficios esperados con los costos y beneficios reales después de la implementación del proyecto.

Análisis de costo-beneficio: El siguiente paso es llevar a cabo el análisis de costo-beneficio real. Esto implica comparar los costos y beneficios esperados con la línea de base establecida. Si los beneficios esperados superan los costos esperados, entonces el proyecto se considera viable económicamente. Si los costos esperados superan los beneficios esperados, entonces el proyecto puede necesitar ser reevaluado o abandonado.

Importancia del análisis de costo-beneficio en la evaluación de proyectos

El análisis de costo-beneficio es una herramienta importante para la evaluación de proyectos por varias razones:

Ayuda a tomar decisiones informadas: El análisis de costo-beneficio proporciona información importante sobre la relación entre los costos y los beneficios de un proyecto. Esto ayuda a los responsables de la toma de decisiones a tomar decisiones informadas sobre si deben seguir adelante con un proyecto o no.

Identifica los costos ocultos: El análisis de costo-beneficio ayuda a identificar los costos ocultos asociados con un proyecto. Esto incluye los costos indirectos que a menudo se pasan por alto pero que pueden tener un impacto significativo en la rentabilidad del proyecto.

Mejora la planificación del proyecto: El análisis de costo-beneficio ayuda a las organizaciones a planificar y presupuestar un proyecto de manera efectiva. Esto ayuda a evitar sorpresas desagradables y a asegurar que se alcancen los objetivos del proyecto dentro del presupuesto asignado.

Reduce el riesgo: El análisis de costo-beneficio ayuda a las organizaciones a evaluar el riesgo asociado con un proyecto. Esto incluye la evaluación de los riesgos financieros, operativos y de cumplimiento. Si se identifica un alto riesgo, entonces se pueden tomar medidas para reducir o mitigar ese riesgo antes de implementar el proyecto.

Ejemplo de análisis de costo-beneficio

Para ilustrar cómo se realiza un análisis de costo-beneficio, consideremos un ejemplo hipotético de una organización que está considerando la implementación de un nuevo sistema de gestión de inventario. Supongamos que la organización ha identificado los siguientes costos y beneficios asociados con el proyecto:

Costos:

Costo del software: $20,000

Costo de la implementación: $5,000

Costo del personal de capacitación: $2,000

Costos operativos adicionales: $1,000 por mes

Beneficios:

Reducción de costos de inventario: $3,000 por mes

Aumento de las ventas: $2,000 por mes

Reducción de errores de inventario: $1,000 por mes

Mejora de la satisfacción del cliente: no cuantificable

Utilizando esta información, podemos llevar a cabo un análisis de costo-beneficio de la siguiente manera:

Identificación de costos y beneficios: Los costos identificados incluyen el costo del software, el costo de la implementación, el costo del personal de capacitación y los costos operativos adicionales. Los beneficios identificados incluyen la reducción de costos de inventario, el aumento de las ventas y la reducción de errores de inventario. También se identifica una mejora en la satisfacción del cliente, aunque no se puede cuantificar.

Establecimiento de una línea de base: La línea de base se establece identificando los costos y beneficios que se esperan sin la implementación del proyecto. Supongamos que, sin el nuevo sistema de gestión de inventario, la organización espera tener costos de inventario de $10,000 por mes, ventas de $20,000 por mes y errores de inventario de $2,000 por mes.

Identificación de los costos y beneficios reales: Una vez que se implementa el nuevo sistema de gestión de inventario, se puede medir la reducción real de costos de inventario, el aumento real de las ventas y la reducción real de errores de inventario. Supongamos que estos beneficios resultan ser $4,000 por mes, $2,500 por mes y $1,500 por mes, respectivamente. Además, los costos operativos adicionales resultan ser de $1,500 por mes.

Análisis de costo-beneficio: Utilizando esta información, podemos comparar los costos y beneficios esperados con la línea de base y los costos y beneficios reales para determinar si el proyecto es viable económicamente. El análisis de costo-beneficio se realiza de la siguiente manera:

Costos esperados: $20,000 + $5,000 + $2,000 + ($1,000 x 12) = $39,000

Beneficios esperados: $3,000 + $2,000 + $1,000 = $6,000

Costos reales: $39,000 + ($1,500 x 12) = $57,000

Beneficios reales: $4,000 + $2,500 + $1,500 = $8,000

Basándonos en este análisis, podemos ver que los beneficios esperados superan los costos esperados, lo que indica que el proyecto es viable económicamente. Además, los beneficios reales también superan los costos reales, lo que sugiere que la implementación del nuevo sistema de gestión de inventario ha sido un éxito.

Limitaciones del análisis de costo-beneficio

Aunque el análisis de costo-beneficio es una herramienta útil para la evaluación de proyectos, hay algunas limitaciones importantes que deben tenerse en cuenta:

Dificultad para cuantificar ciertos beneficios: A veces puede ser difícil cuantificar ciertos beneficios, como la mejora de la satisfacción del cliente. Esto puede hacer que sea más difícil determinar si un proyecto es viable económicamente.

Supuestos inexactos: El análisis de costo-beneficio se basa en supuestos, y si estos supuestos son inexactos, entonces el análisis puede ser incorrecto. Por lo tanto, es importante asegurarse de que los supuestos utilizados sean precisos y realistas.

No tiene en cuenta los costos y beneficios a largo plazo: El análisis de costo-beneficio se centra en los costos y beneficios a corto plazo y no tiene en cuenta los costos y beneficios a largo plazo. Por lo tanto, es posible que un proyecto parezca viable económicamente a corto plazo, pero no lo sea a largo plazo.

Conclusión

En resumen, el análisis de costo-benefio es una herramienta importante para la evaluación de proyectos. Permite a los gerentes y tomadores de decisiones determinar si un proyecto es viable económicamente al comparar los costos y beneficios esperados con los costos y beneficios reales. Sin embargo, es importante tener en cuenta las limitaciones del análisis de costo-beneficio, como la dificultad para cuantificar ciertos beneficios y los supuestos inexactos.

Además del análisis de costo-beneficio, hay otras herramientas y técnicas que pueden utilizarse para la evaluación de proyectos, como el análisis de costo-efectividad, el análisis de costo-utilidad y el análisis de impacto ambiental y social. Cada una de estas herramientas y técnicas tiene sus propias ventajas y limitaciones, y la elección de la herramienta adecuada dependerá de los objetivos del proyecto y las circunstancias específicas.

En última instancia, la evaluación de proyectos es esencial para asegurar que las organizaciones inviertan sus recursos de manera efectiva y eficiente. Al evaluar los costos y beneficios de un proyecto, los gerentes y tomadores de decisiones pueden tomar decisiones informadas sobre si deben continuar con el proyecto o no. Esto puede ayudar a garantizar que los recursos limitados se utilicen de manera efectiva para lograr los objetivos de la organización y maximizar su impacto.

ANÁLISIS FINANCIERO Y DE RENTABILIDAD EN LA INGENIERÍA INDUSTRIAL

El análisis financiero y de rentabilidad es una herramienta fundamental en la ingeniería industrial, ya que permite evaluar la viabilidad y la rentabilidad de los proyectos, así como tomar decisiones estratégicas y tácticas en una empresa. En este capítulo, se discutirán los principales conceptos y técnicas utilizados en el análisis financiero y de rentabilidad, así como su importancia en la ingeniería industrial.

Conceptos fundamentales

Antes de comenzar con el análisis financiero y de rentabilidad, es importante conocer algunos conceptos fundamentales, como el costo de capital, el flujo de efectivo, la tasa de descuento y el punto de equilibrio.

El costo de capital se refiere a la tasa de retorno requerida por los inversores para financiar un proyecto. Esta tasa puede estar compuesta por diferentes componentes, como el costo de la deuda, el costo de la equidad y el costo de los activos.

El flujo de efectivo se refiere al dinero que ingresa y sale de una empresa en un período determinado. Es importante distinguir el flujo de efectivo de los beneficios contables, ya que los beneficios contables no siempre se traducen en flujo de efectivo.

La tasa de descuento es la tasa de interés que se utiliza para calcular el valor actual de los flujos de efectivo futuros. Esta tasa se utiliza para evaluar la rentabilidad de un proyecto.

El punto de equilibrio se refiere al nivel de ventas en el que los ingresos igualan los costos. Este punto es importante porque indica el nivel mínimo de ventas necesario para evitar pérdidas.

Análisis financiero

El análisis financiero se refiere al estudio de los estados financieros de una empresa, como el balance general, el estado de resultados y el estado de flujo de efectivo. Estos estados financieros proporcionan información importante sobre la situación financiera de una empresa y su desempeño.

El balance general muestra los activos, pasivos y patrimonio de una empresa en un momento determinado. Los activos son los recursos que posee la empresa, como efectivo, cuentas por cobrar, inventarios y propiedades. Los pasivos son las obligaciones de la empresa, como cuentas por pagar y préstamos. El patrimonio es la inversión de los accionistas en la empresa.

El estado de resultados muestra los ingresos y los gastos de una empresa durante un período determinado. Los ingresos incluyen las ventas de productos o servicios, mientras que los gastos incluyen los costos de producción, los gastos administrativos y los impuestos.

El estado de flujo de efectivo muestra los flujos de efectivo de una empresa durante un período determinado. Este estado financiero es importante porque muestra el flujo de efectivo real de la empresa, lo que permite evaluar su capacidad para financiar sus operaciones y sus inversiones.

Para analizar los estados financieros de una empresa, se utilizan diferentes ratios financieros, como la liquidez, la rentabilidad y el endeudamiento.

La liquidez se refiere a la capacidad de una empresa para pagar sus deudas a corto plazo. Se utilizan diferentes ratios de liquidez, como el ratio de liquidez corriente y el ratio de prueba ácida.

La rentabilidad se refiere a la capacidad de una empresa para generar beneficios a partir de sus operaciones. Se utilizan diferentes ratios de rentabilidad, como el retorno sobre el patrimonio, el retorno sobre los activos y el margen de beneficio.

El endeudamiento se refiere al nivel de deuda de una empresa en relación con sus activos y su patrimonio. Se utilizan diferentes ratios de endeudamiento, como el ratio de endeudamiento y el ratio de cobertura de intereses.

Es importante destacar que los ratios financieros no deben evaluarse de forma aislada, sino que deben analizarse en conjunto y en relación con los objetivos y la situación financiera de la empresa.

Análisis de rentabilidad

El análisis de rentabilidad se refiere a la evaluación de la rentabilidad de un proyecto o una inversión. En este tipo de análisis, se utilizan diferentes técnicas, como el valor presente neto (VPN), la tasa interna de retorno (TIR) y el período de recuperación.

El valor presente neto es una técnica utilizada para evaluar la rentabilidad de una inversión a lo largo del tiempo. El VPN se calcula restando el costo de la inversión de los flujos de efectivo futuros descontados a una tasa de descuento adecuada. Si el VPN es positivo, la inversión es rentable.

La tasa interna de retorno es otra técnica utilizada para evaluar la rentabilidad de una inversión. La TIR es la tasa de descuento a la cual el VPN es igual a cero. Si la TIR es mayor que la tasa de descuento requerida, la inversión es rentable.

El período de recuperación se refiere al tiempo necesario para recuperar la inversión inicial. Se calcula dividiendo el costo de la inversión por el flujo de efectivo anual esperado. Si el período de recuperación es inferior al tiempo previsto para el proyecto, la inversión es rentable.

Es importante destacar que el análisis de rentabilidad debe considerar no solo los flujos de efectivo esperados, sino también los riesgos asociados a la inversión, como la incertidumbre en los ingresos y los costos, y los cambios en las condiciones del mercado.

Aplicación en la ingeniería industrial

El análisis financiero y de rentabilidad es una herramienta fundamental en la ingeniería industrial, ya que permite evaluar la viabilidad y la rentabilidad de los proyectos, así como tomar decisiones estratégicas y tácticas en una empresa.

En la ingeniería industrial, el análisis financiero y de rentabilidad se aplica en diferentes áreas, como la evaluación de proyectos de inversión, la gestión de costos y la toma de decisiones financieras.

En la evaluación de proyectos de inversión, el análisis de rentabilidad se utiliza para evaluar la viabilidad de los proyectos y determinar si son rentables o no. Además, el análisis financiero se utiliza para identificar los costos y los ingresos asociados a los proyectos y evaluar la sensibilidad de los resultados a diferentes supuestos.

En la gestión de costos, el análisis financiero se utiliza para identificar los costos fijos y variables de una empresa y evaluar la rentabilidad de sus productos y servicios. Además, se utilizan diferentes técnicas, como el análisis de costos-volumen-beneficio, para evaluar el impacto de los cambios en los costos y los precios en la rentabilidad de la empresa.

En la toma de decisiones financieras, el análisis financiero y de rentabilidad se utiliza para evaluar diferentes opciones y determinar la opción más rentable. Por ejemplo, se pueden evaluar diferentes opciones de financiamiento, como la emisión de bonos o la obtención de préstamos bancarios, y determinar cuál es la opción más rentable para la empresa en términos de costos y riesgos.

Además, el análisis financiero y de rentabilidad también se utiliza en la evaluación de la eficiencia y la efectividad de las operaciones de la empresa. Por ejemplo, se pueden evaluar diferentes opciones de producción, como la externalización de ciertas operaciones o la automatización de procesos, y determinar cuál es la opción más rentable en términos de costos y productividad.

En resumen, el análisis financiero y de rentabilidad es una herramienta fundamental en la ingeniería industrial, ya que permite evaluar la viabilidad y la rentabilidad de los proyectos, así como tomar decisiones estratégicas y tácticas en una empresa. La aplicación de técnicas de análisis financiero y de rentabilidad permite a las empresas tomar decisiones informadas y minimizar los riesgos asociados a sus operaciones y proyectos.

ASPECTOS LEGALES Y REGULACIONES EN LA INDUSTRIA

La industria es uno de los principales motores económicos de cualquier país. Sin embargo, la producción de bienes y servicios no se puede realizar sin cumplir una serie de normativas y regulaciones establecidas por las autoridades gubernamentales y los organismos reguladores correspondientes. En este capítulo, se analizarán los aspectos legales y las regulaciones aplicables a la industria, con el fin de comprender mejor el marco jurídico y normativo que regula este sector.

Marco legal

El marco legal que regula la industria varía de país en país y de acuerdo con las distintas legislaciones. Sin embargo, hay ciertos aspectos generales que son comunes en la mayoría de los países. Uno de los aspectos legales más importantes es la propiedad intelectual. Esto incluye las patentes, las marcas registradas, los derechos de autor, los diseños y los modelos industriales. Las empresas que operan en la industria deben respetar las leyes de propiedad intelectual, ya que esto protege su propiedad y les permite competir de manera justa en el mercado.

Otro aspecto importante del marco legal es la protección del medio ambiente. Las empresas deben cumplir con las leyes ambientales, que establecen las normas y regulaciones para la producción y el manejo de residuos, la emisión de gases y la contaminación del agua. Las empresas que no cumplan con estas regulaciones pueden enfrentar multas y sanciones, así como también pueden ser objeto de demandas civiles.

Regulaciones de seguridad

La seguridad en el lugar de trabajo es un aspecto crítico en la industria. La seguridad y la salud de los trabajadores deben ser protegidas por ley, y las empresas deben cumplir con las regulaciones de seguridad en el lugar de trabajo. Esto incluye la implementación de programas de seguridad, la capacitación de los trabajadores en seguridad y el mantenimiento de equipos y maquinarias en condiciones seguras.

Además, las empresas también deben cumplir con las regulaciones de seguridad en cuanto al transporte y la manipulación de materiales peligrosos. Esto incluye el transporte de productos químicos peligrosos, la manipulación de materiales explosivos y la eliminación de residuos tóxicos. Las empresas que no cumplan con estas regulaciones pueden enfrentar sanciones penales y civiles.

Regulaciones de empleo

Las empresas que operan en la industria también deben cumplir con las leyes laborales y de empleo. Esto incluye el pago de salarios justos, la protección de los derechos de los trabajadores y el cumplimiento de las regulaciones de seguridad y salud en el lugar de trabajo. Las empresas también deben cumplir con las leyes de discriminación y acoso en el lugar de trabajo.

Además, las empresas deben cumplir con las regulaciones de empleo en cuanto a la contratación y el despido de trabajadores. Esto incluye el cumplimiento de las regulaciones de trabajo infantil y la protección de los derechos de los trabajadores migrantes.

Regulaciones de comercio

Las empresas que operan en la industria también deben cumplir con las regulaciones de comercio y las leyes antimonopolio. Las leyes de comercio establecen las reglas para el comercio internacional, incluyendo las normas y regulaciones para la importación y exportación de bienes. Las empresas también deben cumplir con las leyes antimonopolio, que buscan prevenir la formación de monopolios y promover la competencia justa en el mercado. Las empresas que no cumplan con estas regulaciones pueden enfrentar sanciones y multas.

Regulaciones de calidad

La calidad de los productos y servicios es otro aspecto importante en la industria. Las empresas deben cumplir con las regulaciones de calidad establecidas por las autoridades gubernamentales y los organismos reguladores correspondientes. Esto incluye las regulaciones de seguridad alimentaria, que establecen las normas y regulaciones para la producción y el manejo de alimentos y bebidas. Las empresas también deben cumplir con las regulaciones de calidad en cuanto a la producción y el suministro de productos farmacéuticos y dispositivos médicos.

Regulaciones fiscales

Las empresas que operan en la industria también deben cumplir con las leyes fiscales y tributarias. Esto incluye el pago de impuestos, tasas y aranceles, así como también el cumplimiento de las regulaciones de contabilidad y auditoría. Las empresas deben presentar informes financieros precisos y transparentes, y cumplir con las regulaciones de contabilidad establecidas por las autoridades gubernamentales.

Regulaciones de propiedad y zonificación

Las empresas que operan en la industria también deben cumplir con las regulaciones de propiedad y zonificación. Las leyes de propiedad establecen las reglas para la propiedad y el uso de la tierra y los edificios. Las empresas deben cumplir con las regulaciones de zonificación, que establecen las normas y regulaciones para el uso de la tierra y la construcción de edificios. Las empresas deben obtener los permisos necesarios antes de construir o modificar un edificio, y cumplir con las regulaciones de construcción y seguridad.

Conclusión

En resumen, la industria está sujeta a una amplia gama de regulaciones y leyes que buscan proteger a los trabajadores, el medio ambiente y el público en general, y promover la competencia justa en el mercado. Las empresas que operan en la industria deben cumplir con estas regulaciones y leyes para poder operar de manera efectiva y responsable. Es importante que las empresas entiendan el marco legal y normativo que rige la industria en su país y se aseguren de cumplir con todas las regulaciones y leyes aplicables. De esta manera, las empresas pueden proteger su propiedad intelectual, mantener a sus trabajadores seguros y saludables, producir productos de alta calidad y contribuir de manera positiva a la economía y a la sociedad en general.

SOSTENIBILIDAD Y RESPONSABILIDAD SOCIAL EN LA INGENIERÍA INDUSTRIAL

La sostenibilidad y la responsabilidad social son dos temas clave en la ingeniería industrial moderna. A medida que los recursos naturales se vuelven cada vez más escasos y la preocupación por el impacto ambiental y social de las actividades humanas aumenta, los ingenieros industriales se enfrentan a la tarea de diseñar y operar sistemas productivos que sean sostenibles y socialmente responsables. En este capítulo, exploraremos los conceptos de sostenibilidad y responsabilidad social en la ingeniería industrial, y discutiremos algunas de las herramientas y estrategias que los ingenieros pueden utilizar para integrar estos conceptos en su trabajo.

Sostenibilidad en la ingeniería industrial

La sostenibilidad se refiere a la capacidad de satisfacer las necesidades presentes sin comprometer la capacidad de las generaciones futuras para satisfacer sus propias necesidades. En la ingeniería industrial, la sostenibilidad implica diseñar y operar sistemas productivos de manera que se utilicen los recursos de manera eficiente y se minimice el impacto ambiental. Esto implica la adopción de prácticas que reduzcan el uso de recursos no renovables, disminuyan las emisiones de gases de efecto invernadero, reduzcan la generación de residuos y promuevan la conservación de la biodiversidad.

Una de las herramientas más importantes que los ingenieros industriales pueden utilizar para mejorar la sostenibilidad de los sistemas productivos es el análisis del ciclo de vida (ACV). El ACV es una metodología que permite evaluar el impacto ambiental de un producto o sistema a lo largo de su ciclo de vida completo, desde la extracción de materias primas hasta su disposición final. Al utilizar el ACV, los ingenieros pueden identificar los puntos críticos en el ciclo de vida de un producto o sistema y tomar medidas para reducir su impacto ambiental.

Otra herramienta importante es el diseño para el medio ambiente (DfE). El DfE implica considerar los impactos ambientales de un producto o sistema desde el diseño inicial, y buscar oportunidades para reducir su impacto ambiental a lo largo de todo el ciclo de vida. Esto puede implicar la utilización de materiales y tecnologías más sostenibles, la reducción del uso de energía y recursos, y la implementación de prácticas de reciclaje y gestión de residuos.

Responsabilidad social en la ingeniería industrial

La responsabilidad social se refiere a la obligación de las empresas y organizaciones de operar de manera ética y responsable con respecto a la sociedad en general. En la ingeniería industrial, la responsabilidad social implica la adopción de prácticas que promuevan la justicia social, la igualdad de oportunidades y el bienestar de la comunidad en general.

Una de las áreas clave de responsabilidad social para los ingenieros industriales es la gestión de la seguridad y la salud en el trabajo. Los ingenieros deben diseñar y operar sistemas productivos que sean seguros y saludables para los trabajadores, y tomar medidas para prevenir accidentes y lesiones en el lugar de trabajo. Esto puede incluir la implementación de medidas de seguridad, como la utilización de equipos de protección personal y la formación en seguridad para los trabajadores.

Otra área clave de responsabilidad social es la gestión de la cadena de suministro. Los ingenieros deben trabajar con proveedores y contratistas para garantizar que sus prácticas sean socialmente responsables y cumplan con los estándares éticos y legales. Esto puede incluir la promoción de prácticas laborales justas, la eliminación del trabajo infantil y forzado, y la adopción de prácticas de gestión ambiental sostenibles.

Además, los ingenieros industriales también deben considerar la responsabilidad social en el diseño de productos y sistemas. Esto implica considerar cómo los productos y sistemas afectarán a los usuarios finales y a la sociedad en general, y buscar oportunidades para mejorar la calidad de vida y la equidad social. Por ejemplo, los ingenieros pueden diseñar productos que sean accesibles para personas con discapacidades o que promuevan la igualdad de género.

Herramientas y estrategias para la sostenibilidad y la responsabilidad social en la ingeniería industrial

Para integrar la sostenibilidad y la responsabilidad social en su trabajo, los ingenieros industriales pueden utilizar una variedad de herramientas y estrategias. Algunas de las herramientas y estrategias más comunes incluyen:

Estándares y normas: Los ingenieros pueden utilizar una variedad de estándares y normas para guiar sus prácticas y garantizar la sostenibilidad y la responsabilidad social en sus proyectos. Algunos ejemplos incluyen ISO 14001 (sistema de gestión ambiental), ISO 45001 (sistema de gestión de la salud y la seguridad en el trabajo) y SA8000 (norma de responsabilidad social).

Certificaciones y etiquetas: Los ingenieros pueden trabajar con certificaciones y etiquetas para demostrar que sus productos y sistemas cumplen con estándares ambientales y sociales. Algunos ejemplos incluyen el certificado LEED (liderazgo en energía y diseño ambiental) para edificios verdes, y las etiquetas de comercio justo para productos fabricados de manera socialmente responsable.

Análisis de impacto social: Los ingenieros pueden utilizar herramientas como el análisis de impacto social para evaluar el impacto de sus proyectos en la sociedad en general. Esto puede implicar la evaluación de impactos positivos, como la creación de empleo o el acceso a servicios básicos, así como la identificación de impactos negativos, como la exclusión social o la pérdida de patrimonio cultural.

Participación y diálogo con las partes interesadas: Los ingenieros pueden involucrar a las partes interesadas, como la comunidad local, los trabajadores y los grupos de interés, en el diseño y la implementación de proyectos. Esto puede ayudar a garantizar que los proyectos sean socialmente responsables y que satisfagan las necesidades y preocupaciones de todas las partes interesadas.

Innovación y tecnología: Los ingenieros pueden utilizar la innovación y la tecnología para desarrollar soluciones sostenibles y socialmente responsables. Esto puede implicar el uso de tecnologías limpias y renovables, la implementación de procesos más eficientes y la exploración de nuevas formas de diseño y producción.

Conclusión

La sostenibilidad y la responsabilidad social son dos temas críticos para la ingeniería industrial moderna. A medida que el mundo enfrenta desafíos ambientales y sociales cada vez mayores, los ingenieros industriales tienen la responsabilidad de diseñar y operar sistemas productivos que sean sostenibles y socialmente responsables. Esto implica considerar no solo la eficiencia y la rentabilidad económica, sino también el impacto de sus prácticas en las personas y el planeta.

Los ingenieros industriales tienen una amplia variedad de herramientas y estrategias a su disposición para integrar la sostenibilidad y la responsabilidad social en su trabajo. Estas herramientas y estrategias incluyen estándares y normas, certificaciones y etiquetas, análisis de impacto social, participación y diálogo con las partes interesadas, y la innovación y la tecnología.

Es importante que los ingenieros industriales trabajen en colaboración con otros profesionales y partes interesadas para garantizar que sus prácticas sean verdaderamente sostenibles y socialmente responsables. Esto puede implicar la colaboración con científicos ambientales, expertos en salud y seguridad laboral, representantes de la comunidad local y otros grupos de interés.

La sostenibilidad y la responsabilidad social en la ingeniería industrial son temas complejos y en constante evolución. Los ingenieros industriales deben mantenerse informados sobre los últimos avances en estas áreas y estar dispuestos a adaptar sus prácticas en consecuencia. A través de un enfoque colaborativo y centrado en la sostenibilidad y la responsabilidad social, los ingenieros industriales pueden desempeñar un papel crucial en la construcción de un mundo más justo y sostenible.

TENDENCIAS Y PERSPECTIVAS FUTURAS EN LA INDUSTRIA

En la actualidad, la industria se encuentra en un constante cambio debido a diversos factores como la innovación tecnológica, la globalización, la transformación digital, la sostenibilidad y la economía circular, entre otros. Estas tendencias están impactando en la forma en que las empresas operan y en la manera en que se relacionan con sus clientes y con el entorno. En este capítulo, se analizarán estas tendencias y se explorarán las perspectivas futuras de la industria.

Innovación tecnológica

La innovación tecnológica es una de las principales tendencias que están transformando la industria. La digitalización de procesos y la automatización de tareas están mejorando la eficiencia y la productividad de las empresas. Además, la implementación de tecnologías como la inteligencia artificial, el internet de las cosas, la realidad virtual y aumentada, y la robótica están generando nuevas oportunidades de negocio y mejorando la experiencia de los clientes.

Un ejemplo de cómo la innovación tecnológica está impactando en la industria es el caso de la industria automotriz. La incorporación de tecnologías como la conducción autónoma y la conectividad están transformando la forma en que las personas utilizan los vehículos y cómo interactúan con ellos.

Globalización

La globalización es otra tendencia que está transformando la industria. La apertura de mercados y la internacionalización de las empresas están generando nuevas oportunidades de negocio y permitiendo el acceso a nuevos clientes y proveedores. Sin embargo, la globalización también plantea desafíos como la competencia global y la necesidad de adaptarse a diferentes culturas y normativas.

La globalización ha permitido a empresas de diversos sectores establecerse en diferentes países y expandir su presencia en el mercado mundial. Un ejemplo de esto es el caso de las empresas tecnológicas, que han logrado establecer su presencia en diferentes países y regiones gracias a la globalización y la conectividad.

Transformación digital

La transformación digital es otra tendencia que está impactando en la industria. La digitalización de procesos y la implementación de tecnologías como el big data, la inteligencia artificial y la nube están permitiendo a las empresas mejorar la eficiencia y la productividad, así como ofrecer nuevos servicios y productos digitales.

La transformación digital también está permitiendo a las empresas mejorar la experiencia de los clientes, gracias a la implementación de soluciones digitales que permiten una comunicación más eficiente y una interacción más personalizada. Un ejemplo de esto es el caso de las empresas de comercio electrónico, que han logrado mejorar la experiencia de los clientes gracias a la implementación de soluciones digitales que permiten una experiencia de compra más personalizada y eficiente.

Sostenibilidad y economía circular

La sostenibilidad y la economía circular son tendencias cada vez más importantes en la industria. La sostenibilidad implica la necesidad de reducir el impacto ambiental de las empresas y de sus productos, mientras que la economía circular busca reducir el desperdicio y el uso de recursos mediante la reutilización y el reciclaje de materiales.

La sostenibilidad y la economía circular están transformando la forma en que las empresas operan y en la manera en que se relacionan con el entorno. Un ejemplo de esto es el caso de las empresas de moda, que están implementando estrategias de sostenibilidad y economía circular en toda la cadena de suministro, desde la producción hasta la venta y el reciclaje de productos. Esto implica la utilización de materiales sostenibles, la reducción de residuos y la implementación de procesos de reciclaje y reutilización.

Perspectivas futuras de la industria

En cuanto a las perspectivas futuras de la industria, se espera que las tendencias mencionadas anteriormente continúen transformando el sector en los próximos años. A continuación, se analizarán algunas de las perspectivas futuras más relevantes.

Inteligencia artificial y automatización

La inteligencia artificial y la automatización son dos tendencias que seguirán transformando la industria en el futuro. Se espera que la implementación de estas tecnologías continúe mejorando la eficiencia y la productividad de las empresas, así como permitir la creación de nuevos productos y servicios.

Además, la inteligencia artificial y la automatización también tienen el potencial de generar nuevos empleos y mejorar las condiciones laborales, al permitir a los trabajadores centrarse en tareas más complejas y creativas.

Economía circular y sostenibilidad

La economía circular y la sostenibilidad seguirán siendo tendencias clave en la industria en el futuro. Se espera que las empresas continúen adoptando prácticas sostenibles y estrategias de economía circular, y que cada vez más consumidores demanden productos y servicios sostenibles.

La implementación de estrategias de economía circular y sostenibilidad también puede ser una oportunidad para las empresas de diferenciarse de la competencia y mejorar su reputación corporativa.

Tecnologías emergentes

Las tecnologías emergentes como la realidad virtual y aumentada, la blockchain y la computación cuántica también tendrán un impacto en la industria en el futuro. Se espera que estas tecnologías permitan la creación de nuevos productos y servicios y mejoren la experiencia de los clientes.

Además, la implementación de estas tecnologías puede ser una oportunidad para las empresas de innovar y diferenciarse de la competencia.

Transformación digital

La transformación digital seguirá siendo una tendencia relevante en la industria en el futuro. Se espera que las empresas continúen digitalizando procesos y adoptando nuevas tecnologías para mejorar la eficiencia y la productividad.

Además, la transformación digital también puede ser una oportunidad para las empresas de adaptarse a los cambios en las preferencias de los consumidores y mejorar la experiencia del cliente.

Conclusiones

En conclusión, la industria se encuentra en un constante cambio debido a diversas tendencias como la innovación tecnológica, la globalización, la transformación digital, la sostenibilidad y la economía circular. Estas tendencias están transformando la forma en que las empresas operan y en la manera en que se relacionan con sus clientes y con el entorno.

En el futuro, se espera que estas tendencias continúen transformando la industria y que surjan nuevas tendencias como la inteligencia artificial y la automatización, la economía circular y sostenibilidad, las tecnologías emergentes y la transformación digital.

Por lo tanto, es importante que las empresas estén preparadas para adaptarse a estos cambios y aprovechar las oportunidades que surjan. Aquellas que logren adaptarse y adoptar prácticas sostenibles e innovadoras serán las que tengan más éxito en el futuro de la industria.

INTRODUCCIÓN A LAS METODOLOGÍAS INDUSTRIALES

En el mundo actual, donde la competencia es cada vez más intensa y globalizada, es fundamental que las empresas mejoren constantemente sus procesos productivos y servicios para mantenerse en el mercado. Las metodologías industriales son una herramienta clave para lograr esta mejora continua.

Las metodologías industriales son técnicas y herramientas que se utilizan para mejorar la calidad de los procesos, reducir los costos, aumentar la productividad y la eficiencia, y maximizar la satisfacción del cliente. Estas metodologías son aplicables a cualquier industria, desde la manufacturera hasta la de servicios, y pueden ser utilizadas en cualquier etapa del ciclo de vida del producto o servicio.

Una metodología industrial es un conjunto estructurado y sistemático de técnicas, herramientas y procesos que se aplican para mejorar la eficacia y la eficiencia de un proceso productivo o servicio. Estas metodologías permiten una gestión efectiva de los recursos, la identificación de problemas y oportunidades de mejora, y la implementación de soluciones que permitan la optimización del proceso.

Existen diversas metodologías industriales, cada una diseñada para abordar necesidades y objetivos específicos. A continuación, se describen algunas de las más comunes:

Lean Manufacturing: se enfoca en la eliminación de desperdicios y la optimización de la producción. El objetivo es mejorar la eficiencia y la calidad del proceso, reduciendo el tiempo y los costos de producción.

Six Sigma: se centra en la reducción de la variabilidad y la mejora de la calidad. El objetivo es lograr procesos estables y predecibles, eliminando defectos y errores en el proceso.

Kaizen: se basa en la mejora continua y la eliminación de pérdidas. El objetivo es fomentar una cultura de mejora constante, donde se identifiquen y eliminen las fuentes de desperdicio y se mejore la calidad del proceso.

Total Quality Management (TQM): se orienta hacia la satisfacción del cliente y la mejora continua de la calidad. El objetivo es lograr una calidad total en todas las áreas de la empresa, desde la producción hasta el servicio al cliente.

Business Process Management (BPM): se enfoca en la optimización de los procesos de negocio. El objetivo es identificar y eliminar los cuellos de botella y las ineficiencias en los procesos, mejorando la eficiencia y la calidad del proceso.

Cada metodología industrial cuenta con una serie de herramientas específicas para su implementación. Por ejemplo, el lean manufacturing utiliza herramientas como el mapeo de flujo de valor y el kanban, mientras que Six Sigma utiliza herramientas como el análisis de causa raíz y el diseño de experimentos.

La implementación de una metodología industrial no es un proceso sencillo, ya que requiere un compromiso y una dedicación constante de toda la organización. Es necesario que la dirección de la empresa defina claramente los objetivos y establezca una estrategia para lograrlos. También es fundamental la formación y capacitación del personal en las herramientas y técnicas de la metodología elegida.

La implementación de una metodología industrial no solo permite la optimización de los procesos productivos, sino que también contribuye a la motivación y satisfacción de los trabajadores, al proporcionarles herramientas y técnicas que les permiten mejorar su desempeño y su aporte a la empresa. Además, la aplicación de estas metodologías puede contribuir a la reducción de los costos y a la mejora de la calidad, lo que puede tener un impacto significativo en la rentabilidad de la empresa.

Las metodologías industriales también permiten una mejor gestión del riesgo en los procesos productivos. Al identificar y abordar los problemas y oportunidades de mejora, se reduce la posibilidad de errores y fallas en el proceso, lo que a su vez disminuye el riesgo de rechazos de productos y servicios, disminución de la satisfacción del cliente y pérdida de ingresos.

Por otro lado, las metodologías industriales también pueden contribuir a la sostenibilidad ambiental y social de la empresa. Al reducir el desperdicio y la ineficiencia en los procesos, se disminuye el consumo de recursos naturales y energéticos, lo que puede tener un impacto positivo en el medio ambiente. Además, la mejora de la calidad y la satisfacción del cliente pueden contribuir a la reputación y la responsabilidad social de la empresa.

En resumen, las metodologías industriales son una herramienta clave para lograr la mejora continua de los procesos productivos y servicios de una empresa. Estas metodologías permiten la optimización de los recursos, la reducción de los costos, el aumento de la productividad y la satisfacción del cliente, la gestión del riesgo, la sostenibilidad ambiental y social, y la mejora de la rentabilidad de la empresa.

Es importante destacar que la implementación de una metodología industrial no es un proceso aislado, sino que requiere un compromiso constante de toda la organización. Es necesario que la dirección de la empresa defina claramente los objetivos y establezca una estrategia para lograrlos, y que se involucre a todos los niveles de la organización en el proceso. Además, es fundamental la formación y capacitación del personal en las herramientas y técnicas de la metodología elegida, así como la medición y seguimiento constante de los resultados para asegurar la mejora continua.

HISTORIA DE LAS METODOLOGÍAS INDUSTRIALES Y SU EVOLUCIÓN

La evolución de las metodologías industriales ha sido una constante a lo largo de la historia. Desde la revolución industrial hasta nuestros días, las empresas han buscado mejorar sus procesos para hacerlos más eficientes y efectivos. En este capítulo se describirá la evolución de las metodologías industriales a lo largo del tiempo, desde los primeros sistemas de producción artesanales hasta las técnicas modernas de gestión empresarial.

La producción artesanal

Antes de la revolución industrial, la mayoría de los productos se fabricaban de manera artesanal. Los trabajadores se encargaban de realizar todas las etapas del proceso de producción, desde la adquisición de las materias primas hasta la venta del producto final. Esta forma de producción era muy limitada en cuanto a la cantidad de productos que se podían fabricar, y los productos eran de una calidad variable.

Sin embargo, la producción artesanal también tenía sus ventajas. Los trabajadores tenían un conocimiento profundo de los procesos de producción, lo que les permitía realizar ajustes y mejoras sobre la marcha. Además, los productos eran únicos y personalizados, lo que les daba un valor añadido.

La revolución industrial y la producción en masa

Con la llegada de la revolución industrial, se produjo un cambio radical en la forma en que se fabricaban los productos. Los avances tecnológicos permitieron la creación de máquinas que podían realizar tareas repetitivas de manera mucho más rápida y eficiente que los trabajadores manuales. Este fue el inicio de la producción en masa.

La producción en masa permitió la fabricación de grandes cantidades de productos de manera rápida y eficiente. Además, los productos eran de una calidad constante, lo que mejoró la confiabilidad de los productos. Sin embargo, la producción en masa también tenía sus desventajas. Los productos eran iguales entre sí, lo que hacía que perdieran su carácter único y personalizado. Además, el ritmo de producción era muy rápido, lo que hacía que los trabajadores se sintieran como meros engranajes de la máquina.

El Taylorismo y la gestión científica

El Taylorismo es una metodología de gestión empresarial desarrollada por Frederick Winslow Taylor a principios del siglo XX. Esta metodología se basaba en la observación y análisis de los procesos productivos con el fin de mejorar la eficiencia y la productividad.

Taylor creía que la gestión empresarial debía ser una ciencia, y que los procesos productivos podían ser estudiados de manera objetiva y analítica. Para ello, desarrolló una serie de técnicas y herramientas, como el estudio de tiempos y movimientos, el análisis de las tareas, la estandarización de los procesos y la selección y entrenamiento de los trabajadores.

El Taylorismo tuvo un gran impacto en la industria, ya que permitió la mejora de la eficiencia y la productividad en los procesos productivos. Sin embargo, también tuvo sus detractores, que lo acusaban de convertir a los trabajadores en meros robots y de reducir su creatividad e iniciativa.

El Fordismo y la producción en cadena

El Fordismo es una metodología de gestión empresarial desarrollada por Henry Ford en la década de 1910. Esta metodología se basaba en la producción en cadena, un sistema de producción en el que las tareas de producción estaban divididas en tareas específicas y repetitivas, que eran realizadas por trabajadores especializados. De esta manera, se lograba una mayor eficiencia y se reducían los costos de producción.

El Fordismo tuvo un gran impacto en la industria, especialmente en la producción de automóviles. La producción en cadena permitió la fabricación de grandes cantidades de vehículos a un costo más bajo, lo que hizo que los automóviles fueran más accesibles para la población en general.

Sin embargo, la producción en cadena también tenía sus desventajas. Los trabajadores realizaban tareas muy específicas y repetitivas, lo que podía resultar monótono y aburrido. Además, la producción en cadena requería una gran inversión en maquinaria y equipamiento, lo que hacía que las empresas fueran muy dependientes de la demanda del mercado.

La era de la calidad total y la mejora continua

En la década de 1950, surgieron nuevas metodologías de gestión empresarial que se centraban en la mejora continua y la calidad total. Estas metodologías se basaban en la idea de que la mejora continua era esencial para mantener la competitividad en el mercado.

Una de las metodologías más importantes de esta época fue el Sistema Toyota de Producción, desarrollado por la empresa japonesa Toyota. Este sistema se basaba en la mejora continua de los procesos productivos y la eliminación de los desperdicios, con el objetivo de mejorar la eficiencia y la calidad de los productos.

El Sistema Toyota de Producción tuvo un gran impacto en la industria, y se convirtió en una referencia para otras empresas en todo el mundo. Además, sentó las bases para la metodología Lean, que se centraba en la eliminación de los desperdicios y la mejora continua.

La calidad total también fue una metodología importante en esta época. Esta metodología se basaba en la idea de que la calidad debía ser una prioridad en todos los aspectos de la empresa, desde la adquisición de las materias primas hasta la venta del producto final. Para ello, se desarrollaron técnicas y herramientas, como el control estadístico de la calidad y la certificación ISO.

La era digital y la industria moderna

En la actualidad, estamos viviendo una nueva revolución industrial, conocida como la industria moderna. Esta revolución se basa en la digitalización y la automatización de los procesos productivos, con el objetivo de mejorar la eficiencia y la productividad.

La industria moderna se basa en tecnologías como el Internet de las cosas, la inteligencia artificial y el análisis de datos. Estas tecnologías permiten la conexión y la comunicación entre los diferentes equipos y sistemas, lo que permite una mayor coordinación y eficiencia en los procesos productivos.

Además, la industria moderna también se centra en la personalización de los productos. Gracias a la digitalización y la automatización, es posible fabricar productos personalizados de manera eficiente y rentable.

Conclusiones

La evolución de las metodologías industriales ha sido una constante a lo largo de la historia. Desde los sistemas de producción artesanales hasta la industria moderna, las empresas han buscado mejorar sus procesos para hacerlos más eficientes y efectivos.

Cada una de las metodologías descritas en este capítulo tiene sus ventajas y desventajas, y han sido implementadas en diferentes momentos de la historia según las necesidades de las empresas y los avances tecnológicos disponibles.

En la actualidad, la industria moderna está transformando la manera en que se produce y se consume, con una mayor eficiencia y personalización de los productos. Sin embargo, también plantea nuevos desafíos en cuanto a la formación de los trabajadores y la adaptación a los cambios tecnológicos.

Es importante destacar que, más allá de las metodologías específicas, lo fundamental en la industria ha sido siempre la mejora continua y la búsqueda de la eficiencia en los procesos. Esto ha permitido a las empresas adaptarse a los cambios del mercado y mantenerse competitivas a lo largo del tiempo.

En definitiva, la historia de las metodologías industriales es un reflejo de la evolución de la industria y de la sociedad en general. Cada nueva metodología ha sido un avance en términos de eficiencia y productividad, pero también ha planteado nuevos desafíos y ha requerido una adaptación por parte de las empresas y los trabajadores. La industria sigue avanzando y es probable que surjan nuevas metodologías y tecnologías en el futuro, pero la necesidad de mejora continua y eficiencia seguirá siendo una constante en la historia industrial.

CONCEPTOS BÁSICOS DE LAS METODOLOGÍAS INDUSTRIALES

Las metodologías industriales son un conjunto de técnicas y herramientas que se utilizan para mejorar los procesos de producción en las empresas y aumentar su eficiencia y productividad. Estas metodologías se han desarrollado a lo largo de los años para adaptarse a las necesidades de cada empresa y sector, y se basan en principios como la mejora continua, la eliminación de desperdicios y la optimización de los recursos.

En este capítulo se presentarán los conceptos básicos de las metodologías industriales más comunes, como Lean Manufacturing, Six Sigma, Kaizen y Total Quality Management (TQM). Se explicarán los principios fundamentales de cada una de ellas y se compararán para ayudar a los gerentes y profesionales a elegir la metodología más adecuada para su empresa.

Lean Manufacturing

Lean Manufacturing es una metodología que se centra en la eliminación de desperdicios y la optimización de los procesos de producción. Esta metodología se basa en el concepto de que cualquier actividad que no agregue valor al producto o servicio es un desperdicio y debe ser eliminada.

La metodología Lean se enfoca en la reducción de los siete tipos de desperdicios: sobreproducción, tiempo de espera, transporte, procesos innecesarios, inventario excesivo, movimiento innecesario y defectos. Para lograrlo, se utilizan herramientas como el flujo de valor, la estandarización de procesos, el justo a tiempo (JIT), el sistema Kanban y la mejora continua.

El flujo de valor es una herramienta que permite identificar las actividades que agregan valor y las que no lo hacen en el proceso de producción. Con esta información, se pueden eliminar los desperdicios y optimizar el proceso de producción. La estandarización de procesos se utiliza para asegurarse de que todos los empleados sigan los mismos pasos en el proceso de producción, lo que ayuda a reducir los errores y la variabilidad.

El sistema Justo a Tiempo (JIT) es un sistema que se utiliza para minimizar el inventario y reducir el costo de almacenamiento. En lugar de producir grandes cantidades de productos y almacenarlos, se produce la cantidad necesaria en el momento en que se necesita. El sistema Kanban se utiliza para gestionar la producción y el inventario. Se utiliza un sistema de tarjetas para indicar cuándo se necesita producir más unidades de un producto.

La mejora continua es un proceso que implica la identificación y eliminación de los desperdicios de manera constante. Esto se logra a través de la formación de equipos de mejora continua, la implementación de un sistema de retroalimentación y la participación de todos los empleados en la mejora de los procesos.

Six Sigma

Six Sigma es una metodología que se centra en la reducción de la variabilidad y la eliminación de defectos en los procesos de producción. El objetivo de Six Sigma es lograr un proceso en el que el número de defectos sea inferior a 3,4 por millón de oportunidades.

La metodología Six Sigma se basa en el modelo DMAIC (Definir, Medir, Analizar, Mejorar, Controlar), que es un enfoque sistemático para la mejora de procesos. El primer paso es definir el problema y establecer los objetivos del proyecto. El siguiente paso es medir la variabilidad del proceso y recopilar datos para identificar los puntos críticos. Después se realiza un análisis detallado de los datos para identificar las causas raíz de los problemas. Con esta información, se pueden diseñar soluciones para mejorar el proceso. Finalmente, se establecen controles para asegurarse de que el proceso se mantenga en el nivel de calidad deseado.

En Six Sigma, se utilizan herramientas como el diagrama de Ishikawa, la matriz FMEA (Análisis de Modo y Efecto de Fallas), la capacidad del proceso y el análisis de correlación para identificar y resolver problemas en el proceso de producción.

Kaizen

Kaizen es una metodología que se centra en la mejora continua y se basa en el concepto de que cualquier proceso puede ser mejorado. La metodología Kaizen se enfoca en la mejora de los procesos a través de pequeños cambios constantes en lugar de grandes cambios de una sola vez.

En Kaizen, se utilizan herramientas como el análisis de flujo de procesos, el trabajo estandarizado, los equipos de mejora y la eliminación de desperdicios para mejorar los procesos. El análisis de flujo de procesos permite identificar las actividades que no agregan valor y eliminarlas. El trabajo estandarizado se utiliza para asegurarse de que todos los empleados sigan los mismos pasos en el proceso de producción.

Los equipos de mejora son grupos de empleados que se reúnen regularmente para identificar y resolver problemas en los procesos de producción. La eliminación de desperdicios es una práctica constante en Kaizen que se centra en la eliminación de cualquier actividad que no agregue valor.

Total Quality Management (TQM)

Total Quality Management (TQM) es una metodología que se enfoca en la calidad en todos los aspectos de la empresa, no solo en la producción. TQM se basa en el concepto de que la calidad es responsabilidad de todos los empleados y no solo de los trabajadores de producción.

En TQM, se utilizan herramientas como la planificación de calidad, el control de calidad, la mejora continua y la satisfacción del cliente para mejorar la calidad en toda la empresa. La planificación de calidad se enfoca en establecer objetivos de calidad y desarrollar un plan para alcanzarlos. El control de calidad se utiliza para asegurarse de que los productos o servicios cumplan con los estándares de calidad establecidos.

La mejora continua se enfoca en la identificación y eliminación de desperdicios en todos los aspectos de la empresa. La satisfacción del cliente se enfoca en garantizar que los productos o servicios cumplan con las expectativas del cliente.

Comparación de las metodologías

Cada una de las metodologías industriales mencionadas tiene sus fortalezas y debilidades. Lean Manufacturing se enfoca en la eliminación de desperdicios y la optimización de los procesos de producción, pero puede no ser adecuado para empresas que producen productos altamente personalizados. Six Sigma se enfoca en la reducción de la variabilidad y la eliminación de defectos, pero puede ser costoso de implementar.

Kaizen se enfoca en la mejora continua a través de pequeños cambios constantes, lo que lo hace adecuado para empresas que buscan mejorar sus procesos de manera constante y no de una sola vez. TQM se enfoca en la calidad en todos los aspectos de la empresa, lo que lo hace adecuado para empresas que buscan mejorar su calidad en todos los aspectos de su operación.

En términos de implementación, Lean Manufacturing y Kaizen son relativamente fáciles de implementar, ya que se enfocan en pequeños cambios y mejoras constantes en el proceso de producción. Six Sigma y TQM, por otro lado, requieren una mayor inversión en tiempo y recursos para su implementación.

En cuanto a los resultados, Lean Manufacturing y Kaizen tienden a producir resultados rápidos y tangibles en términos de reducción de desperdicios y mejora de la eficiencia. Six Sigma y TQM pueden tomar más tiempo para producir resultados tangibles, pero pueden producir mejoras significativas en la calidad del producto o servicio.

Es importante destacar que ninguna de estas metodologías es una solución única para todas las empresas y situaciones. Cada empresa debe analizar sus necesidades específicas y elegir la metodología que mejor se adapte a sus necesidades.

Conclusiones

En resumen, las metodologías industriales son enfoques sistemáticos y estructurados que se utilizan para mejorar la eficiencia y la calidad en la producción. Hay varias metodologías industriales, incluyendo Lean Manufacturing, Six Sigma, Kaizen y TQM, cada una con sus fortalezas y debilidades.

El objetivo de Lean Manufacturing es eliminar los desperdicios en el proceso de producción y optimizar los procesos. Six Sigma se enfoca en la reducción de la variabilidad y la eliminación de defectos en el proceso de producción. Kaizen se enfoca en la mejora continua a través de pequeños cambios constantes, mientras que TQM se enfoca en la calidad en todos los aspectos de la empresa.

Cada empresa debe analizar sus necesidades específicas y elegir la metodología que mejor se adapte a sus necesidades. También es importante tener en cuenta que la implementación de estas metodologías requiere una inversión significativa en tiempo y recursos, y que los resultados pueden tomar tiempo en producirse. Sin embargo, una vez implementadas, estas metodologías pueden producir mejoras significativas en la eficiencia y la calidad de la producción.

IMPORTANCIA DE LAS METODOLOGÍAS INDUSTRIALES EN LA MEJORA CONTINUA DE PROCESOS

El rugido ensordecedor de las máquinas llenaba la planta de producción, mientras los trabajadores se movían con destreza, realizando sus tareas diarias en un baile bien coordinado. Sin embargo, a pesar del constante zumbido de la actividad industrial, algo no parecía estar funcionando del todo bien.

Ese era el caso de la empresa ABC, una fábrica de productos electrónicos que había estado experimentando problemas con su línea de producción. Los retrasos en la entrega y la calidad inconsistente de los productos habían llevado a la empresa a perder clientes y a sufrir una disminución en sus ingresos. En busca de una solución, el equipo de gestión de ABC decidió implementar metodologías industriales en su proceso de producción.

La mejora continua de procesos a través de metodologías industriales ha sido una herramienta valiosa para las empresas en todo el mundo. Estas metodologías permiten a las empresas optimizar sus procesos de producción y mejorar la eficiencia en su cadena de suministro, lo que se traduce en una mayor satisfacción del cliente y mayores ganancias. En este capítulo, exploraremos la importancia de las metodologías industriales en la mejora continua de procesos y cómo pueden ser implementadas con éxito en una empresa.

¿Qué son las metodologías industriales?

Las metodologías industriales son un conjunto de técnicas y herramientas que se utilizan para mejorar los procesos de producción en una empresa. Estas metodologías están diseñadas para ayudar a las empresas a optimizar sus operaciones y mejorar la calidad de sus productos, lo que se traduce en una mayor satisfacción del cliente y mayores ganancias.

Existen varias metodologías industriales populares, cada una con sus propias fortalezas y debilidades. Algunas de las metodologías industriales más comunes incluyen:

Lean Manufacturing: esta metodología se centra en la eliminación de cualquier actividad que no agregue valor al proceso de producción, lo que permite a las empresas reducir los costos y mejorar la calidad de sus productos.

Six Sigma: esta metodología se enfoca en la reducción de la variabilidad en los procesos de producción, lo que ayuda a las empresas a mejorar la calidad de sus productos y a reducir los costos asociados con los defectos.

Theory of Constraints: esta metodología se enfoca en la identificación de los cuellos de botella en el proceso de producción y la implementación de soluciones para eliminarlos, lo que permite a las empresas mejorar la eficiencia en su cadena de suministro.

Total Productive Maintenance: esta metodología se enfoca en la mejora del mantenimiento de los equipos de producción, lo que permite a las empresas reducir el tiempo de inactividad y mejorar la eficiencia en su proceso de producción.

5S: esta metodología se enfoca en la organización y limpieza del área de trabajo, lo que ayuda a las empresas a mejorar la seguridad en el lugar de trabajo y la eficiencia en el proceso de producción.

La elección de la metodología industrial adecuada dependerá de los objetivos específicos de la empresa y de las áreas que se deseen mejorar en su proceso de producción.

La importancia de las metodologías industriales en la mejora continua de procesos

Las metodologías industriales son esenciales para la mejora continua de procesos en una empresa. Al implementar estas metodologías, las empresas pueden mejorar la calidad de sus productos, reducir los costos y mejorar la eficiencia en su cadena de suministro. Esto, a su vez, puede llevar a una mayor satisfacción del cliente y mayores ganancias.

Además, las metodologías industriales también ayudan a las empresas a identificar y resolver problemas en sus procesos de producción de manera más rápida y eficiente. Esto es especialmente importante en un entorno empresarial cada vez más competitivo, donde la velocidad y la eficiencia son clave para el éxito.

Otro beneficio de las metodologías industriales es que promueven la colaboración y el trabajo en equipo entre los empleados de la empresa. Al trabajar juntos para identificar y resolver problemas en el proceso de producción, los empleados pueden desarrollar una comprensión más profunda de los procesos y mejorar su capacidad para trabajar juntos de manera efectiva.

Cómo implementar metodologías industriales en una empresa

La implementación de metodologías industriales en una empresa puede ser un proceso complejo, pero hay algunas pautas generales que las empresas pueden seguir para garantizar el éxito de su implementación.

Identificar los objetivos: es importante que la empresa identifique claramente los objetivos que desea lograr al implementar una metodología industrial. ¿Está buscando reducir los costos, mejorar la calidad de los productos o mejorar la eficiencia en su cadena de suministro? Una vez que se hayan identificado los objetivos, será más fácil seleccionar la metodología industrial adecuada para lograrlos.

Formación: es importante que los empleados de la empresa reciban la formación adecuada sobre la metodología industrial que se va a implementar. Esto les permitirá entender la metodología, sus beneficios y cómo pueden contribuir a su éxito.

Comunicación: es importante que la empresa comunique claramente la implementación de la metodología industrial a todos los empleados. Esto les permitirá entender por qué se está implementando la metodología, qué se espera de ellos y cómo pueden contribuir a su éxito.

Identificación y solución de problemas: es importante que la empresa identifique los problemas en su proceso de producción y los resuelva antes de implementar la metodología industrial. Esto asegurará que la implementación de la metodología sea más efectiva.

Monitoreo y evaluación: es importante que la empresa monitoree y evalúe la implementación de la metodología industrial para asegurarse de que se están logrando los objetivos deseados. Esto permitirá a la empresa realizar ajustes si es necesario y asegurarse de que la metodología se está implementando de manera efectiva.

Conclusión

Las metodologías industriales son esenciales para la mejora continua de procesos en una empresa. Al implementar estas metodologías, las empresas pueden mejorar la calidad de sus productos, reducir los costos y mejorar la eficiencia en su cadena de suministro. Además, las metodologías industriales también ayudan a las empresas a identificar y resolver problemas en sus procesos de producción de manera más rápida y eficiente. Al seguir algunas pautas generales, las empresas pueden implementar metodologías industriales con éxito y mejorar su proceso de producción de manera efectiva.

TIPOS DE METODOLOGÍAS INDUSTRIALES Y SUS APLICACIONES

La industria ha evolucionado significativamente en los últimos años, y con ella han surgido una variedad de metodologías que buscan mejorar la eficiencia y calidad de los procesos industriales. En este capítulo, se explorarán algunas de las metodologías más utilizadas en la industria, junto con sus aplicaciones y beneficios.

Metodologías industriales:

Lean Manufacturing:

El Lean Manufacturing es una metodología que se enfoca en reducir los tiempos de producción y eliminar los desperdicios en el proceso. Esta metodología se basa en la eliminación de cualquier actividad que no agregue valor al producto o servicio final. Algunas de las herramientas utilizadas en esta metodología son el Kanban, la producción justa a tiempo (JIT) y la mejora continua.

Una de las aplicaciones más conocidas del Lean Manufacturing es en la fabricación de automóviles. Toyota fue una de las primeras empresas en adoptar esta metodología, lo que les permitió mejorar la calidad y eficiencia de su producción. Hoy en día, muchas empresas utilizan esta metodología para optimizar sus procesos y mejorar su rentabilidad.

Six Sigma:

El Six Sigma es otra metodología que busca mejorar la calidad de los procesos industriales. Esta metodología se enfoca en la eliminación de defectos en los procesos y en la reducción de la variabilidad. El objetivo del Six Sigma es alcanzar un nivel de calidad casi perfecto en la producción.

El Six Sigma utiliza una metodología estadística para medir la calidad y reducir los defectos en los procesos. Esta metodología se divide en cinco fases: Definir, Medir, Analizar, Mejorar y Controlar (DMAIC, por sus siglas en inglés). Algunas de las herramientas utilizadas en el Six Sigma son la gráfica de control, el análisis de Pareto y la regresión lineal.

El Six Sigma ha sido utilizado con éxito en la industria alimentaria, en la fabricación de dispositivos médicos y en la producción de componentes electrónicos. Empresas como General Electric y Motorola han implementado esta metodología en sus procesos, lo que les ha permitido mejorar la calidad de sus productos y reducir los costos de producción.

Total Productive Maintenance (TPM):

El Total Productive Maintenance (TPM) es una metodología que se enfoca en la mejora de la eficiencia de los equipos industriales. Esta metodología se basa en la prevención de fallos en los equipos y en la mejora continua de los mismos. El objetivo del TPM es reducir el tiempo de inactividad de los equipos y mejorar su productividad.

El TPM se divide en ocho pilares: Mejora enfocada, Mantenimiento autónomo, Mantenimiento planificado, Capacitación y educación, Mantenimiento de calidad, Mantenimiento de seguridad, Mantenimiento administrativo y Mejora continua. Cada uno de estos pilares se enfoca en una área específica del mantenimiento de los equipos.

El TPM ha sido utilizado con éxito en la industria manufacturera, en la producción de alimentos y en la industria química. Empresas como Coca-Cola y Toyota han implementado esta metodología en sus procesos, lo que les ha permitido mejorar la eficiencia de sus equipos y reducir los costos de mantenimiento.

Quick Response Manufacturing (QRM):

El Quick Response Manufacturing es una metodología que se enfoca en la reducción del tiempo de respuesta en la producción y en la eliminación de los tiempos de espera en el proceso. Esta metodología se basa en la eliminación de los cuellos de botella en la producción y en la reducción de los tiempos de cambio de herramientas. Algunas de las herramientas utilizadas en el QRM son el análisis de flujo de valor y la gestión de la capacidad.

El QRM ha sido utilizado con éxito en la industria de la fabricación, en la producción de alimentos y en la industria de la salud. Empresas como Harley-Davidson y L'Oréal han implementado esta metodología en sus procesos, lo que les ha permitido reducir el tiempo de entrega de sus productos y mejorar la satisfacción del cliente.

Design for Six Sigma (DFSS):

El Design for Six Sigma es una metodología que se enfoca en la mejora de la calidad del diseño de los productos. Esta metodología se basa en la identificación y eliminación de las causas de los defectos en el diseño. Algunas de las herramientas utilizadas en el DFSS son el análisis de riesgos y la evaluación de la voz del cliente.

El DFSS ha sido utilizado con éxito en la industria automotriz, en la producción de dispositivos médicos y en la industria de la electrónica. Empresas como Ford y Philips han implementado esta metodología en sus procesos de diseño, lo que les ha permitido mejorar la calidad de sus productos y reducir los costos de producción.

Theory of Constraints (TOC):

La Theory of Constraints es una metodología que se enfoca en la identificación y eliminación de los cuellos de botella en la producción. Esta metodología se basa en la identificación de la restricción más crítica en el proceso y en la eliminación de los impedimentos que limitan la producción. Algunas de las herramientas utilizadas en la TOC son el análisis de la cadena crítica y la gestión de inventarios.

La TOC ha sido utilizada con éxito en la industria manufacturera, en la producción de alimentos y en la industria de la salud. Empresas como Procter & Gamble y Eli Lilly han implementado esta metodología en sus procesos, lo que les ha permitido identificar los cuellos de botella en la producción y mejorar la eficiencia de sus procesos.

Conclusión:

La implementación de estas metodologías en la industria puede llevar a una mejora significativa en la eficiencia y calidad de los procesos, lo que se traduce en una mayor rentabilidad y satisfacción del cliente. Cada una de estas metodologías se enfoca en un área específica de mejora, pero todas tienen en común la búsqueda de la excelencia en la producción.

Es importante destacar que no existe una metodología perfecta, y que cada empresa debe evaluar cuál es la más adecuada para sus procesos y objetivos. La implementación de estas metodologías requiere un cambio en la cultura empresarial, una inversión en capacitación y la participación activa de todos los empleados.

En definitiva, la aplicación de estas metodologías en la industria puede ser la clave para mejorar la eficiencia y calidad de los procesos, lo que se traduce en una mayor rentabilidad y satisfacción del cliente. Es importante que las empresas estén dispuestas a invertir en la implementación de estas metodologías y en la capacitación de su personal para asegurar su éxito a largo plazo.

PROCESOS Y PROCEDIMIENTOS DE LAS METODOLOGÍAS INDUSTRIALES

En el mundo industrial, la eficiencia y la productividad son fundamentales para lograr el éxito. Para ello, se han desarrollado diversas metodologías que buscan mejorar los procesos y procedimientos de las empresas, con el objetivo de optimizar la utilización de los recursos y reducir los costos. En este capítulo, exploraremos las principales metodologías industriales y cómo pueden aplicarse en diferentes ámbitos empresariales.

La optimización de los procesos y procedimientos puede ser un desafío complejo para las empresas. En un entorno en constante cambio, es importante contar con herramientas y estrategias que permitan adaptarse rápidamente a las nuevas demandas del mercado y mantener una posición competitiva. A continuación, veremos las metodologías más populares y cómo se aplican en la industria.

Metodología Lean Manufacturing

La metodología Lean Manufacturing, también conocida como producción ajustada, es una técnica que se enfoca en la eliminación de todo aquello que no agrega valor al proceso productivo. Esta técnica nació en Japón en la década de los 50, gracias a Toyota y su sistema de producción. El objetivo principal de esta metodología es reducir los costos, aumentar la eficiencia y mejorar la calidad de los productos.

La metodología Lean Manufacturing se basa en cinco principios fundamentales:

Identificar el valor: El primer paso es determinar cuál es el valor que se ofrece al cliente y cómo se puede mejorar este valor.

Mapear el flujo de valor: Una vez identificado el valor, se debe analizar el proceso productivo para identificar las actividades que agregan valor y las que no.

Crear flujo continuo: Se trata de eliminar las actividades que no agregan valor y crear un flujo de trabajo continuo.

Establecer una producción pull: En lugar de producir en función de la demanda, se produce en función del consumo real, evitando así la acumulación de inventarios.

Buscar la perfección: El objetivo final es la mejora continua del proceso, eliminando todas las actividades que no agregan valor y mejorando las que sí lo hacen.

La aplicación de la metodología Lean Manufacturing puede ser beneficiosa para las empresas, ya que permite reducir costos, mejorar la eficiencia y aumentar la calidad de los productos. Además, esta metodología se puede aplicar en cualquier tipo de empresa, independientemente de su tamaño o sector.

Metodología Six Sigma

La metodología Six Sigma es una técnica que busca mejorar la calidad de los procesos productivos y reducir los errores o defectos en los productos. Esta metodología se basa en un enfoque sistemático y riguroso para identificar y corregir los problemas en el proceso productivo.

El objetivo principal de la metodología Six Sigma es reducir la variación en el proceso productivo, para así lograr un producto final más consistente y de mayor calidad. Para ello, se establecen dos niveles de calidad:

Sigma 6: El objetivo es reducir los defectos en un 99,99966%, lo que se traduce en solo 3,4 defectos por millón de productos.

Sigma 3: El objetivo es reducir los defectos en un 93,32%, lo que se traduce en 66.800 defectos por millón de productos.

La metodología Six Sigma se basa en cinco fases:

Definir: En esta fase se establecen los objetivos y los alcances del proyecto, se identifican los clientes y se establecen los requerimientos del proceso productivo.

Medir: En esta fase se mide la variación del proceso productivo y se establecen los indicadores de calidad.

Analizar: En esta fase se analizan los datos recopilados y se identifican las causas de los problemas o defectos.

Mejorar: En esta fase se implementan las soluciones para mejorar el proceso productivo y se llevan a cabo pruebas para evaluar su efectividad.

Controlar: En esta fase se establecen medidas para mantener los cambios implementados y se monitorea el proceso productivo para asegurarse de que se mantenga dentro de los estándares de calidad establecidos.

La metodología Six Sigma puede ser beneficioso para las empresas, ya que permite reducir los errores y defectos en los productos, mejorar la calidad y reducir los costos. Además, se enfoca en el cliente y en la satisfacción de sus necesidades, lo que puede mejorar la reputación de la empresa y aumentar la fidelidad del cliente.

Metodología 5S

La metodología 5S es una técnica que se enfoca en la organización y limpieza de los espacios de trabajo. Esta técnica fue desarrollada en Japón por Toyota, como parte de su sistema de producción.

La metodología 5S se basa en cinco principios:

Clasificar: Se trata de identificar y separar los elementos necesarios de los innecesarios en el espacio de trabajo.

Ordenar: Una vez que se han identificado los elementos necesarios, se organizan de manera que sean fáciles de encontrar y usar.

Limpiar: Se trata de mantener el espacio de trabajo limpio y ordenado, para evitar la acumulación de residuos y suciedad.

Estandarizar: Se establecen procedimientos y estándares para mantener el espacio de trabajo limpio y ordenado de manera constante.

Sostener: Se trata de mantener el espacio de trabajo limpio y ordenado de manera constante, mediante la implementación de procedimientos y estándares.

La metodología 5S puede ser beneficiosa para las empresas, ya que permite mejorar la organización y limpieza del espacio de trabajo, lo que puede aumentar la eficiencia y la productividad. Además, puede mejorar la seguridad en el lugar de trabajo, al reducir los riesgos de accidentes y lesiones.

Conclusión

En conclusión, las metodologías industriales son herramientas valiosas para mejorar los procesos y procedimientos de las empresas. La metodología Lean Manufacturing permite eliminar las actividades que no agregan valor y crear un flujo de trabajo continuo, lo que puede reducir los costos y mejorar la eficiencia. La metodología Six Sigma se enfoca en mejorar la calidad y reducir los errores y defectos en los productos, lo que puede aumentar la satisfacción del cliente y mejorar la reputación de la empresa. La metodología 5S se enfoca en la organización y limpieza del espacio de trabajo, lo que puede aumentar la eficiencia y la seguridad en el lugar de trabajo. Cada una de estas metodologías puede aplicarse en diferentes ámbitos empresariales, independientemente del tamaño o sector de la empresa. Es importante recordar que la aplicación de estas metodologías requiere compromiso y dedicación por parte de la empresa y de sus empleados, pero los beneficios pueden ser significativos en términos de eficiencia, calidad y rentabilidad.

Es recomendable que las empresas evalúen sus necesidades y objetivos específicos antes de elegir una metodología industrial a implementar. Además, es importante que la empresa proporcione la capacitación y el apoyo necesarios a sus empleados para asegurar una implementación exitosa.

Por último, es importante recordar que las metodologías industriales no son soluciones mágicas para resolver todos los problemas de una empresa. Estas herramientas son útiles, pero deben ser implementadas de manera estratégica y adaptarse a las necesidades y objetivos específicos de la empresa. La clave del éxito es el compromiso y la dedicación constante a la mejora continua.

En resumen, las metodologías industriales son un conjunto de técnicas y herramientas que se utilizan para mejorar los procesos y procedimientos de las empresas. La metodología Lean Manufacturing se enfoca en eliminar las actividades que no agregan valor y crear un flujo de trabajo continuo. La metodología Six Sigma se enfoca en mejorar la calidad y reducir los errores y defectos en los productos. La metodología 5S se enfoca en la organización y limpieza del espacio de trabajo. Cada una de estas metodologías puede aplicarse en diferentes ámbitos empresariales y puede ser beneficiosa para mejorar la eficiencia, la calidad y la rentabilidad. La aplicación exitosa de estas metodologías requiere compromiso y dedicación por parte de la empresa y de sus empleados, y deben ser adaptadas a las necesidades y objetivos específicos de la empresa.

HERRAMIENTAS Y TÉCNICAS DE LAS METODOLOGÍAS INDUSTRIALES

Las metodologías industriales son herramientas y técnicas que las empresas pueden utilizar para mejorar la calidad, eficiencia y rentabilidad de sus procesos de producción. Estas metodologías se basan en la identificación y eliminación de desperdicios, problemas y errores en los procesos de producción.

Las metodologías industriales son un conjunto de herramientas y técnicas que las empresas pueden utilizar para mejorar sus procesos de producción y aumentar su rentabilidad. Algunas de las metodologías industriales más comunes incluyen Lean Manufacturing, Six Sigma, Total Quality Management, Justo a Tiempo (JIT), Poka-yoke y Kaizen. Cada metodología se enfoca en aspectos específicos de la producción, pero todas tienen en común el objetivo de mejorar la calidad, la eficiencia y la rentabilidad de los procesos.

Lean Manufacturing

El Lean Manufacturing es una metodología que se enfoca en la eliminación de desperdicios en la producción. Los desperdicios son cualquier cosa que no agregue valor al producto o al proceso de producción. Los desperdicios pueden incluir tiempos de espera, movimiento innecesario, sobreproducción, defectos, exceso de inventario, entre otros.

El proceso de Lean Manufacturing implica la identificación y eliminación de desperdicios en la producción. Los trabajadores utilizan herramientas y técnicas como el Value Stream Mapping y el Análisis de Flujo de Proceso para identificar los desperdicios en la producción y diseñar procesos más eficientes.

El Lean Manufacturing es especialmente útil para las empresas que producen grandes cantidades de productos similares. Al eliminar los desperdicios en la producción, las empresas pueden reducir los costos y mejorar la eficiencia de los procesos.

Six Sigma

Six Sigma es una metodología utilizada para mejorar la calidad de los productos y procesos de producción. Se basa en la idea de que los errores y problemas en los procesos de producción pueden ser identificados y eliminados mediante el análisis de datos y la implementación de soluciones.

El proceso de Six Sigma implica la definición, medición, análisis, mejora y control (DMAIC) de los procesos de producción. Los trabajadores utilizan herramientas y técnicas como el Análisis de Causa Raíz y el Diseño de Experimentos para identificar los problemas en la producción y diseñar soluciones para mejorar la calidad y eficiencia de los procesos.

Six Sigma es especialmente útil para las empresas que producen productos de alta calidad que requieren un proceso de producción preciso y bien definido. Al mejorar la calidad de los productos y procesos de producción, las empresas pueden aumentar la satisfacción del cliente y mejorar su reputación en el mercado.

Total Quality Management (TQM)

Total Quality Management (TQM) es una metodología utilizada para mejorar la calidad de los productos y procesos de producción mediante la implementación de un enfoque de calidad en toda la empresa. Se basa en la idea de que la calidad es responsabilidad de todos los trabajadores y departamentos de la empresa.

El proceso de TQM implica la identificación y eliminación de problemas y desperdicios en todos los procesos de la empresa. Los trabajadores utilizan herramientas y técnicas como el Análisis de Pareto y el Diagrama de Ishikawa para identificar los problemas y diseñar soluciones para mejorar la calidad y eficiencia de los procesos.

TQM es especialmente útil para las empresas que buscan mejorar la calidad de sus productos y procesos de producción en todos los departamentos y procesos de la empresa. Al implementar un enfoque de calidad en toda la empresa, las empresas pueden mejorar la satisfacción del cliente y la reputación de la empresa.

Justo a Tiempo (JIT)

Justo a Tiempo (JIT) es una metodología utilizada para mejorar la eficiencia de los procesos de producción mediante la entrega de materiales, piezas y componentes justo en el momento en que son necesarios para la producción. Se basa en la idea de que el exceso de inventario y la sobreproducción son desperdicios que pueden ser eliminados mediante la entrega justo a tiempo.

El proceso de JIT implica la identificación y eliminación de desperdicios en la producción mediante la entrega justo a tiempo de materiales, piezas y componentes. Los trabajadores utilizan herramientas y técnicas como el Kanban y el Flujo Continuo para diseñar procesos más eficientes y reducir el tiempo de espera y los costos de producción.

JIT es especialmente útil para las empresas que producen productos con una demanda variable. Al reducir el exceso de inventario y la sobreproducción, las empresas pueden reducir los costos y mejorar la eficiencia de los procesos de producción.

Poka-yoke

Poka-yoke es una metodología utilizada para prevenir errores y problemas en la producción mediante la implementación de dispositivos y sistemas de prevención de errores. Se basa en la idea de que los errores en la producción son inevitables, pero pueden ser prevenidos mediante la implementación de sistemas y dispositivos de prevención de errores.

El proceso de Poka-yoke implica la identificación de errores y problemas en la producción y el diseño e implementación de dispositivos y sistemas de prevención de errores. Los trabajadores utilizan herramientas y técnicas como el Diseño de Poka-yoke para diseñar procesos más eficientes y reducir los errores y problemas en la producción.

Poka-yoke es especialmente útil para las empresas que producen productos complejos y de alta calidad que requieren un proceso de producción preciso y bien definido. Al prevenir errores y problemas en la producción, las empresas pueden mejorar la calidad de los productos y reducir los costos de producción.

Kaizen

Kaizen es una metodología utilizada para lograr la mejora continua en los procesos de producción mediante la implementación de pequeñas mejoras en los procesos de producción. Se basa en la idea de que la mejora continua es un proceso constante y que las pequeñas mejoras en los procesos de producción pueden sumar grandes mejoras a lo largo del tiempo.

El proceso de Kaizen implica la identificación y eliminación de desperdicios y problemas en los procesos de producción mediante la implementación de pequeñas mejoras en los procesos. Los trabajadores utilizan herramientas y técnicas como el Kaizen Blitz y el Análisis de Valor para diseñar procesos más eficientes y reducir los desperdicios y problemas en la producción.

Kaizen es especialmente útil para las empresas que buscan lograr la mejora continua en sus procesos de producción a lo largo del tiempo. Al implementar pequeñas mejoras en los procesos de producción, las empresas pueden lograr grandes mejoras en la calidad, eficiencia y rentabilidad de sus procesos de producción.

Conclusión

En resumen, las metodologías industriales son herramientas y técnicas que las empresas pueden utilizar para mejorar la calidad, eficiencia y rentabilidad de sus procesos de producción. La implementación de estas metodologías puede ayudar a las empresas a reducir los costos de producción, mejorar la calidad de los productos y aumentar la satisfacción del cliente.

Las seis metodologías descritas en este capítulo son solo algunas de las muchas herramientas y técnicas disponibles para mejorar los procesos de producción en las empresas. Cada empresa debe evaluar sus propias necesidades y objetivos y seleccionar las herramientas y técnicas que mejor se adapten a sus necesidades.

Es importante destacar que la implementación de estas metodologías no es un proceso único, sino que debe ser un proceso continuo de mejora. Las empresas deben estar dispuestas a adaptarse y cambiar sus procesos de producción a medida que cambian las necesidades y objetivos del negocio.

Además, la implementación exitosa de estas metodologías requiere un compromiso por parte de la dirección de la empresa y la colaboración de todos los empleados. Todos los miembros del equipo deben estar dispuestos a aprender nuevas herramientas y técnicas y trabajar juntos para implementar cambios en los procesos de producción.

En última instancia, la implementación de estas metodologías industriales puede ayudar a las empresas a mejorar la calidad de sus productos, reducir los costos de producción y mejorar la eficiencia de sus procesos de producción. Esto puede llevar a un aumento en la satisfacción del cliente, una mejor reputación de la empresa y un aumento en la rentabilidad del negocio a largo plazo.

SELECCIÓN DE LA METODOLOGÍA INDUSTRIAL ADECUADA PARA CADA PROYECTO

La metodología industrial es un conjunto de técnicas, herramientas y procesos utilizados para diseñar, desarrollar y mejorar productos y procesos industriales. La selección de la metodología adecuada es esencial para el éxito del proyecto, ya que puede afectar la eficiencia del proceso, los costos y la calidad del producto final.

En este capítulo, se describirán cinco metodologías industriales comunes: el diseño para la manufacturabilidad (DFM), la ingeniería concurrente, el diseño para la calidad (DFQ), la metodología Lean y la metodología Six Sigma. Además, se proporcionarán ejemplos de cómo se pueden aplicar estas metodologías en diferentes proyectos industriales.

Diseño para la manufacturabilidad (DFM)

El diseño para la manufacturabilidad (DFM) es una metodología que se centra en el diseño de productos para que sean fáciles y económicos de fabricar. Esta metodología se utiliza para reducir los costos de producción y mejorar la calidad del producto final.

Un ejemplo de cómo se puede aplicar la metodología DFM es en la producción de piezas de plástico. En este proyecto, se puede utilizar la metodología DFM para diseñar piezas que sean fáciles de moldear, lo que reduce el tiempo y el costo de producción. Por ejemplo, se puede diseñar la pieza de tal manera que se necesite una cantidad mínima de materiales y que sea fácil de extraer del molde sin causar daños en la pieza.

Ingeniería concurrente

La ingeniería concurrente es una metodología que se utiliza para acelerar el desarrollo del producto al involucrar a todas las partes interesadas en el proceso de diseño desde el principio. Esta metodología se utiliza para mejorar la eficiencia del proceso y reducir el tiempo de desarrollo.

Un ejemplo de cómo se puede aplicar la metodología de ingeniería concurrente es en el diseño de un nuevo producto electrónico. En este proyecto, se pueden involucrar a todas las partes interesadas en el proceso de diseño desde el principio, como los ingenieros, los diseñadores, los proveedores y los usuarios finales. Al trabajar juntos, las partes interesadas pueden identificar y resolver problemas rápidamente, lo que reduce el tiempo de desarrollo y mejora la calidad del producto final.

Diseño para la calidad (DFQ)

El diseño para la calidad (DFQ) es una metodología que se utiliza para diseñar productos de alta calidad desde el principio. Esta metodología se utiliza para mejorar la calidad del producto final y reducir los costos de producción y los tiempos de ciclo.

Un ejemplo de cómo se puede aplicar la metodología DFQ es en la producción de automóviles. En este proyecto, se puede utilizar la metodología DFQ para diseñar automóviles que sean seguros, confiables y de alta calidad. El diseño para la calidad puede ayudar a identificar problemas potenciales en el diseño y prevenir defectos de calidad en la fase de producción. Por ejemplo, se pueden utilizar herramientas de análisis de riesgos para identificar y mitigar los riesgos de seguridad en el diseño del automóvil.

Metodología Lean

La metodología Lean es un enfoque que se centra en la eliminación de desperdicios y la mejora continua. Esta metodología es adecuada para proyectos en los que se busca reducir los costos y aumentar la productividad, al tiempo que se mejora la calidad del producto final.

Un ejemplo de cómo se puede aplicar la metodología Lean es en la producción de alimentos. En este proyecto, se pueden identificar los procesos que no agregan valor, como los tiempos de espera, los movimientos innecesarios y el transporte de materiales. Se pueden aplicar técnicas Lean, como el Kaizen (mejora continua), el Just-in-Time (producción ajustada) y el Value Stream Mapping (mapeo del flujo de valor) para reducir los costos, mejorar la eficiencia y aumentar la calidad del producto final.

Metodología Six Sigma

La metodología Six Sigma es un enfoque estadístico para la mejora de procesos que se utiliza para reducir los defectos y mejorar la calidad del producto final. Esta metodología se basa en la recopilación y análisis de datos para identificar y eliminar las causas raíz de los problemas en el proceso.

Un ejemplo de cómo se puede aplicar la metodología Six Sigma es en la producción de dispositivos médicos. En este proyecto, se pueden identificar los procesos que causan defectos y se pueden recopilar datos para analizar el rendimiento del proceso. La metodología Six Sigma utiliza herramientas estadísticas para identificar las causas raíz de los problemas y mejorar el proceso para reducir los defectos y aumentar la calidad del producto final.

Selección de la metodología adecuada

La selección de la metodología adecuada depende del tipo de proyecto y de los objetivos del negocio. A continuación, se presentan algunos factores a considerar al seleccionar una metodología industrial:

Tipo de proyecto: el tipo de proyecto puede influir en la elección de la metodología adecuada. Por ejemplo, la metodología Lean puede ser adecuada para proyectos de producción en masa, mientras que la metodología Six Sigma puede ser más adecuada para proyectos de mejora continua.

Objetivos del negocio: los objetivos del negocio pueden influir en la elección de la metodología adecuada. Por ejemplo, si el objetivo del negocio es reducir los costos, la metodología Lean puede ser más adecuada. Si el objetivo es mejorar la calidad, la metodología DFQ o Six Sigma pueden ser más adecuadas.

Recursos disponibles: los recursos disponibles, como el tiempo, el presupuesto y la experiencia del personal, pueden influir en la elección de la metodología adecuada. Algunas metodologías pueden requerir más recursos que otras, por lo que es importante considerar la disponibilidad de recursos antes de seleccionar una metodología.

Cultura empresarial: la cultura empresarial puede influir en la elección de la metodología adecuada. Por ejemplo, si la cultura empresarial valora la mejora continua, la metodología Six Sigma puede ser más adecuada. Si la cultura empresarial valora la eficiencia, la metodología Lean puede ser más adecuada.

Conclusión

En conclusión, la selección de la metodología adecuada es esencial para el éxito del proyecto. La metodología industrial adecuada puede mejorar la eficiencia del proceso, reducir los costos y mejorar la calidad del producto final. Al seleccionar una metodología industrial, es importante considerar el tipo de proyecto, los objetivos del negocio, los recursos disponibles y la cultura empresarial. Las metodologías descritas en este capítulo, el diseño para la manufacturabilidad (DFM), la ingeniería concurrente, el diseño para la calidad (DFQ), la metodología Lean y Six Sigma, son solo algunas de las muchas opciones disponibles para seleccionar una metodología adecuada. Es importante realizar una evaluación cuidadosa de cada metodología y seleccionar la que mejor se adapte a las necesidades y objetivos del proyecto.

Además, es importante tener en cuenta que la metodología industrial seleccionada no es una solución única para todos los problemas. Cada proyecto es único y puede requerir una combinación de diferentes metodologías para lograr los mejores resultados.

Por último, es importante destacar que la implementación exitosa de una metodología industrial no solo depende de la elección de la metodología adecuada, sino también de la planificación, la ejecución y el seguimiento adecuados del proyecto. La capacitación adecuada del personal, la asignación de recursos adecuados y la evaluación constante del proceso son fundamentales para el éxito del proyecto.

En resumen, la selección de la metodología adecuada es esencial para mejorar la eficiencia del proceso, reducir los costos y mejorar la calidad del producto final en proyectos industriales. La elección de la metodología adecuada depende del tipo de proyecto, los objetivos del negocio, los recursos disponibles y la cultura empresarial. Al seleccionar una metodología, es importante realizar una evaluación cuidadosa y tener en cuenta que cada proyecto es único y puede requerir una combinación de diferentes metodologías para lograr los mejores resultados. Además, la planificación, la ejecución y el seguimiento adecuados del proyecto son fundamentales para el éxito de la implementación de la metodología seleccionada.

IMPLEMENTACIÓN DE METODOLOGÍAS INDUSTRIALES EN LA EMPRESA

La implementación de metodologías industriales en la empresa es un proceso clave para mejorar la eficiencia y la productividad en la producción. Las metodologías industriales son técnicas y herramientas que se utilizan para mejorar los procesos y reducir los costos. Algunas de las metodologías industriales más populares incluyen Lean Manufacturing, Six Sigma, Teoría de las Restricciones y Total Productive Maintenance (TPM).

Para implementar una metodología industrial en la empresa, se deben seguir varios pasos importantes. En primer lugar, es esencial identificar las necesidades y objetivos de la empresa. Se deben establecer objetivos claros y específicos, como reducir los costos, mejorar la calidad de los productos, aumentar la eficiencia en la producción, entre otros. Además, es importante que todos los empleados entiendan los objetivos de la metodología y cómo se aplicará en su trabajo diario.

El siguiente paso en la implementación de metodologías industriales es identificar y analizar los procesos empresariales existentes. Esto incluye la identificación de los cuellos de botella, los puntos de ineficiencia y los desperdicios en la producción. Se deben realizar análisis detallados de cada proceso para identificar las áreas de mejora.

Una vez que se han identificado los problemas en los procesos, se deben diseñar e implementar mejoras. Esto puede incluir la reorganización de los procesos, la eliminación de desperdicios, la automatización de los procesos y la mejora de la calidad. Es importante involucrar a los empleados en la implementación de las mejoras para asegurar su éxito.

Después de implementar las mejoras, es importante monitorear y controlar los procesos para asegurar que se estén logrando los objetivos. Se deben establecer indicadores de rendimiento clave y se deben realizar análisis periódicos para evaluar el éxito de las mejoras. Si se identifican problemas, se deben realizar ajustes y mejoras adicionales.

La implementación de metodologías industriales puede ser un proceso desafiante, pero puede ser una herramienta poderosa para mejorar la eficiencia y la productividad. Es importante evaluar cuidadosamente las metodologías y seleccionar la que mejor se adapte a las necesidades y objetivos de la empresa. La capacitación y educación de los empleados es clave para asegurar el éxito de la implementación.

A continuación, se presentan algunos ejemplos de empresas que han implementado metodologías industriales con éxito:

Toyota: Toyota es una de las empresas más exitosas en la implementación de Lean Manufacturing. La empresa ha utilizado esta metodología para mejorar la eficiencia en la producción y reducir los costos. La implementación de Lean Manufacturing ha permitido a Toyota producir más vehículos con menos recursos y mejorar la calidad de sus productos. La empresa también ha implementado Total Productive Maintenance (TPM) para mejorar la eficiencia y la calidad en la producción.

General Electric: General Electric ha implementado la metodología Six Sigma en toda su empresa. Esta metodología ha permitido a la empresa mejorar la calidad de sus productos y servicios, reducir los costos y aumentar la eficiencia en la producción. La implementación de Six Sigma ha sido clave en la transformación de GE en una empresa más enfocada en la calidad y la eficiencia. La empresa también ha implementado la metodología Design for Six Sigma (DFSS) para mejorar la calidad en el diseño de productos y servicios.

Nestlé: Nestlé ha implementado la metodología Total Productive Maintenance (TPM) en sus operaciones de producción en todo el mundo. Esta metodología ha permitido a la empresa reducir los costos y mejorar la eficiencia en la producción. Nestlé también ha utilizado la metodología Lean Manufacturing para eliminar desperdicios en la producción y mejorar la calidad de sus productos.

Boeing: Boeing ha implementado la metodología Teoría de las Restricciones en su producción de aviones. Esta metodología ha permitido a la empresa identificar y eliminar los cuellos de botella en la producción, lo que ha mejorado la eficiencia y reducido los costos. Boeing también ha utilizado la metodología Lean Manufacturing para mejorar la eficiencia en la producción y reducir los tiempos de espera.

Amazon: Amazon ha implementado la metodología Lean Manufacturing en sus operaciones de logística y almacenamiento. La empresa ha utilizado esta metodología para reducir los tiempos de espera y mejorar la eficiencia en la entrega de productos. Amazon también ha utilizado la metodología Six Sigma para mejorar la calidad de sus servicios y reducir los errores en la entrega de productos.

En resumen, la implementación de metodologías industriales en la empresa es esencial para mejorar la eficiencia, reducir los costos y mejorar la calidad de los productos y servicios. La selección de la metodología adecuada debe basarse en las necesidades y objetivos de la empresa, y debe involucrar a todos los empleados para asegurar su éxito. Las empresas que han implementado metodologías industriales con éxito han logrado mejoras significativas en la eficiencia, la calidad y la rentabilidad.

EVALUACIÓN Y SEGUIMIENTO DE LA EFICACIA DE LAS METODOLOGÍAS INDUSTRIALES

Las reuniones de revisión de la metodología son una herramienta efectiva para llevar a cabo el seguimiento de la eficacia de la metodología industrial. En estas reuniones, se revisan los KPIs (Key Performance Indicators por sus siglas in inglés, Indicadores Clave de Desempeño o simplemente Indicadores Clave) y se discuten los resultados obtenidos. Además, se identifican oportunidades de mejora y se establecen planes de acción para implementar cambios.

Es importante que estas reuniones se lleven a cabo de forma constante y que se involucren a todos los miembros del equipo para asegurar que se estén cumpliendo los objetivos y para fomentar la colaboración en la implementación de cambios.

Durante estas reuniones, es necesario revisar y analizar los KPIs que se han establecido para evaluar el desempeño de la metodología industrial. Estos KPIs pueden incluir aspectos como el tiempo de producción, la calidad del producto, el rendimiento de la maquinaria y el cumplimiento de las normas de seguridad. Es importante que estos KPIs se establezcan de forma clara y que se definan objetivos específicos para cada uno de ellos.

Además, en estas reuniones se pueden identificar oportunidades de mejora en los procesos y en la implementación de la metodología industrial. Es importante que se fomenten las ideas y sugerencias de todos los miembros del equipo para identificar estas oportunidades y para establecer planes de acción para implementar cambios.

En resumen, las reuniones de revisión de la metodología son una herramienta esencial para llevar a cabo el seguimiento de la eficacia de las metodologías industriales. Es importante que se lleven a cabo de forma constante, que se revisen los KPIs y que se identifiquen oportunidades de mejora para implementar cambios y lograr una mejora continua en los procesos de la empresa.

Auditorías internas

Las auditorías internas son una herramienta valiosa para evaluar el cumplimiento de los estándares de calidad y para identificar oportunidades de mejora en la metodología industrial. Estas auditorías se llevan a cabo de forma regular y se enfocan en evaluar la eficiencia de los procesos, la calidad del producto y el cumplimiento de las normas establecidas.

Es importante que las auditorías se realicen de forma imparcial y que se involucren a todos los miembros del equipo para asegurar que se estén cumpliendo los objetivos de la metodología industrial. Durante las auditorías, se deben revisar todos los aspectos de la metodología industrial, desde la calidad del producto hasta la eficiencia de los procesos.

Es importante que se establezcan objetivos claros para las auditorías y que se establezcan planes de acción para implementar cambios. Además, es fundamental que se realice un seguimiento constante para asegurar que se estén implementando los cambios y que se estén cumpliendo los objetivos establecidos.

En resumen, las auditorías internas son una herramienta esencial para evaluar el cumplimiento de los estándares de calidad y para identificar oportunidades de mejora en la metodología industrial. Es importante que se realicen de forma regular, que se involucren a todos los miembros del equipo y que se establezcan planes de acción para implementar cambios y lograr una mejora continua en los procesos de la empresa.

Encuestas de satisfacción del cliente

Las encuestas de satisfacción del cliente son una herramienta valiosa para evaluar la eficacia de la metodología industrial desde la perspectiva del cliente. Estas encuestas se enfocan en medir el nivel de satisfacción del cliente con los productos y servicios de la empresa, así como la eficiencia de los procesos y el cumplimiento de las expectativas.

Es importante que estas encuestas se lleven a cabo de forma regular y que se involucren a todos los clientes para asegurar que se estén cumpliendo sus expectativas y para identificar oportunidades de mejora en la metodología industrial. Además, es importante que se establezcan objetivos claros para las encuestas y que se establezcan planes de acción para implementar cambios basados en los resultados obtenidos.

Las encuestas de satisfacción del cliente deben incluir preguntas que evalúen aspectos como la calidad del producto, la eficiencia del servicio, la atención al cliente y el cumplimiento de las expectativas. Es importante que se establezcan preguntas específicas para evaluar cada uno de estos aspectos y que se brinde la oportunidad de incluir comentarios adicionales para obtener información detallada y específica.

En resumen, las encuestas de satisfacción del cliente son una herramienta esencial para evaluar la eficacia de la metodología industrial desde la perspectiva del cliente. Es importante que se lleven a cabo de forma regular, que se involucren a todos los clientes y que se establezcan planes de acción para implementar cambios basados en los resultados obtenidos.

Análisis de datos

El análisis de datos es una herramienta esencial para llevar a cabo el seguimiento de la eficacia de la metodología industrial. Este análisis se enfoca en recolectar y analizar datos relacionados con el desempeño de los procesos y la calidad del producto para identificar patrones y tendencias.

Es importante que se recolecten datos de forma constante y que se establezcan objetivos claros para el análisis de datos. Además, es importante que se involucren a todos los miembros del equipo para asegurar que se estén cumpliendo los objetivos y para fomentar la colaboración en la implementación de cambios.

Durante el análisis de datos, es necesario identificar patrones y tendencias para evaluar el desempeño de los procesos y la calidad del producto. Estos patrones y tendencias pueden incluir aspectos como el tiempo de producción, la eficiencia de la maquinaria y la calidad del producto. Es importante que se establezcan objetivos específicos para cada uno de estos aspectos y que se implementen cambios basados en los resultados obtenidos.

En resumen, el análisis de datos es una herramienta esencial para llevar a cabo el seguimiento de la eficacia de las metodologías industriales. Es importante que se recolecten datos de forma constante, que se establezcan objetivos claros y que se implementen cambios basados en los resultados obtenidos.

Implementación de cambios

La implementación de cambios es esencial para lograr una mejora continua en los procesos de la empresa y para asegurar la eficacia de las metodologías industriales. Es importante que se establezcan planes de acción para implementar cambios basados en los resultados obtenidos de las reuniones de revisión de la metodología industrial, las encuestas de satisfacción del cliente y el análisis de datos.

Los planes de acción deben ser específicos y detallados, y deben incluir objetivos claros, plazos de tiempo y responsabilidades claras para cada miembro del equipo involucrado. Además, es importante que se establezcan métricas para evaluar el éxito de los cambios implementados y que se lleve a cabo un seguimiento constante para asegurar que se estén cumpliendo los objetivos establecidos.

Es importante también que se fomente la colaboración entre los miembros del equipo en la implementación de cambios y que se brinden oportunidades para la capacitación y el desarrollo profesional para asegurar que todos estén alineados y comprometidos con la mejora continua de los procesos.

En resumen, la implementación de cambios es esencial para lograr una mejora continua en los procesos de la empresa y para asegurar la eficacia de las metodologías industriales. Es importante que se establezcan planes de acción específicos y detallados, que se establezcan métricas para evaluar el éxito de los cambios implementados y que se fomente la colaboración y el desarrollo profesional de los miembros del equipo.

Conclusión

La evaluación y seguimiento de la eficacia de las metodologías industriales es esencial para lograr una mejora continua en los procesos de la empresa y para asegurar la satisfacción del cliente y la eficiencia de los procesos. Las reuniones de revisión de la metodología industrial, las encuestas de satisfacción del cliente, el análisis de datos y la implementación de cambios son herramientas esenciales para llevar a cabo este proceso de evaluación y seguimiento.

Es importante que se establezcan objetivos claros y planes de acción específicos para cada una de estas herramientas, y que se fomente la colaboración y el desarrollo profesional de los miembros del equipo para asegurar el éxito en la implementación de cambios y la mejora continua de los procesos.

En conclusión, la evaluación y seguimiento de la eficacia de las metodologías industriales son procesos continuos que requieren de un compromiso constante y una mentalidad de mejora continua por parte de todos los miembros del equipo.

COMUNICACIÓN Y COLABORACIÓN EN LA IMPLEMENTACIÓN DE LAS METODOLOGÍAS INDUSTRIALES

La implementación de metodologías industriales es un proceso que busca mejorar la eficiencia y la productividad en una empresa. Estas metodologías involucran la aplicación de herramientas y técnicas específicas para mejorar los procesos y sistemas de la empresa. Sin embargo, para que la implementación de estas metodologías sea exitosa, es fundamental que exista una buena comunicación y colaboración entre los diferentes departamentos y equipos de la empresa. En este capítulo, se explorará la importancia de la comunicación y colaboración en la implementación de metodologías industriales.

Comunicación en la implementación de metodologías industriales:

La comunicación es un factor clave en la implementación de metodologías industriales, ya que permite a los diferentes departamentos y equipos de la empresa trabajar juntos para lograr los objetivos comunes. La comunicación efectiva permite a los equipos trabajar juntos de manera más eficiente, identificar y resolver problemas de manera más rápida y tomar decisiones informadas.

En el contexto de la implementación de metodologías industriales, la comunicación debe ser bidireccional. Esto significa que no solo es importante que los gerentes y líderes se comuniquen con los empleados, sino que también es importante que los empleados puedan comunicarse con los gerentes y líderes.

La comunicación bidireccional permite a los empleados expresar sus ideas, preocupaciones y preguntas, lo que puede ayudar a mejorar la implementación de las metodologías industriales.

Además, es importante que la comunicación en la implementación de metodologías industriales sea clara y concisa. La comunicación clara ayuda a evitar malentendidos y reduce la posibilidad de errores. También es importante que la comunicación se realice en un lenguaje que sea comprensible para todos los miembros del equipo, ya que esto ayuda a garantizar que todos tengan una comprensión común de los objetivos y los procesos involucrados.

Colaboración en la implementación de metodologías industriales:

La colaboración es otro factor clave en la implementación de metodologías industriales. La colaboración se refiere a la capacidad de los diferentes departamentos y equipos de la empresa para trabajar juntos para lograr objetivos comunes. En el contexto de la implementación de metodologías industriales, la colaboración puede ayudar a garantizar que todos los miembros del equipo estén alineados con los objetivos y trabajen juntos para lograrlos.

La colaboración efectiva en la implementación de metodologías industriales implica la participación activa de todos los miembros del equipo. Esto significa que todos los miembros del equipo deben ser conscientes de sus roles y responsabilidades y deben trabajar juntos para lograr los objetivos comunes. Además, es importante que se establezcan canales de comunicación claros y eficaces para facilitar la colaboración entre los miembros del equipo.

Otro aspecto importante de la colaboración en la implementación de metodologías industriales es la capacidad de los miembros del equipo para compartir información y conocimientos. Esto puede ayudar a mejorar la calidad de los procesos y sistemas de la empresa y garantizar que todos los miembros del equipo tengan una comprensión común de los procesos y objetivos involucrados.

Beneficios de una buena comunicación y colaboración en la implementación de metodologías industriales:

La buena comunicación y colaboración en la implementación de metodologías industriales pueden generar una serie de beneficios para la empresa, incluyendo:

Mejora de la eficiencia: Cuando los diferentes departamentos y equipos de la empresa trabajan juntos y comparten información, se puede mejorar la eficiencia en la empresa. Los miembros del equipo pueden identificar y resolver problemas de manera más rápida y eficiente, lo que puede reducir el tiempo que se tarda en completar una tarea o proyecto. Además, la colaboración puede ayudar a identificar áreas de mejora en los procesos, lo que puede llevar a una mayor eficiencia en el futuro.

Reducción de errores: La buena comunicación y colaboración también pueden ayudar a reducir errores. Al tener una comprensión común de los procesos y objetivos, los miembros del equipo pueden evitar malentendidos y tomar decisiones informadas. Esto puede llevar a una reducción en los errores, lo que puede ahorrar tiempo y recursos en la corrección de errores y la retrabajo.

Mejora de la productividad: La implementación de metodologías industriales tiene como objetivo mejorar la productividad en la empresa. La buena comunicación y colaboración pueden ayudar a garantizar que todos los miembros del equipo estén trabajando juntos hacia los mismos objetivos, lo que puede mejorar la productividad en general. Además, cuando los miembros del equipo están trabajando juntos de manera más eficiente, pueden completar más tareas en menos tiempo, lo que puede mejorar aún más la productividad.

Mejora del ambiente laboral: La comunicación y colaboración efectiva pueden mejorar el ambiente laboral en la empresa. Al trabajar juntos hacia objetivos comunes, los miembros del equipo pueden desarrollar relaciones más fuertes y colaborativas, lo que puede mejorar la moral y la satisfacción laboral. Cuando los empleados se sienten valorados y tienen una relación positiva con sus compañeros de trabajo, es más probable que sean más productivos y estén dispuestos a contribuir a la empresa a largo plazo.

Mejora de la calidad: La buena comunicación y colaboración pueden ayudar a mejorar la calidad de los procesos y sistemas de la empresa. Al compartir información y conocimientos, los miembros del equipo pueden identificar áreas de mejora y trabajar juntos para mejorar la calidad en general. Además, cuando los empleados están trabajando juntos de manera más eficiente y efectiva, pueden asegurarse de que los procesos y sistemas se estén siguiendo correctamente, lo que puede mejorar la calidad de los productos y servicios de la empresa.

Mayor innovación: La comunicación y colaboración también pueden fomentar la innovación en la empresa. Al trabajar juntos y compartir ideas, los miembros del equipo pueden generar nuevas ideas y soluciones a problemas existentes. La colaboración efectiva puede ayudar a identificar oportunidades para mejorar y evolucionar los procesos y sistemas existentes, lo que puede conducir a innovaciones significativas en la empresa.

Mejora de la satisfacción del cliente: La buena comunicación y colaboración pueden ayudar a mejorar la satisfacción del cliente. Al trabajar juntos para mejorar la calidad de los productos y servicios de la empresa, los miembros del equipo pueden asegurarse de que los clientes reciban los mejores productos y servicios posibles. Además, cuando los empleados están trabajando juntos de manera más eficiente y efectiva, pueden asegurarse de que los pedidos se completen en tiempo y forma, lo que puede mejorar aún más la satisfacción del cliente.

Mayor adaptabilidad: La buena comunicación y colaboración también pueden ayudar a las empresas a ser más adaptables a los cambios en el mercado y en la industria. Al trabajar juntos y compartir información, los miembros del equipo pueden identificar y responder más rápidamente a los cambios en la demanda del mercado, las nuevas tendencias y los avances en la tecnología. La capacidad de adaptarse rápidamente a estos cambios puede ser una ventaja competitiva para la empresa.

Mejora del liderazgo: La buena comunicación y colaboración pueden mejorar la capacidad de liderazgo en la empresa. Los líderes que fomentan la colaboración y la comunicación efectiva pueden crear un ambiente laboral positivo y colaborativo. Además, cuando los líderes están involucrados en la comunicación y colaboración, pueden identificar oportunidades para mejorar y liderar el cambio en la empresa.

Ahorro de tiempo y recursos: La buena comunicación y colaboración pueden ayudar a ahorrar tiempo y recursos en la empresa. Al trabajar juntos de manera más eficiente, los miembros del equipo pueden completar tareas en menos tiempo, lo que puede reducir el costo laboral. Además, al identificar y resolver problemas de manera más rápida y efectiva, se puede reducir el costo de retrabajo y corrección de errores.

En conclusión, la comunicación y colaboración son fundamentales en la implementación de metodologías industriales. La comunicación efectiva permite a los diferentes departamentos y equipos de la empresa trabajar juntos de manera más eficiente, identificar y resolver problemas de manera más rápida y tomar decisiones informadas. La colaboración efectiva implica la participación activa de todos los miembros del equipo y la capacidad de compartir información y conocimientos. La buena comunicación y colaboración pueden generar una serie de beneficios para la empresa, incluyendo la mejora de la eficiencia, la reducción de errores, la mejora de la productividad, la mejora del ambiente laboral y la mejora de la calidad. Por lo tanto, es importante que las empresas presten atención a la comunicación y colaboración al implementar metodologías industriales y trabajen para mejorar estos aspectos en su cultura organizacional.

IDENTIFICACIÓN Y RESOLUCIÓN DE PROBLEMAS CON LAS METODOLOGÍAS INDUSTRIALES

En la industria, los problemas son una parte inevitable del proceso de producción. A menudo, estos problemas pueden afectar la calidad, la eficiencia y la rentabilidad de una empresa. Por lo tanto, es esencial contar con un método eficaz para identificar y resolver los problemas en un entorno industrial.

En este capítulo, se discutirán las metodologías industriales que se utilizan para identificar y resolver problemas en la industria. Estas metodologías incluyen Six Sigma, Lean Manufacturing y Total Quality Management (TQM). Además, se discutirán las etapas comunes que se utilizan en estas metodologías, así como algunas herramientas y técnicas que se utilizan para identificar y resolver problemas.

Six Sigma

Six Sigma es una metodología que se utiliza para mejorar la calidad de los productos y servicios de una empresa. Esta metodología se centra en reducir la variación en los procesos de producción y mejorar la satisfacción del cliente. Six Sigma utiliza un enfoque basado en datos para identificar y resolver problemas.

La metodología Six Sigma se basa en un proceso de cinco etapas, conocido como DMAIC (Definir, Medir, Analizar, Mejorar y Controlar). Cada etapa tiene objetivos específicos y utiliza herramientas y técnicas diferentes para lograr estos objetivos.

La primera etapa de DMAIC es Definir. En esta etapa, se define el problema y se establecen los objetivos del proyecto. También se identifican los clientes y las necesidades del mercado.

La segunda etapa de DMAIC es Medir. En esta etapa, se recopilan datos sobre el proceso de producción para determinar la capacidad y la estabilidad del proceso.

La tercera etapa de DMAIC es Analizar. En esta etapa, se analizan los datos recopilados en la etapa anterior para identificar las causas raíz del problema. Se utilizan herramientas estadísticas como el Análisis de Pareto y el Diagrama de Ishikawa para identificar las causas raíz.

La cuarta etapa de DMAIC es Mejorar. En esta etapa, se implementan soluciones para resolver el problema. Se utilizan herramientas como el Diseño de Experimentos y la Ingeniería de Valor para mejorar el proceso de producción.

La última etapa de DMAIC es Controlar. En esta etapa, se implementan medidas de control para garantizar que el proceso de producción siga siendo estable y capaz. Se utilizan herramientas como el Plan de Control y el Gráfico de Control para mantener el proceso bajo control.

Lean Manufacturing

Lean Manufacturing es otra metodología que se utiliza para mejorar la calidad y la eficiencia en la producción. Esta metodología se centra en eliminar el desperdicio y mejorar la eficiencia del proceso de producción. Lean Manufacturing utiliza un enfoque basado en la mejora continua para identificar y resolver problemas.

La metodología Lean Manufacturing se basa en un proceso de cuatro etapas, conocido como el Ciclo de Mejora Continua (PDCA por sus siglas en inglés) que consta de Planificar, Hacer, Verificar y Actuar. Cada etapa tiene objetivos específicos y utiliza herramientas y técnicas diferentes para lograr estos objetivos.

La primera etapa del ciclo PDCA es Planificar. En esta etapa, se define el problema y se establecen los objetivos del proyecto. También se identifican las medidas de rendimiento que se utilizarán para medir el éxito del proyecto.

La segunda etapa del ciclo PDCA es Hacer. En esta etapa, se implementan soluciones para resolver el problema. Se utiliza un enfoque centrado en la acción para implementar las soluciones.

La tercera etapa del ciclo PDCA es Verificar. En esta etapa, se recopilan datos para evaluar el éxito de las soluciones implementadas. Se utilizan herramientas como el Análisis de Flujo de Valor y el Diagrama de Espina de Pescado para evaluar el rendimiento del proceso.

La última etapa del ciclo PDCA es Actuar. En esta etapa, se toman medidas para mejorar el proceso continuamente. Se utilizan herramientas como el Kaizen y el A3 para mejorar el proceso de producción y eliminar el desperdicio.

Total Quality Management (TQM)

Total Quality Management es una metodología que se utiliza para mejorar la calidad y la eficiencia en la producción. Esta metodología se centra en mejorar la calidad en todos los aspectos de la empresa, incluyendo la cultura, los procesos y los productos. TQM utiliza un enfoque basado en la mejora continua para identificar y resolver problemas.

La metodología TQM se basa en un proceso de ocho etapas, conocido como el Ciclo de Deming (PDCA) mejorado. Las ocho etapas incluyen Planificar, Hacer, Verificar, Actuar, Analizar, Diseñar, Implementar y Mantener. Cada etapa tiene objetivos específicos y utiliza herramientas y técnicas diferentes para lograr estos objetivos.

La primera etapa del Ciclo de Deming mejorado es Planificar. En esta etapa, se define el problema y se establecen los objetivos del proyecto. También se identifican las medidas de rendimiento que se utilizarán para medir el éxito del proyecto.

La segunda etapa es Hacer. En esta etapa, se implementan soluciones para resolver el problema.

La tercera etapa es Verificar. En esta etapa, se recopilan datos para evaluar el éxito de las soluciones implementadas.

La cuarta etapa es Actuar. En esta etapa, se toman medidas para mejorar el proceso continuamente.

La quinta etapa es Analizar. En esta etapa, se analizan los datos recopilados en la etapa anterior para identificar las causas raíz del problema.

La sexta etapa es Diseñar. En esta etapa, se diseñan soluciones para resolver el problema.

La séptima etapa es Implementar. En esta etapa, se implementan las soluciones diseñadas.

La última etapa es Mantener. En esta etapa, se implementan medidas de control para garantizar que el proceso de producción siga siendo estable y capaz.

Herramientas y técnicas para identificar y resolver problemas

Hay varias herramientas y técnicas que se utilizan comúnmente en las metodologías industriales para identificar y resolver problemas. Algunas de estas herramientas y técnicas incluyen:

Diagrama de Ishikawa: también conocido como Diagrama de Espina de Pescado, se utiliza para identificar las causas raíz del problema.

Análisis de Pareto: se utiliza para identificar los problemas más importantes que afectan la calidad y la eficiencia del proceso de producción.

Gráfico de Control: se utiliza para monitorear el proceso de producción y detectar desviaciones del proceso.

Plan de Control: se utiliza para establecer las medidas de control necesarias para garantizar la calidad y la eficiencia del proceso de producción.

Análisis de Flujo de Valor: se utiliza para analizar el flujo del proceso de producción y identificar áreas de desperdicio.

Kaizen: se refiere a la mejora continua y se utiliza para identificar oportunidades de mejora en el proceso de producción.

A3: es una herramienta de resolución de problemas que se utiliza para documentar el proceso de mejora y comunicar los resultados a otras partes interesadas.

Análisis FMEA (Análisis de Modo y Efecto de Falla): se utiliza para identificar las posibles fallas en el proceso de producción y diseñar medidas de control para evitarlas.

5S: se refiere a la organización, limpieza y estandarización del lugar de trabajo para mejorar la eficiencia y la seguridad del proceso de producción.

Kanban: se utiliza para gestionar el inventario y garantizar que los materiales necesarios estén disponibles cuando se necesiten.

Estas son solo algunas de las herramientas y técnicas que se utilizan en las metodologías industriales para identificar y resolver problemas. Cada herramienta y técnica tiene sus propios beneficios y se utiliza en diferentes situaciones.

Conclusión

Las metodologías industriales son una serie de técnicas y herramientas que se utilizan en la industria para mejorar la calidad y la eficiencia del proceso de producción. Estas metodologías se basan en la idea de la mejora continua y la eliminación de desperdicios y se aplican en una amplia variedad de sectores industriales.

El ciclo PDCA es una de las metodologías más utilizadas en la industria y se enfoca en la mejora continua del proceso de producción. Esta metodología se divide en cuatro etapas: planificar, hacer, verificar y actuar. En cada etapa se realizan actividades específicas para identificar y resolver problemas y se establecen medidas de control para garantizar la calidad del proceso de producción.

Otra metodología popular es Total Quality Management, que se enfoca en la mejora continua en todos los aspectos de la empresa. Esta metodología se basa en la idea de que la calidad no es solo responsabilidad del departamento de control de calidad, sino que es responsabilidad de todos los empleados de la empresa. Para implementar Total Quality Management, se realizan actividades específicas, como la formación y la capacitación de los empleados, la identificación y eliminación de desperdicios y la implementación de medidas de control para garantizar la calidad del proceso de producción.

Además de estas metodologías, existen varias herramientas y técnicas específicas que se utilizan en la industria para identificar y resolver problemas. El Diagrama de Ishikawa es una herramienta utilizada para identificar las causas raíz de un problema, mientras que el Análisis de Pareto se utiliza para identificar los problemas más importantes que deben abordarse primero. El Gráfico de Control se utiliza para monitorear la calidad del proceso de producción y detectar cualquier variación no deseada.

En resumen, las metodologías industriales son esenciales para garantizar la calidad y la eficiencia del proceso de producción. Las herramientas y técnicas específicas que se utilizan en estas metodologías, como el ciclo PDCA, Total Quality Management, el Diagrama de Ishikawa y el Análisis de Pareto, permiten identificar y resolver problemas de manera efectiva, así como monitorear y mejorar continuamente el proceso de producción. Los gerentes y los ingenieros deben estar familiarizados con estas metodologías y herramientas para poder aplicarlas de manera efectiva y lograr la excelencia en su proceso productivo. La implementación de metodologías industriales puede ayudar a las empresas a mantenerse competitivas y satisfacer las necesidades y expectativas de los clientes en un mercado cada vez más exigente.

DESARROLLO DE PLANES DE ACCIÓN Y MEJORA CON LAS METODOLOGÍAS INDUSTRIALES

En cualquier empresa o industria, el desarrollo de planes de acción y mejora es fundamental para lograr un crecimiento sostenible y aumentar la eficiencia de los procesos. Los planes de acción y mejora son un conjunto de estrategias y acciones que se implementan para mejorar los procesos, optimizar los recursos y aumentar la productividad de la empresa.

En este capítulo se explicará cómo se pueden aplicar las metodologías industriales para desarrollar planes de acción y mejora efectivos. También se discutirán las diferentes etapas del proceso de mejora y cómo se pueden implementar en una empresa.

Metodologías industriales para desarrollar planes de acción y mejora

Las metodologías industriales son un conjunto de técnicas y herramientas que se utilizan para optimizar los procesos y aumentar la eficiencia de la empresa. Estas metodologías se han desarrollado a lo largo del tiempo y se han aplicado con éxito en diferentes sectores industriales.

Entre las metodologías industriales más populares se encuentran el Lean Manufacturing, Six Sigma, Total Quality Management (TQM), Kaizen y la Teoría de las Restricciones (TOC).

Lean Manufacturing

El Lean Manufacturing es una metodología industrial que se enfoca en la eliminación de desperdicios y en la creación de valor para el cliente. Esta metodología se basa en el principio de que todas las actividades que no agregan valor al cliente deben ser eliminadas.

El Lean Manufacturing se divide en cinco etapas: identificación de valor, mapeo de flujo de valor, creación de flujo, implementación de un sistema de producción pull y mejora continua.

La identificación de valor implica la identificación de los productos o servicios que son valorados por los clientes y la eliminación de aquellos que no lo son. El mapeo de flujo de valor es el proceso de visualizar el flujo de materiales y la información a través del proceso de producción. La creación de flujo implica la eliminación de cuellos de botella y la creación de un flujo de producción continuo. La implementación de un sistema de producción pull implica la producción de los productos o servicios solo cuando se necesitan. La mejora continua implica la implementación de medidas para eliminar desperdicios y mejorar la eficiencia del proceso de producción.

Six Sigma

Six Sigma es una metodología industrial que se enfoca en la reducción de la variabilidad en los procesos y en la mejora de la calidad del producto o servicio. Esta metodología se basa en el principio de que la variabilidad en los procesos es la principal causa de defectos.

Six Sigma se divide en cinco etapas: definir, medir, analizar, mejorar y controlar (DMAIC). La etapa de definir implica la definición del problema y la identificación del alcance del proyecto. La etapa de medir implica la recopilación de datos y la medición del proceso. La etapa de analizar implica la identificación de las causas raíz del problema. La etapa de mejorar implica la implementación de soluciones para resolver el problema. La etapa de controlar implica la implementación de medidas para mantener la mejora.

Total Quality Management (TQM)

Total Quality Management (TQM) es una metodología industrial que se enfoca en la mejora continua de la calidad del producto o servicio. Esta metodología se basa en el principio de que la calidad es responsabilidad de todos en la empresa.

TQM se divide en ocho etapas: liderazgo, educación y capacitación, involucramiento de los empleados, enfoque en el cliente, mejora continua, medición y análisis de resultados, gestión de proveedores y trabajo en equipo.

La etapa de liderazgo implica el compromiso de la alta dirección en la implementación de la mejora continua. La educación y capacitación implica la formación de los empleados en técnicas de mejora de la calidad. El involucramiento de los empleados implica la participación activa de los empleados en la mejora continua. El enfoque en el cliente implica la satisfacción de las necesidades y expectativas del cliente. La mejora continua implica la implementación de medidas para mejorar continuamente la calidad del producto o servicio. La medición y análisis de resultados implica el seguimiento y análisis de los resultados para tomar medidas de mejora. La gestión de proveedores implica la selección y evaluación de los proveedores para asegurar la calidad del producto o servicio. El trabajo en equipo implica la colaboración y cooperación entre los diferentes departamentos de la empresa.

Kaizen

Kaizen es una metodología industrial que se enfoca en la mejora continua de los procesos. Esta metodología se basa en el principio de que todos los empleados de la empresa pueden contribuir a la mejora continua.

Kaizen se divide en tres etapas: identificación del problema, análisis del problema y solución del problema. La identificación del problema implica la identificación de las áreas que necesitan mejorar. El análisis del problema implica la identificación de las causas raíz del problema. La solución del problema implica la implementación de medidas para resolver el problema y prevenir su recurrencia.

Teoría de las Restricciones (TOC)

La Teoría de las Restricciones (TOC) es una metodología industrial que se enfoca en la identificación y eliminación de las limitaciones en los procesos. Esta metodología se basa en el principio de que los procesos están limitados por las restricciones.

TOC se divide en tres etapas: identificación de la restricción, explotación de la restricción y elevación de la restricción. La identificación de la restricción implica la identificación de la limitación en el proceso. La explotación de la restricción implica la maximización del uso de la restricción. La elevación de la restricción implica la eliminación de la restricción.

Etapa del proceso de mejora

El proceso de mejora se divide en cuatro etapas: planificación, implementación, seguimiento y evaluación.

Planificación

La etapa de planificación implica la identificación del problema, la definición de los objetivos de mejora, la identificación de las causas raíz del problema y la selección de la metodología de mejora.

La identificación del problema implica la identificación de las áreas que necesitan mejorar. La definición de los objetivos de mejora implica la definición de los resultados deseados. La identificación de las causas raíz del problema implica la identificación de las causas subyacentes del problema. La selección de la metodología de mejora implica la selección de la metodología más adecuada para resolver el problema.

Implementación

La etapa de implementación implica la implementación de las soluciones identificadas en la etapa de planificación.

Esta etapa implica la realización de las acciones necesarias para mejorar el proceso y alcanzar los objetivos definidos. También implica la comunicación y el compromiso de los empleados en la implementación de las soluciones.

Seguimiento

La etapa de seguimiento implica el seguimiento y la medición de los resultados de la implementación de las soluciones. Esta etapa implica la comparación de los resultados con los objetivos definidos en la etapa de planificación y la identificación de posibles desviaciones.

Evaluación

La etapa de evaluación implica la evaluación de los resultados y la identificación de oportunidades de mejora adicionales. Esta etapa implica la identificación de los factores que contribuyeron al éxito o fracaso de la implementación y la identificación de las lecciones aprendidas.

Herramientas de mejora continua

Existen varias herramientas y técnicas que pueden utilizarse para la mejora continua de los procesos. Algunas de las herramientas más comunes incluyen:

Diagramas de flujo: herramienta utilizada para visualizar los procesos y la secuencia de actividades.

Diagramas de Pareto: herramienta utilizada para identificar los problemas más importantes y las causas principales.

Diagramas de Ishikawa o de espina de pescado: herramienta utilizada para identificar las causas raíz de un problema.

Análisis de valor agregado (AVA): herramienta utilizada para identificar las actividades que agregan valor al proceso.

Mapas de procesos: herramienta utilizada para visualizar los procesos y las interacciones entre los diferentes departamentos.

Análisis de costos y beneficios: herramienta utilizada para evaluar los costos y beneficios de las soluciones propuestas.

Conclusiones

En conclusión, la implementación de planes de acción y mejora utilizando metodologías industriales puede ayudar a las empresas a mejorar continuamente sus procesos y productos o servicios. Estas metodologías se enfocan en la identificación de problemas, la identificación de las causas raíz de los problemas y la implementación de soluciones para mejorar los procesos. También se enfocan en la colaboración y el compromiso de los empleados en la mejora continua.

Es importante que las empresas seleccionen la metodología de mejora adecuada para sus necesidades y se comprometan con la implementación de las soluciones identificadas. Además, es fundamental que las empresas realicen un seguimiento y evaluación de los resultados para identificar oportunidades de mejora adicionales y asegurar que los procesos sigan mejorando continuamente. La mejora continua es un proceso constante y nunca termina, pero puede ayudar a las empresas a mantenerse competitivas en un mercado cambiante y satisfacer las necesidades y expectativas de sus clientes.

EVALUACIÓN DE RIESGOS Y OPORTUNIDADES EN LA IMPLEMENTACIÓN DE METODOLOGÍAS INDUSTRIALES

La implementación de metodologías industriales es una práctica común en la gestión de operaciones en las empresas. Sin embargo, esta implementación puede implicar riesgos y oportunidades que deben ser evaluados para asegurar el éxito del proyecto. En este capítulo, se discutirá la evaluación de riesgos y oportunidades en la implementación de metodologías industriales. Se definirá qué se entiende por riesgo y oportunidad, se explicarán las metodologías para la evaluación de riesgos y oportunidades, y se detallarán los pasos para llevar a cabo una evaluación adecuada. Además, se analizarán algunos ejemplos de riesgos y oportunidades comunes que pueden surgir en la implementación de metodologías industriales.

Definición de riesgo y oportunidad

Antes de entrar en la evaluación de riesgos y oportunidades en la implementación de metodologías industriales, es importante definir qué se entiende por riesgo y oportunidad. El riesgo se define como la posibilidad de que ocurra un evento o situación que afecte negativamente el proyecto o la organización. Por otro lado, la oportunidad se define como una situación que puede ser beneficiosa para el proyecto o la organización.

La evaluación de riesgos y oportunidades en la implementación de metodologías industriales es fundamental para evitar posibles problemas y maximizar los beneficios del proyecto. La evaluación adecuada de los riesgos y oportunidades puede proporcionar información valiosa para la toma de decisiones y la planificación de la implementación de la metodología.

Metodologías para la evaluación de riesgos y oportunidades

Existen diferentes metodologías para la evaluación de riesgos y oportunidades en la implementación de metodologías industriales. A continuación, se explicarán las más comunes:

Análisis FODA

El análisis FODA (Fortalezas, Oportunidades, Debilidades, Amenazas) es una herramienta de evaluación estratégica que permite identificar los factores internos y externos que pueden afectar el éxito del proyecto. Este análisis se divide en cuatro categorías:

Fortalezas: factores internos que son positivos para el proyecto o la organización.

Oportunidades: factores externos que pueden ser beneficiosos para el proyecto o la organización.

Debilidades: factores internos que pueden afectar negativamente el proyecto o la organización.

Amenazas: factores externos que pueden afectar negativamente el proyecto o la organización.

El análisis FODA es útil para identificar los puntos fuertes y débiles del proyecto y las oportunidades y amenazas externas que pueden surgir durante la implementación de la metodología.

Análisis de riesgos y oportunidades

El análisis de riesgos y oportunidades es una metodología que permite identificar y evaluar los posibles eventos que pueden afectar el proyecto. El análisis se divide en dos categorías: riesgos y oportunidades. Los riesgos son los eventos que pueden tener un impacto negativo en el proyecto o la organización, mientras que las oportunidades son los eventos que pueden tener un impacto positivo en el proyecto o la organización.

El análisis de riesgos y oportunidades es útil para identificar los eventos que pueden afectar negativa o positivamente el proyecto y tomar medidas para reducir el impacto negativo y aprovechar las oportunidades.

Análisis de costos

El análisis de costos es una metodología que permite evaluar el impacto financiero de la implementación de la metodología. El análisis se centra en los costos directos e indirectos del proyecto y las posibles ganancias y ahorros que se pueden obtener con la implementación de la metodología.

El análisis de costos es útil para evaluar la viabilidad financiera del proyecto y determinar si los beneficios superan los costos.

Pasos para la evaluación de riesgos y oportunidades

Para llevar a cabo una evaluación adecuada de los riesgos y oportunidades en la implementación de metodologías industriales, es necesario seguir algunos pasos clave:

Identificar los posibles riesgos y oportunidades: en esta etapa, se deben identificar todos los posibles riesgos y oportunidades que puedan surgir durante la implementación de la metodología.

Evaluar la probabilidad de que ocurran los riesgos y oportunidades: en esta etapa, se debe evaluar la probabilidad de que ocurran los riesgos y oportunidades identificados. Es importante clasificarlos según su probabilidad de ocurrencia y su impacto potencial en el proyecto.

Identificar las posibles medidas de mitigación: en esta etapa, se deben identificar las posibles medidas para mitigar los riesgos y aprovechar las oportunidades identificadas.

Evaluar los costos y beneficios de las medidas de mitigación: en esta etapa, se deben evaluar los costos y beneficios de las medidas de mitigación identificadas y determinar si son viables financieramente.

Implementar las medidas de mitigación: en esta etapa, se deben implementar las medidas de mitigación para reducir el impacto negativo de los riesgos identificados y aprovechar las oportunidades.

Ejemplos de riesgos y oportunidades en la implementación de metodologías industriales

A continuación, se analizarán algunos ejemplos de riesgos y oportunidades comunes que pueden surgir en la implementación de metodologías industriales:

Riesgos:

Falta de capacitación adecuada: si el personal no está capacitado adecuadamente en la metodología que se va a implementar, puede haber problemas de implementación y aumento del tiempo y costos del proyecto.

Resistencia al cambio: si los empleados se resisten a los cambios que implica la implementación de la metodología, puede haber retrasos y problemas en la implementación.

Problemas técnicos: pueden surgir problemas técnicos durante la implementación de la metodología, lo que puede provocar retrasos en la implementación y aumentar los costos.

Oportunidades:

Mejora de la eficiencia: la implementación de una metodología industrial puede mejorar la eficiencia de los procesos de la organización y reducir los costos.

Mejora de la calidad: la implementación de una metodología industrial puede mejorar la calidad de los productos o servicios que ofrece la organización, lo que puede aumentar la satisfacción del cliente y la lealtad.

Incremento de la productividad: la implementación de una metodología industrial puede aumentar la productividad de la organización y permitir una mayor producción sin aumentar los costos.

Conclusiones

La evaluación de riesgos y oportunidades es un paso clave en la implementación de metodologías industriales. Permite identificar los posibles riesgos y oportunidades que pueden surgir durante la implementación de la metodología, evaluar su impacto potencial y determinar las medidas de mitigación necesarias.

La evaluación de riesgos y oportunidades también permite evaluar la viabilidad financiera del proyecto y determinar si los beneficios superan los costos.

Es importante tener en cuenta que la implementación de una metodología industrial puede tener un impacto significativo en la organización. Por lo tanto, es importante llevar a cabo una evaluación adecuada de los riesgos y oportunidades para garantizar el éxito del proyecto.

Además, es importante que la organización brinde capacitación adecuada al personal y fomente una cultura de cambio y mejora continua para garantizar una implementación exitosa de la metodología.

En resumen, la evaluación de riesgos y oportunidades es un paso clave en la implementación de metodologías industriales. Permite identificar los posibles riesgos y oportunidades y determinar las medidas de mitigación necesarias para garantizar el éxito del proyecto. Es importante llevar a cabo una evaluación adecuada de los riesgos y oportunidades y brindar capacitación adecuada al personal para garantizar una implementación exitosa de la metodología.

FORMACIÓN Y CAPACITACIÓN EN METODOLOGÍAS INDUSTRIALES

Las metodologías industriales son técnicas y herramientas utilizadas en la industria para mejorar la eficiencia y la calidad de los procesos productivos. Estas metodologías incluyen Lean Manufacturing, Six Sigma, Just in Time, Teoría de Restricciones, Total Productive Maintenance, entre otras.

La formación y capacitación en estas metodologías es esencial para que las empresas puedan implementarlas de manera efectiva y lograr mejoras significativas en sus procesos productivos. En este capítulo se discutirán la importancia de la formación y capacitación en metodologías industriales, los beneficios que ofrecen, y algunos ejemplos de su aplicación en diferentes áreas de la industria.

Importancia de la formación y capacitación en metodologías industriales

La formación y capacitación en metodologías industriales es fundamental para mejorar los procesos productivos de las empresas y aumentar su competitividad en el mercado. La aplicación de estas metodologías permite optimizar los procesos de producción, reducir costos, mejorar la calidad de los productos y aumentar la eficiencia de la empresa.

La implementación de estas metodologías requiere de personal capacitado y entrenado en su uso. La formación y capacitación en estas metodologías permitirá al personal comprender la importancia de la implementación de estas técnicas y herramientas y cómo aplicarlas de manera efectiva en el proceso productivo.

Beneficios de la formación y capacitación en metodologías industriales

La formación y capacitación en metodologías industriales ofrece numerosos beneficios para las empresas, entre los que destacan los siguientes:

Mejora de la eficiencia: La implementación de metodologías industriales permite identificar áreas de desperdicio y mejorar los procesos de producción, lo que se traduce en una mayor eficiencia en la empresa.

Reducción de costos: La identificación de áreas de desperdicio y la mejora de los procesos de producción permiten reducir los costos de producción de la empresa.

Mejora de la calidad de los productos: La implementación de metodologías industriales permite identificar y corregir áreas de defectos en el proceso de producción, lo que se traduce en una mejora en la calidad de los productos.

Aumento de la productividad: La implementación de metodologías industriales permite optimizar los procesos de producción, lo que se traduce en un aumento en la productividad de la empresa.

Mejora del servicio al cliente: La implementación de metodologías industriales permite mejorar la eficiencia y la calidad del servicio al cliente, lo que se traduce en una mayor satisfacción del cliente y fidelización de los mismos.

Áreas de aplicación de las metodologías industriales

Las metodologías industriales pueden ser aplicadas en diferentes áreas de la industria, entre las que se destacan las siguientes:

Procesos productivos: Las metodologías industriales pueden ser aplicadas en los procesos productivos para mejorar la eficiencia, reducir los costos de producción y mejorar la calidad de los productos.

Mantenimiento: Las metodologías industriales pueden ser aplicadas en el mantenimiento de la maquinaria y equipos para reducir los tiempos de parada y mejorar la eficiencia.

Distribución y almacenamiento: Las metodologías industriales pueden ser aplicadas para mejorar la eficiencia en la distribución y el almacenamiento de los productos, reducir los tiempos de entrega y mejorar la gestión del inventario.

Gestión de proyectos: Las metodologías industriales pueden ser aplicadas en la gestión de proyectos para optimizar los recursos, reducir los tiempos de entrega y mejorar la calidad del proyecto.

Gestión de la cadena de suministro: Las metodologías industriales pueden ser aplicadas en la gestión de la cadena de suministro para mejorar la eficiencia en la gestión de los proveedores, reducir los costos y mejorar la calidad de los productos.

Ejemplos de aplicación de las metodologías industriales

A continuación, se presentan algunos ejemplos de aplicación de las metodologías industriales en diferentes áreas de la industria:

Lean Manufacturing: Esta metodología se enfoca en la eliminación de los desperdicios en el proceso productivo. Un ejemplo de su aplicación sería la reducción del tiempo de espera entre las operaciones de un proceso productivo, lo que permite mejorar la eficiencia y reducir los costos de producción.

Six Sigma: Esta metodología se enfoca en la identificación y eliminación de los defectos en el proceso productivo. Un ejemplo de su aplicación sería la reducción del número de defectos en un producto, lo que se traduce en una mejora de la calidad del mismo.

Just in Time: Esta metodología se enfoca en la eliminación del inventario y la producción en función de la demanda del cliente. Un ejemplo de su aplicación sería la reducción de los tiempos de espera en la entrega de los productos, lo que se traduce en una mejora del servicio al cliente y la reducción de los costos de inventario.

Teoría de Restricciones: Esta metodología se enfoca en la identificación y eliminación de los cuellos de botella en el proceso productivo. Un ejemplo de su aplicación sería la identificación de un cuello de botella en una línea de producción y la implementación de medidas para eliminarlo, lo que se traduce en una mejora de la eficiencia del proceso.

Total Productive Maintenance: Esta metodología se enfoca en la mejora del mantenimiento de la maquinaria y equipos. Un ejemplo de su aplicación sería la implementación de un programa de mantenimiento preventivo en una planta industrial, lo que se traduce en una reducción de los tiempos de parada y una mejora de la eficiencia de la planta.

Conclusión

La formación y capacitación en metodologías industriales es esencial para que las empresas puedan implementar estas técnicas y herramientas de manera efectiva y lograr mejoras significativas en sus procesos productivos. Las metodologías industriales ofrecen numerosos beneficios para las empresas, entre los que destacan la mejora de la eficiencia, la reducción de costos, la mejora de la calidad de los productos, el aumento de la productividad y la mejora del servicio al cliente.

Las metodologías industriales pueden ser aplicadas en diferentes áreas de la industria, como los procesos productivos, el mantenimiento, la distribución y almacenamiento, la gestión de proyectos y la gestión de la cadena de suministro. La aplicación de estas metodologías en la industria puede contribuir significativamente a la mejora de la competitividad de las empresas en el mercado.

GESTIÓN DEL CAMBIO EN LA IMPLEMENTACIÓN DE METODOLOGÍAS INDUSTRIALES

La gestión del cambio es un aspecto clave en la implementación de metodologías industriales, ya que involucra cambios importantes en los procesos, la cultura organizacional y las relaciones interpersonales. En este capítulo se abordarán los principales aspectos relacionados con la gestión del cambio en la implementación de metodologías industriales, incluyendo los factores que influyen en el éxito de la implementación, las estrategias para manejar la resistencia al cambio, los roles y responsabilidades de los líderes de cambio, así como las herramientas y técnicas disponibles para facilitar la implementación.

Factores que influyen en el éxito de la implementación de metodologías industriales

La implementación de metodologías industriales es un proceso complejo que implica múltiples factores que influyen en su éxito. En general, estos factores se pueden clasificar en tres categorías principales: la cultura organizacional, la capacidad de gestión del cambio y la planificación y ejecución de la implementación.

La cultura organizacional es uno de los factores más importantes que influyen en el éxito de la implementación de metodologías industriales. La cultura organizacional puede definirse como el conjunto de valores, creencias, normas y comportamientos que caracterizan a una organización. Una cultura organizacional fuerte y coherente puede ser un factor determinante en el éxito de la implementación de metodologías industriales. Por el contrario, una cultura organizacional débil o fragmentada puede ser un obstáculo importante para la implementación exitosa.

La capacidad de gestión del cambio es otro factor crítico que influye en el éxito de la implementación de metodologías industriales. La gestión del cambio se refiere al conjunto de procesos y actividades que se llevan a cabo para planificar, implementar y controlar los cambios en una organización. Una buena capacidad de gestión del cambio es esencial para garantizar que la implementación de la metodología industrial se realice de manera efectiva y sin problemas.

La planificación y ejecución de la implementación también son factores clave que influyen en el éxito de la implementación de metodologías industriales. Una planificación cuidadosa y una ejecución eficiente son necesarias para asegurar que la implementación se lleve a cabo de manera efectiva y que se logren los objetivos deseados.

Estrategias para manejar la resistencia al cambio

La resistencia al cambio es un fenómeno común en la implementación de metodologías industriales. La resistencia al cambio puede ser una barrera significativa para el éxito de la implementación, ya que puede dificultar el proceso de cambio y llevar a la insatisfacción del personal. A continuación, se presentan algunas estrategias para manejar la resistencia al cambio en la implementación de metodologías industriales:

Comunicar los beneficios de la implementación: Es importante que el personal comprenda los beneficios de la implementación de la metodología industrial. La comunicación efectiva puede ayudar a reducir la resistencia al cambio y motivar al personal a apoyar la implementación.

Involucrar al personal: Es esencial involucrar al personal en la implementación de la metodología industrial. Esto puede incluir la participación en grupos de trabajo, la identificación de áreas problemáticas y la propuesta de soluciones.

Proporcionar formación y apoyo: La formación y el apoyo son esenciales para ayudar al personal a adaptarse a los cambios que se producen en la implementación de la metodología industrial. La formación puede incluir la capacitación en nuevas habilidades y herramientas, mientras que el apoyo puede incluir la orientación y el seguimiento para asegurarse de que el personal tenga la ayuda que necesita para implementar con éxito la metodología.

Reconocer y recompensar el éxito: Es importante reconocer y recompensar el éxito en la implementación de la metodología industrial. Esto puede incluir el reconocimiento público, los incentivos financieros y las oportunidades de desarrollo profesional. El reconocimiento y la recompensa pueden motivar al personal a apoyar la implementación y superar la resistencia al cambio.

Aceptar y gestionar la resistencia: Finalmente, es importante aceptar que la resistencia al cambio es un fenómeno natural en la implementación de metodologías industriales y que se debe gestionar de manera efectiva. La gestión de la resistencia puede incluir la identificación de los factores subyacentes de la resistencia, la adopción de medidas para abordar estos factores y la orientación del personal a través del proceso de cambio.

Roles y responsabilidades de los líderes de cambio

Los líderes de cambio juegan un papel fundamental en la implementación de metodologías industriales. Los líderes de cambio son aquellos individuos que dirigen y coordinan el proceso de cambio, y que se encargan de garantizar que la implementación de la metodología industrial se lleve a cabo de manera efectiva y sin problemas. A continuación, se presentan algunos de los roles y responsabilidades clave de los líderes de cambio en la implementación de metodologías industriales:

Establecer una visión clara: Los líderes de cambio deben establecer una visión clara para la implementación de la metodología industrial. Esto puede incluir la definición de objetivos claros, la comunicación de la visión a todo el personal y la alineación de la visión con los valores y la cultura organizacional.

Crear un sentido de urgencia: Los líderes de cambio deben crear un sentido de urgencia en torno a la implementación de la metodología industrial. Esto puede incluir la identificación de los riesgos y oportunidades asociados con la falta de implementación y la comunicación de estos riesgos y oportunidades a todo el personal.

Desarrollar y mantener una coalición de cambio: Los líderes de cambio deben desarrollar y mantener una coalición de cambio que apoye la implementación de la metodología industrial. Esto puede incluir la identificación de los principales interesados en la implementación, la creación de un equipo de proyecto y la colaboración con otros líderes de la organización.

Comunicar y educar: Los líderes de cambio deben comunicar y educar al personal sobre la metodología industrial y la necesidad de implementarla. Esto puede incluir la creación de materiales de comunicación y la organización de sesiones de formación y capacitación.

Implementar y consolidar el cambio: Finalmente, los líderes de cambio deben implementar y consolidar el cambio. Esto puede incluir la identificación de obstáculos y la adopción de medidas para superarlos, la monitorización del progreso y la adaptación de la implementación a medida que sea necesario.

Herramientas y técnicas para facilitar la implementación de metodologías industriales

Existen una serie de herramientas y técnicas que pueden utilizarse para facilitar la implementación de metodologías industriales. Estas herramientas y técnicas pueden ayudar a los líderes de cambio y al personal a planificar, ejecutar y monitorizar el proceso de implementación. A continuación, se presentan algunas de las herramientas y técnicas más comunes utilizadas en la implementación de metodologías industriales:

Diagrama de flujo: El diagrama de flujo es una herramienta visual que se utiliza para representar un proceso en términos de sus pasos y actividades individuales. El uso de un diagrama de flujo puede ayudar a los líderes de cambio y al personal a visualizar el proceso de implementación y a identificar áreas de mejora.

Análisis FODA: El análisis FODA es una herramienta utilizada para evaluar las fortalezas, debilidades, oportunidades y amenazas de una organización. El uso del análisis FODA puede ayudar a los líderes de cambio a identificar las áreas donde se requiere una mayor atención durante la implementación de la metodología industrial.

Gráficos de Gantt: Los gráficos de Gantt son herramientas utilizadas para planificar y monitorizar los proyectos. El uso de los gráficos de Gantt puede ayudar a los líderes de cambio y al personal a visualizar el calendario de implementación de la metodología industrial y a identificar cualquier retraso o desviación en el plan.

Matriz de responsabilidad: La matriz de responsabilidad es una herramienta utilizada para identificar las responsabilidades individuales de los miembros del equipo en un proyecto. El uso de la matriz de responsabilidad puede ayudar a los líderes de cambio a asignar tareas y responsabilidades específicas a los miembros del equipo durante la implementación de la metodología industrial.

Encuestas y evaluaciones: Las encuestas y evaluaciones son herramientas utilizadas para recopilar información y comentarios de los empleados sobre la implementación de la metodología industrial. El uso de las encuestas y evaluaciones puede ayudar a los líderes de cambio a evaluar el progreso y a identificar cualquier problema o desafío que deba abordarse.

Conclusión

La implementación de metodologías industriales puede ser un proceso desafiante y complejo. Sin embargo, con una planificación adecuada, una comunicación clara y una gestión efectiva del cambio, la implementación puede ser exitosa y puede mejorar la eficiencia, la calidad y la rentabilidad de una organización. Los líderes de cambio desempeñan un papel fundamental en la implementación de metodologías industriales y deben estar dispuestos a asumir la responsabilidad de dirigir y coordinar el proceso de cambio. La utilización de herramientas y técnicas como el diagrama de flujo, el análisis FODA, los gráficos de Gantt, la matriz de responsabilidad, las encuestas y las evaluaciones puede ayudar a facilitar la implementación de la metodología industrial y a identificar áreas de mejora. En resumen, la implementación exitosa de metodologías industriales requiere una planificación cuidadosa, una comunicación clara, una gestión efectiva del cambio y una colaboración entre los líderes de cambio y el personal.

INTEGRACIÓN DE METODOLOGÍAS INDUSTRIALES EN LA ESTRATEGIA DE LA EMPRESA

La industria moderna se caracteriza por la competencia feroz en los mercados nacionales e internacionales, la creciente complejidad de los procesos productivos y el uso intensivo de tecnologías avanzadas. Para mantenerse competitivas y rentables, las empresas necesitan adoptar una estrategia integral que aborde todos los aspectos de su operación, desde la planificación y el diseño hasta la producción y la entrega al cliente. En este contexto, la integración de metodologías industriales es un elemento clave para el éxito empresarial. En este capítulo, se explorarán las principales metodologías industriales utilizadas en la actualidad y su impacto en la estrategia empresarial.

Metodologías industriales

Existen numerosas metodologías industriales utilizadas en la actualidad para mejorar la eficiencia, la calidad y la rentabilidad de los procesos productivos. Algunas de las metodologías más populares incluyen:

Lean Manufacturing: Esta metodología se centra en la eliminación de desperdicios y la mejora continua de los procesos productivos. Se basa en cinco principios fundamentales: valor, flujo, tirón, perfección y respeto por las personas. La implementación de Lean Manufacturing implica la identificación y eliminación de actividades que no agregan valor al proceso, la mejora del flujo de trabajo, la eliminación de cuellos de botella y la implementación de procesos de producción a pedido.

Six Sigma: Esta metodología se centra en la mejora de la calidad y la reducción de la variabilidad en los procesos productivos. Se basa en la recopilación y análisis de datos para identificar y resolver problemas, reducir defectos y mejorar la satisfacción del cliente. La implementación de Six Sigma implica la definición clara de los objetivos, la recopilación y análisis de datos, la implementación de soluciones y la medición continua de los resultados.

Teoría de las restricciones: Esta metodología se centra en la identificación y eliminación de las restricciones que limitan la capacidad de producción de una empresa. Se basa en la idea de que una cadena productiva es tan fuerte como su eslabón más débil. La implementación de la teoría de las restricciones implica la identificación de los cuellos de botella y la implementación de soluciones para mejorar la capacidad productiva en el eslabón más débil.

Total Productive Maintenance (TPM): Esta metodología se centra en la maximización de la eficiencia de los equipos de producción a través del mantenimiento preventivo y la mejora continua. Se basa en la idea de que el mantenimiento regular y la identificación temprana de problemas pueden evitar fallas costosas y prolongar la vida útil de los equipos. La implementación de TPM implica la identificación de los equipos críticos, la definición de los procedimientos de mantenimiento preventivo, la capacitación de los trabajadores y la implementación de un sistema de seguimiento y medición de la eficiencia de los equipos.

Integración de metodologías industriales en la estrategia de la empresa

La implementación exitosa de metodologías industriales requiere una estrategia empresarial integral que aborde todos los aspectos de la operación de la empresa. Algunos de los elementos clave de una estrategia integral incluyen:

Definición clara de los objetivos empresaria

Una estrategia integral debe comenzar con una definición clara de los objetivos empresariales. Los objetivos deben ser específicos, medibles, alcanzables, relevantes y oportunos (SMART, por sus siglas en inglés). Además, los objetivos deben estar alineados con la visión y misión de la empresa. Una vez que se han definido los objetivos, se pueden establecer indicadores de desempeño para medir el progreso hacia la consecución de esos objetivos.

Identificación de áreas críticas de mejora

La identificación de áreas críticas de mejora es un paso importante en la integración de metodologías industriales en la estrategia de la empresa. Las áreas críticas de mejora pueden incluir la reducción de los costos de producción, la mejora de la calidad, la reducción de los tiempos de entrega, la mejora de la satisfacción del cliente y la mejora de la eficiencia operativa. Una vez que se han identificado las áreas críticas de mejora, se pueden seleccionar las metodologías industriales más adecuadas para abordar esos problemas.

Implementación de metodologías industriales

La implementación de metodologías industriales implica la definición de los procesos y procedimientos necesarios para aplicar esas metodologías en la operación de la empresa. Esto puede incluir la capacitación de los trabajadores, la definición de los procedimientos de trabajo, la implementación de herramientas y tecnologías específicas y la medición del desempeño. Es importante asegurarse de que todas las metodologías estén integradas de manera coherente en la operación diaria de la empresa.

Monitoreo y medición del desempeño

El monitoreo y medición del desempeño son elementos clave de una estrategia integral de integración de metodologías industriales. Los indicadores de desempeño deben ser establecidos para medir el progreso hacia los objetivos empresariales y la mejora continua. Los resultados deben ser monitoreados y evaluados regularmente para asegurarse de que se están logrando los objetivos empresariales y para identificar áreas adicionales de mejora.

Cultura de mejora continua

La integración de metodologías industriales en la estrategia de la empresa debe ir acompañada de una cultura de mejora continua. Los trabajadores deben ser alentados a buscar formas de mejorar constantemente los procesos y procedimientos de la empresa. La retroalimentación regular y la participación activa de los trabajadores son elementos clave para fomentar una cultura de mejora continua.

Conclusión

La integración de metodologías industriales en la estrategia de la empresa es esencial para mantenerse competitivo en la industria moderna. Las metodologías industriales pueden mejorar la eficiencia, la calidad y la rentabilidad de los procesos productivos, y pueden ser utilizadas para abordar una amplia gama de problemas empresariales. La implementación exitosa de metodologías industriales requiere una estrategia integral que aborde todos los aspectos de la operación de la empresa, desde la definición de los objetivos hasta la cultura de mejora continua. Al integrar metodologías industriales de manera coherente en la operación diaria de la empresa, las empresas pueden mejorar su competitividad y rentabilidad en los mercados nacionales e internacionales.

EXPERIENCIAS Y CASOS DE ÉXITO EN LA IMPLEMENTACIÓN DE METODOLOGÍAS INDUSTRIALES

En el mundo de la industria, la implementación de metodologías es una práctica común que busca mejorar la eficiencia, la productividad y la calidad de los procesos productivos. Sin embargo, llevar a cabo esta tarea no siempre es fácil y puede presentar diversos desafíos. En este capítulo, exploraremos algunas experiencias y casos de éxito en la implementación de metodologías industriales, con el objetivo de comprender mejor los retos y beneficios de este proceso.

Experiencias en la implementación de metodologías industriales:

Para empezar, es importante señalar que no existe una única metodología que funcione para todas las empresas y situaciones. Cada organización tiene sus propias necesidades, objetivos y recursos, por lo que es importante adaptar la metodología a su contexto específico. A continuación, se presentan algunas experiencias y desafíos comunes en la implementación de metodologías industriales.

Experiencia 1: Implementación de Lean Manufacturing

Una empresa de fabricación de piezas metálicas decidió implementar la metodología de Lean Manufacturing para mejorar la eficiencia y la productividad de sus procesos. La implementación se llevó a cabo en varias fases, comenzando con la identificación de los procesos críticos y la eliminación de desperdicios.

También se implementó el sistema Kanban para mejorar la gestión de inventarios y reducir los tiempos de espera.

Uno de los principales desafíos fue la resistencia al cambio por parte de los empleados. Al principio, muchos se mostraron reacios a abandonar sus viejas formas de trabajo y adaptarse a los nuevos procesos. Sin embargo, mediante la capacitación y el involucramiento activo de los trabajadores en el proceso de implementación, se logró superar esta barrera.

Otro desafío importante fue la medición y seguimiento de los resultados. Si bien se observó una mejora significativa en la eficiencia y la productividad, fue difícil establecer una línea base y medir el impacto exacto de la implementación de Lean Manufacturing en los resultados finales. Sin embargo, la empresa continuó realizando ajustes y mejoras en el proceso, lo que resultó en una mejora continua de los resultados.

Experiencia 2: Implementación de Six Sigma

Una empresa de telecomunicaciones decidió implementar la metodología de Six Sigma para mejorar la calidad de sus procesos y reducir los defectos en sus productos. Se formó un equipo de trabajo dedicado exclusivamente a la implementación de Six Sigma, el cual se encargó de identificar los procesos críticos y analizar los datos para identificar las causas de los problemas.

Uno de los desafíos más importantes fue la falta de comprensión de la metodología por parte de los empleados. Muchos no entendían cómo funcionaba Six Sigma y cómo podrían contribuir al proceso de mejora. Para superar este obstáculo, se llevó a cabo una campaña de capacitación y comunicación para explicar la metodología y sus beneficios.

Otro desafío fue la recopilación y análisis de datos. La empresa descubrió que no contaba con los sistemas necesarios para recopilar datos de manera efectiva, por lo que tuvo que invertir en tecnología y herramientas de análisis de datos. Una vez que se resolvió este problema, se logró una mejora significativa en la calidad de los productos.

Además de los desafíos mencionados, la implementación de Six Sigma también presentó beneficios significativos para la empresa. Por ejemplo, la metodología ayudó a la empresa a estandarizar sus procesos, lo que redujo la variabilidad y mejoró la consistencia de los productos. También permitió identificar problemas ocultos y solucionarlos antes de que afectaran la calidad de los productos.

Otro beneficio importante fue la mejora en la satisfacción del cliente. Al reducir los defectos en los productos, la empresa pudo entregar productos de mayor calidad a sus clientes, lo que mejoró su satisfacción y fidelidad. Esto, a su vez, tuvo un impacto positivo en la reputación y el éxito financiero de la empresa.

Experiencia 3: Implementación de TPM (Mantenimiento Productivo Total)

Una empresa de fabricación de alimentos decidió implementar la metodología de TPM para mejorar la eficiencia y la confiabilidad de sus equipos de producción. La implementación se dividió en varias fases, comenzando con la identificación de los equipos críticos y la realización de un análisis de fallas para determinar las causas raíz de los problemas.

Uno de los desafíos más importantes fue la falta de compromiso de los empleados con la metodología. Al principio, muchos trabajadores no veían el valor de dedicar tiempo y recursos a la implementación de TPM, y preferían seguir con sus viejas formas de trabajo. Para superar este obstáculo, la empresa realizó una campaña de comunicación y capacitación para explicar la metodología y sus beneficios a los empleados.

Otro desafío importante fue la falta de recursos para la implementación de TPM. La empresa descubrió que no contaba con suficiente personal capacitado para llevar a cabo la implementación de manera efectiva, por lo que tuvo que invertir en capacitación y contratar a nuevos empleados para cubrir las necesidades.

A pesar de estos desafíos, la implementación de TPM tuvo resultados significativos para la empresa. Se logró reducir significativamente el tiempo de inactividad de los equipos y mejorar su confiabilidad. Además, se mejoró la eficiencia de los procesos de mantenimiento, lo que redujo los costos y mejoró la satisfacción del cliente al reducir los tiempos de entrega.

Casos de éxito en la implementación de metodologías industriales:

Además de estas experiencias, existen varios casos de éxito en la implementación de metodologías industriales en diferentes empresas y sectores. A continuación, se presentan algunos de ellos:

Caso 1: Toyota y la implementación de Lean Manufacturing

Toyota es uno de los ejemplos más conocidos de éxito en la implementación de Lean Manufacturing. La empresa ha sido pionera en el desarrollo y la implementación de esta metodología desde la década de 1950, lo que ha contribuido significativamente a su éxito como fabricante de automóviles.

La implementación de Lean Manufacturing en Toyota se basa en los siguientes principios:

Eliminación de desperdicios: La empresa se enfoca en identificar y eliminar cualquier actividad que no agregue valor al proceso productivo.

Mejora continua: Toyota busca constantemente mejorar sus procesos y productos, y utiliza los comentarios de los clientes y los empleados para identificar oportunidades de mejora.

Trabajo en equipo: La empresa fomenta la colaboración y el trabajo en equipo entre los empleados de diferentes departamentos y niveles jerárquicos.

Just in time: La metodología de Lean Manufacturing de Toyota se basa en el concepto de producción justo a tiempo, lo que significa que los productos se fabrican en la cantidad y momento exactos que se necesitan, sin acumulación de inventarios.

Calidad total: Toyota se enfoca en la calidad total de sus productos, lo que implica la participación de todos los empleados en la prevención de problemas y la identificación de oportunidades de mejora.

Gracias a la implementación de Lean Manufacturing, Toyota ha logrado reducir significativamente los tiempos de entrega, mejorar la calidad de sus productos y reducir los costos de producción. Además, la metodología ha permitido a la empresa adaptarse rápidamente a los cambios en el mercado y mantener su posición como líder en la industria automotriz.

Caso 2: Johnson & Johnson y la implementación de Six Sigma

Johnson & Johnson es una empresa líder en el sector de la salud que decidió implementar la metodología de Six Sigma para mejorar la calidad y la eficiencia de sus procesos de producción. La empresa se enfocó en la implementación de

Six Sigma en sus procesos de manufactura, lo que incluyó la identificación de los procesos críticos, la capacitación de los empleados y la implementación de herramientas de mejora continua.

Como resultado de la implementación de Six Sigma, Johnson & Johnson logró reducir significativamente los defectos en sus productos, mejorar la eficiencia de sus procesos y reducir los costos de producción. Además, la metodología ha permitido a la empresa mejorar la satisfacción del cliente al entregar productos de mayor calidad y reducir los tiempos de entrega.

Caso 3: GE y la implementación de Total Quality Management

General Electric (GE) es una empresa que ha sido reconocida por su exitosa implementación de la metodología de Total Quality Management (TQM). La implementación de TQM en GE se enfocó en la mejora continua de los procesos, la eliminación de desperdicios y la participación de todos los empleados en la prevención de problemas y la identificación de oportunidades de mejora.

La implementación de TQM en GE tuvo un impacto significativo en la eficiencia y la calidad de la empresa. Por ejemplo, la empresa logró reducir significativamente los tiempos de entrega de sus productos, mejorar la calidad de los mismos y reducir los costos de producción. Además, la metodología permitió a GE mejorar la satisfacción del cliente y mantener su posición como líder en la industria.

Conclusión

La implementación de metodologías industriales puede presentar desafíos importantes, como la resistencia al cambio y la falta de recursos. Sin embargo, también puede presentar beneficios significativos, como la mejora en la eficiencia y la calidad de los procesos y productos, la reducción de costos y la mejora en la satisfacción del cliente.

A través de las experiencias y casos de éxito presentados en este capítulo, se puede observar que la implementación de metodologías industriales puede ser una herramienta poderosa para mejorar la competitividad y el éxito financiero de las empresas en diferentes sectores. Para lograr una implementación exitosa, es importante contar con un compromiso fuerte y una comunicación efectiva con los empleados, así como con la inversión en capacitación y recursos para asegurar la implementción adecuada y la continuación de la mejora continua.

Además, se debe tener en cuenta que no existe una metodología universalmente aplicable, sino que cada empresa debe encontrar la que mejor se adapte a sus necesidades y características. Es importante evaluar cuidadosamente las diferentes opciones y adaptarlas a la cultura y estrategia de la empresa.

Finalmente, es importante destacar que la implementación de metodologías industriales no debe ser vista como un proyecto aislado, sino como un proceso continuo y en constante evolución. La mejora continua debe ser parte de la cultura empresarial y de la estrategia a largo plazo de la empresa.

En resumen, la implementación de metodologías industriales puede ser una herramienta poderosa para mejorar la competitividad y el éxito financiero de las empresas. Sin embargo, es importante tener en cuenta que cada empresa debe encontrar la metodología que mejor se adapte a sus necesidades y características, y que la implementación debe ser vista como un proceso continuo y en constante evolución.

RETOS Y OPORTUNIDADES EN EL FUTURO DE LAS METODOLOGÍAS INDUSTRIALES

Las metodologías industriales han experimentado un rápido avance en las últimas décadas, impulsado por la creciente demanda de mejoras en la eficiencia y la calidad en los procesos de producción. Estas metodologías, que van desde Six Sigma y Lean Manufacturing hasta la Manufactura Esbelta y el Total Quality Management, han demostrado ser extremadamente efectivas para ayudar a las empresas a mejorar sus procesos y aumentar la rentabilidad.

Sin embargo, en la actualidad, las empresas se enfrentan a una serie de desafíos cada vez más complejos en el entorno empresarial. La globalización, la digitalización y la automatización están cambiando el panorama industrial y creando nuevas oportunidades y desafíos. En este capítulo, se analizarán los retos y oportunidades que enfrentan las metodologías industriales en el futuro, y se presentarán algunas soluciones innovadoras para enfrentarlos.

Retos de las metodologías industriales

Adaptación a la era digital

La digitalización ha transformado la manera en que se llevan a cabo los procesos industriales y ha creado nuevas oportunidades para la eficiencia y la optimización. Sin embargo, muchas empresas todavía no han logrado adaptarse a esta nueva era. La incorporación de nuevas tecnologías, como el Internet de las cosas (IoT) y la inteligencia artificial (IA), requiere una inversión significativa en infraestructura y recursos humanos, y la falta de capacitación y experiencia puede ser un obstáculo para la implementación efectiva de estas tecnologías.

Flexibilidad en la cadena de suministro

La globalización ha permitido que las empresas accedan a nuevos mercados y proveedores, pero también ha creado nuevas complejidades en la cadena de suministro. Las empresas necesitan ser capaces de adaptarse rápidamente a los cambios en la demanda y en las condiciones del mercado, lo que requiere una mayor flexibilidad en la cadena de suministro. Además, las empresas necesitan estar preparadas para los riesgos inherentes a la cadena de suministro, como desastres naturales, interrupciones políticas o sociales y ciberataques.

Gestión del talento

El éxito de cualquier metodología industrial depende en gran medida del talento y la experiencia de las personas que la implementan. Sin embargo, la escasez de talento en algunos sectores y regiones puede dificultar la implementación efectiva de las metodologías industriales. Además, el envejecimiento de la fuerza laboral y la falta de habilidades relevantes en la fuerza laboral más joven pueden limitar la capacidad de las empresas para implementar nuevas tecnologías y metodologías.

Sostenibilidad

Las empresas están cada vez más preocupadas por el impacto ambiental y social de sus operaciones. Las metodologías industriales pueden ayudar a las empresas a reducir su impacto ambiental y mejorar la sostenibilidad, pero también es importante considerar los efectos a largo plazo de los procesos y productos. Además, la sostenibilidad también incluye consideraciones sociales, como las condiciones laborales y los derechos humanos en toda la cadena de suministro.

Oportunidades para las metodologías industriales

Automatización

La automatización de los procesos industriales puede proporcionar una mayor eficiencia y una reducción en los errores humanos. La robótica y la automatización también pueden ayudar a las empresas a adaptarse a la creciente demanda de personalización y variabilidad en la producción, lo que puede aumentar la eficiencia y reducir los costos. Además, la automatización puede ser una solución para la escasez de talento en algunos sectores, ya que puede permitir que las empresas realicen más con menos personal.

Analítica de datos

La analítica de datos puede ser una herramienta valiosa para las empresas que buscan mejorar la eficiencia y la calidad en los procesos de producción. La recopilación y el análisis de datos en tiempo real pueden proporcionar información sobre el rendimiento de los equipos, la calidad de los productos y la eficiencia de los procesos. Estos datos pueden utilizarse para identificar áreas de mejora y tomar decisiones informadas sobre la implementación de metodologías industriales.

Sistemas de gestión integrados

Los sistemas de gestión integrados pueden ayudar a las empresas a gestionar eficazmente los procesos de producción y la cadena de suministro. Estos sistemas permiten una gestión centralizada de los procesos, lo que puede reducir la complejidad y mejorar la eficiencia. Además, los sistemas de gestión integrados pueden mejorar la comunicación entre departamentos y proveedores, lo que puede aumentar la transparencia y reducir los errores.

Sostenibilidad

La sostenibilidad puede ser una oportunidad para las empresas que buscan diferenciarse en el mercado y satisfacer las demandas de los consumidores cada vez más conscientes del medio ambiente. La implementación de metodologías industriales puede ayudar a las empresas a reducir su impacto ambiental y mejorar la sostenibilidad de sus operaciones. Esto puede incluir la reducción de residuos y emisiones, el uso de energías renovables y la mejora de la eficiencia energética.

Soluciones innovadoras para enfrentar los retos

Capacitación y desarrollo de habilidades

La capacitación y el desarrollo de habilidades pueden ayudar a las empresas a enfrentar la escasez de talento y la falta de habilidades relevantes en la fuerza laboral. Las empresas pueden invertir en programas de capacitación para actualizar las habilidades de los trabajadores y prepararlos para la implementación de nuevas tecnologías y metodologías. Además, las empresas pueden trabajar con instituciones educativas y gubernamentales para fomentar la formación de habilidades relevantes para el sector.

Implementación escalonada de tecnologías

La implementación escalonada de tecnologías puede ayudar a las empresas a abordar el desafío de la adaptación a la era digital. En lugar de intentar implementar todas las tecnologías de una sola vez, las empresas pueden implementar tecnologías de manera gradual y evaluar su impacto en los procesos. Esto puede ayudar a las empresas a reducir el riesgo y la inversión inicial, y permitirles ajustar sus estrategias a medida que aprenden más sobre las tecnologías.

Colaboración en la cadena de suministro

La colaboración en la cadena de suministro puede ayudar a las empresas a mejorar la flexibilidad y la resiliencia de sus operaciones. Las empresas pueden trabajar con proveedores y clientes para compartir información y planificar de manera conjunta para reducir el riesgo de interrupciones en la cadena de suministro. Además, la colaboración puede ayudar a las empresas a identificar oportunidades para mejorar la eficiencia y reducir los costos en toda la cadena de suministro.

Innovación abierta

La innovación abierta puede ayudar a las empresas a desarrollar soluciones innovadoras para abordar los desafíos actuales y futuros. La innovación abierta implica colaborar con socios externos, como startups, universidades y otros actores del ecosistema empresarial, para desarrollar nuevas soluciones y tecnologías. La innovación abierta puede permitir a las empresas acceder a nuevas ideas y habilidades, y puede ayudarles a mantenerse a la vanguardia de la innovación en su sector.

Uso de tecnologías emergentes

El uso de tecnologías emergentes, como la inteligencia artificial, la robótica y la realidad aumentada, puede proporcionar nuevas soluciones para los desafíos industriales actuales y futuros. Estas tecnologías pueden mejorar la eficiencia y la precisión en la producción, reducir el tiempo de inactividad y mejorar la seguridad de los trabajadores. Además, estas tecnologías pueden permitir una mayor personalización y variabilidad en la producción, lo que puede mejorar la satisfacción del cliente y la competitividad de las empresas.

Enfoque en la calidad

Un enfoque en la calidad puede ayudar a las empresas a mejorar la satisfacción del cliente y la eficiencia en los procesos de producción. La implementación de sistemas de gestión de calidad, como ISO 9001, puede ayudar a las empresas a establecer procesos claros y estandarizados para garantizar la calidad de los productos y servicios. Además, un enfoque en la calidad puede ayudar a las empresas a identificar áreas de mejora y reducir los costos de no calidad.

Conclusiones

El futuro de las metodologías industriales presenta desafíos y oportunidades para las empresas. La adaptación a la era digital, la escasez de talento y la demanda de sostenibilidad son algunos de los desafíos que enfrentan las empresas. Sin embargo, existen soluciones innovadoras que pueden ayudar a las empresas a abordar estos desafíos, como la capacitación y el desarrollo de habilidades, la implementación escalonada de tecnologías, la colaboración en la cadena de suministro, la innovación abierta, el uso de tecnologías emergentes y un enfoque en la calidad.

Las empresas que puedan adaptarse a estos desafíos y aprovechar estas oportunidades estarán mejor posicionadas para competir en un entorno empresarial cada vez más exigente y cambiante. La implementación de metodologías industriales puede ayudar a las empresas a mejorar la eficiencia, la calidad y la sostenibilidad de sus operaciones, lo que puede aumentar la satisfacción del cliente y reducir los costos. Además, la implementación de metodologías industriales puede ayudar a las empresas a mantenerse a la vanguardia de la innovación en su sector y a asegurar su éxito a largo plazo.

CONCLUSIONES Y RECOMENDACIONES PARA LA IMPLEMENTACIÓN DE METODOLOGÍAS INDUSTRIALES

La implementación de metodologías industriales es un tema clave en la gestión eficiente de las empresas. Estas metodologías se han desarrollado a lo largo de los años con el objetivo de optimizar los procesos productivos, reducir costos y mejorar la calidad de los productos. En este capítulo, se presentarán las principales conclusiones y recomendaciones para la implementación de metodologías industriales.

La implementación de metodologías industriales es esencial para mejorar la eficiencia de los procesos productivos en las empresas. Estas metodologías permiten reducir los tiempos de producción, mejorar la calidad de los productos y reducir los costos.

La metodología Lean Manufacturing es una de las más utilizadas en la industria. Esta metodología se centra en la eliminación de desperdicios en los procesos productivos y en la mejora continua de los mismos.

Otra metodología ampliamente utilizada es Six Sigma, que se centra en la reducción de la variabilidad en los procesos productivos. Esta metodología permite identificar y corregir los problemas en los procesos, lo que conduce a una mejora en la calidad de los productos.

La metodología de Producción Más Limpia es una de las más recientes en la industria. Esta metodología se centra en la reducción del impacto ambiental de los procesos productivos, mediante la implementación de prácticas más limpias y sostenibles.

La implementación de metodologías industriales requiere un enfoque sistémico y una participación activa de los trabajadores. Es importante involucrar a todos los niveles de la organización en el proceso de implementación y promover la cultura de mejora continua.

La formación y capacitación de los trabajadores es esencial para la implementación de metodologías industriales. Los trabajadores deben estar capacitados en las metodologías específicas y en la mejora continua de los procesos productivos.

La gestión del cambio es un factor crítico en la implementación de metodologías industriales. Es importante comunicar de manera efectiva los cambios que se están realizando y asegurar que los trabajadores entiendan y acepten los cambios.

La medición y seguimiento de los indicadores de desempeño es esencial para evaluar la eficacia de las metodologías industriales implementadas. Los indicadores de desempeño deben ser definidos de manera clara y deben estar alineados con los objetivos de la empresa.

La retroalimentación es clave para la mejora continua de los procesos productivos. Es importante que los trabajadores puedan dar retroalimentación sobre los procesos y que esta retroalimentación sea tomada en cuenta en la implementación de mejoras.

Recomendaciones

Antes de implementar una metodología industrial, es importante evaluar las necesidades específicas de la empresa y determinar cuál es la metodología más adecuada para satisfacer estas necesidades.

La implementación de metodologías industriales debe ser liderada por un equipo multidisciplinario, que incluya a representantes de todos los niveles de la organización. Este equipo debe estar comprometido con la mejora continua de los procesos productivos.

La capacitación y formación de los trabajadores es esencial para la implementación de metodologías industriales. Es importante que los trabajadores reciban la formación adecuada para implementar y utilizar las metodologías de manera efectiva. La capacitación debe ser continua y debe incluir tanto la teoría como la práctica en la implementación de las metodologías.

Es importante involucrar a los trabajadores en la implementación de las metodologías industriales. Esto se puede lograr a través de la comunicación efectiva de los objetivos y beneficios de la implementación, así como a través de la participación en equipos de mejora continua.

La gestión del cambio es fundamental para el éxito de la implementación de metodologías industriales. Es importante establecer un plan de comunicación y gestión del cambio que permita involucrar a los trabajadores y que facilite la transición a las nuevas prácticas.

Es recomendable definir los indicadores de desempeño antes de la implementación de las metodologías industriales. Estos indicadores deben ser relevantes, medibles y alineados con los objetivos de la empresa. Además, es importante establecer un plan de seguimiento y evaluación de los indicadores de desempeño.

La retroalimentación es un componente clave para la mejora continua de los procesos productivos. Es importante establecer canales de retroalimentación para que los trabajadores puedan proporcionar comentarios y sugerencias sobre los procesos productivos. Estos comentarios deben ser tomados en cuenta en la implementación de mejoras.

La implementación de metodologías industriales no es un proceso único. Es importante establecer un plan de mejora continua que permita la evolución de las prácticas y la incorporación de nuevas metodologías o prácticas que permitan una mayor eficiencia y calidad en los procesos productivos.

Es recomendable establecer alianzas estratégicas con proveedores y clientes que permitan la implementación de prácticas sostenibles y de mejora continua en toda la cadena de suministro.

Conclusión

La implementación de metodologías industriales es una herramienta clave para mejorar la eficiencia y la calidad de los procesos productivos en las empresas. La metodología Lean Manufacturing, Six Sigma y la Producción Más Limpia son algunas de las metodologías más utilizadas en la industria.

La implementación de estas metodologías requiere un enfoque sistémico, una participación activa de los trabajadores, la formación y capacitación continua de los mismos, la gestión del cambio, la definición de indicadores de desempeño y la retroalimentación constante.

Es importante que las empresas evalúen sus necesidades específicas y determinen cuál es la metodología más adecuada para satisfacerlas. Además, es fundamental establecer un plan de mejora continua que permita la evolución de las prácticas y la incorporación de nuevas metodologías o prácticas que permitan una mayor eficiencia y calidad en los procesos productivos.

En resumen, la implementación de metodologías industriales es un proceso continuo y dinámico que requiere compromiso, colaboración y participación activa de todos los niveles de la organización. La implementación efectiva de estas metodologías puede conducir a una mejora significativa en la eficiencia, calidad y sostenibilidad de los procesos productivos de las empresas.

INTRODUCCIÓN A LA CALIDAD INDUSTRIAL

La calidad industrial es un concepto que se ha vuelto cada vez más importante en el mundo de los negocios y la producción. Desde hace varias décadas, las empresas se han dado cuenta de que la calidad de sus productos y servicios es un factor clave para la satisfacción del cliente y la lealtad a la marca. En este capítulo, exploraremos qué es la calidad industrial, por qué es importante y cómo se puede mejorar.

Definición de calidad industrial

La calidad industrial se refiere a la capacidad de una empresa para producir productos y servicios que cumplan con las expectativas del cliente en términos de rendimiento, fiabilidad, durabilidad, seguridad y otros factores importantes. La calidad industrial también implica la capacidad de la empresa para cumplir con los estándares de calidad y seguridad establecidos por las normas industriales y gubernamentales.

La calidad industrial no se limita solo a la producción de bienes y servicios. También se aplica a los procesos de fabricación, las prácticas comerciales y el servicio al cliente. En resumen, la calidad industrial abarca todo lo que una empresa hace para garantizar que sus productos y servicios cumplan con los estándares de calidad y satisfagan las necesidades y expectativas de los clientes.

Importancia de la calidad industrial

La calidad industrial es importante por varias razones. En primer lugar, la calidad es un factor clave para la satisfacción del cliente. Los clientes quieren productos y servicios que funcionen bien, sean duraderos y seguros de usar. Si una empresa no puede proporcionar productos y servicios de calidad, los clientes pueden buscar a otros proveedores que puedan hacerlo.

En segundo lugar, la calidad es un factor clave para la lealtad a la marca. Los clientes que están satisfechos con la calidad de los productos y servicios de una empresa son más propensos a seguir comprando a esa empresa en el futuro. Además, es más probable que recomienden la empresa a otros clientes potenciales.

En tercer lugar, la calidad industrial puede ayudar a las empresas a reducir sus costos. Los productos y servicios de baja calidad pueden ser más propensos a fallar, lo que puede llevar a reparaciones costosas, reemplazos y devoluciones. La calidad industrial también puede ayudar a las empresas a optimizar sus procesos de producción y reducir los residuos y los tiempos de inactividad.

Cómo mejorar la calidad industrial

Hay varias estrategias que las empresas pueden utilizar para mejorar la calidad industrial. En este apartado, presentamos algunas de las estrategias más comunes.

Establecer estándares de calidad claros

La primera estrategia para mejorar la calidad industrial es establecer estándares de calidad claros. Los estándares de calidad deben ser específicos, medibles y alcanzables. También deben estar alineados con las necesidades y expectativas de los clientes.

Capacitación y formación del personal

La capacitación y formación del personal es una estrategia clave para mejorar la calidad industrial. El personal de una empresa debe tener las habilidades y conocimientos necesarios para producir productos y servicios de calidad. La capacitación y formación también pueden ayudar a los empleados a comprender la importancia de la calidad y cómo sus acciones afectan la calidad de los productos y servicios de la empresa.

Mejora continua

La mejora continua es una estrategia que implica la evaluación constante de los procesos de producción y la implementación de mejoras para aumentar la calidad de los productos y servicios. Esto puede implicar el uso de técnicas de análisis de datos y la realización de pruebas y ensayos para identificar áreas que necesitan mejoras.

Gestión de la calidad

La gestión de la calidad es una estrategia que implica la implementación de sistemas y procesos para garantizar que los productos y servicios de una empresa cumplan con los estándares de calidad. Esto puede incluir la implementación de normas de calidad reconocidas internacionalmente, como la norma ISO 9001.

Control de calidad

El control de calidad es una estrategia que implica la evaluación y el seguimiento constante de los productos y servicios de una empresa para garantizar que cumplan con los estándares de calidad. Esto puede implicar la realización de pruebas y ensayos para detectar posibles problemas y la implementación de medidas correctivas para solucionarlos.

Análisis de datos

El análisis de datos es una estrategia que implica el uso de técnicas de análisis estadístico para evaluar los datos de producción y identificar áreas que necesitan mejoras. Esto puede ayudar a las empresas a detectar patrones y tendencias en los datos de producción y tomar medidas para mejorar la calidad de los productos y servicios.

Participación del cliente

La participación del cliente es una estrategia que implica la obtención de comentarios y opiniones de los clientes sobre los productos y servicios de una empresa. Esto puede ayudar a las empresas a identificar áreas que necesitan mejoras y tomar medidas para satisfacer las necesidades y expectativas de los clientes.

Conclusión

En resumen, la calidad industrial es un factor clave para el éxito de una empresa.

Las empresas que producen productos y servicios de calidad pueden aumentar la satisfacción del cliente, fomentar la lealtad a la marca, reducir los costos y mejorar los procesos de producción. Hay varias estrategias que las empresas pueden utilizar para mejorar la calidad industrial, como establecer estándares de calidad claros, capacitar y formar al personal, implementar la mejora continua, la gestión de la calidad, el control de calidad, el análisis de datos y la participación del cliente. Al implementar estas estrategias, las empresas pueden mejorar su capacidad para producir productos y servicios de calidad y satisfacer las necesidades y expectativas de los clientes.

HISTORIA DE LA CALIDAD INDUSTRIAL

La calidad industrial es un tema de gran importancia en el mundo actual, ya que la competitividad en los mercados globales depende en gran medida de la capacidad de las empresas para ofrecer productos y servicios de alta calidad. La historia de la calidad industrial se remonta a los inicios de la revolución industrial, cuando los empresarios comenzaron a darse cuenta de que la calidad de los productos era un factor clave para el éxito de sus negocios. En este capítulo, exploraremos la historia de la calidad industrial desde sus inicios hasta la actualidad, destacando los hitos más importantes en su evolución.

Los orígenes de la calidad industrial

Los orígenes de la calidad industrial se remontan a la revolución industrial, que comenzó en Inglaterra a finales del siglo XVIII y se extendió a otros países europeos y a los Estados Unidos en el siglo XIX. Durante este período, la producción industrial se expandió rápidamente, y los empresarios comenzaron a darse cuenta de que la calidad de los productos era un factor clave para el éxito de sus negocios.

Uno de los primeros empresarios en reconocer la importancia de la calidad fue Josiah Wedgwood, fundador de la famosa fábrica de cerámica Wedgwood. En la década de 1760, Wedgwood comenzó a producir cerámica de alta calidad que era muy valorada por los consumidores. Para asegurar la calidad de sus productos, Wedgwood estableció rigurosos estándares de calidad y supervisó cuidadosamente cada paso del proceso de producción.

Otro empresario que contribuyó a la historia de la calidad industrial fue Eli Whitney, inventor de la máquina de algodón. Whitney desarrolló la máquina de algodón en la década de 1790, lo que revolucionó la industria textil al permitir la producción masiva de algodón. Para asegurar la calidad de los productos textiles producidos por la máquina de algodón, Whitney estableció rigurosos estándares de calidad y supervisó cuidadosamente cada paso del proceso de producción.

A medida que la producción industrial se expandía, los empresarios comenzaron a darse cuenta de que la calidad era un factor clave para el éxito de sus negocios. La competencia entre las empresas también comenzó a aumentar, lo que llevó a un mayor enfoque en la calidad. En la década de 1820, la empresa británica de locomotoras Robert Stephenson & Co. estableció un sistema de inspección de calidad para asegurar la calidad de sus productos.

El siglo XX y la era de la calidad total

Durante el siglo XX, la calidad industrial evolucionó significativamente, con el surgimiento de nuevas técnicas y filosofías que se centraban en la mejora continua de la calidad. Una de las primeras filosofías de calidad fue el enfoque de inspección estadística, desarrollado por el ingeniero estadounidense Walter A. Shewhart en la década de 1920. La inspección estadística se basaba en la idea de que la calidad podría ser mejorada mediante la recopilación y análisis de datos sobre el proceso de producción.

En la década de 1940, el ingeniero estadounidense W. Edwards Deming desarrolló la filosofía de la calidad total, que se basaba en la idea de que la calidad debía ser una preocupación en todos los aspectos de la empresa, desde el diseño del producto hasta la entrega al cliente. Deming creía que la mejora continua de la calidad era esencial para la supervivencia y el éxito a largo plazo de una empresa.

En la década de 1950, el ingeniero japonés Kaoru Ishikawa desarrolló el diagrama de Ishikawa, también conocido como el diagrama de espina de pescado o diagrama de causa-efecto. Este diagrama fue diseñado para ayudar a los equipos de trabajo a identificar las posibles causas de un problema y encontrar soluciones para mejorar la calidad. El diagrama de Ishikawa se convirtió en una herramienta importante en el enfoque de la calidad total.

En la década de 1960, el término "control de calidad" comenzó a utilizarse ampliamente para describir los esfuerzos de las empresas para mejorar la calidad de sus productos y servicios. En Japón, el control de calidad se convirtió en una parte integral de la cultura empresarial, y muchas empresas japonesas adoptaron la filosofía de la calidad total.

En la década de 1970, el enfoque de la calidad total se extendió a otros países, incluyendo Estados Unidos y Europa. En Estados Unidos, el Instituto de Calidad de Estados Unidos (ASQ) fue fundado en 1946 y se convirtió en una organización líder en la promoción de la calidad. En Europa, el enfoque de la calidad total se promovió a través de la Fundación Europea para la Gestión de la Calidad (EFQM).

En la década de 1980, el enfoque de la calidad total comenzó a evolucionar hacia la gestión de la calidad total (TQM), que se centraba en la gestión de la calidad en todos los aspectos de la empresa. La TQM incluía la participación de todos los empleados en el proceso de mejora continua de la calidad, así como la implementación de sistemas de gestión de calidad.

En la década de 1990, el enfoque de la calidad total evolucionó hacia la norma ISO 9000, que se convirtió en una norma internacional para la gestión de la calidad. La norma ISO 9000 establece los requisitos para un sistema de gestión de calidad y se centra en la mejora continua de la calidad y la satisfacción del cliente.

La calidad en el siglo XXI

En el siglo XXI, la calidad sigue siendo una preocupación clave para las empresas en todo el mundo. La competencia global y la creciente demanda de los consumidores por productos y servicios de alta calidad han llevado a un mayor enfoque en la mejora continua de la calidad.

Una de las tendencias actuales en la gestión de la calidad es la aplicación de tecnologías como la inteligencia artificial y el aprendizaje automático para mejorar la calidad. Estas tecnologías pueden ayudar a las empresas a analizar grandes cantidades de datos y mejorar la eficiencia y la calidad del proceso de producción.

Otra tendencia en la gestión de la calidad es la aplicación de enfoques ágiles y de lean manufacturing para mejorar la calidad y la eficiencia. Estos enfoques se centran en la eliminación de desperdicios y la mejora continua de los procesos, lo que puede llevar a una mayor calidad y una reducción de los costos.

La calidad también se ha convertido en una preocupación cada vez mayor en la industria de servicios, donde la calidad de la experiencia del cliente es esencial para el éxito de la empresa. Las empresas de servicios utilizan técnicas de gestión de la calidad para medir y mejorar la satisfacción del cliente, la calidad del servicio y la eficiencia operativa.

Además, la sostenibilidad se ha convertido en una preocupación importante en la gestión de la calidad en el siglo XXI. Las empresas están buscando formas de producir productos y servicios de alta calidad de manera sostenible y responsable con el medio ambiente.

Otro aspecto importante de la calidad en el siglo XXI es la responsabilidad social corporativa. Las empresas están siendo cada vez más conscientes de su impacto social y ambiental y están implementando prácticas de gestión de la calidad para abordar estos problemas y mejorar su reputación y relaciones con los clientes y la sociedad en general.

En conclusión, la historia de la calidad industrial es una historia de evolución y cambio a lo largo del tiempo. Desde los primeros esfuerzos por mejorar la calidad en la Revolución Industrial hasta la implementación de sistemas de gestión de calidad y la norma ISO 9000 en el siglo XX, la calidad ha sido una preocupación clave para las empresas y ha evolucionado en respuesta a los cambios en la tecnología, la competencia y las demandas de los consumidores.

La mejora continua de la calidad, la satisfacción del cliente y la responsabilidad social corporativa son esenciales para el éxito a largo plazo de una empresa en la economía globalizada y altamente competitiva de hoy en día.

SISTEMAS DE GESTIÓN DE CALIDAD: NORMAS ISO 9001, ISO 14001, ISO 45001, ENTRE OTRAS

La gestión de la calidad es una herramienta clave para el éxito de cualquier organización. Un sistema de gestión de calidad (SGC) es una estructura que ayuda a las empresas a garantizar que sus productos y servicios cumplan con los requisitos de los clientes y las regulaciones gubernamentales. Las normas ISO 9001, ISO 14001 y OHSAS 18001 son las normas más utilizadas para implementar sistemas de gestión de calidad en todo el mundo.

En este capítulo, se discutirán estas normas en detalle y se proporcionará información sobre cómo pueden ser implementadas en diferentes organizaciones. Además, se analizarán las similitudes y diferencias entre estas normas y se examinarán las tendencias actuales en la gestión de la calidad.

ISO 9001: Gestión de calidad

ISO 9001 es una norma internacional de gestión de calidad que proporciona un marco para la implementación de un SGC. La norma se aplica a cualquier organización, independientemente de su tamaño o sector. La implementación de la norma ISO 9001 ayuda a las organizaciones a mejorar la satisfacción del cliente al garantizar la entrega de productos y servicios de calidad.

La norma ISO 9001 establece los requisitos para un sistema de gestión de calidad que se enfoca en mejorar la eficiencia y la eficacia de la organización. Estos requisitos incluyen:

Enfoque al cliente: Las organizaciones deben entender las necesidades y expectativas de los clientes y trabajar para satisfacerlas.

Liderazgo: La dirección de la organización debe liderar el sistema de gestión de calidad y asegurarse de que se cumplan todos los requisitos.

Participación del personal: Los empleados deben estar involucrados en el sistema de gestión de calidad y trabajar para mejorar continuamente los procesos.

Enfoque basado en procesos: Las organizaciones deben entender y gestionar los procesos internos de manera efectiva para lograr los objetivos del sistema de gestión de calidad.

Mejora continua: Las organizaciones deben monitorear y mejorar continuamente el sistema de gestión de calidad para garantizar su efectividad.

ISO 14001: Gestión ambiental

ISO 14001 es una norma internacional de gestión ambiental que establece los requisitos para un SGC que se centra en la gestión ambiental. La norma se aplica a cualquier organización que desee mejorar su desempeño ambiental y reducir su impacto en el medio ambiente. La implementación de la norma ISO 14001 ayuda a las organizaciones a reducir los costos de producción, mejorar la imagen de la empresa y cumplir con las regulaciones ambientales.

Los requisitos clave de la norma ISO 14001 incluyen:

Política ambiental: Las organizaciones deben establecer una política ambiental que establezca los objetivos y metas ambientales de la empresa.

Planificación: Las organizaciones deben planificar y desarrollar objetivos y metas ambientales, identificar los impactos ambientales de sus actividades y definir los procedimientos necesarios para controlar y monitorear estos impactos.

Implementación y operación: Las organizaciones deben implementar su SGC, capacitar al personal y proporcionar los recursos necesarios para garantizar la efectividad del sistema.

Verificación y acción correctiva: Las organizaciones deben monitorear y medir el desempeño ambiental de la empresa, realizar auditorías internas y tomar medidas para corregir cualquier problema identificado.

Revisión de la gestión: Las organizaciones deben realizar una revisión periódica del sistema de gestión ambiental para asegurarse de que se están cumpliendo los objetivos y metas ambientales y tomar medidas para mejorar continuamente el sistema.

OHSAS 18001: Gestión de la seguridad y salud ocupacional

OHSAS 18001 es una norma internacional de gestión de seguridad y salud ocupacional que establece los requisitos para un SGC que se centra en la seguridad y salud de los trabajadores de una organización. La implementación de la norma OHSAS 18001 ayuda a las organizaciones a cumplir con las regulaciones de seguridad y salud ocupacional, reducir los accidentes laborales y mejorar la productividad de los trabajadores.

Los requisitos clave de la norma OHSAS 18001 incluyen:

Política de seguridad y salud ocupacional: Las organizaciones deben establecer una política de seguridad y salud ocupacional que establezca los objetivos y metas de seguridad y salud ocupacional de la empresa.

Planificación: Las organizaciones deben planificar y desarrollar objetivos y metas de seguridad y salud ocupacional, identificar los peligros y evaluar los riesgos para la seguridad y salud de los trabajadores, y definir los procedimientos necesarios para controlar y monitorear estos riesgos.

Implementación y operación: Las organizaciones deben implementar su SGC, capacitar al personal y proporcionar los recursos necesarios para garantizar la efectividad del sistema.

Verificación y acción correctiva: Las organizaciones deben monitorear y medir el desempeño de seguridad y salud ocupacional de la empresa, realizar auditorías internas y tomar medidas para corregir cualquier problema identificado.

Revisión de la gestión: Las organizaciones deben realizar una revisión periódica del sistema de gestión de seguridad y salud ocupacional para asegurarse de que se están cumpliendo los objetivos y metas de seguridad y salud ocupacional y tomar medidas para mejorar continuamente el sistema.

ISO 45001: Gestión de seguridad y salud ocupacional

ISO 45001 es una norma internacional de gestión de seguridad y salud ocupacional que se lanzó en 2018. La norma reemplaza a la norma OHSAS 18001 y establece los requisitos para un SGC que se centra en la seguridad y salud de los trabajadores de una organización. La implementación de la norma ISO 45001 ayuda a las organizaciones a cumplir con las regulaciones de seguridad y salud ocupacional, reducir los accidentes laborales y mejorar la productividad de los trabajadores.

Los requisitos clave de la norma ISO 45001 incluyen:

Contexto de la organización: Las organizaciones deben entender el contexto en el que operan y los factores internos y externos que pueden afectar su capacidad para lograr los objetivos de seguridad y salud ocupacional.

Liderazgo y participación de los trabajadores: La dirección de la organización debe liderar el sistema de gestión de seguridad y salud ocupacional y los trabajadores deben estar involucrados en el sistema para garantizar su efectividad.

Planificación: Las organizaciones deben planificar y desarrollar objetivos y metas de seguridad y salud ocupacional, identificar los peligros y evaluar los riesgos para la seguridad y salud de los trabajadores, y definir los procedimientos necesarios para controlar y monitorear estos riesgos.

Apoyo: Las organizaciones deben proporcionar los recursos necesarios para implementar y mantener el sistema de gestión de seguridad y salud ocupacional, incluyendo la formación y el desarrollo del personal.

Operación: Las organizaciones deben implementar su SGC, tomar medidas para controlar los riesgos de seguridad y salud ocupacional y prepararse para emergencias.

Evaluación del desempeño: Las organizaciones deben monitorear y medir el desempeño de seguridad y salud ocupacional de la empresa, realizar auditorías internas y tomar medidas para corregir cualquier problema identificado.

Mejora continua: Las organizaciones deben revisar periódicamente el sistema de gestión de seguridad y salud ocupacional para identificar oportunidades de mejora y tomar medidas para mejorar continuamente el sistema.

ISO 31000: Gestión de riesgos

ISO 31000 es una norma internacional de gestión de riesgos que establece los principios y directrices para la gestión de riesgos en una organización. La implementación de la norma ISO 31000 ayuda a las organizaciones a identificar y evaluar los riesgos potenciales, tomar medidas para controlar y mitigar estos riesgos y mejorar la toma de decisiones en toda la organización.

Los requisitos clave de la norma ISO 31000 incluyen:

Contexto de la organización: Las organizaciones deben entender el contexto en el que operan y los factores internos y externos que pueden afectar su capacidad para gestionar los riesgos.

Liderazgo y compromiso: La dirección de la organización debe liderar la gestión de riesgos y comprometerse a la mejora continua de la gestión de riesgos.

Diseño del marco de gestión de riesgos: Las organizaciones deben diseñar y establecer un marco de gestión de riesgos que sea adecuado para su contexto y objetivos.

Implementación del marco de gestión de riesgos: Las organizaciones deben implementar su marco de gestión de riesgos y asegurarse de que se están identificando y evaluando los riesgos.

Evaluación continua y mejora: Las organizaciones deben evaluar continuamente su marco de gestión de riesgos y tomar medidas para mejorarlo.

ISO 27001: Gestión de seguridad de la información

ISO 27001 es una norma internacional de gestión de seguridad de la información que establece los requisitos para un SGC que se centra en la protección de la información confidencial de una organización. La implementación de la norma ISO 27001 ayuda a las organizaciones a proteger sus datos y mejorar la seguridad de la información.

Los requisitos clave de la norma ISO 27001 incluyen:

Contexto de la organización: Las organizaciones deben entender el contexto en el que operan y los factores internos y externos que pueden afectar su capacidad para proteger la información.

Liderazgo y compromiso: La dirección de la organización debe liderar la gestión de seguridad de la información y comprometerse a la mejora continua de la seguridad de la información.

Planificación: Las organizaciones deben planificar y desarrollar objetivos y metas de seguridad de la información, identificar los activos de información y los riesgos asociados y definir los procedimientos necesarios para proteger la información.

Implementación: Las organizaciones deben implementar medidas de seguridad de la información para proteger sus activos de información y reducir los riesgos.

Evaluación: Las organizaciones deben evaluar el desempeño de la seguridad de la información de la empresa, realizar auditorías internas y tomar medidas para corregir cualquier problema identificado.

Mejora continua: Las organizaciones deben revisar periódicamente el sistema de gestión de seguridad de la información para identificar oportunidades de mejora y tomar medidas para mejorar continuamente el sistema.

ISO 22301: Gestión de continuidad del negocio

ISO 22301 es una norma internacional de gestión de continuidad del negocio que establece los requisitos para un SGC que se centra en la capacidad de una organización para continuar operando en el caso de un evento disruptivo. La implementación de la norma ISO 22301 ayuda a las organizaciones a prepararse para situaciones de emergencia y a garantizar la continuidad de las operaciones comerciales.

Los requisitos clave de la norma ISO 22301 incluyen:

Contexto de la organización: Las organizaciones deben entender el contexto en el que operan y los factores internos y externos que pueden afectar su capacidad para mantener la continuidad del negocio.

Liderazgo y compromiso: La dirección de la organización debe liderar la gestión de la continuidad del negocio y comprometerse a la mejora continua de la capacidad de la empresa para operar en situaciones de emergencia.

Planificación de la continuidad del negocio: Las organizaciones deben desarrollar planes de continuidad del negocio para garantizar que la empresa pueda continuar operando en situaciones de emergencia.

Implementación de la continuidad del negocio: Las organizaciones deben implementar medidas para garantizar la continuidad del negocio en situaciones de emergencia.

Evaluación de la continuidad del negocio: Las organizaciones deben evaluar periódicamente su capacidad para mantener la continuidad del negocio y tomar medidas para mejorar la capacidad de la empresa para operar en situaciones de emergencia.

Mejora continua: Las organizaciones deben revisar periódicamente el sistema de gestión de continuidad del negocio para identificar oportunidades de mejora y tomar medidas para mejorar continuamente el sistema.

Beneficios de la implementación de sistemas de gestión

La implementación de sistemas de gestión de calidad, medio ambiente, seguridad y salud ocupacional, gestión de riesgos, seguridad de la información y continuidad del negocio puede proporcionar una serie de beneficios para una organización. Algunos de estos beneficios incluyen:

Mejora de la eficiencia: La implementación de un SGC puede ayudar a las organizaciones a mejorar la eficiencia de sus procesos y reducir los residuos y el retrabajo, lo que puede conducir a una reducción de costos y un aumento de la rentabilidad.

Mejora de la satisfacción del cliente: La implementación de un SGC puede ayudar a las organizaciones a garantizar que sus productos y servicios cumplan con las expectativas de los clientes, lo que puede mejorar la satisfacción del cliente y aumentar la fidelidad de los clientes.

Cumplimiento legal: La implementación de un SGC puede ayudar a las organizaciones a cumplir con las leyes y regulaciones ambientales, de seguridad y salud ocupacional, y de protección de datos, lo que puede reducir el riesgo de sanciones y multas por incumplimiento.

Reducción de riesgos: La implementación de sistemas de gestión de riesgos, seguridad de la información y continuidad del negocio puede ayudar a las organizaciones a identificar y gestionar los riesgos asociados a sus operaciones, lo que puede reducir el riesgo de interrupciones en las operaciones comerciales.

Mejora de la imagen de la empresa: La implementación de sistemas de gestión puede mejorar la imagen de la empresa ante los clientes, los empleados, los proveedores y otros interesados, lo que puede aumentar la reputación y la confianza en la empresa.

Mejora de la salud y seguridad de los empleados: La implementación de un SGC de seguridad y salud ocupacional puede ayudar a las organizaciones a identificar y gestionar los riesgos para la salud y la seguridad de los empleados, lo que puede reducir los accidentes y las enfermedades relacionadas con el trabajo.

Mejora del desempeño ambiental: La implementación de un SGC ambiental puede ayudar a las organizaciones a identificar y gestionar los impactos ambientales de sus operaciones, lo que puede reducir la contaminación y el uso de recursos naturales.

En general, la implementación de sistemas de gestión puede ayudar a las organizaciones a mejorar la eficiencia, la calidad, la seguridad, la salud ocupacional, la continuidad del negocio y el desempeño ambiental, lo que puede conducir a una mayor rentabilidad y una mejor reputación de la empresa.

Conclusiones

Las normas ISO 9001, ISO 14001, OHSAS 18001, ISO 31000, ISO 27001 e ISO 22301 son normas internacionales ampliamente utilizadas para la gestión de la calidad, el medio ambiente, la seguridad y salud ocupacional, la gestión de riesgos, la seguridad de la información y la continuidad del negocio. La implementación de estas normas puede ayudar a las organizaciones a mejorar la eficiencia, la calidad, la seguridad, la salud ocupacional, la continuidad del negocio y el desempeño ambiental, lo que puede conducir a una mayor rentabilidad y una mejor reputación de la empresa.

Para implementar sistemas de gestión efectivos, las organizaciones deben seguir un proceso estructurado que incluya la planificación, la implementación, la evaluación y la mejora continua del sistema. La dirección de la organización debe liderar la implementación del sistema y comprometerse con la mejora continua de la capacidad de la empresa para operar de manera efectiva y eficiente.

En resumen, la implementación de sistemas de gestión puede proporcionar una serie de beneficios para las organizaciones, incluyendo una mayor eficiencia, una mejor satisfacción del cliente, el cumplimiento legal, la reducción de riesgos, una mejor imagen de la empresa y una mejora de la salud y seguridad de los empleados. Es importante recordar que la implementación de un sistema de gestión exitoso requiere un compromiso a largo plazo por parte de la dirección y una cultura organizacional orientada a la mejora continua.

PLANIFICACIÓN DE LA CALIDAD

La planificación de la calidad es una parte fundamental de la gestión de la calidad en cualquier organización. Esta planificación se enfoca en cómo la organización puede mejorar la calidad de sus productos o servicios y satisfacer las necesidades y expectativas de sus clientes.

La planificación de la calidad se divide en tres niveles: planificación estratégica, planificación operativa y planificación táctica. En este artículo, discutiremos cada uno de estos niveles en detalle y cómo se relacionan entre sí.

Planificación estratégica de la calidad

La planificación estratégica de la calidad es la primera etapa de la planificación de la calidad. Se enfoca en el desarrollo de una visión y misión para la organización en términos de calidad y cómo la organización puede lograr estos objetivos.

La planificación estratégica de la calidad implica la identificación de los objetivos y metas de calidad a largo plazo de la organización y la determinación de los recursos necesarios para alcanzar estos objetivos. También se enfoca en la identificación de los principales interesados de la organización y cómo la calidad puede afectarlos.

El primer paso en la planificación estratégica de la calidad es establecer una visión y misión de calidad para la organización. La visión de calidad describe cómo la organización ve su futuro en términos de calidad. La misión de calidad define el propósito de la organización en términos de calidad.

Una vez establecidos la visión y la misión de calidad, se identifican los objetivos y metas a largo plazo de la organización en términos de calidad. Estos objetivos y metas deben ser específicos, medibles, alcanzables, relevantes y basados en un tiempo determinado. Se establecen también los indicadores de calidad para medir el progreso hacia el logro de estos objetivos y metas.

La identificación de los principales interesados de la organización es un paso importante en la planificación estratégica de la calidad. Los interesados pueden ser clientes, proveedores, empleados, accionistas y otros. La organización debe entender cómo la calidad afecta a cada uno de estos interesados y cómo puede satisfacer sus necesidades y expectativas.

La planificación estratégica de la calidad también implica la determinación de los recursos necesarios para lograr los objetivos y metas de calidad a largo plazo de la organización. Estos recursos pueden ser financieros, humanos, tecnológicos y de otro tipo. La organización debe asegurarse de que tiene los recursos adecuados para lograr sus objetivos de calidad a largo plazo.

La planificación estratégica de la calidad debe ser revisada y actualizada regularmente para asegurarse de que sigue siendo relevante y efectiva.

Planificación operativa de la calidad

La planificación operativa de la calidad se enfoca en cómo la organización puede alcanzar los objetivos y metas de calidad establecidos en la planificación estratégica de la calidad. La planificación operativa de la calidad es una planificación a corto plazo que se enfoca en cómo la organización puede mejorar la calidad en el día a día.

La planificación operativa de la calidad implica la identificación de los procesos críticos de la organización y cómo pueden mejorarse para mejorar la calidad. También se enfoca en la identificación de los riesgos y oportunidades de calidad y cómo la organización puede abordarlos.

El primer paso en la planificación operativa de la calidad es la identificación de los procesos críticos de la organización. Estos son los procesos que tienen un impacto significativo en la calidad de los productos o servicios de la organización. La organización debe entender cómo estos procesos funcionan y cómo pueden mejorarse para mejorar la calidad.

Una vez identificados los procesos críticos, se deben establecer objetivos y metas específicos para mejorar la calidad de estos procesos. Estos objetivos y metas deben ser medibles y basados en un tiempo determinado. También se establecen indicadores de calidad para medir el progreso hacia el logro de estos objetivos y metas.

La identificación de los riesgos y oportunidades de calidad es otro paso importante en la planificación operativa de la calidad. La organización debe identificar los riesgos que pueden afectar la calidad de sus productos o servicios y cómo puede mitigar estos riesgos. También debe identificar las oportunidades de mejora de calidad y cómo puede aprovecharlas.

La planificación operativa de la calidad también implica la identificación de los recursos necesarios para mejorar la calidad de los procesos críticos. Estos recursos pueden incluir capacitación, tecnología, herramientas y otros. La organización debe asegurarse de que tiene los recursos adecuados para mejorar la calidad de los procesos críticos.

La planificación operativa de la calidad debe ser revisada y actualizada regularmente para asegurarse de que sigue siendo relevante y efectiva.

Planificación táctica de la calidad

La planificación táctica de la calidad se enfoca en la implementación de los planes de calidad establecidos en la planificación estratégica y operativa de la calidad. La planificación táctica de la calidad es la fase final de la planificación de la calidad y se enfoca en la ejecución de los planes para mejorar la calidad.

La planificación táctica de la calidad implica la identificación de los recursos necesarios para implementar los planes de calidad. Estos recursos pueden incluir capacitación, tecnología, herramientas y otros. La organización debe asegurarse de que tiene los recursos adecuados para implementar los planes de calidad.

Una vez identificados los recursos necesarios, se deben establecer un plan de acción para implementar los planes de calidad. Este plan de acción debe incluir los pasos específicos que se deben tomar para mejorar la calidad y los responsables de cada paso.

La planificación táctica de la calidad también implica la identificación de los indicadores de calidad y la medición del progreso hacia el logro de los objetivos y metas de calidad establecidos en la planificación estratégica y operativa de la calidad.

La implementación de los planes de calidad debe ser monitoreada y evaluada regularmente para asegurarse de que está siendo efectiva. Si no se están logrando los objetivos de calidad, se deben hacer ajustes en los planes de calidad para mejorar su efectividad.

Conclusión

La planificación de la calidad es un proceso crítico en la gestión de la calidad de cualquier organización. La planificación estratégica establece la visión y misión de calidad de la organización y los objetivos y metas a largo plazo para mejorar la calidad. La planificación operativa se enfoca en cómo mejorar la calidad en el día a día mediante la identificación de los procesos críticos, riesgos y oportunidades de calidad. La planificación táctica se enfoca en la implementación de los planes de calidad establecidos en la planificación estratégica y operativa de la calidad.

Para llevar a cabo una planificación efectiva de la calidad, es necesario involucrar a todas las partes interesadas, desde los líderes de la organización hasta el personal de primera línea. También es importante asegurarse de que se tengan los recursos adecuados para implementar los planes de calidad y monitorear su progreso de manera regular.

La planificación de la calidad no es un proceso estático. Debe ser revisada y actualizada regularmente para asegurarse de que sigue siendo relevante y efectiva. La retroalimentación de los clientes y la evaluación del desempeño son herramientas importantes para mejorar la planificación de la calidad a lo largo del tiempo.

En resumen, la planificación de la calidad es un proceso crítico en la gestión de la calidad de cualquier organización. La planificación estratégica, operativa y táctica de la calidad son fases importantes del proceso de planificación de la calidad que se enfocan en diferentes aspectos de la mejora de la calidad. Al llevar a cabo una planificación efectiva de la calidad, las organizaciones pueden mejorar la satisfacción del cliente, reducir los costos y mejorar la eficiencia de los procesos críticos.

CONTROL DE LA CALIDAD: CONTROL ESTADÍSTICO DEL PROCESO, INSPECCIÓN Y ENSAYO

El control de calidad es un proceso esencial en cualquier empresa que busca mantener altos estándares de calidad en sus productos y servicios. Hay varios métodos y técnicas que se utilizan para llevar a cabo el control de calidad, incluyendo el control estadístico del proceso, la inspección y los ensayos.

En este capítulo, se discutirán los conceptos básicos del control estadístico del proceso, la inspección y los ensayos, así como sus aplicaciones en la industria. También se analizarán los beneficios y las limitaciones de cada técnica, así como las diferencias entre ellas.

Control estadístico del proceso

El control estadístico del proceso (CEP) es un método para monitorear y controlar la calidad de un proceso mediante el uso de técnicas estadísticas. El objetivo principal del CEP es identificar y eliminar las causas de variación en el proceso, lo que ayuda a reducir los defectos y mejorar la calidad.

El CEP se basa en el uso de herramientas estadísticas para analizar los datos del proceso y determinar si el proceso está dentro de los límites de control establecidos. Si el proceso se desvía de los límites de control, se toman medidas correctivas para eliminar la causa de la variación.

Las herramientas estadísticas que se utilizan en el CEP incluyen gráficos de control, histogramas, diagramas de Pareto y análisis de capacidad del proceso. Estas herramientas permiten a los técnicos y gerentes del proceso monitorear y analizar el desempeño del proceso y tomar medidas para mejorarlo.

El uso del CEP tiene varios beneficios, como la reducción de los costos de producción y la mejora de la calidad del producto. Sin embargo, también tiene algunas limitaciones, como la necesidad de recolectar y analizar datos precisos y la necesidad de personal capacitado para llevar a cabo el análisis estadístico.

Inspección

La inspección es una técnica para evaluar la calidad de un producto mediante la comparación con un conjunto de estándares. La inspección puede ser realizada por un inspector humano o mediante el uso de equipos automatizados.

La inspección se puede realizar en cualquier etapa del proceso de producción, desde la materia prima hasta el producto final. Se pueden inspeccionar características como la apariencia, el tamaño, el peso, la funcionalidad y la durabilidad.

La inspección tiene varios beneficios, como la detección temprana de problemas de calidad y la mejora de la confiabilidad del producto. Sin embargo, también tiene algunas limitaciones, como el costo de la inspección y la posibilidad de que se pierdan productos defectuosos en la inspección.

Ensayo

Los ensayos son pruebas que se realizan en un producto o proceso para evaluar su calidad y rendimiento. Los ensayos pueden ser destructivos o no destructivos, dependiendo de si el producto o proceso se destruye o no durante la prueba.

Los ensayos se pueden realizar en cualquier etapa del proceso de producción, desde la materia prima hasta el producto final. Los ensayos pueden ser realizados por el fabricante o por un laboratorio independiente.

Los ensayos tienen varios beneficios, como la evaluación objetiva de la calidad del producto y la mejora de la seguridad del producto. Sin embargo, también tienen algunas limitaciones, como el costo de los ensayos y la posibilidad de que se dañe el producto durante los ensayos destructivos.

Diferencias entre el control estadístico del proceso, la inspección y los ensayos

El control estadístico del proceso, la inspección y los ensayos son técnicas diferentes que se utilizan para evaluar la calidad de un proceso o producto. Cada técnica tiene sus propias fortalezas y debilidades y se utiliza en diferentes etapas del proceso de producción.

El control estadístico del proceso se utiliza para monitorear y controlar la calidad de un proceso mediante el uso de herramientas estadísticas para analizar los datos del proceso. El objetivo principal del CEP es identificar y eliminar las causas de variación en el proceso, lo que ayuda a reducir los defectos y mejorar la calidad.

La inspección se utiliza para evaluar la calidad de un producto mediante la comparación con un conjunto de estándares. La inspección se puede realizar en cualquier etapa del proceso de producción y puede ser realizada por un inspector humano o mediante el uso de equipos automatizados.

Los ensayos son pruebas que se realizan en un producto o proceso para evaluar su calidad y rendimiento. Los ensayos pueden ser destructivos o no destructivos y se pueden realizar en cualquier etapa del proceso de producción.

El control estadístico del proceso, la inspección y los ensayos son técnicas complementarias que se utilizan para evaluar la calidad de un proceso o producto. Cada técnica se utiliza en diferentes etapas del proceso de producción y tiene sus propias fortalezas y debilidades.

Beneficios del control de calidad

El control de calidad tiene varios beneficios para una empresa, incluyendo la mejora de la calidad del producto, la reducción de los costos de producción y el aumento de la satisfacción del cliente. Al mejorar la calidad del producto, una empresa puede reducir el número de devoluciones y reclamaciones de los clientes, lo que puede mejorar la reputación de la empresa y aumentar la satisfacción del cliente.

La reducción de los costos de producción también puede ser un beneficio del control de calidad. Al reducir el número de productos defectuosos y eliminar las causas de variación en el proceso, una empresa puede reducir el tiempo y los materiales que se utilizan para producir un producto de alta calidad.

El control de calidad también puede mejorar la eficiencia y la productividad de una empresa al eliminar los cuellos de botella en el proceso y reducir los tiempos de inactividad. Al mejorar la eficiencia y la productividad, una empresa puede reducir los costos de producción y mejorar la rentabilidad.

Limitaciones del control de calidad

Aunque el control de calidad tiene varios beneficios, también tiene algunas limitaciones que deben ser consideradas. Una de las principales limitaciones es el costo del control de calidad. El control de calidad requiere tiempo y recursos para implementar y mantener, lo que puede ser costoso para una empresa.

Otra limitación del control de calidad es la necesidad de personal capacitado para llevar a cabo el control de calidad. El personal debe estar capacitado en las técnicas y herramientas utilizadas en el control de calidad, lo que puede requerir una inversión significativa en capacitación y desarrollo de habilidades.

También es importante tener en cuenta que el control de calidad no garantiza la calidad perfecta del producto o proceso. Siempre habrá cierta variación en el proceso y una pequeña cantidad de productos defectuosos, incluso con el mejor control de calidad.

Conclusión

El control de calidad es una parte importante de la gestión de la calidad en una empresa. El uso de técnicas como el control estadístico del proceso, la inspección y los ensayos puede ayudar a una empresa a mejorar la calidad de sus productos y procesos, reducir los costos de producción y aumentar la satisfacción del cliente.

Es importante recordar que el control de calidad no es un proceso único y que requiere un compromiso constante por parte de la empresa. Es importante revisar y actualizar regularmente los procesos de control de calidad para garantizar que se estén utilizando las mejores prácticas y técnicas.

Además, es importante que los empleados de la empresa estén comprometidos con el control de calidad y que comprendan la importancia de su papel en la mejora continua de la calidad. La capacitación y el desarrollo de habilidades pueden ser una parte importante de este compromiso.

En última instancia, el control de calidad es una inversión en la calidad de los productos y procesos de una empresa, y puede tener un impacto significativo en la satisfacción del cliente y la rentabilidad a largo plazo de la empresa.

ASEGURAMIENTO DE LA CALIDAD: SISTEMAS DE INSPECCIÓN Y CONTROL, AUDITORÍAS Y CERTIFICACIONES

El aseguramiento de la calidad es un proceso fundamental para cualquier empresa que busque mantener altos estándares de calidad en sus productos y servicios. En este sentido, los sistemas de inspección y control, las auditorías y las certificaciones son herramientas esenciales para garantizar que se cumplan los requisitos de calidad establecidos y que se mejore continuamente el desempeño de la empresa.

En este capítulo, se discutirán los conceptos básicos del aseguramiento de la calidad, se describirán los sistemas de inspección y control, se explicarán las auditorías de calidad y se analizarán las certificaciones de calidad más relevantes en el ámbito empresarial.

Aseguramiento de la calidad

El aseguramiento de la calidad se define como el conjunto de actividades planificadas y sistemáticas destinadas a garantizar que un producto o servicio cumpla con los requisitos de calidad establecidos. El objetivo del aseguramiento de la calidad es mejorar la satisfacción del cliente, aumentar la eficiencia y reducir los costos. Para ello, se deben establecer políticas y procedimientos que permitan la identificación y corrección de los problemas de calidad antes de que se produzcan.

El aseguramiento de la calidad no es un proceso aislado, sino que debe integrarse en todas las etapas del ciclo de vida del producto o servicio. De esta forma, se asegura que la calidad sea una preocupación constante en todas las actividades empresariales.

Sistemas de inspección y control

Los sistemas de inspección y control son herramientas utilizadas para evaluar y controlar la calidad de los productos y servicios. Los sistemas de inspección se utilizan para detectar los defectos en el producto o servicio antes de que sea entregado al cliente. Los sistemas de control, por otro lado, se utilizan para monitorear el proceso de producción y asegurar que los productos o servicios cumplan con los requisitos de calidad.

Entre los sistemas de inspección más comunes se encuentran:

Inspección visual: se realiza una revisión visual del producto o servicio para detectar defectos.

Inspección dimensional: se miden las dimensiones del producto para asegurarse de que cumple con las especificaciones.

Inspección por muestreo: se selecciona una muestra aleatoria del producto y se inspecciona para detectar defectos.

Inspección por pruebas destructivas: se destruye una muestra del producto para evaluar su calidad.

Por otro lado, los sistemas de control más utilizados son:

Control estadístico de procesos (CEP): se utiliza para monitorear el proceso de producción y detectar desviaciones.

Planificación avanzada de la calidad del producto (APQP): se utiliza para planificar la calidad del producto desde la etapa de diseño hasta la producción.

Herramientas de mejora continua: se utilizan para identificar y corregir los problemas de calidad en el proceso de producción.

Auditorías de calidad

Las auditorías de calidad son herramientas utilizadas para evaluar el desempeño de un sistema de aseguramiento de la calidad. Las auditorías se realizan para evaluar el cumplimiento de los requisitos de calidad establecidos por la empresa y para identificar áreas de mejora.

Existen dos tipos de auditorías de calidad:

Auditorías internas: son realizadas por la propia empresa para evaluar su sistema de aseguramiento de la calidad. Las auditorías internas son una herramienta de mejora continua, ya que permiten identificar oportunidades de mejora y corregir problemas antes de que se conviertan en defectos de calidad.

Auditorías externas: son realizadas por una entidad externa a la empresa, como una agencia de certificación de calidad, para evaluar el sistema de aseguramiento de la calidad de la empresa. Las auditorías externas son una herramienta importante para asegurar que la empresa cumpla con los requisitos de calidad establecidos y para obtener la certificación de calidad.

Durante una auditoría de calidad, se revisan los documentos y registros de la empresa para verificar que se estén cumpliendo los procedimientos establecidos en el sistema de aseguramiento de la calidad. También se realizan entrevistas con el personal de la empresa para evaluar su comprensión del sistema de calidad y para identificar oportunidades de mejora.

Una auditoría de calidad puede resultar en una serie de hallazgos, como no conformidades, oportunidades de mejora y buenas prácticas. Los hallazgos se documentan en un informe de auditoría, que se utiliza para identificar las áreas de mejora y para desarrollar un plan de acción para corregir los problemas identificados.

Certificaciones de calidad

Las certificaciones de calidad son otorgadas por agencias externas a la empresa para validar que la empresa cumple con los requisitos de calidad establecidos. Las certificaciones de calidad más comunes son:

ISO 9001: es una norma internacional que establece los requisitos para un sistema de gestión de la calidad. La norma ISO 9001 se utiliza para evaluar la capacidad de una empresa para proporcionar productos y servicios que cumplan con los requisitos del cliente y los requisitos legales y reglamentarios aplicables.

ISO 14001: es una norma internacional que establece los requisitos para un sistema de gestión ambiental. La norma ISO 14001 se utiliza para evaluar la capacidad de una empresa para identificar y controlar los impactos ambientales de sus actividades, productos o servicios.

OHSAS 18001: es una norma internacional que establece los requisitos para un sistema de gestión de la seguridad y salud en el trabajo. La norma OHSAS 18001 se utiliza para evaluar la capacidad de una empresa para identificar y controlar los riesgos de seguridad y salud en el trabajo asociados con sus actividades, productos o servicios.

IATF 16949: es una norma internacional que establece los requisitos para un sistema de gestión de la calidad en la industria automotriz. La norma IATF 16949 se utiliza para evaluar la capacidad de una empresa para proporcionar productos y servicios que cumplan con los requisitos del cliente en la industria automotriz.

Para obtener una certificación de calidad, la empresa debe cumplir con los requisitos establecidos en la norma correspondiente y debe pasar una auditoría externa realizada por una entidad de certificación acreditada. La certificación tiene una duración limitada y la empresa debe someterse a auditorías periódicas para mantener la certificación.

Conclusiones

En resumen, el aseguramiento de la calidad es un proceso fundamental para cualquier empresa que busque mantener altos estándares de calidad en sus productos y servicios. Los sistemas de inspección y control, las auditorías y las certificaciones de calidad son herramientas esenciales para garantizar que se cumplan los requisitos de calidad establecidos y que se mejore continuamente el sistema de calidad de la empresa.

La implementación de un sistema de aseguramiento de la calidad requiere una planificación cuidadosa y una dedicación constante a la mejora continua. Es importante que la empresa establezca objetivos claros y medibles para su sistema de calidad y que involucre a todo el personal en la implementación y mantenimiento del sistema.

Además, es fundamental que la empresa se asegure de contar con los recursos adecuados para implementar y mantener su sistema de calidad. Esto incluye la capacitación del personal, la adquisición de equipos y tecnologías adecuados y la asignación de tiempo y recursos suficientes para la implementación y mantenimiento del sistema.

Finalmente, es importante destacar que el aseguramiento de la calidad no solo es una herramienta para garantizar la satisfacción del cliente, sino que también puede contribuir significativamente a la rentabilidad y sostenibilidad de la empresa. Un sistema de calidad sólido puede ayudar a reducir los costos asociados con la producción de productos defectuosos, a mejorar la eficiencia y productividad de la empresa y a mejorar la reputación y la imagen de la empresa ante los clientes y otros actores clave.

En conclusión, el aseguramiento de la calidad es una práctica esencial para cualquier empresa que busque mantener altos estándares de calidad en sus productos y servicios. Los sistemas de inspección y control, las auditorías y las certificaciones de calidad son herramientas esenciales para garantizar que se cumplan los requisitos de calidad establecidos y que se mejore continuamente el sistema de calidad de la empresa. La implementación de un sistema de calidad sólido puede contribuir significativamente a la rentabilidad y sostenibilidad de la empresa, así como a su reputación y relación con los clientes y otros actores clave en el mercado.

MEJORA CONTINUA: METODOLOGÍAS, HERRAMIENTAS Y TÉCNICAS DE MEJORA CONTINUA

La mejora continua es un proceso fundamental en cualquier organización que busque alcanzar el éxito y la eficiencia en sus operaciones. A través de la mejora continua, las empresas pueden identificar oportunidades de mejora y hacer cambios incrementales y sostenibles en sus procesos y prácticas para lograr una mayor calidad, eficiencia y rentabilidad.

En este capítulo, exploraremos las metodologías, herramientas y técnicas de mejora continua que las empresas pueden utilizar para impulsar la mejora continua en sus operaciones.

Metodologías de mejora continua

Existen varias metodologías de mejora continua que las empresas pueden utilizar para implementar mejoras en sus procesos y prácticas. Algunas de las metodologías de mejora continua más comunes incluyen:

Lean Manufacturing: La metodología Lean Manufacturing se centra en la eliminación de los desperdicios y la reducción de los tiempos de ciclo para mejorar la eficiencia y la calidad. Esta metodología se basa en cinco principios clave: especificar el valor, identificar el flujo de valor, crear flujo continuo, establecer un sistema pull y buscar la perfección. Al seguir estos principios, las empresas pueden reducir el tiempo de producción, mejorar la calidad y reducir los costos.

Six Sigma: La metodología Six Sigma se centra en la reducción de la variabilidad y la eliminación de los defectos para mejorar la calidad y la eficiencia. Esta metodología utiliza un enfoque basado en datos para identificar oportunidades de mejora y eliminar los obstáculos que impiden la eficiencia y la calidad. La metodología Six Sigma se basa en cinco fases: definir, medir, analizar, mejorar y controlar.

Total Quality Management (TQM): La metodología TQM se centra en la mejora continua de la calidad en todas las áreas de la empresa. Esta metodología se basa en la filosofía de que la calidad es responsabilidad de todos en la organización y se enfoca en la satisfacción del cliente como la medida principal de calidad. TQM se enfoca en la mejora continua de los procesos y prácticas en toda la organización para mejorar la calidad y la eficiencia.

Herramientas de mejora continua

Además de las metodologías, existen una serie de herramientas y técnicas de mejora continua que las empresas pueden utilizar para impulsar la mejora continua en sus operaciones. Algunas de estas herramientas incluyen:

Diagrama de Ishikawa: También conocido como diagrama de espina de pescado, este diagrama se utiliza para identificar las posibles causas de un problema. El diagrama de Ishikawa se utiliza para identificar las causas raíz de un problema y para desarrollar soluciones efectivas.

Diagrama de Pareto: Este diagrama se utiliza para identificar los problemas más comunes en un proceso. El diagrama de Pareto se basa en el principio de que el 80% de los problemas se deben al 20% de las causas.

Diagrama de flujo: Este diagrama se utiliza para visualizar el flujo de trabajo en un proceso y para identificar las oportunidades de mejora. Los diagramas de flujo pueden ayudar a las empresas a identificar cuellos de botella y áreas donde se pueden mejorar los procesos.

Mapa de procesos: Este mapa se utiliza para visualizar los pasos en un proceso y para identificar oportunidades de mejora. Los mapas de procesos pueden ayudar a las empresas a identificar los puntos débiles en los procesos y a desarrollar soluciones efectivas.

Análisis de causa raíz: Este análisis se utiliza para identificar las causas subyacentes de un problema. El análisis de causa raíz se utiliza para determinar por qué un problema ocurre y cómo se puede prevenir en el futuro.

Análisis FODA: El análisis FODA (Fortalezas, Oportunidades, Debilidades y Amenazas) se utiliza para evaluar la posición competitiva de una empresa en el mercado. Este análisis puede ayudar a las empresas a identificar sus fortalezas y oportunidades, así como las debilidades y amenazas que enfrentan.

Análisis de valor agregado: Este análisis se utiliza para identificar las actividades que agregan valor a un proceso y las que no lo hacen. El análisis de valor agregado se utiliza para eliminar las actividades que no agregan valor y para mejorar la eficiencia en el proceso.

Benchmarking: El benchmarking se utiliza para comparar los procesos y prácticas de una empresa con los de otras empresas líderes en el mercado. El benchmarking puede ayudar a las empresas a identificar oportunidades de mejora y a desarrollar soluciones efectivas.

Técnicas de mejora continua

Además de las metodologías y herramientas, existen una serie de técnicas de mejora continua que las empresas pueden utilizar para impulsar la mejora continua en sus operaciones. Algunas de estas técnicas incluyen:

Kaizen: La técnica Kaizen se centra en la mejora continua y gradual de los procesos y prácticas en toda la organización. Esta técnica se basa en la filosofía de que los pequeños cambios pueden tener un gran impacto a largo plazo.

Gemba: La técnica Gemba se centra en observar directamente los procesos en el lugar de trabajo para identificar oportunidades de mejora. Esta técnica se basa en la filosofía de que la observación directa puede proporcionar información valiosa sobre los procesos y prácticas.

Poka-yoke: La técnica Poka-yoke se centra en la prevención de errores mediante la identificación y eliminación de las causas subyacentes de los errores. Esta técnica se basa en la filosofía de que la prevención es mejor que la corrección.

Jidoka: La técnica Jidoka se centra en la detección y corrección inmediata de los problemas en el proceso. Esta técnica se basa en la filosofía de que la detección temprana de los problemas puede prevenir defectos más graves.

Kanban: La técnica Kanban se centra en la gestión visual de los procesos y la gestión del flujo de trabajo. Esta técnica se basa en la filosofía de que la visualización del trabajo puede mejorar la eficiencia y la calidad.

5S: La técnica 5S se centra en la organización y la limpieza del lugar de trabajo para mejorar la eficiencia y la seguridad. Esta técnica se basa en cinco principios clave: clasificar, ordenar, limpiar, estandarizar y mantener.

Beneficios de la mejora continua

La mejora continua puede proporcionar una serie de beneficios para las empresas, incluyendo:

Mejora de la calidad: La mejora continua puede ayudar a las empresas a identificar y corregir problemas en los procesos y prácticas, lo que puede mejorar la calidad de los productos y servicios que ofrecen.

Aumento de la eficiencia: La mejora continua puede ayudar a las empresas a eliminar los procesos y actividades que no agregan valor, lo que puede mejorar la eficiencia en toda la organización.

Reducción de los costos: La mejora continua puede ayudar a las empresas a reducir los costos al eliminar los procesos y actividades innecesarios y al mejorar la eficiencia.

Mayor satisfacción del cliente: La mejora continua puede ayudar a las empresas a ofrecer productos y servicios de mayor calidad y a mejorar la experiencia del cliente, lo que puede aumentar la satisfacción del cliente y la fidelidad a la marca.

Aumento de la productividad: La mejora continua puede ayudar a las empresas a mejorar la eficiencia y la calidad, lo que puede aumentar la productividad de los empleados.

Mayor innovación: La mejora continua puede fomentar la innovación al permitir a las empresas identificar nuevas oportunidades de mejora y desarrollar soluciones efectivas.

Mayor competitividad: La mejora continua puede ayudar a las empresas a mantenerse competitivas en el mercado al mejorar la calidad, la eficiencia y la satisfacción del cliente.

Desafíos de la mejora continua

Aunque la mejora continua puede proporcionar una serie de beneficios para las empresas, también puede presentar una serie de desafíos. Algunos de estos desafíos incluyen:

Falta de compromiso: La mejora continua requiere un compromiso constante por parte de toda la organización, lo que puede ser difícil de mantener a largo plazo.

Falta de recursos: La mejora continua puede requerir recursos significativos en términos de tiempo, dinero y personal, lo que puede ser difícil de justificar en momentos de presupuestos ajustados.

Resistencia al cambio: La mejora continua puede requerir cambios significativos en los procesos y prácticas existentes, lo que puede ser difícil de aceptar para los empleados y los líderes de la organización.

Falta de enfoque: La mejora continua puede abarcar una amplia gama de procesos y prácticas en toda la organización, lo que puede dificultar la identificación de las áreas de mejora más importantes.

Falta de medición: La mejora continua requiere una medición constante y una evaluación de los procesos y prácticas, lo que puede ser difícil de realizar sin un enfoque estructurado.

En conclusión, la mejora continua es un proceso fundamental para que las empresas puedan mantenerse competitivas en el mercado y mejorar su calidad, eficiencia y satisfacción del cliente. A través de la implementación de metodologías, herramientas y técnicas de mejora continua, las empresas pueden identificar oportunidades de mejora y corregir problemas en sus procesos y prácticas. Aunque la mejora continua puede presentar desafíos, como la falta de compromiso, recursos y resistencia al cambio, los beneficios pueden ser significativos a largo plazo para las empresas que se comprometen con este proceso. Por lo tanto, es importante que las empresas adopten una cultura de mejora continua y lo integren en su estrategia empresarial para lograr el éxito a largo plazo.

GESTIÓN DE RIESGOS

La gestión de riesgos es un proceso fundamental en la calidad industrial, que busca identificar, evaluar, prevenir y tratar los riesgos que pueden afectar la calidad de los productos y servicios que se ofrecen en el mercado. Este proceso se lleva a cabo mediante un conjunto de técnicas y herramientas que permiten identificar los riesgos, analizar su impacto y probabilidad de ocurrencia, y establecer medidas preventivas y correctivas para mitigarlos.

En este capítulo, se abordarán los principales aspectos relacionados con la gestión de riesgos en la calidad industrial, destacando la importancia de este proceso, sus objetivos y los beneficios que ofrece a las empresas que lo implementan. Asimismo, se describirán las etapas del proceso de gestión de riesgos, desde la identificación hasta el tratamiento de los riesgos, así como las técnicas y herramientas más utilizadas para llevar a cabo cada una de estas etapas.

Importancia de la gestión de riesgos en la calidad industrial

La gestión de riesgos es un proceso esencial en la calidad industrial, ya que permite a las empresas identificar y mitigar los riesgos que pueden afectar la calidad de los productos y servicios que ofrecen en el mercado. La implementación de un proceso de gestión de riesgos eficaz permite a las empresas anticiparse a los riesgos potenciales, tomar medidas preventivas para evitar su ocurrencia y establecer planes de contingencia para mitigar sus efectos en caso de que se produzcan.

La gestión de riesgos es especialmente importante en la calidad industrial, debido a que los productos y servicios ofrecidos por las empresas pueden tener un impacto directo en la salud y la seguridad de las personas, así como en el medio ambiente. Por esta razón, la gestión de riesgos se ha convertido en una práctica esencial en la industria, ya que permite garantizar la calidad y seguridad de los productos y servicios, así como el cumplimiento de las normativas y regulaciones en materia de calidad.

Objetivos de la gestión de riesgos en la calidad industrial

Los objetivos principales de la gestión de riesgos en la calidad industrial son:

Identificar los riesgos que pueden afectar la calidad de los productos y servicios.

Evaluar el impacto y la probabilidad de ocurrencia de cada riesgo identificado.

Establecer medidas preventivas para evitar la ocurrencia de los riesgos.

Establecer planes de contingencia para mitigar los efectos de los riesgos en caso de que se produzcan.

Garantizar la calidad y seguridad de los productos y servicios ofrecidos por la empresa.

Cumplir con las normativas y regulaciones en materia de calidad y seguridad.

Etapas del proceso de gestión de riesgos

El proceso de gestión de riesgos consta de varias etapas, cada una de las cuales tiene objetivos y actividades específicas. A continuación, se describen las principales etapas del proceso de gestión de riesgos en la calidad industrial:

Identificación de riesgos

La primera etapa del proceso de gestión de riesgos consiste en identificar los riesgos que pueden afectar la calidad de los productos y servicios ofrecidos por la empresa. Para llevar a cabo esta etapa, es necesario realizar una evaluación exhaustiva de los procesos, productos y servicios de la empresa, con el fin de identificar los posibles riesgos que pueden surgir en cada una de las áreas.

Entre las técnicas más utilizadas para identificar los riesgos se encuentran las entrevistas con los empleados y los expertos en el tema, la revisión de documentos y registros, la observación directa de los procesos, el análisis de datos y la revisión de las normativas y regulaciones aplicables.

Una vez que se han identificado los riesgos, es necesario documentarlos en una lista y clasificarlos en función de su impacto potencial en la calidad de los productos y servicios, así como en función de su probabilidad de ocurrencia.

Evaluación de riesgos

La evaluación de riesgos es la etapa en la que se analiza el impacto y la probabilidad de ocurrencia de cada uno de los riesgos identificados en la etapa anterior. Para llevar a cabo esta etapa, se utilizan técnicas y herramientas específicas, como el análisis de riesgos y la matriz de riesgos.

El análisis de riesgos consiste en evaluar el impacto potencial de cada riesgo en la calidad de los productos y servicios, así como en la salud y la seguridad de las personas y en el medio ambiente. Para ello, se evalúan los riesgos en función de su probabilidad de ocurrencia y de su impacto potencial, utilizando una escala numérica o una escala de colores.

La matriz de riesgos es una herramienta gráfica que permite clasificar los riesgos en función de su impacto y su probabilidad de ocurrencia. En la matriz de riesgos, se ubican los riesgos en una cuadrícula, en la que se cruzan dos ejes: el eje horizontal representa la probabilidad de ocurrencia del riesgo, y el eje vertical representa el impacto potencial del riesgo en la calidad de los productos y servicios.

Prevención de riesgos

La prevención de riesgos es la etapa en la que se establecen medidas preventivas para evitar la ocurrencia de los riesgos identificados en las etapas anteriores. Estas medidas pueden ser técnicas, organizativas o administrativas, y pueden incluir la modificación de procesos, la formación y sensibilización de los empleados, la adopción de normas y procedimientos, la implementación de controles de calidad, entre otras.

Las medidas preventivas deben ser diseñadas específicamente para cada riesgo identificado, y deben ser evaluadas en términos de su efectividad y su eficiencia en la prevención de los riesgos.

Tratamiento de riesgos

El tratamiento de riesgos es la etapa en la que se establecen planes de contingencia para mitigar los efectos de los riesgos en caso de que se produzcan. Estos planes de contingencia deben ser diseñados específicamente para cada riesgo identificado, y deben incluir acciones concretas para minimizar el impacto del riesgo en la calidad de los productos y servicios, así como en la salud y la seguridad de las personas y en el medio ambiente.

Entre las medidas que pueden incluir los planes de contingencia se encuentran la realización de pruebas adicionales, la implementación de controles adicionales, la suspensión de la producción o la retirada de los productos afectados del mercado.

Técnicas y herramientas para la gestión de riesgos en la calidad industrial

Existen diversas técnicas y herramientas que pueden ser utilizadas en el proceso de gestión de riesgos en la calidad industrial. A continuación, se describen algunas de las más comunes:

Análisis de riesgos: Es una técnica que se utiliza para evaluar los riesgos asociados a un proceso o actividad. El análisis de riesgos se basa en la identificación de las posibles fuentes de riesgo, la evaluación del impacto y la probabilidad de ocurrencia de cada riesgo, y la definición de medidas preventivas y planes de contingencia.

Matriz de riesgos: Es una herramienta gráfica que permite clasificar los riesgos en función de su impacto y su probabilidad de ocurrencia. La matriz de riesgos facilita la identificación de los riesgos más críticos y la priorización de las medidas preventivas y de los planes de contingencia.

Análisis FMEA: Es una técnica que se utiliza para identificar los fallos potenciales en un proceso o actividad, evaluar su impacto y probabilidad de ocurrencia, y definir medidas preventivas y planes de contingencia.

Análisis causa-raíz: Es una técnica que se utiliza para identificar las causas de un problema o fallo en un proceso o actividad. El análisis causa-raíz permite identificar las causas subyacentes del problema y definir medidas preventivas y planes de contingencia.

Análisis SWOT: Es una técnica que se utiliza para evaluar la situación actual de una empresa o de un proceso y identificar las fortalezas, debilidades, oportunidades y amenazas asociadas. El análisis SWOT facilita la identificación de los riesgos y la definición de medidas preventivas y planes de contingencia.

Análisis de sensibilidad: Es una técnica que se utiliza para evaluar el impacto potencial de las variaciones en los parámetros de un proceso o actividad sobre los resultados finales. El análisis de sensibilidad permite identificar los riesgos asociados a la variabilidad del proceso y definir medidas preventivas y planes de contingencia.

Análisis de tendencias: Es una técnica que se utiliza para evaluar la evolución de un proceso o actividad a lo largo del tiempo y identificar posibles tendencias y desviaciones. El análisis de tendencias permite identificar los riesgos asociados a las fluctuaciones en el proceso y definir medidas preventivas y planes de contingencia.

Conclusiones

La gestión de riesgos en la calidad industrial es una herramienta esencial para garantizar la calidad de los productos y servicios, la salud y la seguridad de las personas, y la protección del medio ambiente. La gestión de riesgos permite identificar, evaluar, prevenir y tratar los riesgos asociados a los procesos y actividades industriales, y definir medidas preventivas y planes de contingencia para minimizar su impacto en caso de que se produzcan.

Para llevar a cabo una gestión de riesgos efectiva, es necesario contar con un enfoque sistemático y proactivo, así como con herramientas y técnicas específicas. Además, es fundamental involucrar a todos los niveles de la organización en el proceso de gestión de riesgos, desde la dirección hasta los empleados de línea.

En definitiva, la gestión de riesgos en la calidad industrial es un proceso continuo y dinámico que requiere una constante actualización y mejora. La gestión de riesgos no sólo permite minimizar los riesgos asociados a los procesos y actividades industriales, sino que también contribuye a mejorar la eficiencia y la rentabilidad de la empresa, a través de la optimización de los procesos y la reducción de los costos asociados a los riesgos. Por lo tanto, es fundamental que las empresas adopten una cultura de gestión de riesgos, en la que la identificación, evaluación, prevención y tratamiento de los riesgos sean una parte integral de la gestión empresarial.

En resumen, la gestión de riesgos en la calidad industrial es un proceso fundamental para garantizar la calidad de los productos y servicios, la salud y la seguridad de las personas, y la protección del medio ambiente. Para llevar a cabo una gestión de riesgos efectiva, es necesario contar con un enfoque sistemático y proactivo, herramientas y técnicas específicas, y la involucración de todos los niveles de la organización. La gestión de riesgos no sólo permite minimizar los riesgos asociados a los procesos y actividades industriales, sino que también contribuye a mejorar la eficiencia y la rentabilidad de la empresa.

CALIDAD TOTAL

La calidad total es una filosofía empresarial que tiene como objetivo alcanzar la excelencia en todos los aspectos de la organización. Esta filosofía se basa en la mejora continua y en la satisfacción del cliente como prioridad absoluta. Para lograr la calidad total, se requiere de un compromiso por parte de toda la organización, desde los altos directivos hasta los empleados de base.

En este capítulo se abordarán los conceptos, principios y técnicas que se requieren para alcanzar la calidad total en una empresa. Se describirán las herramientas y metodologías que se pueden utilizar para implementar un sistema de gestión de calidad y se explicarán los beneficios que se pueden obtener al aplicar esta filosofía en la organización.

Conceptos clave de calidad total

La calidad total es una filosofía empresarial que busca mejorar continuamente la calidad de los productos y servicios ofrecidos, para satisfacer las necesidades y expectativas de los clientes. Esta filosofía implica el compromiso de todos los miembros de la organización, desde la alta dirección hasta los empleados de base, para lograr la excelencia en todos los aspectos de la empresa.

La calidad total se basa en una serie de principios que guían la actuación de la organización. Entre ellos se encuentran los siguientes:

Enfoque en el cliente: La satisfacción del cliente es la prioridad absoluta de la empresa. Todas las acciones y decisiones de la organización deben estar orientadas a satisfacer las necesidades y expectativas del cliente.

Mejora continua: La calidad total implica la búsqueda constante de la mejora en todos los aspectos de la organización, desde la calidad de los productos y servicios hasta los procesos internos.

Participación y compromiso de los empleados: La calidad total se logra con el compromiso y la participación de todos los miembros de la organización. Los empleados deben estar involucrados en el proceso de mejora continua y deben sentirse parte activa de la empresa.

Orientación a procesos: La calidad total implica la gestión eficiente de los procesos internos de la organización, desde la planificación hasta la ejecución y control.

Toma de decisiones basada en datos: La calidad total se basa en la toma de decisiones objetiva y fundamentada en datos y hechos.

Principios de la calidad total

La calidad total se fundamenta en una serie de principios que deben ser aplicados en toda la organización para lograr la excelencia empresarial. Estos principios son los siguientes:

Orientación al cliente: La satisfacción del cliente es el principal objetivo de la calidad total. Para lograrlo, es necesario conocer las necesidades y expectativas del cliente, y enfocar la empresa hacia su satisfacción.

Liderazgo: El liderazgo es fundamental para establecer los objetivos y la dirección de la organización. Los líderes deben ser los principales impulsores de la calidad total y deben comprometerse con ella.

Participación de los empleados: Los empleados son el activo más importante de la empresa, por lo que su participación activa y comprometida es esencial para lograr la calidad total.

Enfoque basado en procesos: La calidad total implica la gestión eficiente de los procesos internos de la empresa, desde la planificación hasta la ejecución y control.

Enfoque en la mejora continua: La calidad total se basa en la búsqueda constante de la mejora en todos los aspectos de la organización, desde la calidad de los productos y servicios hasta los procesos internos.

Toma de decisiones basada en datos y hechos: La toma de decisiones debe ser objetiva y basada en datos y hechos. La información debe ser recolectada, analizada y utilizada para la toma de decisiones.

Gestión de relaciones con los proveedores: La calidad total implica una gestión efectiva de las relaciones con los proveedores, para asegurar que los suministros sean de alta calidad y estén disponibles en el momento y lugar adecuados.

Técnicas para lograr la calidad total

Existen diversas técnicas y herramientas que se pueden utilizar para lograr la calidad total en una empresa. Entre ellas se encuentran las siguientes:

Diagramas de flujo: Los diagramas de flujo son una herramienta útil para analizar los procesos internos de la organización y detectar oportunidades de mejora. Estos diagramas permiten identificar cuellos de botella, redundancias y tiempos de espera innecesarios en los procesos.

Análisis FODA: El análisis FODA (Fortalezas, Oportunidades, Debilidades, Amenazas) es una herramienta útil para identificar los factores internos y externos que afectan a la empresa. Este análisis permite conocer las fortalezas y debilidades de la empresa, así como las oportunidades y amenazas del entorno en el que se desenvuelve.

Benchmarking: El benchmarking es una técnica que consiste en comparar los procesos y productos de la empresa con los de otras empresas líderes en su sector. Esta técnica permite identificar oportunidades de mejora y buenas prácticas que se pueden implementar en la propia empresa.

Kaizen: El Kaizen es una técnica japonesa que se basa en la mejora continua y gradual de los procesos de la empresa. Esta técnica implica la participación activa de todos los empleados en la búsqueda de oportunidades de mejora.

Control estadístico de procesos (CEP): El CEP es una técnica que permite monitorear los procesos de la empresa en tiempo real, para detectar desviaciones y corregirlas de forma inmediata. Esta técnica se basa en el uso de herramientas estadísticas para el análisis de los datos de los procesos.

Six Sigma: El Six Sigma es una técnica que busca reducir al mínimo la variación en los procesos de la empresa, para lograr la máxima eficiencia y calidad en la producción. Esta técnica se basa en el uso de herramientas estadísticas para el análisis de los procesos y la identificación de oportunidades de mejora.

Beneficios de la calidad total

La implementación de un sistema de gestión de calidad total puede generar diversos beneficios para la empresa. Entre ellos se encuentran los siguientes:

Mejora de la satisfacción del cliente: La calidad total tiene como objetivo principal la satisfacción del cliente, por lo que su implementación puede mejorar la percepción del cliente sobre la empresa y sus productos y servicios.

Reducción de costos: La mejora en los procesos internos de la empresa puede reducir los costos de producción y mejorar la eficiencia en la utilización de los recursos.

Mejora de la productividad: La calidad total implica la mejora continua de los procesos, lo que puede aumentar la productividad de la empresa y reducir los tiempos de producción.

Reducción de errores y defectos: La implementación de un sistema de gestión de calidad total puede reducir la cantidad de errores y defectos en los productos y servicios de la empresa, lo que se traduce en una mejora en la calidad y la percepción del cliente.

Mejora de la imagen de la empresa: La implementación de un sistema de gestión de calidad total puede mejorar la imagen de la empresa ante los clientes, proveedores y la sociedad en general, lo que puede generar un mayor reconocimiento y prestigio.

Mejora de la participación y motivación de los empleados: La participación activa de los empleados en la mejora continua de los procesos puede generar una mayor motivación y compromiso con la empresa.

Ejemplos de empresas con calidad total

A continuación, se presentan algunos ejemplos de empresas que han implementado sistemas de gestión de calidad total:

Toyota: Toyota es una empresa japonesa que ha implementado el sistema de producción Toyota, que se basa en la calidad total y la mejora continua de los procesos. Esta empresa se ha destacado por su eficiencia y calidad en la producción de vehículos.

Amazon: Amazon es una empresa estadounidense que ha implementado un sistema de gestión de calidad total en sus operaciones, lo que le ha permitido ofrecer un servicio de alta calidad a sus clientes.

McDonald's: McDonald's es una empresa de comida rápida que ha implementado un sistema de gestión de calidad total en sus procesos de producción, lo que le ha permitido ofrecer productos de alta calidad y satisfacer las expectativas de sus clientes.

Zara: Zara es una empresa española de moda que ha implementado un sistema de gestión de calidad total en sus procesos de producción, lo que le ha permitido ofrecer productos de alta calidad y adaptarse rápidamente a las tendencias del mercado.

Conclusión

La calidad total es un enfoque de gestión empresarial que se enfoca en la satisfacción del cliente a través de la mejora continua de los procesos internos de la organización. Este enfoque implica la participación activa de todos los empleados en la búsqueda de oportunidades de mejora y la implementación de sistemas de gestión de calidad total. La implementación de este enfoque puede generar diversos beneficios para la empresa, como la mejora de la satisfacción del cliente, la reducción de costos y la mejora de la productividad. Es importante destacar que la calidad total no es un objetivo aislado, sino un proceso continuo que requiere la participación y compromiso de todos los miembros de la organización.

CALIDAD EN LA CADENA DE SUMINISTRO

La gestión de la cadena de suministro es un proceso crítico para cualquier empresa que se dedique a la fabricación, venta o distribución de productos. La cadena de suministro es un sistema complejo que implica la coordinación de una serie de actividades, desde la adquisición de materias primas hasta la entrega de productos terminados al cliente. La calidad en la cadena de suministro es fundamental para garantizar que los productos y servicios sean seguros, confiables y satisfagan las necesidades del cliente. En este capítulo, se explorará la gestión de proveedores, compras y logística en la cadena de suministro, y se discutirán las mejores prácticas para garantizar la calidad en cada una de estas áreas.

Gestión de proveedores

La gestión de proveedores es un aspecto clave de la gestión de la cadena de suministro. Un proveedor es cualquier entidad que proporciona bienes o servicios a una empresa. La gestión de proveedores implica el proceso de seleccionar, evaluar y supervisar a los proveedores para asegurarse de que cumplan con los requisitos de calidad, costo y entrega de la empresa.

Selección de proveedores

La selección de proveedores es un proceso crítico que implica la evaluación de los proveedores para determinar su capacidad para proporcionar bienes o servicios de alta calidad a precios competitivos y en el plazo establecido. La selección de proveedores debe ser un proceso objetivo y basado en hechos. Las empresas deben considerar una serie de factores al seleccionar proveedores, incluyendo la calidad, la capacidad de producción, la experiencia y la capacidad financiera.

Evaluación de proveedores

La evaluación de proveedores es un proceso continuo que implica la supervisión y evaluación de los proveedores para asegurarse de que cumplan con los requisitos de calidad, costo y entrega de la empresa. Las empresas deben establecer un sistema de evaluación de proveedores que les permita evaluar regularmente el rendimiento de los proveedores. Los indicadores de rendimiento clave (KPI) que se deben medir incluyen la calidad de los productos, el cumplimiento de los plazos de entrega, la capacidad de respuesta y la eficacia del servicio al cliente.

Supervisión de proveedores

La supervisión de proveedores es un proceso continuo que implica el seguimiento y la supervisión del rendimiento de los proveedores para asegurarse de que cumplan con los requisitos de calidad, costo y entrega de la empresa. Las empresas deben establecer un sistema de supervisión de proveedores que les permita detectar problemas y oportunidades de mejora en el rendimiento de los proveedores. Las empresas deben asegurarse de que los proveedores cumplan con los estándares de calidad, seguridad y medio ambiente.

Compras

Las compras son un proceso clave en la cadena de suministro. Las compras implican la adquisición de materias primas, bienes y servicios necesarios para la producción de productos. Las compras también implican la gestión de los proveedores para asegurarse de que proporcionen productos y servicios de alta calidad en el plazo establecido y al precio acordado.

Proceso de compras

El proceso de compras implica una serie de actividades que comienzan con la identificación de la necesidad de adquirir un producto o servicio y termina con la entrega del producto o servicio al usuario final. El proceso de compras incluye las siguientes etapas:

Identificación de necesidades: Esta etapa implica la identificación de las necesidades de la empresa en términos de materias primas, bienes y servicios necesarios para la producción de productos o para la operación de la empresa.

Solicitud de cotizaciones: En esta etapa, la empresa envía solicitudes de cotizaciones a los proveedores potenciales para obtener precios y términos de entrega para los productos y servicios requeridos.

Evaluación de cotizaciones: La empresa debe evaluar las cotizaciones recibidas de los proveedores y seleccionar al proveedor más adecuado en función de factores como el precio, la calidad, el plazo de entrega y la capacidad de producción.

Negociación de términos: En esta etapa, la empresa negocia los términos y condiciones del acuerdo con el proveedor seleccionado. Esto puede incluir discutir precios, plazos de entrega, garantías y términos de pago.

Emisión de órdenes de compra: Una vez que se han acordado los términos y condiciones, la empresa emite una orden de compra al proveedor.

Recepción de bienes y servicios: La empresa recibe los bienes y servicios del proveedor y los inspecciona para asegurarse de que cumplen con los requisitos de calidad.

Pago de facturas: La empresa paga las facturas del proveedor de acuerdo con los términos acordados.

Gestión de inventarios

La gestión de inventarios es un proceso importante en la cadena de suministro. La gestión de inventarios implica el seguimiento y la gestión de los niveles de inventario de la empresa para asegurarse de que los productos estén disponibles para satisfacer las demandas de los clientes. La gestión de inventarios también implica la gestión de los costos de inventario para asegurarse de que los niveles de inventario sean óptimos.

Gestión de inventarios just-in-time

La gestión de inventarios just-in-time es un enfoque de gestión de inventarios que implica la entrega de productos justo a tiempo para satisfacer las demandas de los clientes. Este enfoque implica la reducción de los niveles de inventario para minimizar los costos de almacenamiento y maximizar la eficiencia de la cadena de suministro.

Gestión de inventarios de seguridad

La gestión de inventarios de seguridad implica la gestión de inventarios adicionales para garantizar que los productos estén disponibles para satisfacer las demandas de los clientes en caso de retrasos o interrupciones en la cadena de suministro.

Logística

La logística es un proceso clave en la cadena de suministro que implica la planificación, implementación y control del flujo de bienes, servicios e información desde el punto de origen hasta el punto de consumo. La logística incluye el transporte, el almacenamiento y la distribución de productos.

Transporte

El transporte es un aspecto crítico de la logística en la cadena de suministro. El transporte implica la entrega de productos desde el punto de origen hasta el punto de consumo. Las empresas deben seleccionar el modo de transporte más adecuado en función de factores como la distancia, la urgencia, el volumen y el costo.

Almacenamiento

El almacenamiento es un proceso importante en la logística que implica la gestión de inventarios y la gestión de espacios de almacenamiento para garantizar que los productos estén disponibles para satisfacer la demanda.

Distribución

La distribución es el proceso de entregar los productos desde el punto de almacenamiento hasta el punto de consumo. La distribución eficiente es importante para garantizar que los productos estén disponibles cuando los clientes los necesitan.

Gestión de la cadena de suministro y tecnología

La gestión de la cadena de suministro se ha vuelto cada vez más dependiente de la tecnología en los últimos años. La tecnología de la información ha mejorado significativamente la eficiencia de la cadena de suministro al permitir una mayor visibilidad y coordinación de los procesos de la cadena de suministro.

Sistemas de gestión de la cadena de suministro

Los sistemas de gestión de la cadena de suministro son herramientas de software que ayudan a las empresas a gestionar y coordinar los procesos de la cadena de suministro. Estos sistemas pueden ayudar a las empresas a mejorar la eficiencia de la cadena de suministro y reducir los costos.

Sistemas de planificación de recursos empresariales

Los sistemas de planificación de recursos empresariales son herramientas de software que ayudan a las empresas a gestionar sus procesos de negocio. Estos sistemas pueden ayudar a las empresas a coordinar sus procesos de la cadena de suministro con otros procesos empresariales, como la gestión de la contabilidad y la gestión de recursos humanos.

Tecnologías de identificación automática

Las tecnologías de identificación automática, como el código de barras y la tecnología de identificación por radiofrecuencia (RFID), son herramientas importantes en la gestión de la cadena de suministro. Estas tecnologías permiten a las empresas rastrear y gestionar sus productos a medida que se mueven a través de la cadena de suministro.

Sistemas de gestión de relaciones con proveedores

Los sistemas de gestión de relaciones con proveedores son herramientas de software que ayudan a las empresas a gestionar y coordinar sus relaciones con los proveedores. Estos sistemas pueden ayudar a las empresas a mejorar la comunicación con los proveedores y garantizar que los proveedores cumplan con los requisitos de calidad y plazo de entrega.

Conclusiones

La gestión de la cadena de suministro es un proceso crítico para la eficiencia y la rentabilidad de las empresas. La gestión de proveedores, compras y logística son aspectos importantes de la gestión de la cadena de suministro que pueden afectar significativamente la calidad y la eficiencia de la cadena de suministro. La tecnología de la información y las herramientas de software son cada vez más importantes en la gestión de la cadena de suministro, lo que permite una mayor visibilidad y coordinación de los procesos de la cadena de suministro.

CALIDAD EN LA PRODUCCIÓN

En el mundo empresarial, la calidad es uno de los factores más importantes para el éxito de cualquier organización. La calidad se refiere a la satisfacción de las necesidades y expectativas del cliente, y se logra a través de la implementación de procesos productivos eficientes y efectivos, la fabricación de productos de alta calidad y la implementación de un riguroso control de calidad en la producción.

En este capítulo, se discutirán los procesos productivos, la fabricación de productos y el control de calidad en la producción. Se explicarán los conceptos básicos de cada uno de ellos, sus objetivos y cómo pueden ser implementados de manera efectiva en una empresa. Además, se discutirán las herramientas y técnicas utilizadas en la mejora continua de la calidad y se explorarán los desafíos comunes en la implementación de procesos de calidad en la producción.

Procesos productivos

Un proceso productivo es un conjunto de actividades que se realizan de manera sistemática y ordenada para transformar materias primas en productos terminados. Los procesos productivos son esenciales para la producción de bienes y servicios de calidad, y su implementación efectiva es clave para garantizar la eficiencia y efectividad de la empresa.

Los procesos productivos pueden ser divididos en tres categorías principales: producción de bienes, producción de servicios y producción mixta. En la producción de bienes, el proceso productivo se enfoca en la transformación de materias primas en productos terminados. En la producción de servicios, el proceso productivo se enfoca en la entrega de un servicio de alta calidad a los clientes. En la producción mixta, el proceso productivo combina elementos de la producción de bienes y la producción de servicios.

El objetivo principal de los procesos productivos es garantizar la eficiencia en la producción, la calidad del producto y la satisfacción del cliente. Los procesos productivos también tienen como objetivo reducir los costos y aumentar la rentabilidad de la empresa. Una implementación efectiva de los procesos productivos requiere una planificación cuidadosa y un análisis detallado de cada etapa del proceso.

Fabricación de productos

La fabricación de productos se refiere al proceso de transformación de materias primas en productos terminados. La fabricación de productos es un componente clave de los procesos productivos y es esencial para garantizar la calidad del producto final.

La fabricación de productos implica varias etapas, que incluyen el diseño del producto, la selección de las materias primas, la producción y la distribución del producto. Cada etapa del proceso de fabricación es crucial para garantizar la calidad del producto final.

El diseño del producto es el primer paso en la fabricación de productos. El diseño del producto implica la identificación de las necesidades y expectativas del cliente y la creación de un producto que satisfaga esas necesidades y expectativas. Un diseño de producto efectivo debe considerar factores como la funcionalidad, la estética, la durabilidad y la facilidad de uso.

La selección de las materias primas es otro componente clave en la fabricación de productos. La selección de las materias primas debe basarse en la calidad, la disponibilidad y el costo de las materias primas. Es importante seleccionar materias primas de alta calidad para garantizar la calidad del producto final. La disponibilidad de las materias primas también es importante, ya que la falta de disponibilidad puede retrasar la producción y afectar la satisfacción del cliente. El costo de las materias primas también debe ser considerado, ya que el costo de las materias primas afecta la rentabilidad de la empresa.

La producción es la etapa en la que se transforman las materias primas en productos terminados. La producción puede ser llevada a cabo a través de diferentes métodos, como la producción en masa, la producción por lotes y la producción personalizada. El método de producción utilizado depende del tipo de producto y de las necesidades y expectativas del cliente.

La distribución del producto es la última etapa en la fabricación de productos. La distribución del producto implica el envío del producto al cliente. La distribución del producto puede ser realizada a través de diferentes canales, como la venta directa, la venta en línea y la venta a través de intermediarios.

Control de calidad en la producción

El control de calidad en la producción es un proceso que se enfoca en garantizar la calidad del producto final. El control de calidad en la producción implica la identificación y corrección de cualquier problema que pueda afectar la calidad del producto final. El control de calidad en la producción es esencial para garantizar la satisfacción del cliente y la rentabilidad de la empresa.

El control de calidad en la producción implica varias etapas, que incluyen el control de calidad durante la producción, el control de calidad en la inspección final y el control de calidad en la entrega del producto al cliente.

El control de calidad durante la producción se enfoca en identificar cualquier problema que pueda afectar la calidad del producto final durante el proceso de producción. El control de calidad durante la producción implica la utilización de herramientas y técnicas para monitorear y mejorar la calidad del producto durante todo el proceso de producción.

El control de calidad en la inspección final se enfoca en garantizar que el producto final cumpla con las especificaciones de calidad requeridas. El control de calidad en la inspección final implica la revisión y evaluación del producto final antes de su envío al cliente.

El control de calidad en la entrega del producto al cliente se enfoca en garantizar que el producto entregado al cliente cumpla con las expectativas del cliente y con las especificaciones de calidad requeridas. El control de calidad en la entrega del producto al cliente implica la implementación de procesos para garantizar la satisfacción del cliente y la resolución efectiva de cualquier problema que pueda surgir.

Herramientas y técnicas de mejora continua de la calidad

La mejora continua de la calidad es un proceso que se enfoca en la identificación y corrección de cualquier problema que pueda afectar la calidad del producto final. La mejora continua de la calidad implica la utilización de herramientas y técnicas para mejorar la eficiencia y efectividad de los procesos productivos, la fabricación de productos y el control de calidad en la producción.

Las herramientas y técnicas de mejora continua de la calidad incluyen la identificación y análisis de problemas, la implementación de procesos de mejora, el monitoreo y medición de la calidad, la utilización de herramientas estadísticas y la implementación de sistemas de gestión de calidad.

La identificación y análisis de problemas implica la identificación y análisis de cualquier problema que pueda afectar la calidad del producto final. La implementación de procesos de mejora implica la implementación de procesos para corregir los problemas identificados y mejorar la calidad del producto final.

El monitoreo y medición de la calidad implica la utilización de herramientas y técnicas para monitorear y medir la calidad del producto y los procesos productivos. La utilización de herramientas estadísticas implica el análisis de datos para identificar patrones y tendencias y para tomar decisiones informadas sobre cómo mejorar la calidad.

La implementación de sistemas de gestión de calidad implica la implementación de procesos y procedimientos para garantizar la calidad del producto y la eficiencia de los procesos productivos. Los sistemas de gestión de calidad también pueden ayudar a mejorar la comunicación y la colaboración entre los departamentos y a garantizar que se cumplan los objetivos de calidad y los requisitos de los clientes.

Algunas de las herramientas y técnicas de mejora continua de la calidad más comunes incluyen:

Diagrama de flujo: es una herramienta que se utiliza para visualizar los pasos en un proceso y para identificar problemas o cuellos de botella que puedan afectar la calidad del producto.

Diagrama de Pareto: es una herramienta que se utiliza para identificar los problemas más comunes en un proceso y para priorizar la corrección de esos problemas.

Análisis de causa raíz: es una técnica que se utiliza para identificar la causa subyacente de un problema y para implementar soluciones efectivas para corregir ese problema.

Control estadístico de procesos: es una técnica que se utiliza para monitorear y controlar la calidad del producto y los procesos productivos utilizando herramientas estadísticas como gráficos de control y análisis de capacidad.

Sistemas de gestión de calidad: incluyen sistemas como ISO 9001, que establecen requisitos para la gestión de la calidad en una organización y ayudan a garantizar la eficacia y eficiencia de los procesos productivos.

Conclusión

La calidad en la producción es esencial para garantizar la satisfacción del cliente y la rentabilidad de la empresa. La fabricación de productos de alta calidad requiere procesos productivos eficientes, la utilización de materias primas de alta calidad y un control de calidad efectivo en todas las etapas del proceso de producción.

El control de calidad en la producción implica la identificación y corrección de cualquier problema que pueda afectar la calidad del producto final. Las herramientas y técnicas de mejora continua de la calidad son esenciales para garantizar la eficacia y eficiencia de los procesos productivos y la fabricación de productos de alta calidad.

La implementación de sistemas de gestión de calidad también puede ayudar a garantizar la calidad del producto y la eficiencia de los procesos productivos y a mejorar la comunicación y colaboración entre los departamentos de la empresa.

En resumen, la calidad en la producción es un proceso complejo que requiere atención a cada detalle y una comprensión profunda de los procesos productivos y de la fabricación de productos. Con la implementación efectiva de herramientas y técnicas de mejora continua de la calidad y sistemas de gestión de calidad, una empresa puede garantizar la calidad de sus productos y la satisfacción del cliente.

CALIDAD EN LOS SERVICIOS

La calidad en los servicios es un tema cada vez más relevante en el mundo empresarial, ya que cada vez son más las empresas que ofrecen servicios en lugar de productos. La gestión de servicios, la atención al cliente y la satisfacción del cliente son aspectos clave para garantizar la calidad en los servicios. En este capítulo se abordarán estos tres temas y se analizarán las mejores prácticas para garantizar la calidad en los servicios.

Gestión de servicios

La gestión de servicios es el conjunto de procesos, herramientas y técnicas que se utilizan para planificar, diseñar, entregar, operar y controlar los servicios que ofrece una empresa. La gestión de servicios se centra en garantizar que los servicios cumplan con los requisitos de los clientes y con los objetivos de la empresa.

Para llevar a cabo una buena gestión de servicios, es necesario seguir los siguientes pasos:

Identificar las necesidades de los clientes: Es fundamental conocer las necesidades de los clientes para poder ofrecerles los servicios que necesitan. Para ello, es importante establecer una comunicación fluida con los clientes y realizar encuestas de satisfacción.

Definir los servicios: Una vez identificadas las necesidades de los clientes, es necesario definir los servicios que se van a ofrecer. Los servicios deben estar alineados con los objetivos de la empresa y deben ser factibles desde el punto de vista técnico y económico.

Diseñar los servicios: Una vez definidos los servicios, es necesario diseñarlos de manera que cumplan con los requisitos de los clientes y con los objetivos de la empresa. En esta fase se definirán los procesos, procedimientos y herramientas necesarias para la entrega de los servicios.

Entregar los servicios: Una vez diseñados los servicios, es necesario entregarlos a los clientes. En esta fase se pondrán en marcha los procesos y procedimientos definidos en la fase anterior.

Operar y controlar los servicios: Una vez entregados los servicios, es necesario operarlos y controlarlos para garantizar que cumplen con los requisitos de los clientes y con los objetivos de la empresa. En esta fase se monitorizará el rendimiento de los servicios y se realizarán mejoras continuas para garantizar su calidad.

Atención al cliente

La atención al cliente es otro aspecto clave para garantizar la calidad en los servicios. La atención al cliente se refiere al conjunto de acciones que se llevan a cabo para satisfacer las necesidades de los clientes y resolver sus problemas de manera rápida y eficiente.

Para ofrecer una buena atención al cliente, es necesario seguir los siguientes pasos:

Escuchar al cliente: Es fundamental escuchar al cliente para entender sus necesidades y preocupaciones. Es necesario prestar atención a sus comentarios y quejas para poder ofrecer una solución adecuada.

Ser amable y respetuoso: Es importante tratar al cliente con amabilidad y respeto en todo momento. Los clientes deben sentirse valorados y apreciados para poder establecer una buena relación con ellos.

Ofrecer soluciones rápidas y eficientes: Es necesario ofrecer soluciones rápidas y eficientes a los problemas de los clientes. Para ello, es importante contar con personal capacitado y con los recursos necesarios para resolver los problemas de manera rápida.

Mantener una comunicación fluida: Es importante mantener una comunicación fluida con los clientes para poder resolver sus problemas de manera eficiente. Es importante informarles sobre el estado de sus solicitudes o problemas y ofrecerles soluciones en tiempo y forma.

Personalizar el servicio: Cada cliente es único y tiene necesidades y preferencias diferentes. Es importante personalizar el servicio para cada cliente, ofreciendo soluciones a medida y adaptándose a sus necesidades.

Satisfacción del cliente

La satisfacción del cliente es el grado en el que los servicios ofrecidos por una empresa cumplen con las expectativas y necesidades de los clientes. La satisfacción del cliente es fundamental para el éxito de una empresa, ya que los clientes satisfechos son más propensos a volver y recomendar los servicios a otros.

Para medir la satisfacción del cliente, es necesario realizar encuestas de satisfacción y recopilar los comentarios y sugerencias de los clientes. Una vez recopilada esta información, es necesario analizarla y tomar medidas para mejorar los servicios y satisfacer las necesidades de los clientes.

Para mejorar la satisfacción del cliente, es necesario seguir los siguientes pasos:

Identificar las áreas de mejora: Es necesario identificar las áreas de mejora para poder ofrecer servicios que cumplan con las expectativas y necesidades de los clientes. Para ello, es importante recopilar y analizar la información sobre la satisfacción del cliente.

Establecer medidas de mejora: Una vez identificadas las áreas de mejora, es necesario establecer medidas para mejorar los servicios. Estas medidas pueden incluir la mejora de los procesos, la capacitación del personal o la incorporación de nuevas tecnologías.

Evaluar el impacto de las medidas: Es importante evaluar el impacto de las medidas de mejora para garantizar que se están obteniendo los resultados esperados. Para ello, es necesario seguir recopilando y analizando la información sobre la satisfacción del cliente.

Realizar mejoras continuas: La satisfacción del cliente es un proceso continuo y en constante evolución. Es necesario seguir realizando mejoras continuas para garantizar que los servicios ofrecidos cumplan con las expectativas y necesidades de los clientes.

Conclusiones

La calidad en los servicios es un tema cada vez más relevante en el mundo empresarial. La gestión de servicios, la atención al cliente y la satisfacción del cliente son aspectos clave para garantizar la calidad en los servicios.

Para garantizar la calidad en los servicios, es necesario identificar las necesidades de los clientes, diseñar servicios que cumplan con los requisitos de los clientes y con los objetivos de la empresa, ofrecer una buena atención al cliente y medir y mejorar continuamente la satisfacción del cliente.

La calidad en los servicios es fundamental para el éxito de una empresa. Las empresas que ofrecen servicios de alta calidad son más propensas a retener a sus clientes y a obtener nuevos clientes a través de las recomendaciones de los clientes satisfechos.

CALIDAD EN LA INGENIERÍA

El campo de la ingeniería ha experimentado una gran evolución en las últimas décadas, lo que ha llevado a una mayor complejidad en los productos, procesos y servicios que se desarrollan. Con la creciente demanda de calidad y eficiencia en estos ámbitos, la ingeniería ha adoptado un enfoque más holístico, considerando no solo la funcionalidad y la eficacia de los sistemas, sino también la satisfacción del usuario y la sostenibilidad ambiental y social.

En este capítulo, abordaremos el concepto de calidad en la ingeniería y su importancia en el diseño de productos, procesos y servicios. También discutiremos las técnicas de validación y verificación que se utilizan para asegurar la calidad de los sistemas, y cómo estas técnicas pueden ayudar a reducir los costos y mejorar la eficiencia.

Calidad en la ingeniería

La calidad es un concepto fundamental en la ingeniería, que se refiere a la satisfacción de los requisitos del usuario y la conformidad con los estándares de calidad establecidos. El concepto de calidad ha evolucionado con el tiempo, pasando de un enfoque centrado en la inspección y el control de calidad, a un enfoque más integral que aborda la calidad en todos los aspectos del ciclo de vida de los sistemas.

En la actualidad, la calidad se considera un factor clave para el éxito empresarial, ya que los clientes demandan productos y servicios de alta calidad que satisfagan sus necesidades y expectativas. La calidad es también un factor crítico para la sostenibilidad, ya que la mejora de la calidad puede contribuir a reducir el desperdicio, mejorar la eficiencia y proteger el medio ambiente.

La calidad en la ingeniería implica no solo la calidad del producto final, sino también la calidad del proceso de desarrollo y la calidad del servicio que se ofrece. Para lograr la calidad en todos estos ámbitos, se requiere un enfoque sistemático y holístico que aborde todos los aspectos del ciclo de vida del sistema.

Diseño de productos, procesos y servicios

El diseño es el proceso de definir las características y especificaciones de un sistema con el fin de cumplir los requisitos del usuario y los estándares de calidad establecidos. El diseño de productos, procesos y servicios es un aspecto clave de la ingeniería, ya que define la funcionalidad y la eficacia del sistema.

El diseño de productos implica la definición de las características y especificaciones de un producto con el fin de cumplir los requisitos del usuario y los estándares de calidad establecidos. El diseño de productos se centra en la funcionalidad, la eficiencia, la fiabilidad y la seguridad del producto. El diseño de productos también considera la estética, la ergonomía y la facilidad de uso del producto.

El diseño de procesos implica la definición de los procesos que se utilizan para producir un producto o servicio. El diseño de procesos se centra en la eficiencia, la calidad y la seguridad del proceso. El diseño de procesos también considera la sostenibilidad ambiental y social del proceso.

El diseño de servicios implica la definición de los servicios que se ofrecen al usuario con el fin de cumplir sus necesidades y expectativas. El diseño de servicios se centra en la calidad del servicio, la eficiencia del servicio y la satisfacción del usuario. El diseño de servicios también considera la experiencia del usuario, la accesibilidad y la sostenibilidad ambiental y social del servicio.

En el diseño de productos, procesos y servicios, es importante considerar no solo los requisitos del usuario, sino también los requisitos de las partes interesadas, como los reguladores, los proveedores y la comunidad. Además, el diseño debe tener en cuenta los recursos disponibles, como el presupuesto, el tiempo y los materiales.

Para lograr un diseño exitoso, es necesario utilizar técnicas de ingeniería y herramientas de diseño que permitan analizar y optimizar el sistema. Estas técnicas incluyen el análisis de requisitos, el modelado y simulación, la optimización y la gestión de riesgos.

Validación y verificación

La validación y verificación son técnicas que se utilizan para asegurar la calidad de los sistemas. La validación se refiere al proceso de confirmar que un sistema cumple con los requisitos y expectativas del usuario, mientras que la verificación se refiere al proceso de confirmar que un sistema cumple con los estándares de calidad y los requisitos técnicos.

La validación y verificación son esenciales para garantizar que los sistemas sean seguros, eficaces y confiables. Estas técnicas también pueden ayudar a reducir los costos y mejorar la eficiencia al identificar y corregir los problemas en las primeras etapas del ciclo de vida del sistema.

La validación y verificación se llevan a cabo en diferentes etapas del ciclo de vida del sistema, incluyendo la planificación, el diseño, la implementación y la operación. En la planificación, se definen los requisitos y expectativas del usuario y se establecen los criterios de aceptación. En el diseño, se verifica que el sistema cumpla con los requisitos y expectativas del usuario, y se valida que el sistema sea seguro, eficaz y confiable. En la implementación, se verifica que el sistema se haya construido de acuerdo con el diseño y los estándares de calidad establecidos. En la operación, se verifica que el sistema funcione correctamente y cumpla con los requisitos y expectativas del usuario.

Para llevar a cabo la validación y verificación, se utilizan diferentes técnicas y herramientas, como las pruebas, la inspección, la revisión por pares, la simulación y el modelado. Estas técnicas permiten identificar y corregir los problemas en las primeras etapas del ciclo de vida del sistema, lo que puede reducir los costos y mejorar la eficiencia.

Conclusiones

En este capítulo, hemos discutido el concepto de calidad en la ingeniería y su importancia en el diseño de productos, procesos y servicios. También hemos discutido las técnicas de validación y verificación que se utilizan para asegurar la calidad de los sistemas, y cómo estas técnicas pueden ayudar a reducir los costos y mejorar la eficiencia.

La calidad en la ingeniería es esencial para el éxito empresarial y la sostenibilidad ambiental y social. Para lograr la calidad en todos los aspectos del ciclo de vida del sistema, es necesario adoptar un enfoque sistemático y holístico que aborde todos los aspectos del diseño, implementación y operación del sistema.

La validación y verificación son técnicas clave para asegurar la calidad de los sistemas y reducir los costos y mejorar la eficiencia. Es importante utilizar estas técnicas en todas las etapas del ciclo de vida del sistema y utilizar las herramientas adecuadas para identificar y corregir los problemas en las primeras etapas del proceso.

Además, es importante tener en cuenta los requisitos y expectativas de todas las partes interesadas, incluidos los usuarios, los reguladores, los proveedores y la comunidad. Al considerar estos requisitos y expectativas, es posible diseñar sistemas que sean seguros, eficaces, confiables y sostenibles.

En conclusión, la calidad en la ingeniería es esencial para el éxito empresarial y la sostenibilidad ambiental y social. Para lograr la calidad, es necesario adoptar un enfoque sistemático y holístico que aborde todos los aspectos del ciclo de vida del sistema, desde el diseño hasta la operación. La validación y verificación son técnicas clave que se utilizan para asegurar la calidad de los sistemas y reducir los costos y mejorar la eficiencia. Es importante utilizar estas técnicas en todas las etapas del ciclo de vida del sistema y utilizar las herramientas adecuadas para identificar y corregir los problemas en las primeras etapas del proceso. Al considerar los requisitos y expectativas de todas las partes interesadas, es posible diseñar sistemas que sean seguros, eficaces, confiables y sostenibles.

TECNOLOGÍAS DE LA CALIDAD

La calidad es un concepto clave en cualquier empresa u organización, ya que afecta directamente a su éxito y supervivencia. La gestión de la calidad se refiere a la planificación, implementación y control de todas las actividades relacionadas con la calidad dentro de una organización. Hoy en día, la tecnología está transformando la forma en que se gestiona la calidad, ofreciendo herramientas y soluciones innovadoras que mejoran la eficiencia y efectividad en este ámbito.

En este capítulo se explorarán las diferentes tecnologías de la calidad disponibles actualmente, desde herramientas de software hasta dispositivos de seguimiento en tiempo real, que pueden ayudar a las empresas a mejorar su gestión de la calidad. También se analizarán las ventajas y desventajas de cada tecnología, así como su aplicabilidad en diferentes contextos empresariales.

Herramientas de software para la gestión de la calidad

Los sistemas de gestión de la calidad son esenciales para garantizar que una empresa cumpla con los requisitos y estándares de calidad necesarios. Los sistemas de gestión de la calidad suelen ser complejos y requieren una gran cantidad de documentación y seguimiento, por lo que la tecnología puede ser de gran ayuda en este sentido.

Entre las herramientas de software más comunes para la gestión de la calidad se encuentran los sistemas de gestión de calidad basados en la nube, como ISOtrain, EQMS y Qualityze. Estos sistemas permiten a las empresas almacenar y gestionar documentos y registros relacionados con la calidad, así como automatizar procesos y flujos de trabajo relacionados con la gestión de la calidad.

Otra herramienta de software importante para la gestión de la calidad son los sistemas de gestión de procesos de negocio (BPM), como Promapp y Bizagi. Estos sistemas permiten a las empresas documentar y modelar sus procesos empresariales y garantizar que se sigan correctamente. Además, los sistemas BPM pueden integrarse con otros sistemas de gestión de calidad para mejorar la eficiencia y efectividad en la gestión de la calidad.

La tecnología también está transformando la forma en que se gestionan las auditorías de calidad. Los sistemas de gestión de auditorías basados en la nube, como Auditrunner y Ideagen, permiten a las empresas realizar auditorías en línea, programar auditorías y automatizar el seguimiento de las no conformidades y acciones correctivas.

Ventajas y desventajas de las herramientas de software para la gestión de la calidad

Las herramientas de software para la gestión de la calidad ofrecen numerosas ventajas para las empresas, como la automatización de procesos, la reducción de errores y la mejora de la eficiencia y efectividad en la gestión de la calidad. Sin embargo, también presentan algunas desventajas.

Por ejemplo, las herramientas de software pueden ser costosas de implementar y mantener, lo que puede ser una barrera para las pequeñas empresas. Además, algunos sistemas de gestión de la calidad pueden ser complejos y requieren una curva de aprendizaje, lo que puede dificultar su adopción por parte de los empleados.

Dispositivos de seguimiento en tiempo real para la gestión de la calidad

La tecnología también está transformando la forma en que se realizan las inspecciones y el seguimiento de la calidad. Los dispositivos de seguimiento en tiempo real, como los sensores y las cámaras de vídeo, permiten a las empresas supervisar y medir la calidad de sus productos y procesos en tiempo real.

Por ejemplo, los sensores pueden utilizarse para medir la temperatura, la humedad y otras variables importantes en el proceso de fabricación. Si se detecta una desviación en los valores, los sensores pueden enviar una alerta para que se tomen medidas correctivas de inmediato.

Las cámaras de vídeo también pueden utilizarse para supervisar los procesos de producción y detectar posibles problemas o defectos en los productos. Además, la tecnología de visión por ordenador puede utilizarse para analizar imágenes y detectar automáticamente defectos o anomalías.

Ventajas y desventajas de los dispositivos de seguimiento en tiempo real para la gestión de la calidad

Los dispositivos de seguimiento en tiempo real ofrecen ventajas importantes para la gestión de la calidad, como la detección temprana de problemas, la reducción de costos y el aumento de la eficiencia en la producción. Sin embargo, también presentan algunas desventajas.

Por ejemplo, la instalación y configuración de los dispositivos de seguimiento en tiempo real puede ser costosa y compleja. Además, algunos dispositivos pueden requerir una gran cantidad de mantenimiento y calibración, lo que puede ser una carga adicional para los empleados encargados de la gestión de la calidad.

Herramientas de inteligencia artificial y análisis de datos para la gestión de la calidad

La inteligencia artificial y el análisis de datos son herramientas cada vez más utilizadas en la gestión de la calidad. La inteligencia artificial puede utilizarse para analizar grandes cantidades de datos y detectar patrones y tendencias importantes en la calidad y los procesos de producción.

Por ejemplo, los algoritmos de aprendizaje automático pueden utilizarse para identificar las causas subyacentes de los problemas de calidad y sugerir soluciones para prevenirlos en el futuro. Además, la inteligencia artificial puede utilizarse para analizar datos de clientes y de mercado y mejorar la comprensión de las necesidades y preferencias de los clientes.

El análisis de datos también es una herramienta importante para la gestión de la calidad. Los datos pueden utilizarse para medir y monitorizar la calidad de los productos y procesos, identificar tendencias y patrones, y tomar decisiones informadas sobre mejoras en la calidad.

Ventajas y desventajas de las herramientas de inteligencia artificial y análisis de datos para la gestión de la calidad

Las herramientas de inteligencia artificial y análisis de datos ofrecen numerosas ventajas para la gestión de la calidad, como la detección temprana de problemas, la mejora de la eficiencia y efectividad en la producción, y la mejora de la comprensión de las necesidades y preferencias de los clientes. Sin embargo, también presentan algunas desventajas.

Por ejemplo, el análisis de datos puede ser complejo y requiere habilidades especializadas, lo que puede ser una barrera para las pequeñas empresas. Además, el uso de la inteligencia artificial en la gestión de la calidad plantea preocupaciones éticas y de privacidad que deben ser abordadas adecuadamente.

Conclusiones

En resumen, la tecnología está transformando la forma en que se gestiona la calidad, ofreciendo herramientas y soluciones innovadoras que mejoran la eficiencia y efectividad en este ámbito. Las herramientas de software, dispositivos de seguimiento en tiempo real, y herramientas de inteligencia artificial y análisis de datos son solo algunas de las tecnologías que pueden ayudar a las empresas a medir y mejorar la calidad de sus productos y procesos.

Sin embargo, es importante recordar que la tecnología por sí sola no es suficiente. La gestión de la calidad requiere un enfoque holístico y la colaboración de todo el equipo de la empresa. Además, la tecnología debe utilizarse de manera estratégica y adecuada a las necesidades específicas de la empresa y sus clientes.

En definitiva, la tecnología puede ser una herramienta poderosa para mejorar la calidad, pero es importante tener en cuenta que la calidad es responsabilidad de todos en la empresa y que se debe trabajar en conjunto para alcanzar los objetivos de calidad y satisfacer a los clientes.

COSTOS DE CALIDAD

El capítulo de Costos de calidad es una parte importante de la gestión de la calidad en las empresas. En este capítulo, se aborda la medición y el análisis de los costos de calidad, y se examina el impacto que estos costos tienen en la rentabilidad empresarial. A lo largo de este capítulo, se discuten los diferentes tipos de costos de calidad, cómo medirlos y analizarlos, y cómo se relacionan con la gestión de la calidad en general.

Introducción

La gestión de la calidad es un enfoque sistemático para mejorar la calidad de los productos y servicios de una empresa. La calidad puede definirse como la satisfacción del cliente con los productos y servicios que se ofrecen. Una empresa que se enfoca en la calidad debe tratar de superar las expectativas de sus clientes. Para lograr esto, se deben establecer procesos que permitan identificar y eliminar los errores y defectos que afectan la calidad.

Una de las herramientas más importantes para la gestión de la calidad es la medición y análisis de los costos de calidad. Los costos de calidad son los costos asociados con el esfuerzo para prevenir errores y defectos, y para corregirlos si se producen. Estos costos pueden ser internos o externos a la empresa. Los costos internos incluyen los costos de prevención, los costos de evaluación y los costos de fallas internas. Los costos externos incluyen los costos de fallas externas, que son los costos asociados con la insatisfacción del cliente y las reclamaciones.

En este capítulo, se explorará la medición y el análisis de los costos de calidad. Se discutirán los diferentes tipos de costos de calidad, cómo medirlos y analizarlos, y cómo se relacionan con la gestión de la calidad en general.

Tipos de costos de calidad

Los costos de calidad se dividen en cuatro categorías:

Costos de prevención

Los costos de prevención son los costos asociados con la prevención de errores y defectos. Estos costos pueden incluir la capacitación del personal, la adquisición de equipos de prueba y medición, la mejora de los procesos y la implementación de programas de aseguramiento de calidad. Los costos de prevención se incurren antes de que se produzcan los errores y defectos.

Costos de evaluación

Los costos de evaluación son los costos asociados con la evaluación de los productos y servicios para asegurar que cumplan con los requisitos de calidad. Estos costos pueden incluir la inspección, la revisión de documentos y la realización de pruebas de calidad. Los costos de evaluación se incurren durante el proceso de producción y antes de que se entreguen los productos o servicios al cliente.

Costos de fallas internas

Los costos de fallas internas son los costos asociados con la corrección de errores y defectos antes de que los productos o servicios sean entregados al cliente. Estos costos pueden incluir el retrabajo, la reparación, el reemplazo de componentes y la pérdida de tiempo de producción. Los costos de fallas internas se incurren cuando los errores y defectos se detectan antes de la entrega de los productos o servicios al cliente.

Costos de fallas externas

Los costos de fallas externas son los costos asociados con la insatisfacción del cliente y las reclamaciones. Estos costos pueden incluir los costos de garantía, los costos de devolución y los costos de reparación o reemplazo de productos defectuosos. Los costos de fallas externas se incurren después de que los productos o servicios han sido entregados al cliente.

Medición de los costos de calidad

La medición de los costos de calidad es importante para determinar el impacto de la calidad en la rentabilidad empresarial. Los costos de calidad se pueden medir utilizando varios métodos, que incluyen:

Método de costos reales

El método de costos reales implica el registro de todos los costos de calidad reales que se han incurrido. Este método es útil para determinar los costos de calidad reales, pero puede ser difícil de implementar debido a la complejidad de la contabilidad y la necesidad de una buena documentación.

Método de costos porcentuales

El método de costos porcentuales implica la asignación de un porcentaje de los costos totales de producción a los costos de calidad. Este método es más fácil de implementar que el método de costos reales, pero puede ser menos preciso.

Método de muestreo

El método de muestreo implica la selección aleatoria de una muestra de productos o servicios para su evaluación de calidad. Los costos de calidad se estiman en función de la proporción de productos o servicios defectuosos en la muestra. Este método es menos preciso que los métodos anteriores, pero puede ser útil para evaluar rápidamente la calidad de los productos o servicios.

Análisis de los costos de calidad

El análisis de los costos de calidad es importante para determinar el impacto de la calidad en la rentabilidad empresarial. Los costos de calidad se pueden analizar utilizando varios métodos, que incluyen:

Análisis de tendencias

El análisis de tendencias implica el seguimiento de los costos de calidad a lo largo del tiempo para identificar patrones y tendencias. Este análisis puede ayudar a identificar los problemas de calidad que están afectando la rentabilidad empresarial.

Análisis de causa y efecto

El análisis de causa y efecto implica la identificación de las causas de los costos de calidad y la determinación de las medidas que se pueden tomar para reducir estos costos. Este análisis puede ayudar a mejorar la calidad de los productos y servicios y reducir los costos de calidad a largo plazo.

Análisis de costos-beneficios

El análisis de costos-beneficios implica la evaluación de los costos de calidad en relación con los beneficios que se obtienen de la mejora de la calidad. Este análisis puede ayudar a determinar si los costos de calidad justifican la inversión en programas de mejora de la calidad.

Impacto de los costos de calidad en la rentabilidad empresarial

Los costos de calidad pueden tener un impacto significativo en la rentabilidad empresarial. Los costos de calidad pueden aumentar los costos totales de producción y reducir los márgenes de beneficio. Además, los costos de calidad pueden afectar la satisfacción del cliente y la imagen de marca, lo que puede tener un impacto negativo en las ventas y la rentabilidad a largo plazo.

Por otro lado, la mejora de la calidad puede reducir los costos de calidad a largo plazo y aumentar la satisfacción del cliente y la lealtad, lo que puede tener un impacto positivo en las ventas y la rentabilidad a largo plazo.

Es importante tener en cuenta que los costos de calidad no son una medida única del éxito empresarial. La rentabilidad empresarial se ve afectada por una amplia gama de factores, como la innovación, la eficiencia operativa y la estrategia de marketing. Sin embargo, la calidad es un factor clave que puede tener un impacto significativo en la rentabilidad empresarial a largo plazo.

Conclusión

En conclusión, los costos de calidad son una medida importante del impacto de la calidad en la rentabilidad empresarial. Los costos de calidad se pueden dividir en cuatro categorías: prevención, evaluación, internas y externas. Los costos de calidad se pueden medir utilizando varios métodos, que incluyen el método de costos reales, el método de costos porcentuales y el método de muestreo. Los costos de calidad se pueden analizar utilizando varios métodos, que incluyen el análisis de tendencias, el análisis de causa y efecto y el análisis de costos-beneficios. Los costos de calidad pueden tener un impacto significativo en la rentabilidad empresarial a largo plazo, y la mejora de la calidad puede reducir los costos de calidad y aumentar la satisfacción del cliente y la lealtad. Por lo tanto, es importante que las empresas se centren en mejorar la calidad para maximizar la rentabilidad empresarial a largo plazo.

RECURSOS HUMANOS Y CALIDAD

La gestión de la calidad es un proceso clave en cualquier organización, especialmente en el ámbito industrial. La calidad es un factor determinante para asegurar la satisfacción del cliente, la eficiencia en los procesos, la reducción de costos y la mejora continua en el desempeño de la empresa. Sin embargo, la calidad no se puede alcanzar únicamente a través de herramientas y tecnologías, sino que también requiere de un enfoque en el factor humano.

En este capítulo, se discutirá la importancia del factor humano en la gestión de la calidad industrial, y cómo los recursos humanos pueden ser utilizados para mejorar la calidad y el desempeño de la empresa. Se explorarán los diferentes aspectos de la gestión de recursos humanos, incluyendo la selección, capacitación, motivación y retención de personal, y cómo estos factores pueden influir en la calidad del producto o servicio final.

Selección de personal

La selección de personal es el primer paso para establecer un equipo de trabajo eficiente y comprometido con la calidad. Es importante seleccionar a los candidatos que posean las habilidades, conocimientos y actitudes necesarias para cumplir con los objetivos de calidad de la organización. Además, es importante tener en cuenta otros factores como la experiencia, la educación, la personalidad y la capacidad para trabajar en equipo.

Para llevar a cabo una selección adecuada, se deben establecer criterios claros y objetivos, que estén relacionados con las necesidades específicas de la organización. Es recomendable utilizar diferentes técnicas de evaluación, como entrevistas, pruebas psicológicas, dinámicas de grupo y referencias laborales, para obtener una visión completa de las habilidades y características de los candidatos.

Una vez seleccionados los candidatos, es importante asegurarse de que estén debidamente informados sobre los objetivos y políticas de calidad de la empresa, y que se les brinde una adecuada inducción y capacitación. Esto permitirá que los nuevos empleados se integren de manera efectiva al equipo de trabajo, comprendan su papel en el proceso de producción y estén comprometidos con la calidad.

Capacitación y desarrollo

La capacitación y el desarrollo son esenciales para mejorar las habilidades y conocimientos de los empleados, lo que a su vez contribuye a mejorar la calidad de los productos y servicios. La capacitación puede ser proporcionada de diferentes maneras, como a través de cursos presenciales, en línea, talleres, seminarios y programas de mentoría.

La capacitación debe estar orientada a mejorar las habilidades técnicas y de gestión, así como a desarrollar habilidades blandas, como la comunicación, el trabajo en equipo y el liderazgo. Además, es importante que la capacitación esté diseñada para abordar las necesidades específicas de cada puesto de trabajo, lo que permitirá mejorar el desempeño de los empleados y su contribución a la calidad final del producto o servicio.

La capacitación no debe ser vista como un gasto, sino como una inversión que puede generar importantes beneficios a largo plazo. Los empleados capacitados tienen un mayor sentido de pertenencia, están más comprometidos y motivados, lo que se traduce en una mayor productividad, calidad y rentabilidad para la organización.

Motivación y retención

La motivación y la retención son factores críticos para asegurar que los empleados estén comprometidos con la calidad y el desempeño de la organización. La motivación se refiere al impulso interno que impulsa a los empleados a lograr los objetivos de la organización y a superar sus propios límites. La retención, por otro lado, se refiere a la capacidad de la organización para retener a sus empleados talentosos y comprometidos.

Existen diferentes estrategias para motivar y retener a los empleados, como ofrecer salarios y beneficios competitivos, oportunidades de crecimiento y desarrollo, reconocimiento y recompensas por el desempeño excepcional. Además, es importante crear un ambiente de trabajo saludable y respetuoso, que promueva la colaboración, la comunicación abierta y la retroalimentación constructiva.

La motivación y la retención son especialmente importantes en el ámbito industrial, donde la calidad del producto final depende en gran medida de la experiencia y habilidades de los empleados. La rotación frecuente de personal puede tener un impacto negativo en la calidad, ya que los nuevos empleados pueden tardar en adaptarse al proceso de producción y no estar familiarizados con los estándares de calidad de la organización.

Comunicación y participación

La comunicación y la participación de los empleados son fundamentales para una gestión efectiva de la calidad. La comunicación clara y efectiva permite a los empleados conocer los objetivos y políticas de calidad de la organización, comprender su papel en el proceso de producción y colaborar de manera efectiva con sus compañeros.

La participación de los empleados, por su parte, permite que los trabajadores aporten ideas y sugerencias para mejorar la calidad y eficiencia del proceso de producción. La participación puede lograrse a través de diferentes estrategias, como la creación de equipos de mejora continua, la realización de encuestas de satisfacción y la implementación de programas de sugerencias.

La participación de los empleados no solo mejora la calidad del producto final, sino que también puede tener un impacto positivo en la moral y la motivación de los empleados. Los empleados que se sienten valorados y escuchados tienen un mayor sentido de pertenencia y compromiso con la organización, lo que a su vez se traduce en una mayor calidad y eficiencia en el proceso de producción.

Evaluación y mejora continua

La evaluación y la mejora continua son fundamentales para asegurar la calidad en el ámbito industrial. La evaluación permite a la organización medir su desempeño en relación con los estándares de calidad establecidos, identificar áreas de mejora y tomar medidas correctivas para mejorar la calidad del producto final.

La mejora continua implica el establecimiento de objetivos de calidad claros y medibles, la identificación de las causas raíz de los problemas de calidad, la implementación de soluciones efectivas y el monitoreo constante del desempeño de la organización.

La mejora continua no es un proceso aislado, sino que debe involucrar a todos los empleados de la organización. Es importante fomentar una cultura de mejora continua, donde se valoren las ideas y sugerencias de los empleados y se trabaje en equipo para identificar y resolver problemas de calidad.

Conclusiones

En conclusión, la gestión de la calidad industrial no puede ser efectiva sin un enfoque en el factor humano. Los recursos humanos son fundamentales para asegurar la calidad en el ámbito industrial, ya que los empleados son los responsables de producir los productos y servicios de la organización. Una gestión efectiva de la calidad industrial debe tomar en cuenta los factores humanos y diseñar estrategias para motivar, retener, comunicar y evaluar a los empleados.

La motivación y la retención de los empleados son especialmente importantes en el ámbito industrial, donde la calidad del producto final depende en gran medida de la experiencia y habilidades de los empleados. Es importante ofrecer salarios y beneficios competitivos, oportunidades de crecimiento y desarrollo, reconocimiento y recompensas por el desempeño excepcional, así como crear un ambiente de trabajo saludable y respetuoso.

La comunicación y la participación de los empleados son fundamentales para una gestión efectiva de la calidad. La comunicación clara y efectiva permite a los empleados conocer los objetivos y políticas de calidad de la organización, comprender su papel en el proceso de producción y colaborar de manera efectiva con sus compañeros. La participación de los empleados, por su parte, permite que los trabajadores aporten ideas y sugerencias para mejorar la calidad y eficiencia del proceso de producción.

La evaluación y la mejora continua son fundamentales para asegurar la calidad en el ámbito industrial. La evaluación permite a la organización medir su desempeño en relación con los estándares de calidad establecidos, identificar áreas de mejora y tomar medidas correctivas para mejorar la calidad del producto final. La mejora continua implica el establecimiento de objetivos de calidad claros y medibles, la identificación de las causas raíz de los problemas de calidad, la implementación de soluciones efectivas y el monitoreo constante del desempeño de la organización.

En resumen, la gestión de la calidad industrial debe tener en cuenta el factor humano para ser efectiva. Los recursos humanos son fundamentales para asegurar la calidad en el ámbito industrial, y las estrategias para motivar, retener, comunicar y evaluar a los empleados son esenciales para lograr una gestión efectiva de la calidad. La mejora continua también es fundamental para asegurar la calidad en el ámbito industrial, y debe involucrar a todos los empleados de la organización en una cultura de mejora continua.

RESPONSABILIDAD SOCIAL Y CALIDAD

La responsabilidad social empresarial (RSE) es un concepto que se refiere a la capacidad de las empresas de contribuir positivamente a la sociedad en la que operan, más allá de su responsabilidad financiera y legal. En este contexto, la calidad se ha convertido en un factor clave de la RSE, ya que contribuye a garantizar que los productos y servicios que ofrece la empresa cumplan con los requisitos de calidad, seguridad y fiabilidad que demandan los clientes y la sociedad en general.

En este capítulo, se examinará la relación entre la calidad y la RSE, y se analizarán los beneficios que se derivan de la integración de la calidad en la estrategia de RSE de las empresas. Se abordarán también los desafíos que enfrentan las empresas al intentar integrar la calidad en su estrategia de RSE y se proporcionarán algunas recomendaciones prácticas para superar estos desafíos.

Calidad y Responsabilidad Social Empresarial

La calidad es un concepto clave en la RSE porque las empresas que ofrecen productos y servicios de alta calidad son más propensas a ser percibidas como responsables y confiables por sus clientes y la sociedad en general. La calidad es un requisito fundamental para garantizar la satisfacción de los clientes, la retención de los mismos y el mantenimiento de una buena reputación de la empresa. Por tanto, la calidad es una parte integral de la estrategia de RSE de las empresas.

La integración de la calidad en la estrategia de RSE de una empresa implica la adopción de un enfoque integral que abarque todos los aspectos relacionados con la calidad, desde el diseño de los productos y servicios hasta la entrega final al cliente. Este enfoque debe ser consistente con los valores y principios de la empresa en materia de RSE, y debe tener en cuenta las expectativas de los clientes y la sociedad en general.

Beneficios de la integración de la calidad en la RSE

La integración de la calidad en la estrategia de RSE de una empresa tiene varios beneficios para la empresa y la sociedad en general. A continuación, se presentan algunos de estos beneficios:

Mejora la satisfacción del cliente: La calidad es fundamental para garantizar la satisfacción del cliente. Si los productos y servicios ofrecidos por la empresa cumplen con los requisitos de calidad, los clientes estarán más satisfechos y serán más propensos a recomendar la empresa a otros clientes potenciales.

Mejora la reputación de la empresa: Una empresa que ofrece productos y servicios de alta calidad es percibida como más confiable y responsable por la sociedad en general. Esto puede mejorar la reputación de la empresa y aumentar su atractivo para los inversores, los clientes y otros stakeholders.

Reduce los costos: La adopción de prácticas de calidad puede ayudar a reducir los costos de la empresa al mejorar la eficiencia y la productividad. Esto puede traducirse en una mayor rentabilidad y una mejora en el rendimiento financiero de la empresa.

Aumenta la lealtad del empleado: La integración de la calidad en la estrategia de RSE puede mejorar la lealtad y el compromiso de los empleados con la empresa. Los empleados que trabajan en una empresa que se preocupa por la calidad y la responsabilidad social suelen estar más motivados y comprometidos con su trabajo.

Mejora la imagen de marca: La integración de la calidad en la estrategia de RSE puede mejorar la imagen de marca de la empresa. Una empresa que se preocupa por la calidad y la responsabilidad social puede ser percibida como más atractiva y confiable por los consumidores y otros stakeholders.

Desafíos de la integración de la calidad en la RSE

A pesar de los beneficios de la integración de la calidad en la estrategia de RSE, hay varios desafíos que las empresas pueden enfrentar al intentar implementar esta estrategia. Algunos de estos desafíos son los siguientes:

Falta de recursos: La implementación de prácticas de calidad puede ser costosa para las empresas, especialmente para las pequeñas y medianas empresas que tienen recursos limitados.

Falta de conocimientos y habilidades: La implementación de prácticas de calidad requiere conocimientos y habilidades específicos que pueden no estar disponibles dentro de la empresa.

Falta de apoyo interno: La implementación de prácticas de calidad puede requerir cambios en los procesos y la cultura organizacional de la empresa, lo que puede no ser bien recibido por algunos empleados y directivos.

Falta de compromiso de la dirección: La implementación de prácticas de calidad requiere un compromiso fuerte y sostenido por parte de la dirección de la empresa. Si la dirección no está comprometida con la estrategia de calidad, es poco probable que tenga éxito.

Dificultades de medición: La medición del impacto de la integración de la calidad en la estrategia de RSE puede ser difícil y costosa. Es necesario disponer de indicadores precisos y fiables para medir el impacto de la calidad en la satisfacción del cliente, la rentabilidad y otros aspectos clave del rendimiento empresarial.

Recomendaciones para la integración de la calidad en la RSE

A continuación, se presentan algunas recomendaciones prácticas para superar los desafíos asociados a la integración de la calidad en la estrategia de RSE:

Desarrollar una visión clara: La dirección de la empresa debe desarrollar una visión clara y compartida de lo que significa la calidad y la responsabilidad social para la empresa. Esta visión debe ser comunicada claramente a todos los empleados y stakeholders de la empresa.

Establecer objetivos claros: La empresa debe establecer objetivos claros y medibles para la integración de la calidad en la estrategia de RSE. Estos objetivos deben estar alineados con la visión de la empresa y deben ser realistas y alcanzables.

Asignar recursos adecuados: La empresa debe asignar recursos adecuados para implementar prácticas de calidad. Esto puede incluir la contratación de personal con habilidades y conocimientos específicos en calidad, la inversión en tecnología y la formación de los empleados.

Comprometer a los empleados: Es importante que los empleados estén comprometidos con la estrategia de calidad y responsabilidad social de la empresa. La empresa puede lograr esto involucrando a los empleados en la planificación y la implementación de prácticas de calidad.

Medir el impacto: La empresa debe disponer de indicadores precisos y fiables para medir el impacto de la integración de la calidad en la estrategia de RSE. Estos indicadores deben ser monitoreados de manera regular y se deben realizar ajustes según sea necesario para garantizar que la estrategia esté teniendo el impacto deseado.

Integrar la calidad en la cultura organizacional: La calidad y la responsabilidad social deben ser parte de la cultura organizacional de la empresa. La empresa debe fomentar una cultura de mejora continua y responsabilidad social en toda la organización.

Comunicar los logros: La empresa debe comunicar sus logros en calidad y responsabilidad social a todos los stakeholders, incluidos los consumidores, los empleados, los proveedores y la comunidad en general. Esto puede mejorar la imagen de marca de la empresa y aumentar la confianza de los stakeholders.

Ejemplos de empresas que han integrado la calidad en su estrategia de RSE

A continuación, se presentan algunos ejemplos de empresas que han integrado la calidad en su estrategia de RSE:

Ford: Ford ha integrado la calidad en su estrategia de RSE a través de su programa global de calidad. Este programa se centra en la mejora continua de la calidad en toda la empresa y ha resultado en mejoras significativas en la satisfacción del cliente y la rentabilidad.

Nestlé: Nestlé ha integrado la calidad en su estrategia de RSE a través de su programa de certificación de calidad. Este programa se centra en garantizar la calidad de los productos de Nestlé en todas las etapas de la cadena de suministro. El programa ha resultado en mejoras significativas en la calidad de los productos de Nestlé y ha mejorado la confianza de los consumidores en la marca.

IBM: IBM ha integrado la calidad en su estrategia de RSE a través de su programa de mejora continua. Este programa se centra en la mejora continua de los procesos y la calidad en toda la empresa y ha resultado en mejoras significativas en la satisfacción del cliente y la rentabilidad.

Conclusión

La integración de la calidad en la estrategia de RSE puede proporcionar importantes beneficios para las empresas, incluida la mejora de la satisfacción del cliente, la rentabilidad y la imagen de marca. Sin embargo, también puede haber desafíos asociados con la implementación de esta estrategia, como la falta de recursos, conocimientos y habilidades, apoyo interno y compromiso de la dirección. Las empresas pueden superar estos desafíos al desarrollar una visión clara, establecer objetivos claros, asignar recursos adecuados, comprometer a los empleados, medir el impacto, integrar la calidad en la cultura organizacional y comunicar los logros. Ejemplos de empresas exitosas en la integración de la calidad en su estrategia de RSE incluyen Ford, Nestlé e IBM. En última instancia, la integración de la calidad en la estrategia de RSE puede ayudar a las empresas a mejorar su desempeño y contribuir positivamente a la sociedad en su conjunto.

SEGURIDAD INDUSTRIAL: GESTIÓN DE RIESGOS, PREVENCIÓN DE ACCIDENTES Y SEGURIDAD LABORAL

La seguridad industrial es un tema crítico en la mayoría de los entornos industriales y comerciales. Las empresas y organizaciones tienen la responsabilidad de proporcionar un ambiente de trabajo seguro para sus empleados y visitantes. La gestión de riesgos, la prevención de accidentes y la seguridad laboral son fundamentales para garantizar la seguridad de todas las personas en el lugar de trabajo. En este capítulo, se analizará en detalle estos tres elementos y se ofrecerán consejos útiles para mejorar la seguridad en el entorno laboral.

Gestión de Riesgos

La gestión de riesgos es un proceso sistemático de identificación, evaluación y control de los riesgos que enfrenta una organización. Los riesgos pueden ser físicos, químicos, biológicos o psicológicos y pueden afectar a los empleados, al público y al medio ambiente. La gestión de riesgos implica identificar los riesgos, evaluar su probabilidad de ocurrencia y su impacto, y tomar medidas para controlar o mitigar los riesgos.

Identificación de Riesgos

La identificación de los riesgos es el primer paso en la gestión de riesgos. Los riesgos pueden ser evidentes o pueden requerir una evaluación más detallada. La identificación de riesgos puede ser llevada a cabo por el personal de la empresa o por consultores especializados. Algunas de las fuentes de riesgos comunes en el lugar de trabajo incluyen:

Maquinaria y equipos: La maquinaria y los equipos pueden ser fuentes de riesgos físicos si no se mantienen adecuadamente o si se utilizan incorrectamente.

Productos químicos: Los productos químicos pueden ser fuentes de riesgos químicos si no se manejan correctamente o si se almacenan incorrectamente.

Ergonomía: La ergonomía se refiere a la relación entre el trabajador y su entorno de trabajo. La falta de ergonomía puede provocar lesiones musculoesqueléticas.

Ruido: El ruido puede ser un riesgo físico y psicológico en el lugar de trabajo si no se controla adecuadamente.

Iluminación: La iluminación deficiente puede causar fatiga visual y otros problemas de salud.

Evaluación de Riesgos

Una vez que se han identificado los riesgos, se debe llevar a cabo una evaluación para determinar su probabilidad de ocurrencia y su impacto. La evaluación de riesgos se puede llevar a cabo utilizando técnicas cualitativas o cuantitativas. Las técnicas cualitativas se basan en la opinión de los expertos, mientras que las técnicas cuantitativas utilizan datos objetivos para calcular la probabilidad y el impacto de los riesgos.

Control de Riesgos

El control de riesgos implica tomar medidas para controlar o mitigar los riesgos identificados. Los controles pueden ser técnicos, administrativos o personales. Los controles técnicos incluyen modificaciones de ingeniería, como el uso de barreras o la eliminación de peligros. Los controles administrativos incluyen políticas y procedimientos para minimizar el riesgo. Los controles personales incluyen el uso de equipos de protección personal, como guantes o gafas de seguridad.

Prevención de Accidentes

La prevención de accidentes es un aspecto crítico de la seguridad industrial. Los accidentes pueden tener consecuencias graves para los empleados, los clientes y la empresa en general, como pérdida de productividad, costos de compensación y daño a la reputación de la empresa. La prevención de accidentes implica tomar medidas proactivas para identificar y eliminar las causas de los accidentes.

Investigación de Accidentes

La investigación de accidentes es un proceso importante para identificar las causas de los accidentes y prevenir su recurrencia. La investigación de accidentes debe ser llevada a cabo por personal capacitado y debe seguir un proceso sistemático. El objetivo de la investigación de accidentes es identificar las causas inmediatas y subyacentes del accidente para tomar medidas para prevenir su recurrencia.

Seguridad en el Diseño

La seguridad en el diseño es un enfoque preventivo que se utiliza para incorporar la seguridad en el diseño de productos, equipos y sistemas. El objetivo es minimizar los riesgos para la salud y la seguridad desde el inicio del proceso de diseño. La seguridad en el diseño implica la evaluación y la eliminación de riesgos potenciales antes de la producción.

Capacitación de los Empleados

La capacitación de los empleados es esencial para prevenir accidentes. Los empleados deben estar capacitados en las políticas y procedimientos de seguridad de la empresa, así como en el uso seguro de maquinaria, equipos y productos químicos. La capacitación también debe incluir cómo reconocer y reportar situaciones peligrosas.

Seguridad Laboral

La seguridad laboral es la responsabilidad de la empresa para proporcionar un ambiente de trabajo seguro y saludable para sus empleados. La seguridad laboral es fundamental para proteger la salud y el bienestar de los empleados, así como para mejorar la productividad y la eficiencia en el lugar de trabajo.

Evaluación de Riesgos Laborales

La evaluación de riesgos laborales es un proceso para identificar y evaluar los riesgos para la salud y la seguridad de los empleados en el lugar de trabajo. La evaluación de riesgos laborales debe ser llevada a cabo por personal capacitado y debe incluir la identificación de riesgos físicos, químicos, biológicos y psicológicos.

Controles de Ingeniería

Los controles de ingeniería implican la eliminación o reducción de los riesgos en el lugar de trabajo mediante la modificación de los procesos de trabajo, los equipos y los sistemas. Algunos ejemplos de controles de ingeniería incluyen la instalación de sistemas de ventilación para controlar la exposición a productos químicos, la eliminación de escalones y obstáculos para prevenir tropiezos y caídas, y la mejora de la iluminación para prevenir fatiga visual.

Controles Administrativos

Los controles administrativos implican la implementación de políticas y procedimientos para minimizar los riesgos en el lugar de trabajo. Algunos ejemplos de controles administrativos incluyen la capacitación de los empleados en seguridad laboral, la implementación de programas de inspección y mantenimiento de equipos y sistemas, y la implementación de procedimientos de emergencia para prevenir o controlar situaciones peligrosas.

Equipo de Protección Personal

El equipo de protección personal (EPP) es una herramienta importante para prevenir lesiones y enfermedades en el lugar de trabajo. El EPP incluye equipo como cascos, guantes, gafas de seguridad y respiradores. El EPP debe ser seleccionado y utilizado correctamente para garantizar la protección adecuada del trabajador. La empresa es responsable de proporcionar el EPP adecuado y de capacitar a los empleados en su uso y mantenimiento.

Programa de Salud y Bienestar

Un programa de salud y bienestar puede ayudar a prevenir enfermedades y lesiones relacionadas con el trabajo, así como mejorar la calidad de vida de los empleados. Los programas de salud y bienestar pueden incluir actividades como la promoción de la actividad física, la educación sobre nutrición, la prevención del tabaquismo y la gestión del estrés.

Gestión de Emergencias

La gestión de emergencias es la planificación y preparación para situaciones de emergencia en el lugar de trabajo. La gestión de emergencias incluye la implementación de procedimientos de emergencia, la capacitación de los empleados en la respuesta a emergencias y la realización de simulacros de emergencia.

Cumplimiento Normativo

El cumplimiento normativo es el cumplimiento de las leyes y regulaciones relacionadas con la salud y la seguridad en el lugar de trabajo. Las leyes y regulaciones pueden variar según el país y la industria, y es importante que la empresa esté al tanto de las normativas aplicables y cumpla con ellas para evitar multas y sanciones.

Conclusiones

En conclusión, la seguridad industrial es fundamental para proteger la salud y el bienestar de los trabajadores, así como para mejorar la productividad y la eficiencia en el lugar de trabajo. La gestión de riesgos, la prevención de accidentes y la seguridad laboral son aspectos clave de la seguridad industrial. La identificación y evaluación de riesgos, la implementación de controles preventivos y la capacitación de los empleados son medidas esenciales para prevenir accidentes y lesiones en el lugar de trabajo. La implementación de programas de salud y bienestar y la gestión de emergencias también son importantes para la seguridad industrial. El cumplimiento normativo es necesario para evitar multas y sanciones, y para garantizar la seguridad y el bienestar de los empleados. En resumen, la seguridad industrial es un aspecto crítico de cualquier empresa y debe ser una prioridad para proteger la salud y el bienestar de los trabajadores, así como para garantizar la eficiencia y la productividad en el lugar de trabajo.

CALIDAD EN LA GESTIÓN AMBIENTAL: GESTIÓN AMBIENTAL, SOSTENIBILIDAD Y RESPONSABILIDAD AMBIENTAL EMPRESARIAL

La gestión ambiental es un tema crucial en la actualidad debido a la creciente preocupación por el medio ambiente y la sostenibilidad. La responsabilidad ambiental empresarial se ha convertido en una parte integral de la gestión empresarial moderna. En este capítulo, se explorará el concepto de gestión ambiental, sostenibilidad y responsabilidad ambiental empresarial. Se examinarán las estrategias y prácticas utilizadas por las empresas para mejorar la calidad de su gestión ambiental y su compromiso con la sostenibilidad. Además, se analizarán los desafíos que enfrentan las empresas al tratar de implementar prácticas de gestión ambiental sostenibles.

Gestión Ambiental

La gestión ambiental es el proceso mediante el cual las empresas identifican, evalúan y controlan los impactos ambientales de sus actividades. El objetivo de la gestión ambiental es reducir al mínimo los impactos negativos de las actividades empresariales en el medio ambiente y maximizar los beneficios para la sociedad y el medio ambiente. La gestión ambiental es un proceso continuo que implica la identificación de problemas ambientales, la evaluación de riesgos, la implementación de estrategias y prácticas de gestión ambiental y la medición y evaluación continua de los resultados.

Las empresas pueden utilizar diversas herramientas y enfoques para implementar prácticas de gestión ambiental efectivas. Estos incluyen:

Análisis del ciclo de vida: Este enfoque implica la evaluación de todo el ciclo de vida de un producto o servicio, desde la extracción de materias primas hasta su disposición final. El objetivo es identificar los impactos ambientales a lo largo del ciclo de vida y desarrollar estrategias para minimizar estos impactos.

Evaluación de impacto ambiental: Este enfoque implica la evaluación de los impactos ambientales de un proyecto o actividad antes de que se lleve a cabo. El objetivo es identificar los impactos negativos y desarrollar estrategias para minimizar o mitigar estos impactos.

Certificación ambiental: Las empresas pueden buscar la certificación ambiental de terceros para demostrar su compromiso con la gestión ambiental y la sostenibilidad. Las certificaciones ambientales más comunes incluyen ISO 14001 y el Sistema de Gestión Ambiental EMAS.

Mejora continua: La gestión ambiental es un proceso continuo que implica la identificación de problemas ambientales, la implementación de estrategias de gestión ambiental y la medición y evaluación continua de los resultados. Las empresas pueden utilizar la mejora continua para mejorar continuamente sus prácticas de gestión ambiental.

Sostenibilidad

La sostenibilidad es un concepto clave en la gestión ambiental empresarial. La sostenibilidad implica el equilibrio entre el desarrollo económico, social y ambiental. Las empresas que buscan la sostenibilidad buscan equilibrar sus objetivos comerciales con la protección del medio ambiente y el bienestar social.

La sostenibilidad empresarial implica la implementación de prácticas y estrategias que equilibren los objetivos económicos, ambientales y sociales. Estas prácticas pueden incluir:

Reducción de emisiones de gases de efecto invernadero: Las empresas pueden reducir sus emisiones de gases de efecto invernadero al implementar prácticas de eficiencia energética, utilizar fuentes de energía renovable y mejorar la eficiencia de sus procesos productivos.

Uso eficiente de los recursos: Las empresas pueden implementar prácticas de gestión de recursos para reducir el consumo de agua, energía y materiales. Esto puede incluir la implementación de tecnologías más eficientes, la optimización de procesos y la gestión de residuos.

Responsabilidad social: Las empresas pueden tener un impacto positivo en la sociedad al apoyar iniciativas sociales, promover la diversidad y la inclusión en el lugar de trabajo, y mantener altos estándares éticos y de gobernanza.

Desarrollo de productos y servicios sostenibles: Las empresas pueden desarrollar productos y servicios que sean más sostenibles y tengan un menor impacto ambiental. Esto puede incluir el uso de materiales reciclables, la reducción del embalaje y la promoción de prácticas sostenibles entre los consumidores.

Responsabilidad ambiental empresarial

La responsabilidad ambiental empresarial implica el compromiso de las empresas con la gestión ambiental y la sostenibilidad. Las empresas pueden asumir responsabilidad ambiental a través de prácticas de gestión ambiental sostenibles y transparentes, la promoción de la sostenibilidad en la cadena de suministro y la colaboración con otros actores clave para abordar los desafíos ambientales globales.

Las empresas pueden demostrar su responsabilidad ambiental a través de la medición y divulgación de su desempeño ambiental. Esto puede incluir la medición y divulgación de emisiones de gases de efecto invernadero, la gestión de residuos, el uso de energía y agua, y la implementación de prácticas sostenibles en la cadena de suministro. La divulgación transparente de esta información puede aumentar la confianza y la credibilidad de las empresas y mejorar su reputación.

Desafíos de la gestión ambiental sostenible

La implementación de prácticas de gestión ambiental sostenibles puede ser un desafío para las empresas. Algunos de los desafíos más comunes incluyen:

Costos: La implementación de prácticas de gestión ambiental sostenibles puede ser costosa, especialmente para las pequeñas y medianas empresas con recursos limitados.

Falta de conocimiento: Las empresas pueden carecer de conocimientos y habilidades para implementar prácticas de gestión ambiental sostenibles de manera efectiva.

Complejidad de la cadena de suministro: La gestión ambiental sostenible puede ser difícil de implementar en toda la cadena de suministro, especialmente cuando los proveedores no cumplen con los mismos estándares ambientales.

Cambios en la cultura organizacional: La implementación de prácticas de gestión ambiental sostenibles puede requerir cambios significativos en la cultura organizacional de la empresa.

Conclusión

La gestión ambiental sostenible y la responsabilidad ambiental empresarial son aspectos importantes de la gestión empresarial moderna. Las empresas que implementan prácticas de gestión ambiental sostenibles pueden mejorar su reputación, reducir costos y mejorar su impacto ambiental y social. Sin embargo, la implementación de prácticas de gestión ambiental sostenibles puede ser un desafío para las empresas debido a los costos, la falta de conocimientos, la complejidad de la cadena de suministro y la necesidad de cambios en la cultura organizacional.

Es importante que las empresas comprendan la importancia de la gestión ambiental sostenible y la responsabilidad ambiental empresarial y se comprometan a implementar prácticas que minimicen su impacto ambiental y social. Las empresas también deben colaborar con otros actores clave, incluidos los gobiernos, las ONG y los consumidores, para abordar los desafíos ambientales globales.

En última instancia, la gestión ambiental sostenible y la responsabilidad ambiental empresarial son esenciales para garantizar un futuro sostenible para todos. Al trabajar juntos, podemos abordar los desafíos ambientales y sociales actuales y crear un mundo más próspero y justo para las generaciones futuras.

TENDENCIAS Y FUTURO DE LA CALIDAD INDUSTRIAL: INNOVACIONES, RETOS Y OPORTUNIDADES EN LA GESTIÓN DE LA CALIDAD INDUSTRIAL

La calidad industrial es una disciplina que se ocupa de garantizar que los productos y servicios producidos por una organización cumplan con los requisitos establecidos por los clientes y las regulaciones. En los últimos años, se han producido importantes innovaciones en la gestión de la calidad industrial, y se han planteado nuevos desafíos y oportunidades para los profesionales que trabajan en este campo. En este capítulo, se examinarán algunas de las tendencias más importantes en la gestión de la calidad industrial, y se discutirán las innovaciones, retos y oportunidades que se presentan en el futuro.

Tendencias en la calidad industrial

La gestión de la calidad industrial se ha desarrollado significativamente en las últimas décadas. Desde la introducción de los sistemas de calidad en la década de 1980, se han producido importantes avances en la forma en que se entiende y gestiona la calidad industrial. A continuación, se describen algunas de las tendencias más importantes en la gestión de la calidad industrial.

Enfoque en el cliente

En la gestión de la calidad industrial, cada vez se presta más atención al cliente. La satisfacción del cliente es un factor clave para el éxito de una organización, y por lo tanto, la calidad de los productos y servicios debe estar diseñada y gestionada con el objetivo de satisfacer las necesidades y expectativas de los clientes. En este sentido, la calidad industrial se ha convertido en una disciplina centrada en el cliente, en la que se busca entender sus necesidades y expectativas, y se diseñan los procesos para satisfacerlas.

Gestión de procesos

La gestión de procesos se ha convertido en una parte fundamental de la gestión de la calidad industrial. Los procesos son la forma en que se producen los productos y servicios, y por lo tanto, su gestión es fundamental para garantizar la calidad. La gestión de procesos implica el diseño, implementación, monitorización y mejora de los procesos para garantizar la calidad y la eficiencia.

Mejora continua

La mejora continua es una parte integral de la gestión de la calidad industrial. La mejora continua implica la identificación de oportunidades de mejora en los procesos y la implementación de medidas para mejorar la calidad y la eficiencia. La mejora continua se basa en la idea de que siempre hay margen para mejorar, y por lo tanto, la organización debe estar en constante evolución para mantenerse competitiva.

Enfoque en la prevención

La gestión de la calidad industrial se ha movido de un enfoque de detección de problemas a un enfoque de prevención de problemas. La prevención implica la identificación temprana de problemas potenciales y la implementación de medidas para evitar que ocurran. Esto es importante porque la detección de problemas después de que se han producido puede ser costoso y puede tener un impacto negativo en la reputación de la organización.

Innovaciones en la gestión de la calidad industrial

En los últimos años, se han producido importantes innovaciones en la gestión de la calidad industrial. Estas innovaciones han sido impulsadas por avances tecnológicos y cambios en la forma en que se entiende la calidad industrial. A continuación, se describen algunas de las innovaciones más importantes en la gestión de la calidad industrial.

Big Data

El big data se refiere a la gestión y análisis de grandes cantidades de datos. En la gestión de la calidad industrial, el big data se puede utilizar para analizar datos de producción y calidad, lo que puede ayudar a identificar patrones y tendencias en los procesos de producción. Esto puede ser especialmente útil para la identificación temprana de problemas y la implementación de medidas preventivas. El uso del big data también puede mejorar la toma de decisiones en la gestión de la calidad industrial, ya que proporciona una base sólida para la toma de decisiones informadas.

Internet de las cosas (IoT)

El Internet de las cosas (IoT) se refiere a la conexión de dispositivos y objetos cotidianos a internet. En la gestión de la calidad industrial, el IoT puede utilizarse para conectar sensores a los procesos de producción, lo que permite monitorizar los procesos de producción en tiempo real y recopilar datos para el análisis. El IoT también puede utilizarse para conectar productos a internet, lo que permite monitorizar su uso y recopilar información sobre la satisfacción del cliente. Esto puede ser especialmente útil para la identificación de problemas y la implementación de medidas preventivas.

Inteligencia artificial (IA)

La inteligencia artificial (IA) se refiere a la capacidad de las máquinas para aprender y realizar tareas que normalmente requerirían inteligencia humana. En la gestión de la calidad industrial, la IA puede utilizarse para analizar datos y tomar decisiones informadas sobre la calidad y la eficiencia de los procesos de producción. La IA también puede utilizarse para la identificación temprana de problemas y la implementación de medidas preventivas.

Realidad aumentada (RA)

La realidad aumentada (RA) se refiere a la superposición de elementos virtuales sobre el mundo real. En la gestión de la calidad industrial, la RA puede utilizarse para proporcionar información en tiempo real sobre los procesos de producción y los productos. Esto puede ser especialmente útil para la identificación de problemas y la implementación de medidas preventivas.

Retos en la gestión de la calidad industrial

Aunque se han producido importantes innovaciones en la gestión de la calidad industrial, también se presentan retos significativos. Algunos de estos retos son:

Cambio constante

La gestión de la calidad industrial debe estar en constante evolución para mantenerse al día con los cambios en la tecnología, los requisitos reglamentarios y las necesidades del cliente. Esto puede ser un desafío para las organizaciones, ya que puede requerir una inversión significativa en tiempo y recursos.

Ciberseguridad

La conexión de dispositivos y procesos a internet presenta riesgos significativos de ciberseguridad. La seguridad de los datos y los sistemas es fundamental para la gestión de la calidad industrial, y las organizaciones deben implementar medidas de seguridad robustas para proteger sus sistemas.

Integración de sistemas

La integración de sistemas es un desafío significativo en la gestión de la calidad industrial. Las organizaciones deben integrar sistemas de calidad con otros sistemas, como sistemas de gestión de la cadena de suministro y sistemas de gestión de la producción. Esto puede ser un desafío, ya que los sistemas pueden ser incompatibles entre sí.

Oportunidades en la gestión de la calidad industrial

A pesar de los retos, la gestión de la calidad industrial también presenta importantes oportunidades. Algunas de estas oportunidades son:

Mejora de la eficiencia

La gestión de la calidad industrial puede mejorar significativamente la eficiencia de los procesos productivos. La identificación temprana de problemas y la implementación de medidas preventivas pueden reducir los tiempos de inactividad y mejorar la eficiencia del proceso en general. Además, la implementación de técnicas de mejora continua, como Lean y Six Sigma, pueden ayudar a identificar y eliminar los desperdicios y las ineficiencias en los procesos.

Mejora de la calidad del producto

La gestión de la calidad industrial también puede mejorar la calidad del producto. La implementación de sistemas de control de calidad, como ISO 9001, puede ayudar a garantizar que los productos cumplan con los requisitos del cliente y los estándares reglamentarios. Además, la recopilación y análisis de datos de calidad puede ayudar a identificar áreas de mejora en el producto y en el proceso de producción.

Mejora de la satisfacción del cliente

La gestión de la calidad industrial puede mejorar significativamente la satisfacción del cliente. La implementación de sistemas de control de calidad y la mejora continua pueden ayudar a garantizar que los productos cumplan con los requisitos del cliente y sean entregados a tiempo. Además, la recopilación y análisis de datos de satisfacción del cliente puede ayudar a identificar áreas de mejora en el producto y en el proceso de producción.

Reducción de costos

La gestión de la calidad industrial también puede ayudar a reducir los costos de producción. La identificación temprana de problemas y la implementación de medidas preventivas pueden reducir los costos de reparación y los tiempos de inactividad. Además, la implementación de técnicas de mejora continua, como Lean y Six Sigma, pueden ayudar a reducir los desperdicios y las ineficiencias en los procesos.

Conclusiones

La gestión de la calidad industrial es fundamental para garantizar la eficiencia y la calidad en los procesos de producción. Las innovaciones tecnológicas, como el big data, el Internet de las cosas, la inteligencia artificial y la realidad aumentada, están transformando la gestión de la calidad industrial y presentando nuevas oportunidades para mejorar la eficiencia, la calidad del producto y la satisfacción del cliente.

Sin embargo, también se presentan retos significativos, como el cambio constante, la ciberseguridad y la integración de sistemas. Las organizaciones deben estar preparadas para enfrentar estos retos y aprovechar las oportunidades que presenta la gestión de la calidad industrial.

En última instancia, la gestión de la calidad industrial es un proceso continuo de mejora y evolución. Las organizaciones deben estar dispuestas a invertir en tiempo y recursos para mantenerse al día con las últimas innovaciones y requisitos reglamentarios, y para garantizar la eficiencia y la calidad en los procesos de producción.

INTRODUCCIÓN A LAS HERRAMIENTAS DE CALIDAD INDUSTRIAL AUTOMOTRIZ

En la industria automotriz, la calidad es un factor crucial para el éxito de cualquier empresa. Los clientes esperan que los vehículos que compran sean seguros, confiables y duraderos. Para asegurar la calidad, se utilizan herramientas y técnicas específicas de control de calidad que garantizan que los vehículos producidos cumplan con los estándares de calidad requeridos. En este capítulo, se discutirán algunas de las herramientas de calidad utilizadas en la industria automotriz para garantizar la satisfacción del cliente y el éxito empresarial.

Herramientas de calidad industrial automotriz

Análisis de causa raíz (RCA)

El análisis de causa raíz (RCA) es una técnica utilizada para identificar la causa raíz de un problema en el proceso de producción. En la industria automotriz, se utiliza para encontrar la causa raíz de un problema en un vehículo que ha sido producido y se ha encontrado un defecto en el mismo. El objetivo del RCA es identificar la causa raíz del problema y tomar medidas correctivas para eliminarlo.

El proceso de RCA implica la identificación de los síntomas del problema, la identificación de las causas posibles del problema, la identificación de la causa raíz real y la toma de medidas correctivas. Es una herramienta importante en la industria automotriz para garantizar la calidad y la satisfacción del cliente.

Diagrama de Pareto

El diagrama de Pareto es una herramienta utilizada para identificar los problemas más comunes en un proceso de producción. En la industria automotriz, se utiliza para identificar los problemas más comunes en la producción de vehículos. El diagrama de Pareto muestra los problemas en orden descendente de importancia, lo que permite al equipo de producción centrarse en los problemas más importantes y abordarlos primero.

El proceso de creación de un diagrama de Pareto implica la recopilación de datos sobre los problemas en la producción de vehículos, la identificación de los problemas más comunes y la creación del diagrama. Es una herramienta importante para la gestión de la calidad en la industria automotriz.

Diagrama de Ishikawa

El diagrama de Ishikawa, también conocido como diagrama de espina de pescado, es una herramienta utilizada para identificar las causas de un problema en un proceso de producción. En la industria automotriz, se utiliza para identificar las causas de los problemas en la producción de vehículos. El diagrama de Ishikawa muestra las causas del problema en una estructura de espina de pescado, lo que permite al equipo de producción identificar las causas raíz del problema.

El proceso de creación de un diagrama de Ishikawa implica la identificación del problema, la identificación de las causas posibles del problema, la creación del diagrama y la toma de medidas correctivas. Es una herramienta importante para la gestión de la calidad en la industria automotriz.

Control estadístico de procesos (SPC)

El control estadístico de procesos (SPC) es una herramienta utilizada para medir y controlar la calidad en la producción de vehículos. En la industria automotriz, el SPC se utiliza para medir las variables del proceso de producción y garantizar que los vehículos producidos cumplan con los estándares de calidad.

El proceso de SPC implica la recopilación de datos sobre las variables del proceso de producción, el análisis de los datos y la toma de medidas correctivas en caso de desviaciones. Es una herramienta importante para garantizar la calidad y la consistencia en la producción de vehículos.

Planificación avanzada de la calidad del producto (APQP)

La planificación avanzada de la calidad del producto (APQP) es una herramienta utilizada para garantizar la calidad del producto en la fase de diseño del vehículo. En la industria automotriz, el APQP se utiliza para garantizar que el diseño del vehículo cumpla con los requisitos de calidad antes de la producción.

El proceso de APQP implica la identificación de los requisitos del cliente, la definición del diseño del vehículo, la identificación de los riesgos del diseño y la implementación de medidas preventivas. Es una herramienta importante para garantizar la calidad desde el inicio del proceso de producción.

Análisis de modo y efecto de fallas (FMEA)

El análisis de modo y efecto de fallas (FMEA) es una herramienta utilizada para identificar y eliminar los riesgos potenciales en el proceso de producción. En la industria automotriz, se utiliza para identificar los riesgos potenciales en la producción de vehículos y tomar medidas preventivas para evitarlos.

El proceso de FMEA implica la identificación de los modos de falla potenciales, la evaluación de los efectos de la falla, la identificación de las causas de la falla y la implementación de medidas preventivas. Es una herramienta importante para garantizar la calidad y la seguridad en la producción de vehículos.

Herramientas de mejora continua

Las herramientas de mejora continua, como el ciclo PDCA (Planificar, Hacer, Verificar, Actuar) y el Kaizen (mejora continua), son utilizadas en la industria automotriz para mejorar continuamente los procesos de producción y garantizar la calidad.

El proceso de mejora continua implica la identificación de los problemas, la definición de los objetivos, la implementación de medidas de mejora y la evaluación de los resultados. Es una herramienta importante para garantizar la calidad y la eficiencia en la producción de vehículos.

Conclusión

En resumen, la industria automotriz utiliza diversas herramientas de calidad para garantizar la calidad de los vehículos producidos. Estas herramientas incluyen el análisis de causa raíz, el diagrama de Pareto, el diagrama de Ishikawa, el control estadístico de procesos, la planificación avanzada de la calidad del producto, el análisis de modo y efecto de fallas y las herramientas de mejora continua. El uso de estas herramientas es esencial para garantizar la satisfacción del cliente y el éxito empresarial en la industria automotriz.

ANÁLISIS DE MODO Y EFECTO DE FALLAS (FMEA)

El análisis de modo y efecto de fallas (FMEA, por sus siglas en inglés) es una metodología que se utiliza para identificar y evaluar posibles fallas en un proceso, producto o sistema. Se trata de un proceso sistemático y detallado que permite identificar los modos de falla posibles, analizar las causas que podrían generarlos y evaluar los efectos que tendrían en el proceso o sistema.

El FMEA es una herramienta importante en la gestión de la calidad, ya que permite identificar y prevenir posibles problemas antes de que ocurran. En este capítulo, se describirá en detalle la metodología del FMEA, sus objetivos, sus componentes y su aplicación en diferentes ámbitos.

Objetivos del FMEA:

El FMEA tiene varios objetivos, entre los que se incluyen:

Identificar los modos de falla posibles de un proceso, producto o sistema.

Analizar las causas que podrían generar cada modo de falla.

Evaluar los efectos que tendrían cada modo de falla en el proceso o sistema.

Priorizar los modos de falla según su severidad, probabilidad de ocurrencia y capacidad de detección.

Identificar acciones preventivas y correctivas para minimizar o eliminar los modos de falla identificados.

Componentes del FMEA:

El FMEA se compone de tres partes principales: el análisis de modo de falla, el análisis de efecto de falla y el análisis de causa de falla. A continuación, se describirá cada una de estas partes con más detalle.

Análisis de modo de falla: En esta parte del FMEA, se identifican los posibles modos de falla de un proceso, producto o sistema. Un modo de falla es una manera en que el proceso o sistema podría fallar o no cumplir con los requisitos esperados. Por ejemplo, si estamos analizando el proceso de producción de una pieza de maquinaria, un modo de falla podría ser una grieta en la pieza debido a una mala soldadura.

Análisis de efecto de falla: En esta parte del FMEA, se evalúan los efectos que tendría cada modo de falla identificado. Los efectos pueden ser físicos, financieros o de seguridad, dependiendo del tipo de proceso o sistema que se esté analizando. Por ejemplo, si el modo de falla es una grieta en una pieza de maquinaria, el efecto podría ser la falla del equipo durante su uso.

Análisis de causa de falla: En esta parte del FMEA, se analizan las causas que podrían generar cada modo de falla. Las causas pueden ser variadas, desde problemas de diseño hasta problemas en la ejecución del proceso. Por ejemplo, si el modo de falla es una grieta en una pieza de maquinaria, la causa podría ser una mala soldadura debido a un mal ajuste de la máquina soldadora.

Aplicación del FMEA:

El FMEA se puede aplicar en diferentes ámbitos, como la industria manufacturera, la industria farmacéutica, la industria automotriz, la construcción, entre otros. A continuación, se describirá cómo se aplica el FMEA en cada uno de estos ámbitos.

Industria manufacturera: En la industria manufacturera, el FMEA se utiliza para identificar y prevenir posibles fallas en los procesos de producción. Por ejemplo, si se está produciendo una pieza de maquinaria, el FMEA se puede utilizar para identificar los posibles modos de falla en el proceso de producción, como una mala soldadura o un mal ensamblaje de las piezas. Además, el FMEA también se puede utilizar para evaluar los efectos que tendría cada modo de falla en la calidad del producto y para identificar las causas que podrían generar cada modo de falla.

Industria farmacéutica: En la industria farmacéutica, el FMEA se utiliza para identificar y prevenir posibles fallas en los procesos de producción de medicamentos. Por ejemplo, el FMEA se puede utilizar para identificar los posibles modos de falla en la producción de un medicamento, como la contaminación del producto o la mezcla incorrecta de ingredientes. Además, el FMEA también se puede utilizar para evaluar los efectos que tendría cada modo de falla en la calidad del producto y para identificar las causas que podrían generar cada modo de falla.

Industria automotriz: En la industria automotriz, el FMEA se utiliza para identificar y prevenir posibles fallas en los procesos de producción de vehículos. Por ejemplo, el FMEA se puede utilizar para identificar los posibles modos de falla en la producción de un vehículo, como la falla del sistema de frenos o la falla del sistema de suspensión. Además, el FMEA también se puede utilizar para evaluar los efectos que tendría cada modo de falla en la seguridad del vehículo y para identificar las causas que podrían generar cada modo de falla.

Construcción: En la construcción, el FMEA se utiliza para identificar y prevenir posibles fallas en el proceso de construcción de edificios o estructuras. Por ejemplo, el FMEA se puede utilizar para identificar los posibles modos de falla en el proceso de construcción de un puente, como la falla en la estructura debido a la falta de mantenimiento. Además, el FMEA también se puede utilizar para evaluar los efectos que tendría cada modo de falla en la seguridad de las personas y para identificar las causas que podrían generar cada modo de falla.

Conclusiones:

El análisis de modo y efecto de fallas (FMEA) es una metodología importante en la gestión de la calidad que se utiliza para identificar y prevenir posibles fallas en un proceso, producto o sistema. El FMEA se compone de tres partes principales: el análisis de modo de falla, el análisis de efecto de falla y el análisis de causa de falla. El FMEA se puede aplicar en diferentes ámbitos, como la industria manufacturera, la industria farmacéutica, la industria automotriz y la construcción, para identificar los posibles modos de falla, evaluar los efectos que tendrían en el proceso o sistema y para identificar las causas que podrían generar cada modo de falla. La aplicación del FMEA ayuda a mejorar la calidad y seguridad de los productos y procesos, lo que se traduce en una mayor satisfacción del cliente y una mayor competitividad de las empresas.

CONTROL ESTADÍSTICO DEL PROCESO (SPC)

El Control Estadístico del Proceso (SPC por sus siglas en inglés, Statistical Process Control) es una metodología utilizada en la industria para monitorear, controlar y mejorar los procesos de producción. La implementación del SPC implica la recopilación de datos de los procesos y el uso de herramientas estadísticas para analizarlos y controlarlos. El objetivo principal del SPC es detectar desviaciones en el proceso antes de que estas afecten la calidad del producto final.

El SPC se puede aplicar a cualquier tipo de proceso de producción, ya sea manufacturero o de servicios. En el caso de un proceso de manufactura, el SPC se enfoca en controlar los parámetros críticos del proceso que afectan la calidad del producto. En un proceso de servicios, el SPC se enfoca en controlar los parámetros críticos que afectan la satisfacción del cliente.

El SPC es una técnica de mejora continua que se enfoca en la prevención de problemas en lugar de la corrección de los mismos. Para lograr este objetivo, se utilizan herramientas estadísticas que permiten identificar las causas raíz de los problemas y mejorar el proceso para eliminarlas. Esto permite a las empresas producir productos de alta calidad de manera consistente y eficiente, lo que a su vez les permite competir en el mercado.

El SPC se divide en dos categorías principales: el control de procesos y el control de productos. El control de procesos se enfoca en el monitoreo y control de los parámetros críticos del proceso, mientras que el control de productos se enfoca en el monitoreo y control de la calidad del producto final. Ambos tipos de control son importantes para garantizar la calidad del producto final.

Control de procesos

El control de procesos es una técnica utilizada para monitorear y controlar los parámetros críticos del proceso. El objetivo del control de procesos es mantener el proceso dentro de los límites especificados y reducir la variabilidad del mismo. La variabilidad en un proceso es una de las principales causas de problemas en la calidad del producto final. El control de procesos ayuda a reducir la variabilidad del proceso y garantizar la calidad del producto final.

Para implementar el control de procesos, se debe establecer una línea base para el proceso. La línea base es el conjunto de valores de los parámetros críticos que se consideran aceptables para el proceso. Se utilizan herramientas estadísticas para establecer la línea base y determinar los límites superior e inferior de control. Estos límites se utilizan para monitorear el proceso y detectar cualquier desviación del mismo.

Una vez que se ha establecido la línea base y los límites de control, se recopilan datos del proceso para monitorearlo. Los datos se registran en una carta de control, que es una herramienta gráfica utilizada para monitorear la variabilidad del proceso. La carta de control muestra los datos del proceso en relación a la línea base y los límites de control.

Si los datos del proceso están dentro de los límites de control, se considera que el proceso está bajo control. Si los datos del proceso están fuera de los límites de control, se considera que el proceso está fuera de control y se deben tomar medidas para corregir la situación. Las medidas pueden incluir la identificación de las causas raíz de la desviación y la implementación de medidas correctivas.

El control de procesos se puede implementar utilizando varias herramientas estadísticas, como la carta de control de X-barra y R, la carta de control de media móvil, la carta de control de C, la carta de control de P, entre otras. Cada herramienta estadística es adecuada para diferentes tipos de datos y diferentes situaciones de proceso.

La carta de control de X-barra y R es una de las herramientas estadísticas más comunes utilizadas para el control de procesos. Esta herramienta se utiliza para monitorear la media y la variabilidad del proceso. La carta de control de X-barra muestra la media de los datos del proceso y la carta de control de R muestra la variabilidad de los datos del proceso. Los límites de control se establecen utilizando el tamaño de la muestra y la variabilidad del proceso. La carta de control de X-barra y R es adecuada para datos continuos y se utiliza cuando el tamaño de la muestra es igual o mayor a dos.

La carta de control de media móvil se utiliza cuando los datos del proceso son variables y no continuos. Esta herramienta se utiliza para monitorear la media del proceso y su variabilidad. Los límites de control se establecen utilizando el tamaño de la muestra y la desviación estándar del proceso.

La carta de control de C se utiliza para monitorear la cantidad de defectos en una muestra. Esta herramienta es adecuada para datos discretos y se utiliza cuando el tamaño de la muestra es grande. Los límites de control se establecen utilizando la desviación estándar del proceso.

La carta de control de P se utiliza para monitorear la proporción de defectos en una muestra. Esta herramienta es adecuada para datos discretos y se utiliza cuando el tamaño de la muestra es pequeño. Los límites de control se establecen utilizando la desviación estándar del proceso.

Control de productos

El control de productos se enfoca en el monitoreo y control de la calidad del producto final. El objetivo del control de productos es asegurar que el producto final cumpla con las especificaciones del cliente y las normas de calidad establecidas por la empresa. El control de productos es importante para garantizar la satisfacción del cliente y la reputación de la empresa.

Para implementar el control de productos, se deben establecer las especificaciones del cliente y las normas de calidad de la empresa. Estas especificaciones se utilizan para evaluar la calidad del producto final. Se recopilan datos del producto final para evaluar su calidad en relación a las especificaciones del cliente y las normas de calidad de la empresa.

Se utilizan herramientas estadísticas para analizar los datos del producto final y determinar su calidad. Algunas de las herramientas estadísticas utilizadas en el control de productos son la gráfica de control, el histograma, el diagrama de Pareto, el análisis de causa raíz, entre otras.

La gráfica de control se utiliza para monitorear la calidad del producto final. Se establecen límites de control utilizando las especificaciones del cliente y las normas de calidad de la empresa. Los datos del producto final se registran en la gráfica de control y se comparan con los límites de control. Si los datos están dentro de los límites de control, se considera que el producto final cumple con las especificaciones del cliente y las normas de calidad de la empresa. Si los datos están fuera de los límites de control, se considera que el producto final no cumple con las especificaciones del cliente y las normas de calidad de la empresa.

El histograma se utiliza para analizar la distribución de los datos del producto final. El histograma muestra la frecuencia de los datos en diferentes intervalos. Se utilizan los datos del producto final para construir el histograma y se analiza su distribución. Si los datos tienen una distribución normal, se considera que el producto final tiene una buena calidad. Si los datos tienen una distribución no normal, se requiere un análisis adicional para determinar las posibles causas.

El diagrama de Pareto se utiliza para identificar las principales causas de los problemas en el producto final. Se recopilan datos sobre los problemas del producto final y se analizan para determinar sus causas. Los datos se ordenan de mayor a menor frecuencia y se construye el diagrama de Pareto. Este diagrama muestra las principales causas de los problemas del producto final y ayuda a enfocarse en las causas más importantes.

El análisis de causa raíz se utiliza para identificar las causas subyacentes de los problemas del producto final. Se utilizan diferentes técnicas para identificar las posibles causas de los problemas, como el diagrama de Ishikawa o espina de pescado, el análisis de los 5 porqués, entre otros. El objetivo del análisis de causa raíz es eliminar las causas subyacentes de los problemas para mejorar la calidad del producto final.

Mejora continua

La mejora continua es un enfoque sistemático para mejorar la calidad del proceso y del producto final. El objetivo de la mejora continua es reducir los costos, aumentar la eficiencia y mejorar la satisfacción del cliente. Se utilizan diferentes herramientas y técnicas para implementar la mejora continua, como el ciclo PDCA, el análisis de valor, la gestión de proyectos, entre otras.

El ciclo PDCA es un enfoque sistemático para la mejora continua. Este enfoque consta de cuatro fases: planificar, hacer, verificar y actuar. En la fase de planificación, se identifican las metas y objetivos de mejora, se analiza el proceso y se desarrolla un plan de acción. En la fase de hacer, se implementa el plan de acción y se recopilan datos. En la fase de verificar, se analizan los datos y se evalúa la efectividad del plan de acción. En la fase de actuar, se implementan las acciones necesarias para mejorar el proceso.

El análisis de valor se utiliza para mejorar la calidad y reducir los costos del proceso. Se analizan los diferentes procesos y se identifican las actividades que agregan valor y las que no lo hacen. Se eliminan las actividades que no agregan valor y se mejoran las que sí lo hacen.

La gestión de proyectos se utiliza para implementar la mejora continua. Se utiliza un enfoque estructurado para implementar los cambios necesarios en el proceso. Se identifican los objetivos de mejora, se establecen los plazos y los recursos necesarios, se asignan responsabilidades y se monitorea el progreso.

Conclusiones

El control estadístico del proceso es una herramienta valiosa para mejorar la calidad del proceso y del producto final. Se utilizan diferentes herramientas y técnicas para monitorear y controlar el proceso y para implementar la mejora continua. El control estadístico del proceso ayuda a reducir los costos, aumentar la eficiencia y mejorar la satisfacción del cliente. Se requiere un compromiso de toda la organización para implementar el control estadístico del proceso y lograr mejoras sostenibles en la calidad del producto final.

Para implementar el control estadístico del proceso, es importante que la organización tenga un enfoque basado en datos y que cuente con un equipo capacitado en las diferentes herramientas y técnicas estadísticas. La recolección de datos precisa y confiable es fundamental para la toma de decisiones informadas y la mejora continua del proceso.

Además, es importante que la organización tenga un compromiso con la mejora continua y la satisfacción del cliente. El control estadístico del proceso no solo ayuda a mejorar la calidad del producto final, sino que también mejora la eficiencia y reduce los costos del proceso.

En resumen, el control estadístico del proceso es una herramienta valiosa para mejorar la calidad del proceso y del producto final. Se utilizan diferentes herramientas y técnicas estadísticas para monitorear y controlar el proceso y para implementar la mejora continua. Para implementar el control estadístico del proceso, se requiere un enfoque basado en datos, un equipo capacitado y un compromiso con la mejora continua y la satisfacción del cliente.

ANÁLISIS DE SISTEMAS DE MEDICIÓN (MSA)

El análisis de sistemas de medición (MSA) es una herramienta crítica para evaluar la precisión y confiabilidad de los sistemas de medición utilizados en una variedad de procesos de fabricación y control de calidad. Los sistemas de medición pueden ser cualquier dispositivo o instrumento que se use para medir una característica de un producto, proceso o servicio. Ejemplos comunes de sistemas de medición incluyen calibradores, micrómetros, balanzas, termómetros y medidores de flujo.

La precisión y confiabilidad de los sistemas de medición son críticas en cualquier proceso de fabricación o control de calidad, ya que los datos inexactos o inconsistentes pueden llevar a decisiones incorrectas y a la fabricación de productos de baja calidad. El análisis de sistemas de medición es una herramienta valiosa para evaluar la precisión y confiabilidad de los sistemas de medición, identificar fuentes de error y mejorar la calidad de los datos.

En este capítulo, discutiremos los conceptos básicos del análisis de sistemas de medición, incluyendo los diferentes tipos de variación que pueden afectar la precisión de los sistemas de medición, los diferentes métodos utilizados para evaluar la precisión y confiabilidad de los sistemas de medición, y cómo interpretar los resultados del análisis de sistemas de medición.

Conceptos básicos del análisis de sistemas de medición

Antes de discutir los diferentes métodos utilizados en el análisis de sistemas de medición, es importante comprender los conceptos básicos de los sistemas de medición y los diferentes tipos de variación que pueden afectar la precisión de los sistemas de medición.

Un sistema de medición se compone de tres componentes principales: el objeto a medir, el sistema de medición y el operador. El objeto a medir es la característica que se está midiendo, como la longitud, el peso o la temperatura. El sistema de medición es el instrumento o dispositivo que se utiliza para medir la característica del objeto, como un calibrador o un termómetro. El operador es la persona que realiza la medición.

Existen varios tipos de variación que pueden afectar la precisión de los sistemas de medición. Estos incluyen la variación del objeto a medir, la variación del sistema de medición y la variación del operador.

La variación del objeto a medir se refiere a la variación natural en la característica que se está midiendo, como la variación en la longitud de una pieza de metal debido a las fluctuaciones en la temperatura ambiente. Esta variación puede ser difícil de controlar y puede afectar la precisión de los sistemas de medición.

La variación del sistema de medición se refiere a la variación en la respuesta del sistema de medición a la misma característica del objeto a medir. Esta variación puede deberse a la precisión limitada del sistema de medición, la falta de calibración o el desgaste del sistema de medición.

La variación del operador se refiere a la variación en la forma en que los diferentes operadores realizan la medición. Esta variación puede deberse a diferencias en la técnica de medición o en la percepción del operador de la característica que se está midiendo.

Métodos para evaluar la precisión y confiabilidad de los sistemas de medición

Existen varios métodos utilizados en el análisis de sistemas de medición para evaluar la precisión y confiabilidad de los sistemas de medición. En esta sección, discutiremos algunos de los métodos más comunes utilizados en el análisis de sistemas de medición.

Repetibilidad y reproducibilidad (R&R)

El análisis de repetibilidad y reproducibilidad (R&R) es un método común utilizado en el análisis de sistemas de medición. El objetivo de este análisis es evaluar la variación de los resultados de las mediciones debido a la variación del operador y la variación del sistema de medición.

El análisis R&R se lleva a cabo utilizando una prueba de estudio de variación, en la que varios operadores miden la misma característica del mismo objeto utilizando el mismo sistema de medición. El análisis R&R evalúa tanto la repetibilidad como la reproducibilidad de los resultados de las mediciones.

La repetibilidad se refiere a la variación en los resultados de las mediciones obtenidos por el mismo operador utilizando el mismo sistema de medición. La reproducibilidad se refiere a la variación en los resultados de las mediciones obtenidos por diferentes operadores utilizando el mismo sistema de medición.

El análisis R&R se puede realizar utilizando varios métodos diferentes, como el método de análisis de varianza (ANOVA) y el método de desviación estándar.

Capacidad del sistema de medición (MS)

Otro método común utilizado en el análisis de sistemas de medición es la evaluación de la capacidad del sistema de medición (MS). El objetivo de este análisis es evaluar la capacidad del sistema de medición para medir una característica con precisión.

El análisis de capacidad del sistema de medición se lleva a cabo utilizando una prueba de estudio de capacidad, en la que se mide una característica de un objeto utilizando el sistema de medición. La variación de los resultados de las mediciones se evalúa en relación con la variación del objeto a medir. El análisis de capacidad del sistema de medición se puede realizar utilizando varios métodos diferentes, como el método de varianza de componentes y el método de tolerancia.

Gráficos de control

Los gráficos de control son una herramienta comúnmente utilizada en la fabricación y el control de calidad para monitorear la variación en los procesos de producción. También se pueden utilizar en el análisis de sistemas de medición para monitorear la variación en los resultados de las mediciones.

Los gráficos de control utilizan límites de control para determinar si los resultados de las mediciones se encuentran dentro de los límites esperados. Los límites de control se calculan utilizando la variación de los resultados de las mediciones en relación con la variación esperada. Si los resultados de las mediciones caen fuera de los límites de control, esto puede indicar un problema con el sistema de medición.

Interpretación de los resultados del análisis de sistemas de medición

Una vez que se ha llevado a cabo el análisis de sistemas de medición, es importante interpretar los resultados para determinar si se cumplen los criterios de precisión y confiabilidad.

En el análisis R&R, se espera que la repetibilidad y la reproducibilidad sean bajas en relación con la variación del objeto a medir. Si la repetibilidad y la reproducibilidad son altas en relación con la variación del objeto a medir, esto indica que puede haber problemas con el sistema de medición y que se deben tomar medidas para mejorar la precisión y confiabilidad del sistema de medición.

En el análisis de capacidad del sistema de medición, se espera que la variación del sistema de medición sea baja en relación con la variación del objeto a medir. Si la variación del sistema de medición es alta en relación con la variación del objeto a medir, esto indica que puede haber problemas con el sistema de medición y que se deben tomar medidas para mejorar la precisión y confiabilidad del sistema de medición.

En los gráficos de control, se espera que los resultados de las mediciones caigan dentro de los límites de control esperados. Si los resultados de las mediciones caen fuera de los límites de control, esto indica que puede haber problemas con el sistema de medición y que se deben tomar medidas para mejorar la precisión y confiabilidad del sistema de medición.

En general, un sistema de medición se considera preciso y confiable si cumple con los criterios de precisión y confiabilidad establecidos para la aplicación específica. Si el sistema de medición no cumple con los criterios de precisión y confiabilidad, se deben tomar medidas para mejorar el sistema de medición antes de su uso en aplicaciones críticas.

Conclusiones

El análisis de sistemas de medición es una herramienta importante para garantizar la precisión y confiabilidad de los sistemas de medición utilizados en la fabricación y el control de calidad. Existen varios métodos comunes utilizados en el análisis de sistemas de medición, como el análisis R&R, la evaluación de la capacidad del sistema de medición y los gráficos de control.

Es importante llevar a cabo un análisis de sistemas de medición antes de utilizar un sistema de medición en aplicaciones críticas para garantizar su precisión y confiabilidad. Si el sistema de medición no cumple con los criterios de precisión y confiabilidad, se deben tomar medidas para mejorar el sistema de medición antes de su uso en aplicaciones críticas.

PLANIFICACIÓN AVANZADA DE LA CALIDAD DEL PRODUCTO (APQP)

El proceso de Planificación avanzada de la calidad del producto (APQP, por sus siglas en inglés) es un enfoque estructurado para el desarrollo de productos y procesos de fabricación de alta calidad. Este enfoque es utilizado por muchas empresas líderes en todo el mundo para asegurarse de que los productos que producen sean de alta calidad, seguros y confiables para los clientes. En este capítulo, vamos a explorar en profundidad qué es el APQP, por qué es importante y cómo se puede implementar con éxito en cualquier empresa.

¿Qué es el APQP?

El APQP es un proceso de desarrollo de productos que se enfoca en la calidad, la seguridad y la fiabilidad. Fue desarrollado por la industria automotriz en los años 80 como una forma de asegurarse de que los vehículos producidos cumplieran con los estándares de calidad y seguridad establecidos por la industria. Desde entonces, se ha extendido a otras industrias y se ha convertido en una herramienta de gestión de calidad ampliamente utilizada.

El APQP es un proceso estructurado que consta de cinco fases principales:

Planificación y definición del proyecto: esta fase implica la definición clara del proyecto y la identificación de los requisitos del cliente, incluyendo los requisitos técnicos, de calidad y de seguridad. También se identifican los riesgos potenciales asociados con el proyecto y se establecen los objetivos de calidad y los planes de gestión del proyecto.

Diseño y desarrollo del producto: en esta fase, se desarrolla el diseño del producto y se realizan pruebas y evaluaciones para asegurarse de que el producto cumple con los requisitos del cliente. Se utilizan herramientas como el análisis de modo y efecto de fallas (FMEA) y la evaluación de riesgos para identificar y mitigar cualquier riesgo potencial.

Diseño y desarrollo del proceso: en esta fase, se desarrolla el proceso de fabricación del producto y se realizan pruebas y evaluaciones para asegurarse de que el proceso sea seguro, eficiente y cumpla con los requisitos de calidad del producto. Se utilizan herramientas como la planificación avanzada de la calidad del proceso (PPAP) para asegurarse de que el proceso de fabricación sea capaz de producir productos de alta calidad de manera consistente.

Validación del producto y del proceso: en esta fase, se realizan pruebas y evaluaciones finales para asegurarse de que el producto y el proceso cumplan con los requisitos del cliente y sean seguros, eficientes y confiables. Se realizan pruebas en el producto real y se validan los resultados. También se realizan pruebas de capacidad del proceso para asegurarse de que el proceso de fabricación pueda producir productos de alta calidad de manera consistente.

Lanzamiento del producto: en esta fase, se lanza el producto al mercado y se monitorea su rendimiento. Se recopilan datos y se realizan evaluaciones continuas para asegurarse de que el producto sigue cumpliendo con los requisitos del cliente y de calidad.

¿Por qué es importante el APQP?

El APQP es importante porque ayuda a las empresas a desarrollar productos de alta calidad y seguros que cumplan con los requisitos del cliente. Al seguir el proceso estructurado del APQP, las empresas pueden identificar y mitigar los riesgos potenciales asociados con el desarrollo del producto y asegurarse de que el producto sea seguro, eficiente y confiable. Además, el APQP permite a las empresas realizar pruebas y evaluaciones en cada etapa del desarrollo del producto para garantizar que el producto cumpla con los requisitos de calidad y de seguridad. Esto puede ayudar a evitar costosos errores de diseño y fabricación, lo que a su vez puede ahorrar tiempo y dinero a la empresa.

Otra razón por la cual el APQP es importante es porque ayuda a las empresas a mantenerse competitivas en un mercado cada vez más exigente. Los clientes esperan productos de alta calidad y seguridad, y las empresas que no pueden cumplir con estos requisitos pueden perder clientes y oportunidades de negocio. Al seguir el proceso estructurado del APQP, las empresas pueden asegurarse de que sus productos sean competitivos en el mercado y satisfagan las necesidades y expectativas del cliente.

Cómo implementar el APQP con éxito

Para implementar el APQP con éxito, se necesitan ciertos pasos clave que deben seguirse en cada etapa del proceso. Aquí hay algunos pasos clave que pueden ayudar a las empresas a implementar el APQP con éxito:

Compromiso de la alta dirección: el compromiso de la alta dirección es crucial para el éxito de cualquier proyecto de calidad. La alta dirección debe estar comprometida con el proceso APQP y asegurarse de que se asignen los recursos necesarios para su implementación.

Selección del equipo APQP: se debe seleccionar un equipo de personas con las habilidades y la experiencia adecuadas para implementar el proceso APQP. El equipo debe estar compuesto por representantes de todas las áreas involucradas en el desarrollo del producto, incluyendo ingeniería, calidad, compras, producción y marketing.

Definición clara de los requisitos del cliente: es importante definir claramente los requisitos del cliente, incluyendo los requisitos técnicos, de calidad y de seguridad. Los requisitos deben ser claros, medibles y verificables.

Utilización de herramientas APQP: se deben utilizar herramientas APQP como FMEA, PPAP y otros para asegurarse de que el proceso APQP sea riguroso y completo. Estas herramientas pueden ayudar a identificar y mitigar riesgos potenciales en cada etapa del proceso.

Evaluación continua del proceso APQP: es importante evaluar continuamente el proceso APQP para asegurarse de que esté funcionando de manera efectiva y eficiente. Esto puede incluir la realización de auditorías internas y externas, la recopilación de datos y la realización de evaluaciones de satisfacción del cliente.

Conclusiones

El APQP es un proceso de desarrollo de productos estructurado que se enfoca en la calidad, la seguridad y la fiabilidad. Es utilizado por muchas empresas líderes en todo el mundo para asegurarse de que los productos que producen sean de alta calidad, seguros y confiables para los clientes. El APQP consta de cinco fases principales y se basa en herramientas como FMEA y PPAP para identificar y mitigar riesgos potenciales en cada etapa del proceso. Para implementar el APQP con éxito, se necesitan ciertos pasos clave, incluyendo el compromiso de la alta dirección, la selección de un equipo APQP adecuado, la definición clara de los requisitos del cliente, la utilización de herramientas APQP y la evaluación continua del proceso APQP.

OTRAS HERRAMIENTAS DE SOLUCIÓN DE PROBLEMAS

La resolución de problemas es una parte fundamental en cualquier proceso de mejora continua. Para lograr una mejora sostenible, es necesario tener herramientas efectivas que permitan identificar las causas raíz de los problemas y tomar acciones para eliminarlas o reducirlas. En este capítulo, se presentarán las principales herramientas utilizadas en la resolución de problemas de calidad, como el Diagrama de Ishikawa, los 5 porqués y la técnica de los 8D.

Diagrama de Ishikawa

El Diagrama de Ishikawa, también conocido como diagrama de espina de pescado o diagrama de causa y efecto, es una herramienta utilizada para identificar las posibles causas de un problema. El objetivo del diagrama es organizar las diferentes causas en categorías para poder identificar la causa raíz del problema.

El diagrama de Ishikawa consiste en una línea central horizontal que representa el problema que se quiere analizar. A partir de esta línea, se dibujan varias líneas diagonales hacia la izquierda que representan las diferentes categorías de causas. Las categorías de causas pueden variar dependiendo del problema que se esté analizando, pero algunas de las categorías más comunes son:

Personas

Procesos

Máquinas

Materiales

Medio ambiente

Métodos

En cada una de las líneas diagonales, se escriben las posibles causas que podrían estar contribuyendo al problema. Es importante que las posibles causas se escriban de manera clara y concisa, para que sea fácil identificar la relación entre las causas y el problema.

Una vez que se han identificado las posibles causas, se debe analizar cada una de ellas para determinar su relevancia y su relación con el problema. De esta manera, se pueden eliminar las causas que no tienen una relación directa con el problema y enfocarse en las causas más relevantes.

Una vez que se ha identificado la causa raíz del problema, se pueden tomar acciones para eliminarla o reducirla. Es importante recordar que el Diagrama de Ishikawa es una herramienta que ayuda a identificar las causas del problema, pero no resuelve el problema por sí sola.

5 porqués

Los 5 porqués es una herramienta que se utiliza para identificar la causa raíz de un problema. Esta herramienta consiste en hacerse la pregunta "¿por qué?" cinco veces seguidas para identificar la causa raíz del problema.

El objetivo de los 5 porqués es identificar las causas fundamentales del problema, no solo las causas superficiales. Al hacerse la pregunta "¿por qué?" varias veces, se pueden identificar las causas subyacentes que contribuyen al problema.

Por ejemplo, supongamos que el problema es que un producto está llegando tarde a los clientes. La conversación podría ser algo como:

¿Por qué está llegando tarde el producto? Porque el proceso de fabricación está tardando más de lo previsto.

¿Por qué está tardando más el proceso de fabricación? Porque hay un problema con una de las máquinas que está retrasando la producción.

¿Por qué hay un problema con la máquina? Porque no se ha realizado el mantenimiento preventivo que se debería hacer regularmente.

¿Por qué no se ha realizado el mantenimiento preventivo? Porque el equipo de mantenimiento no está suficientemente capacitado para identificar y solucionar los problemas antes de que se conviertan en problemas mayores.

¿Por qué el equipo de mantenimiento no está suficientemente capacitado? Porque la empresa no ha invertido en la capacitación y el desarrollo del equipo de mantenimiento.

En este ejemplo, la causa raíz del problema es la falta de inversión en la capacitación y el desarrollo del equipo de mantenimiento. Al identificar la causa raíz, se pueden tomar acciones para solucionar el problema y evitar que se repita en el futuro.

Es importante tener en cuenta que los 5 porqués no siempre se resuelven en cinco preguntas. El número de preguntas que se deben hacer depende del problema que se esté analizando y de la complejidad de las causas subyacentes.

Técnica de los 8D

La técnica de los 8D, también conocida como las 8 disciplinas de resolución de problemas, es una herramienta estructurada que se utiliza para resolver problemas de calidad de manera efectiva y sostenible. La técnica de los 8D se divide en ocho etapas que se deben seguir de manera secuencial:

Formar un equipo: El primer paso en la técnica de los 8D es formar un equipo multidisciplinario que esté compuesto por personas que tengan diferentes perspectivas y habilidades. El equipo debe tener un líder que sea responsable de coordinar el proceso de resolución de problemas.

Describir el problema: El equipo debe describir el problema de manera clara y concisa, utilizando datos y hechos objetivos. Es importante definir el problema de manera específica para evitar confusiones y malentendidos.

Contener el problema: El equipo debe tomar acciones para contener el problema y evitar que se propague. Esto puede incluir detener la producción o implementar medidas temporales para reducir el impacto del problema.

Identificar la causa raíz: El equipo debe utilizar herramientas como el Diagrama de Ishikawa y los 5 porqués para identificar la causa raíz del problema. Es importante asegurarse de que se están abordando las causas subyacentes y no solo los síntomas del problema.

Desarrollar soluciones: El equipo debe desarrollar varias posibles soluciones para abordar la causa raíz del problema. Es importante considerar diferentes perspectivas y enfoques para encontrar la solución más efectiva.

Seleccionar la mejor solución: El equipo debe evaluar cada una de las posibles soluciones y seleccionar la que sea más efectiva y sostenible. Es importante considerar factores como el costo, la viabilidad y el impacto a largo plazo.

Implementar la solución: El equipo debe implementar la solución seleccionada y asegurarse de que se está resolviendo la causa raíz del problema. Es importante monitorear el proceso de implementación para asegurarse de que se está logrando el resultado deseado.

Prevenir la recurrencia del problema: El equipo debe tomar acciones para evitar que el problema se repita en el futuro. Esto puede incluir la implementación de medidas preventivas y la revisión de los procesos y procedimientos para identificar posibles mejoras.

Conclusiones

La resolución de problemas de calidad es una parte fundamental en cualquier proceso de mejora continua. Las herramientas presentadas en este capítulo, como el Diagrama de Ishikawa, los 5 porqués y la técnica de los 8D, son herramientas poderosas que pueden ayudar a las empresas a identificar y solucionar problemas de manera efectiva y sostenible.

El Diagrama de Ishikawa es una herramienta útil para identificar las posibles causas de un problema y visualizar cómo están relacionadas entre sí. Al utilizar esta herramienta, los equipos pueden enfocar sus esfuerzos en las causas más importantes y evitar soluciones temporales que no resuelvan el problema subyacente.

Los 5 porqués son una herramienta efectiva para identificar la causa raíz de un problema. Al hacer preguntas repetitivas, los equipos pueden descubrir las causas subyacentes del problema y tomar medidas para prevenir que se repita en el futuro.

La técnica de los 8D es una herramienta estructurada que se utiliza para resolver problemas de calidad de manera efectiva y sostenible. Al seguir un proceso secuencial, los equipos pueden asegurarse de que están abordando el problema de manera sistemática y considerando todas las posibles soluciones.

Es importante recordar que la resolución de problemas de calidad no es un proceso lineal. Los problemas pueden ser complejos y requerir soluciones creativas. Las herramientas presentadas en este capítulo son solo algunas de las muchas herramientas que se pueden utilizar para resolver problemas de calidad. Es importante que los equipos utilicen herramientas y técnicas que sean adecuadas para el problema que están tratando de resolver.

La resolución de problemas de calidad es una parte fundamental en cualquier proceso de mejora continua. Al utilizar herramientas como el Diagrama de Ishikawa, los 5 porqués y la técnica de los 8D, los equipos pueden identificar y solucionar problemas de manera efectiva y sostenible, lo que puede ayudar a mejorar la calidad del producto, aumentar la satisfacción del cliente y reducir los costos de producción.

MEJORA CONTINUA: KAIZEN Y EL LEAN MANUFACTURING

La mejora continua es una filosofía de gestión empresarial que se centra en la búsqueda constante de la excelencia. Esta filosofía se basa en la idea de que siempre hay espacio para mejorar y que la mejora continua es la clave para alcanzar la excelencia empresarial.

La mejora continua se puede aplicar a todos los aspectos de la empresa, desde la gestión de los procesos de producción hasta la atención al cliente. Al centrarse en la mejora continua, las empresas pueden optimizar sus operaciones, reducir costos y mejorar la calidad del producto o servicio que ofrecen.

Hay varias metodologías de mejora continua, entre las que se incluyen Kaizen, Lean Manufacturing y Six Sigma. En este capítulo, nos centraremos en Kaizen y Lean Manufacturing, que son dos de las metodologías más populares para la mejora continua.

Kaizen

Kaizen es una palabra japonesa que significa mejora continua. La metodología Kaizen se centra en la mejora continua de los procesos de producción y en la eliminación de los desperdicios. Kaizen se basa en la idea de que incluso los cambios más pequeños pueden tener un gran impacto en la eficiencia y la calidad.

La metodología Kaizen se divide en tres fases: Planificación, Implementación y

Evaluación.

Planificación: En la fase de planificación, se identifican los procesos que se van a mejorar y se establecen los objetivos de mejora. Se pueden utilizar herramientas como el Diagrama de Ishikawa y el Diagrama de Flujo para analizar los procesos existentes y determinar qué áreas necesitan mejoras.

Implementación: En la fase de implementación, se llevan a cabo los cambios necesarios para mejorar los procesos. Estos cambios pueden incluir la eliminación de desperdicios, la reorganización de las áreas de trabajo y la mejora de los procesos de producción. La implementación de los cambios se lleva a cabo en pequeñas etapas y se evalúa continuamente para asegurarse de que se están logrando los objetivos de mejora.

Evaluación: En la fase de evaluación, se analizan los resultados de los cambios realizados y se comparan con los objetivos de mejora establecidos. Si los resultados no cumplen con los objetivos, se vuelven a analizar los procesos y se realizan más cambios para mejorarlos.

Kaizen se basa en siete principios:

Eliminación de desperdicios: Se eliminan todas las actividades que no agregan valor al proceso de producción.

Mejora continua: Se realizan mejoras constantes en los procesos existentes.

Trabajo en equipo: Se fomenta la colaboración y el trabajo en equipo para lograr los objetivos de mejora.

Participación de todos los empleados: Todos los empleados deben estar involucrados en la mejora continua.

Enfoque en el cliente: Se centra en las necesidades y expectativas del cliente.

Estándares claros: Se establecen estándares claros para los procesos de producción.

Sistema de sugerencias: Se fomenta la participación de los empleados a través de un sistema de sugerencias.

Lean Manufacturing

Lean Manufacturing es otra metodología de mejora continua que se centra en la eliminación de los desperdicios y la optimización de los procesos de producción. La metodología Lean Manufacturing se originó en Toyota en la década de 1950 y se ha convertido en una de las metodologías de gestión de producción más populares en todo el mundo.

La metodología Lean Manufacturing se basa en cinco principios:

Identificación del valor: Se identifica el valor que el producto o servicio ofrece al cliente.

Mapa del flujo de valor: Se analiza el flujo de valor de principio a fin y se identifican las actividades que no agregan valor al proceso.

Creación de flujo: Se optimiza el flujo de producción para eliminar los desperdicios y reducir los tiempos de espera.

Producción Justo a Tiempo (JIT): Se producen los productos justo a tiempo para su uso o venta, reduciendo los costos y aumentando la eficiencia.

Perfeccionamiento continuo: Se busca la mejora constante de los procesos para maximizar la eficiencia y la calidad.

La metodología Lean Manufacturing también se divide en tres fases: Planificación, Implementación y Evaluación.

Planificación: En la fase de planificación, se identifican los procesos que se van a mejorar y se establecen los objetivos de mejora. Se puede utilizar una herramienta llamada mapa del flujo de valor para analizar los procesos existentes y determinar qué áreas necesitan mejoras.

Implementación: En la fase de implementación, se llevan a cabo los cambios necesarios para optimizar los procesos. Estos cambios pueden incluir la eliminación de desperdicios, la reorganización de las áreas de trabajo y la mejora de los procesos de producción. La implementación de los cambios se lleva a cabo en pequeñas etapas y se evalúa continuamente para asegurarse de que se están logrando los objetivos de mejora.

Evaluación: En la fase de evaluación, se analizan los resultados de los cambios realizados y se comparan con los objetivos de mejora establecidos. Si los resultados no cumplen con los objetivos, se vuelven a analizar los procesos y se realizan más cambios para mejorarlos.

La metodología Lean Manufacturing también utiliza varias herramientas y técnicas para optimizar los procesos de producción, incluyendo:

5S: Una técnica para mejorar la organización y limpieza del lugar de trabajo.

Kanban: Un sistema de control de inventario que se utiliza para controlar la producción justo a tiempo.

Poka-yoke: Una técnica para prevenir errores y garantizar la calidad.

Kaizen: La mejora continua es una parte fundamental de la metodología Lean Manufacturing.

Comparación entre Kaizen y Lean Manufacturing

Si bien Kaizen y Lean Manufacturing comparten algunos principios y herramientas similares, existen algunas diferencias importantes entre las dos metodologías.

En general, Kaizen se centra más en la mejora continua de los procesos de producción, mientras que Lean Manufacturing se centra en la eliminación de los desperdicios y la optimización del flujo de producción. Kaizen también se enfoca más en la participación de todos los empleados en el proceso de mejora, mientras que Lean Manufacturing se centra más en la optimización del flujo de producción y la mejora de la eficiencia.

Otra diferencia importante es que Kaizen se centra en realizar pequeños cambios continuos, mientras que Lean Manufacturing se centra en realizar grandes cambios en la organización del proceso de producción. En Kaizen, se espera que cada empleado realice pequeñas mejoras en su trabajo diario, mientras que en Lean Manufacturing, se realizan grandes cambios en el proceso de producción para eliminar los desperdicios y mejorar la eficiencia.

Otra diferencia importante entre las dos metodologías es su enfoque en la calidad. Kaizen se centra en la mejora continua de la calidad, mientras que Lean Manufacturing se centra en la eliminación de los desperdicios y la optimización del flujo de producción. Sin embargo, ambas metodologías tienen como objetivo mejorar la calidad del producto o servicio.

En resumen, Kaizen y Lean Manufacturing son dos metodologías diferentes pero complementarias que se utilizan para mejorar los procesos de producción. Kaizen se enfoca en la mejora continua de los procesos y la calidad, mientras que Lean Manufacturing se enfoca en la eliminación de los desperdicios y la optimización del flujo de producción. Ambas metodologías se basan en la participación de todos los empleados en el proceso de mejora y utilizan herramientas y técnicas similares para lograr sus objetivos.

Implementación de Kaizen y Lean Manufacturing

La implementación de Kaizen y Lean Manufacturing puede ser un desafío, pero siguiendo algunos pasos clave se puede lograr una implementación exitosa.

Definir objetivos: Lo primero que se debe hacer es definir los objetivos de mejora y establecer un plan de acción claro para lograrlos.

Comunicar los objetivos y la metodología: Es importante comunicar los objetivos y la metodología a todos los empleados para que estén alineados con los cambios que se van a realizar.

Capacitación: Se deben capacitar a todos los empleados en la metodología y herramientas de Kaizen y Lean Manufacturing para que puedan contribuir de manera efectiva a la mejora continua.

Identificación de procesos y desperdicios: Se debe analizar el proceso de producción y determinar dónde se pueden eliminar los desperdicios y mejorar la eficiencia.

Implementación de cambios: Los cambios se deben implementar en pequeñas etapas y evaluar continuamente para asegurarse de que se están logrando los objetivos de mejora.

Mantenimiento de la mejora: Una vez que se han logrado mejoras, es importante mantenerlas y seguir mejorando continuamente.

Evaluación: Se deben evaluar los resultados de los cambios realizados y compararlos con los objetivos de mejora establecidos.

La implementación de Kaizen y Lean Manufacturing requiere un compromiso y una participación activa de todos los empleados, desde los trabajadores de línea hasta la alta gerencia. También es importante contar con el apoyo de los proveedores y los clientes para lograr una mejora continua en todo el proceso de producción.

Beneficios de la implementación de Kaizen y Lean Manufacturing

La implementación de Kaizen y Lean Manufacturing puede ofrecer muchos beneficios para una empresa, incluyendo:

Reducción de los costos: Al eliminar los desperdicios y optimizar el flujo de producción, se pueden reducir los costos de producción.

Mejora de la calidad: La mejora continua de la calidad es un objetivo clave de Kaizen y Lean Manufacturing, lo que resulta en productos o servicios de mayor calidad.

Aumento de la eficiencia: Al optimizar el flujo de producción y eliminar los desperdicios, se puede aumentar la eficiencia del proceso, lo que resulta en una mayor producción con menos recursos.

Reducción del tiempo de ciclo: Al eliminar los desperdicios y optimizar el flujo de producción, se puede reducir el tiempo de ciclo, lo que significa que los productos o servicios se pueden entregar más rápidamente a los clientes.

Mejora del ambiente laboral: La participación de todos los empleados en el proceso de mejora y la implementación de cambios pueden mejorar el ambiente laboral y aumentar la satisfacción de los empleados.

Mejora de la satisfacción del cliente: Al mejorar la calidad del producto o servicio, reducir el tiempo de ciclo y entregar productos o servicios de manera más eficiente, se puede mejorar la satisfacción del cliente.

Mayor competitividad: La implementación de Kaizen y Lean Manufacturing puede mejorar la competitividad de una empresa al reducir los costos, mejorar la calidad, aumentar la eficiencia y mejorar la satisfacción del cliente.

En resumen, la implementación de Kaizen y Lean Manufacturing puede ofrecer muchos beneficios para una empresa, incluyendo la reducción de costos, la mejora de la calidad, el aumento de la eficiencia, la reducción del tiempo de ciclo, la mejora del ambiente laboral, la mejora de la satisfacción del cliente y la mayor competitividad.

Ejemplos de la implementación de Kaizen y Lean Manufacturing

Hay muchos ejemplos exitosos de la implementación de Kaizen y Lean Manufacturing en empresas de todo el mundo. Aquí presentamos algunos ejemplos notables:

Toyota: Toyota es uno de los ejemplos más conocidos de la implementación de Kaizen y Lean Manufacturing. La empresa ha utilizado estas metodologías para mejorar la eficiencia y la calidad de sus productos y ha sido reconocida por su excelencia en la producción.

Motorola: Motorola utilizó Kaizen para mejorar la calidad de sus productos y reducir los costos de producción. La empresa implementó un programa de mejora continua en todas sus plantas y logró reducir los defectos en un 80% y los costos de producción en un 40%.

General Electric: General Electric implementó Lean Manufacturing en su planta de motores de aviones y logró reducir el tiempo de ciclo en un 25% y los costos en un 20%.

Ford: Ford utilizó Lean Manufacturing para mejorar la eficiencia de su planta de motores y logró reducir los costos en un 20% y aumentar la producción en un 35%.

Amazon: Amazon utiliza Lean Manufacturing en sus centros de distribución para optimizar el flujo de producción y reducir los tiempos de entrega. La empresa ha logrado reducir el tiempo de procesamiento de pedidos en un 50% y aumentar la eficiencia del proceso de almacenamiento y envío.

Estos son solo algunos ejemplos de empresas que han logrado implementar con éxito Kaizen y Lean Manufacturing para mejorar la eficiencia, la calidad y reducir los costos. Sin embargo, estas metodologías pueden ser implementadas en cualquier tipo de empresa y pueden ofrecer beneficios significativos si se implementan adecuadamente.

Conclusiones

La implementación de Kaizen y Lean Manufacturing puede ofrecer muchos beneficios para una empresa, incluyendo la reducción de costos, la mejora de la calidad, el aumento de la eficiencia, la reducción del tiempo de ciclo, la mejora del ambiente laboral, la mejora de la satisfacción del cliente y la mayor competitividad. Estas metodologías se enfocan en la mejora continua y en la eliminación de desperdicios para lograr una producción más eficiente y de mayor calidad.

La implementación de Kaizen y Lean Manufacturing requiere un compromiso y una participación activa de todos los empleados en el proceso de mejora continua. Se requiere un enfoque sistemático y una mentalidad de mejora continua para lograr los beneficios deseados.

Es importante tener en cuenta que la implementación de Kaizen y Lean Manufacturing no es un proceso fácil ni rápido. Requiere tiempo, esfuerzo y recursos para lograr los cambios deseados. Además, el proceso de mejora continua nunca termina y siempre hay margen para la mejora.

Sin embargo, si se implementan adecuadamente, estas metodologías pueden transformar la forma en que una empresa opera y puede llevar a mejoras significativas en la eficiencia, la calidad y la competitividad.

La implementación de Kaizen y Lean Manufacturing puede ser una estrategia efectiva para mejorar la eficiencia, la calidad y la competitividad de una empresa. La eliminación de desperdicios y la mejora continua son los pilares de estas metodologías y requieren un compromiso y una participación activa de todos los empleados. Si se implementan adecuadamente, pueden ofrecer beneficios significativos para una empresa a largo plazo.

ANÁLISIS DE MODO DE FALLA, EFECTO Y CRITICIDAD (FMECA)

El análisis de modo de falla, efecto y criticidad (FMECA) es una herramienta de gestión de riesgos utilizada para identificar y evaluar posibles fallas en sistemas y procesos. Fue desarrollado originalmente por la NASA para la industria aeroespacial, pero ha sido ampliamente adoptado en muchos otros sectores, incluyendo la fabricación, la energía, la salud y la tecnología de la información.

El proceso de FMECA implica la identificación y evaluación de los modos de falla potenciales de un sistema o proceso, la estimación de la severidad de los efectos asociados a cada modo de falla, la identificación de las causas subyacentes de cada modo de falla y la determinación de las medidas preventivas o de mitigación necesarias para minimizar el riesgo asociado a cada modo de falla.

En este capítulo, se explicará en detalle el proceso de FMECA, desde la preparación previa hasta la implementación y el seguimiento de las medidas de mitigación.

Preparación previa

Antes de comenzar el proceso de FMECA, es necesario reunir información sobre el sistema o proceso a analizar. Esto incluye la identificación de los componentes del sistema o proceso, sus funciones, los requisitos de desempeño y las normativas y estándares aplicables. Además, es importante reunir información sobre las experiencias pasadas de fallas y los datos de rendimiento del sistema o proceso.

El equipo de análisis de FMECA debe estar compuesto por miembros con conocimientos técnicos y experiencia en el sistema o proceso a analizar. Es importante que los miembros del equipo sean capaces de trabajar juntos de manera colaborativa y tengan habilidades analíticas sólidas.

Es importante establecer un plan de trabajo claro y un cronograma para el proceso de FMECA, así como asignar roles y responsabilidades claras a cada miembro del equipo. También es importante definir los criterios de evaluación de la severidad de los efectos y la probabilidad de ocurrencia de los modos de falla.

Identificación de los modos de falla potenciales

El primer paso en el proceso de FMECA es identificar los modos de falla potenciales del sistema o proceso. Esto se logra mediante la realización de una evaluación sistemática de cada componente del sistema o proceso. El objetivo es identificar todos los modos de falla potenciales que puedan causar un efecto negativo en el desempeño del sistema o proceso.

Los modos de falla pueden ser divididos en dos categorías: modos de falla funcionales y modos de falla no funcionales. Los modos de falla funcionales se refieren a situaciones en las que el sistema o proceso no puede realizar su función prevista. Los modos de falla no funcionales se refieren a situaciones en las que el sistema o proceso sigue funcionando, pero con un rendimiento reducido.

Una vez que se han identificado los modos de falla potenciales, es importante asignar un código o identificador único a cada modo de falla. Esto facilitará la documentación y el seguimiento de los resultados del análisis de FMECA.

Estimación de la severidad de los efectos asociados a cada modo de falla

El siguiente paso en el proceso de FMECA es evaluar la severidad de los efectos asociados a cada modo de falla identificado. La severidad se refiere al grado de impacto que tendría el modo de falla en el sistema o proceso, en términos de seguridad, fiabilidad, calidad o costo.

Para evaluar la severidad de los efectos, se deben definir criterios claros y objetivos para cada uno de los aspectos relevantes del sistema o proceso. Por ejemplo, en un sistema de control de tráfico aéreo, la seguridad puede ser evaluada en términos de la probabilidad de colisiones, mientras que la calidad puede ser evaluada en términos de la capacidad de garantizar el flujo de tráfico sin demoras excesivas.

Una vez que se han definido los criterios de evaluación, se deben asignar valores a cada uno de ellos, para cada modo de falla potencial. Estos valores pueden ser numéricos, como escalas del 1 al 10, o pueden ser categóricos, como alto, medio o bajo. La evaluación de la severidad debe ser realizada por un grupo de expertos en el sistema o proceso.

Identificación de las causas subyacentes de cada modo de falla

Una vez que se ha evaluado la severidad de los efectos asociados a cada modo de falla, el siguiente paso en el proceso de FMECA es identificar las causas subyacentes de cada modo de falla. Las causas subyacentes pueden incluir fallas de diseño, errores de fabricación, errores de operación o factores ambientales.

Para identificar las causas subyacentes, se debe realizar un análisis detallado de cada modo de falla potencial, teniendo en cuenta las condiciones en las que se produciría el modo de falla. Se pueden utilizar diversas técnicas, como diagramas de flujo, diagramas de Ishikawa o diagramas de causa-efecto, para ayudar a identificar las causas subyacentes.

Determinación de las medidas preventivas o de mitigación necesarias

Una vez que se han identificado las causas subyacentes de cada modo de falla potencial, el siguiente paso en el proceso de FMECA es determinar las medidas preventivas o de mitigación necesarias para minimizar el riesgo asociado a cada modo de falla. Las medidas preventivas pueden incluir mejoras en el diseño, mejoras en la fabricación o mejoras en los procedimientos de operación.

Las medidas de mitigación pueden incluir la implementación de sistemas de detección y diagnóstico de fallas, el establecimiento de planes de mantenimiento preventivo o la implementación de sistemas de redundancia.

Para determinar las medidas preventivas o de mitigación necesarias, se deben evaluar las probabilidades de ocurrencia de cada modo de falla potencial, así como la severidad de los efectos asociados a cada modo de falla. Las medidas preventivas o de mitigación deben ser diseñadas para reducir tanto la probabilidad de ocurrencia como la severidad de los efectos asociados a cada modo de falla.

Implementación de las medidas preventivas o de mitigación

Una vez que se han determinado las medidas preventivas o de mitigación necesarias, el siguiente paso en el proceso de FMECA es implementarlas. La implementación de las medidas preventivas o de mitigación debe ser cuidadosamente planificada y documentada.

Es importante establecer un plan de acción claro y un cronograma para la implementación de las medidas preventivas o de mitigación. También es importante asignar roles y responsabilidades claras a los miembros del equipo encargados de implementar las medidas.

Durante la implementación de las medidas preventivas o de mitigación, es importante realizar pruebas y validaciones para asegurar que las medidas son efectivas y que no introducen nuevos riesgos en el sistema o proceso.

Monitoreo continuo del sistema o proceso

Una vez que se han implementado las medidas preventivas o de mitigación, es importante realizar un monitoreo continuo del sistema o proceso para asegurar que las medidas están funcionando como se esperaba y que no se han introducido nuevos riesgos en el sistema o proceso.

El monitoreo continuo puede incluir la recolección de datos y el análisis de los mismos para identificar cualquier problema o anomalía en el sistema o proceso. También puede incluir la implementación de sistemas de alerta temprana para detectar cualquier problema antes de que se convierta en una falla crítica.

El monitoreo continuo del sistema o proceso es una parte crítica del proceso de FMECA, ya que permite identificar cualquier problema o falla potencial antes de que se convierta en un problema crítico.

Ventajas y desventajas del FMECA

El FMECA es una herramienta muy útil para identificar y mitigar los riesgos asociados a los sistemas y procesos. Algunas de las ventajas del FMECA incluyen:

Identificación temprana de riesgos potenciales: El FMECA permite identificar los riesgos potenciales en un sistema o proceso antes de que se conviertan en fallas críticas.

Mejora de la seguridad y fiabilidad: La implementación de medidas preventivas o de mitigación puede mejorar significativamente la seguridad y fiabilidad de un sistema o proceso.

Reducción de costos: La identificación y mitigación temprana de los riesgos puede reducir los costos asociados a reparaciones y reemplazos de equipos.

Mejora de la eficiencia: La identificación y mitigación de los riesgos pueden mejorar la eficiencia de un sistema o proceso al reducir los tiempos de inactividad y mejorar la calidad del producto o servicio.

Sin embargo, el FMECA también tiene algunas limitaciones y desventajas, entre las que se incluyen:

Complejidad: El proceso de FMECA puede ser muy complejo y requiere de expertos en el sistema o proceso para llevarlo a cabo correctamente.

Costo: El proceso de FMECA puede ser costoso, especialmente si se requiere de la contratación de expertos externos.

Falta de datos: La falta de datos puede dificultar la evaluación de algunos riesgos potenciales.

Dificultad para predecir todos los posibles escenarios: El FMECA se basa en la evaluación de escenarios potenciales, lo que significa que es posible que algunos riesgos no sean identificados.

Conclusiones

El análisis de modo de falla, efecto y criticidad (FMECA) es una herramienta muy útil para identificar y mitigar los riesgos asociados a los sistemas y procesos. El proceso de FMECA incluye la identificación de los modos de falla potenciales, la evaluación de la severidad de los efectos asociados a cada modo de falla, la identificación de las causas subyacentes de cada modo de falla, la determinación de las medidas preventivas o de mitigación necesarias y la implementación, y monitoreo continuo del sistema o proceso.

El FMECA puede ayudar a mejorar la seguridad y fiabilidad de un sistema o proceso, reducir los costos asociados a reparaciones y reemplazos de equipos, mejorar la eficiencia y calidad del producto o servicio, entre otras ventajas.

Sin embargo, el proceso de FMECA puede ser complejo y costoso, especialmente si se requiere de expertos externos. Además, la falta de datos y la dificultad para predecir todos los posibles escenarios pueden limitar su efectividad.

Es importante recordar que el FMECA no es una herramienta única para garantizar la seguridad y fiabilidad de un sistema o proceso, sino que debe ser utilizado como parte de un enfoque holístico que incluya la identificación y gestión de los riesgos a lo largo de todo el ciclo de vida del sistema o proceso.

En resumen, el análisis de modo de falla, efecto y criticidad (FMECA) es una herramienta muy útil para identificar y mitigar los riesgos asociados a los sistemas y procesos. Aunque tiene algunas limitaciones y desventajas, su uso puede mejorar significativamente la seguridad, fiabilidad y eficiencia de los sistemas y procesos, lo que puede traducirse en beneficios tanto para las empresas como para los usuarios y consumidores finales.

ANÁLISIS DE CAPACIDAD DEL PROCESO

El análisis de capacidad del proceso es una parte importante de la gestión de calidad en la fabricación de productos. La capacidad del proceso se refiere a la habilidad de un proceso de fabricación para producir productos dentro de los límites de especificación. En otras palabras, se trata de la capacidad del proceso para producir productos que cumplan con los requisitos del cliente.

El análisis de capacidad del proceso es una herramienta crítica para asegurar que los procesos de fabricación estén funcionando correctamente y produciendo productos de calidad. Este capítulo describirá las principales herramientas utilizadas para evaluar la capacidad del proceso, incluyendo el índice de capacidad del proceso, el análisis de histogramas, el análisis de control estadístico de procesos y el análisis de capacidad del proceso a largo plazo.

Índice de capacidad del proceso

El índice de capacidad del proceso es una medida de la capacidad del proceso para producir productos dentro de los límites de especificación. El índice de capacidad del proceso se calcula utilizando la siguiente fórmula:

índice de capacidad del proceso = (Límite superior de especificación - Límite inferior de especificación) / (6 x Desviación estándar del proceso)

Si el índice de capacidad del proceso es mayor que 1, significa que el proceso es capaz de producir productos dentro de los límites de especificación. Si el índice de capacidad del proceso es menor que 1, significa que el proceso no es capaz de producir productos dentro de los límites de especificación.

El índice de capacidad del proceso se utiliza para evaluar la capacidad del proceso en términos de la distribución de los datos del proceso. Si la distribución de los datos del proceso es normal, se puede utilizar la desviación estándar como una medida de la variabilidad del proceso. Si la distribución de los datos del proceso no es normal, se puede utilizar la desviación media absoluta como una medida de la variabilidad del proceso.

Análisis de histogramas

El análisis de histogramas es una herramienta utilizada para visualizar la distribución de los datos del proceso. Un histograma es un gráfico de barras que muestra la frecuencia de los valores del proceso. El eje horizontal del histograma representa el rango de valores del proceso, mientras que el eje vertical representa la frecuencia de esos valores.

El análisis de histogramas se utiliza para identificar cualquier problema con la distribución de los datos del proceso. Si la distribución de los datos del proceso es normal, el histograma tendrá una forma de campana. Si la distribución de los datos del proceso no es normal, el histograma tendrá una forma diferente.

El análisis de histogramas también se utiliza para identificar valores atípicos o valores extremos en los datos del proceso. Los valores atípicos pueden ser un indicador de problemas en el proceso de fabricación y deben ser investigados.

Análisis de control estadístico de procesos

El análisis de control estadístico de procesos (SPC) es una herramienta utilizada para controlar la variabilidad del proceso y mantenerlo dentro de los límites de especificación. El SPC utiliza gráficos de control para mostrar cómo se comporta el proceso a lo largo del tiempo. El gráfico de control muestra la media del proceso y los límites de control superiores e inferiores.

El SPC se utiliza para identificar cualquier variabilidad no controlada en el proceso. Si se detecta variabilidad no controlada en el proceso, se deben tomar medidas para identificar y corregir las causas de la variabilidad.

El SPC también se utiliza para identificar tendencias en el proceso. Si hay una tendencia en el proceso, puede indicar que hay un problema con el proceso que necesita ser corregido. Al utilizar el SPC para controlar el proceso, se puede asegurar que los productos se produzcan dentro de los límites de especificación y se reduzcan los residuos y la variabilidad.

Análisis de capacidad del proceso a largo plazo

El análisis de capacidad del proceso a largo plazo es una herramienta utilizada para evaluar la capacidad del proceso a largo plazo. El análisis de capacidad del proceso a largo plazo implica la recopilación de datos a lo largo del tiempo y el análisis de los datos para determinar si el proceso está produciendo productos dentro de los límites de especificación a largo plazo.

El análisis de capacidad del proceso a largo plazo se utiliza para identificar problemas con el proceso que pueden no ser evidentes en el análisis de la capacidad del proceso a corto plazo. El análisis de capacidad del proceso a largo plazo también se utiliza para identificar tendencias en el proceso y para identificar oportunidades de mejora.

Conclusiones

En resumen, el análisis de capacidad del proceso es una herramienta crítica para asegurar que los procesos de fabricación estén funcionando correctamente y produciendo productos de calidad. El índice de capacidad del proceso, el análisis de histogramas, el análisis de control estadístico de procesos y el análisis de capacidad del proceso a largo plazo son herramientas importantes utilizadas en el análisis de capacidad del proceso.

El índice de capacidad del proceso se utiliza para evaluar la capacidad del proceso en términos de la distribución de los datos del proceso. El análisis de histogramas se utiliza para visualizar la distribución de los datos del proceso y para identificar cualquier problema con la distribución de los datos. El análisis de control estadístico de procesos se utiliza para controlar la variabilidad del proceso y mantenerlo dentro de los límites de especificación. El análisis de capacidad del proceso a largo plazo se utiliza para evaluar la capacidad del proceso a largo plazo y para identificar tendencias en el proceso.

Al utilizar estas herramientas en el análisis de capacidad del proceso, se puede asegurar que los procesos de fabricación estén produciendo productos de calidad que cumplan con los requisitos del cliente y se reduzcan los residuos y la variabilidad en el proceso de fabricación. Además, el análisis de capacidad del proceso también puede identificar oportunidades de mejora en el proceso, lo que puede mejorar aún más la calidad del producto y la eficiencia del proceso.

Es importante destacar que el análisis de capacidad del proceso no es una actividad única, sino que debe realizarse continuamente para garantizar que el proceso siga funcionando correctamente. La evaluación regular de la capacidad del proceso puede ayudar a prevenir problemas en el proceso antes de que ocurran y a garantizar que el proceso siga produciendo productos de calidad.

En conclusión, el análisis de capacidad del proceso es una herramienta esencial para garantizar que los procesos de fabricación estén produciendo productos de calidad y reducir la variabilidad y los residuos en el proceso. Al utilizar el índice de capacidad del proceso, el análisis de histogramas, el análisis de control estadístico de procesos y el análisis de capacidad del proceso a largo plazo, se pueden identificar y corregir los problemas del proceso, mejorar la eficiencia del proceso y la calidad del producto.

HERRAMIENTAS DE GESTIÓN DE PROYECTOS

La industria automotriz es una de las más complejas y desafiantes en términos de proyectos de calidad. La creciente demanda de vehículos de alta calidad, la creciente complejidad de los sistemas de los vehículos y la necesidad de cumplir con regulaciones y estándares de seguridad cada vez más estrictos hacen que la gestión de proyectos sea crítica para el éxito en esta industria.

La gestión de proyectos en la industria automotriz se enfoca en la planificación, seguimiento y control de proyectos para asegurar que se cumplan los objetivos de calidad, costo y tiempo. Las herramientas de gestión de proyectos son fundamentales para la gestión efectiva de proyectos, como el diagrama de Gantt y la matriz RACI, entre otras. En este capítulo, se describen estas herramientas en detalle.

Diagrama de Gantt

El diagrama de Gantt es una herramienta visual utilizada para planificar y controlar proyectos. Esta herramienta se basa en un gráfico de barras que muestra el tiempo de duración de cada tarea del proyecto. El eje horizontal representa el tiempo y el eje vertical representa las tareas.

El diagrama de Gantt es útil para identificar los hitos del proyecto, los tiempos de inicio y finalización de cada tarea, y las dependencias entre tareas. También es posible identificar qué tareas son críticas para el proyecto y cuáles pueden ser más flexibles en términos de tiempo.

En la industria automotriz, el diagrama de Gantt es una herramienta clave para la planificación y seguimiento de proyectos complejos. El diagrama de Gantt permite a los gerentes de proyecto y equipos de proyecto visualizar la programación de cada tarea y planificar el tiempo necesario para completar cada tarea. También permite identificar los recursos necesarios para cada tarea y hacer ajustes en caso de problemas o cambios en el proyecto.

Matriz RACI

La matriz RACI es una herramienta utilizada para identificar y definir roles y responsabilidades en un proyecto. La matriz RACI es una herramienta de comunicación que ayuda a definir quién es responsable, quién es el encargado de tomar decisiones, quién es consultado y quién es informado en cada tarea del proyecto.

La matriz RACI se divide en cuatro roles principales: Responsable, Aprobador, Consultado e Informado. Estos roles se representan en las columnas de la matriz. Las filas de la matriz representan las tareas del proyecto. El objetivo de la matriz RACI es asegurar que cada tarea tenga un solo responsable y que las responsabilidades de cada persona involucrada en la tarea estén claramente definidas.

En la industria automotriz, la matriz RACI es una herramienta crítica para la gestión efectiva de proyectos. Debido a que los proyectos en esta industria involucran múltiples departamentos y equipos, la claridad en los roles y responsabilidades es fundamental para asegurar que el proyecto se complete a tiempo y con la calidad requerida.

Análisis FODA

El análisis FODA es una herramienta utilizada para evaluar las fortalezas, debilidades, oportunidades y amenazas de una empresa o proyecto. Esta herramienta se utiliza para identificar las áreas que deben mejorarse y las oportunidades que pueden ser aprovechadas.

El análisis FODA se divide en cuatro categorías: Fortalezas, Debilidades, Oportunidades y Amenazas. En la categoría de Fortalezas, se identifican los puntos fuertes de la empresa o proyecto. En la categoría de Debilidades, se identifican las áreas que deben mejorarse. En la categoría de Oportunidades, se identifican las oportunidades que pueden ser aprovechadas. En la categoría de

Amenazas, se identifican los factores externos que pueden afectar negativamente al proyecto.

En la industria automotriz, el análisis FODA es una herramienta importante para evaluar los proyectos y la empresa en su conjunto. Este análisis permite identificar las áreas que necesitan mejoras, como la calidad de los productos, la eficiencia en la producción y la satisfacción del cliente. También permite identificar oportunidades para expandir el negocio, como la entrada en nuevos mercados o la creación de nuevos productos. Además, ayuda a identificar las amenazas que pueden afectar al proyecto, como cambios en la regulación gubernamental, la competencia y la inestabilidad económica.

Mapa de Procesos

El mapa de procesos es una herramienta utilizada para visualizar los procesos de una organización o proyecto. Esta herramienta se utiliza para identificar los procesos críticos y cómo se relacionan entre sí. El mapa de procesos es una herramienta de comunicación que ayuda a identificar problemas y oportunidades de mejora en los procesos.

El mapa de procesos se representa gráficamente como un diagrama de flujo que muestra los procesos principales y subprocesos de la organización. Cada proceso se representa en una caja o rectángulo, y las flechas indican la dirección del flujo de trabajo. El mapa de procesos también puede incluir indicadores de rendimiento, como tiempos de ciclo y tasas de error.

En la industria automotriz, el mapa de procesos es una herramienta importante para visualizar los procesos críticos y cómo se relacionan entre sí. Permite a los equipos de proyecto y gerentes de proyecto identificar los cuellos de botella en los procesos, las áreas de ineficiencia y las oportunidades de mejora. También permite identificar los procesos que son críticos para la calidad del producto y la satisfacción del cliente.

Análisis de riesgos

El análisis de riesgos es una herramienta utilizada para identificar y evaluar los riesgos de un proyecto. Esta herramienta se utiliza para identificar los riesgos potenciales y cómo pueden afectar al proyecto. El análisis de riesgos es una herramienta de gestión de riesgos que ayuda a los equipos de proyecto a planificar y tomar medidas para reducir o mitigar los riesgos.

El análisis de riesgos se divide en varias etapas: identificación de riesgos, evaluación de riesgos, mitigación de riesgos y monitoreo de riesgos. La identificación de riesgos implica identificar los riesgos potenciales y cómo pueden afectar al proyecto. La evaluación de riesgos implica evaluar la probabilidad y el impacto de cada riesgo identificado. La mitigación de riesgos implica tomar medidas para reducir o mitigar los riesgos. El monitoreo de riesgos implica monitorear continuamente los riesgos para asegurar que se estén gestionando de manera efectiva.

En la industria automotriz, el análisis de riesgos es una herramienta crítica para la gestión efectiva de proyectos. Debido a la complejidad de los proyectos y la naturaleza de los riesgos potenciales, es esencial que los equipos de proyecto realicen un análisis de riesgos detallado y completo. Algunos de los riesgos comunes en la industria automotriz incluyen la falta de cumplimiento normativo, los problemas de calidad en los proveedores, los retrasos en la producción y los problemas de seguridad.

Diagrama de Gantt

El diagrama de Gantt es una herramienta utilizada para planificar y programar tareas en un proyecto. Esta herramienta se utiliza para visualizar el tiempo que llevará cada tarea y cómo se relaciona con otras tareas en el proyecto. El diagrama de Gantt es una herramienta de gestión de proyectos que ayuda a los equipos de proyecto a planificar y monitorear el progreso del proyecto.

El diagrama de Gantt se representa gráficamente como un diagrama de barras que muestra la duración de cada tarea y su relación con otras tareas. Las barras representan la duración de cada tarea y las flechas indican la relación entre las tareas. El diagrama de Gantt también puede incluir información adicional, como fechas de inicio y finalización, recursos asignados y hitos del proyecto.

En la industria automotriz, el diagrama de Gantt es una herramienta importante para la planificación y programación de tareas. Permite a los equipos de proyecto visualizar el progreso del proyecto y asegurarse de que se cumplan los plazos del proyecto. También ayuda a los gerentes de proyecto a identificar los problemas y tomar medidas correctivas si es necesario.

Matriz RACI

La matriz RACI es una herramienta utilizada para definir y comunicar roles y responsabilidades en un proyecto. Esta herramienta se utiliza para identificar quién es responsable, quién es accountable, quién es consultado y quién es informado para cada tarea en el proyecto. La matriz RACI es una herramienta de gestión de proyectos que ayuda a los equipos de proyecto a asegurarse de que todos los miembros del equipo comprendan sus roles y responsabilidades.

La matriz RACI se representa gráficamente como una tabla que enumera cada tarea en el proyecto y los miembros del equipo asignados a cada tarea. Cada tarea tiene una de las siguientes designaciones: Responsable, Accountable, Consulted e Informed. El responsable es la persona que realiza la tarea, el accountable es la persona que toma la decisión final sobre la tarea, el consultado es la persona que proporciona información y el informado es la persona que necesita saber sobre la tarea.

En la industria automotriz, la matriz RACI es una herramienta importante para definir y comunicar roles y responsabilidades en un proyecto. Permite a los equipos de proyecto asegurarse de que todos los miembros del equipo comprendan sus roles y responsabilidades. También ayuda a los gerentes de proyecto a identificar las áreas donde se necesita más apoyo y asegurarse de que todas las tareas estén siendo realizadas de manera efectiva.

Conclusiones

En la industria automotriz es fundamental contar con herramientas de gestión de proyectos efectivas para garantizar el éxito de los mismos. La planificación, programación y coordinación adecuadas son clave para asegurar que los proyectos se completen dentro de los plazos y presupuestos previstos, con la calidad y seguridad requeridas. El análisis FODA, el mapa de procesos, el análisis de riesgos, el diagrama de Gantt y la matriz RACI son herramientas valiosas que permiten a los equipos de proyecto identificar oportunidades y amenazas, definir roles y responsabilidades, y monitorear el progreso del proyecto. Al utilizar estas herramientas de manera efectiva, la industria automotriz puede mantenerse competitiva en un mercado en constante evolución y seguir innovando para satisfacer las necesidades y expectativas de los clientes.

INTRODUCCIÓN A LEAN SIX SIGMA

Lean Six Sigma es una metodología de mejora continua que combina los principios del Lean Manufacturing y Six Sigma para eliminar el desperdicio y reducir la variabilidad en los procesos. Esta metodología tiene como objetivo mejorar la calidad de los productos y servicios, reducir los costos y aumentar la satisfacción del cliente.

El Lean Manufacturing se enfoca en eliminar el desperdicio, mientras que Six Sigma se enfoca en reducir la variabilidad. Al combinar estas dos metodologías, Lean Six Sigma busca mejorar la eficiencia y efectividad de los procesos de manera holística.

La metodología Lean Six Sigma se compone de cinco fases: Definir, Medir, Analizar, Mejorar y Controlar (DMAIC, por sus siglas en inglés). Cada una de estas fases tiene un propósito específico y se utiliza para llevar a cabo la mejora continua en los procesos.

Fase 1: Definir

La fase de Definir tiene como objetivo definir el problema y establecer los objetivos de mejora. Durante esta fase, se identifican los procesos que se van a mejorar y se establecen los objetivos de mejora en términos de calidad, costo y tiempo.

También se crea un equipo de mejora que estará encargado de llevar a cabo el proyecto. Este equipo debe estar compuesto por personas de diferentes áreas de la organización para tener una perspectiva amplia y diversa.

Fase 2: Medir

La fase de Medir tiene como objetivo recopilar datos sobre el proceso actual para tener una base de comparación con el proceso mejorado. Durante esta fase, se identifican las variables críticas que afectan la calidad del proceso y se establecen los indicadores de desempeño que se utilizarán para medir la mejora.

También se establecen las herramientas y técnicas que se utilizarán para recopilar y analizar los datos. Algunas de estas herramientas incluyen el diagrama de flujo, el diagrama de Pareto, el histograma y la hoja de control.

Fase 3: Analizar

La fase de Analizar tiene como objetivo identificar las causas raíz del problema y encontrar oportunidades de mejora. Durante esta fase, se analizan los datos recopilados en la fase de Medir para identificar patrones y tendencias.

También se utilizan herramientas y técnicas de análisis como el análisis de causa raíz, el análisis de correlación y el análisis de varianza para identificar las causas del problema y las oportunidades de mejora.

Fase 4: Mejorar

La fase de Mejorar tiene como objetivo implementar soluciones para corregir las causas raíz identificadas en la fase de Analizar. Durante esta fase, se desarrollan soluciones potenciales y se selecciona la mejor solución para implementar.

También se utiliza la herramienta de diseño de experimentos para probar la solución y asegurarse de que sea efectiva antes de implementarla en el proceso.

Fase 5: Controlar

La fase de Controlar tiene como objetivo mantener la mejora y prevenir la recurrencia del problema. Durante esta fase, se establecen medidas de control para asegurarse de que la solución implementada se mantenga en el tiempo.

También se establecen planes de seguimiento y monitoreo para medir la efectividad de la solución y tomar medidas correctivas si es necesario. Se pueden establecer sistemas de retroalimentación y evaluación periódica para garantizar que el proceso siga mejorando con el tiempo.

Además de las cinco fases DMAIC, la metodología Lean Six Sigma también incluye otras herramientas y técnicas que se utilizan para mejorar la calidad y reducir los costos. Algunas de estas herramientas incluyen:

Mapas de flujo de valor: esta herramienta se utiliza para visualizar el proceso completo y identificar áreas de desperdicio. Permite identificar oportunidades de mejora y desarrollar un plan para eliminar el desperdicio y mejorar el flujo del proceso.

5S: esta técnica se utiliza para organizar el lugar de trabajo y mejorar la eficiencia. Consiste en clasificar, ordenar, limpiar, estandarizar y mantener el lugar de trabajo.

Poka-yoke: esta técnica se utiliza para evitar errores y defectos en el proceso. Consiste en diseñar el proceso de manera que sea imposible cometer errores o defectos.

Kanban: esta técnica se utiliza para controlar el flujo de trabajo y mejorar la eficiencia. Consiste en utilizar tarjetas o señales visuales para indicar cuándo se debe producir más productos o cuándo se debe reabastecer el inventario.

La metodología Lean Six Sigma se puede aplicar en cualquier tipo de organización, desde empresas manufactureras hasta organizaciones de servicios. También se puede aplicar en cualquier proceso, desde la fabricación de productos hasta el servicio al cliente.

El éxito de la implementación de Lean Six Sigma depende de la cultura de la organización. Es importante que la organización tenga una cultura de mejora continua y esté comprometida con la implementación de Lean Six Sigma. También es importante que los líderes de la organización apoyen y participen activamente en el proceso de mejora continua.

En resumen, Lean Six Sigma es una metodología de mejora continua que combina los principios del Lean Manufacturing y Six Sigma para eliminar el desperdicio y reducir la variabilidad en los procesos. Esta metodología tiene como objetivo mejorar la calidad de los productos y servicios, reducir los costos y aumentar la satisfacción del cliente. La metodología se compone de cinco fases: Definir, Medir, Analizar, Mejorar y Controlar (DMAIC), y utiliza herramientas y técnicas como mapas de flujo de valor, 5S, Poka-yoke y Kanban para mejorar la eficiencia y efectividad de los procesos. El éxito de la implementación de Lean Six Sigma depende de la cultura de la organización y el compromiso de los líderes.

HISTORIA Y EVOLUCIÓN DE LEAN SIX SIGMA

En los últimos años, Lean Six Sigma se ha convertido en una metodología popular de mejora continua que se ha utilizado en diversas organizaciones y empresas. Esta metodología combina los principios de Lean y Six Sigma para eliminar los residuos, reducir los defectos y mejorar la eficiencia y efectividad de los procesos. En este capítulo, se discutirá la historia y la evolución de Lean Six Sigma, desde sus orígenes hasta su adopción actual en el mundo empresarial.

Orígenes de Lean Six Sigma

La filosofía Lean se originó en Japón en la década de 1950, en la industria automotriz, específicamente en Toyota. El objetivo principal de Lean es maximizar el valor del cliente mientras se minimiza el desperdicio. El enfoque principal de Lean es la eliminación de residuos en los procesos, como la sobreproducción, el tiempo de espera, el transporte, el procesamiento excesivo, el inventario, el movimiento y los defectos.

Por otro lado, Six Sigma es una metodología que se originó en Motorola en la década de 1980. El objetivo principal de Six Sigma es reducir la variabilidad y los defectos en los procesos. La metodología utiliza herramientas estadísticas para identificar y analizar los problemas y mejorar la calidad de los productos y servicios.

La combinación de Lean y Six Sigma se produjo en la década de 1990 cuando las empresas comenzaron a buscar formas de mejorar su eficiencia y efectividad en los procesos. La metodología Lean Six Sigma se convirtió en una herramienta popular para las empresas para mejorar su calidad, reducir costos y mejorar la satisfacción del cliente.

Desarrollo de Lean Six Sigma

La metodología Lean Six Sigma ha evolucionado con el tiempo para adaptarse a las necesidades cambiantes de las empresas. A continuación, se describen algunas de las etapas clave en la evolución de Lean Six Sigma:

Inicio de la metodología Lean Six Sigma

La metodología Lean Six Sigma comenzó a utilizarse en la década de 1990 en empresas como General Electric y Motorola. En este momento, la metodología se centró en la mejora de procesos y la reducción de costos.

La metodología Lean Six Sigma se basa en cinco fases, conocidas como DMAIC (Definir, Medir, Analizar, Mejorar y Controlar). Cada fase tiene un conjunto de herramientas y técnicas que se utilizan para identificar y resolver problemas en los procesos.

Ampliación de Lean Six Sigma a otras industrias

En la década de 2000, la metodología Lean Six Sigma se amplió a otras industrias, como la salud y el gobierno. Las empresas comenzaron a utilizar la metodología para mejorar la calidad de los servicios y reducir los costos.

La metodología Lean Six Sigma también se adaptó para abordar problemas específicos en cada industria. Por ejemplo, en la industria de la salud, se utiliza Lean Six Sigma para mejorar la eficiencia de los procesos y reducir los errores médicos.

Integración de Lean Six Sigma con otras metodologías

En la última década, la metodología Lean Six Sigma se ha integrado con otras metodologías, como el pensamiento de diseño y la gestión de proyectos ágil. La integración de estas metodologías ha llevado a la creación de nuevas herramientas y técnicas que se utilizan en la mejora continua.

La metodología Lean Six Sigma también se ha adaptado para abordar problemas específicos en cada organización. Se han desarrollado versiones personalizadas de Lean Six Sigma para la industria de servicios, el sector público y el sector sin fines de lucro. También se ha creado una versión para pequeñas y medianas empresas.

Además, la metodología Lean Six Sigma ha evolucionado para incluir el concepto de Lean Startup. La metodología Lean Startup se centra en la creación de productos y servicios que satisfagan las necesidades del cliente. Se utiliza para desarrollar productos mínimos viables (MVP) y experimentar con el mercado para obtener retroalimentación temprana.

Beneficios de Lean Six Sigma

La metodología Lean Six Sigma se utiliza para mejorar la calidad, reducir los costos y aumentar la satisfacción del cliente. Los beneficios de Lean Six Sigma incluyen:

Mejora de la calidad: Lean Six Sigma ayuda a mejorar la calidad de los productos y servicios al reducir los defectos y la variabilidad en los procesos.

Reducción de costos: Lean Six Sigma ayuda a reducir los costos al eliminar los residuos en los procesos y mejorar la eficiencia.

Aumento de la satisfacción del cliente: Lean Six Sigma ayuda a mejorar la satisfacción del cliente al mejorar la calidad de los productos y servicios y reducir los tiempos de espera.

Mejora de la eficiencia: Lean Six Sigma ayuda a mejorar la eficiencia al eliminar los residuos y mejorar los procesos.

Aumento de la rentabilidad: Lean Six Sigma ayuda a aumentar la rentabilidad al reducir los costos y mejorar la calidad de los productos y servicios.

Conclusión

La metodología Lean Six Sigma ha evolucionado con el tiempo para adaptarse a las necesidades cambiantes de las empresas y organizaciones. La combinación de los principios de Lean y Six Sigma ha demostrado ser efectiva para mejorar la calidad, reducir los costos y aumentar la satisfacción del cliente. La metodología se ha adaptado para abordar problemas específicos en cada industria y organización. La metodología Lean Six Sigma seguirá evolucionando y adaptándose para satisfacer las necesidades futuras de las empresas y organizaciones en todo el mundo.

PRINCIPIOS DE LEAN SIX SIGMA

El Lean Six Sigma es un enfoque de gestión que combina las metodologías Lean y Six Sigma para mejorar la calidad, reducir los costos y aumentar la eficiencia en una organización. Este enfoque se centra en la eliminación de desperdicios, la mejora continua y la reducción de la variabilidad en los procesos de producción. El presente capítulo se enfocará en los principios básicos de Lean Six Sigma y cómo se pueden aplicar en una organización para obtener mejores resultados.

Introducción al Lean Six Sigma

El Lean Six Sigma es un enfoque de gestión que se ha utilizado en muchas organizaciones para mejorar la calidad, reducir los costos y aumentar la eficiencia. Esta metodología combina las herramientas y técnicas de Lean y Six Sigma para crear un enfoque de mejora continua en la organización. Los principios de Lean Six Sigma se basan en la eliminación de desperdicios, la mejora continua y la reducción de la variabilidad en los procesos de producción.

Los principios de Lean Six Sigma

Los principios de Lean Six Sigma se basan en cinco principios clave: el enfoque en el cliente, la mejora continua, la eliminación de desperdicios, la reducción de la variabilidad y la mejora del rendimiento. A continuación, se describen cada uno de estos principios.

Enfoque en el cliente

El primer principio de Lean Six Sigma es el enfoque en el cliente. La idea es que una organización debe centrarse en lo que el cliente quiere y necesita, en lugar de centrarse en lo que la organización quiere producir. Para lograr esto, una organización debe comprender las necesidades de sus clientes y garantizar que sus productos y servicios cumplan con esas necesidades.

Mejora continua

El segundo principio de Lean Six Sigma es la mejora continua. La idea es que una organización siempre debe esforzarse por mejorar sus procesos y productos para satisfacer mejor las necesidades de sus clientes. Esto se logra a través de la identificación y eliminación de desperdicios, la reducción de la variabilidad y el aumento de la eficiencia.

Eliminación de desperdicios

El tercer principio de Lean Six Sigma es la eliminación de desperdicios. La idea es que una organización debe eliminar cualquier actividad o proceso que no agregue valor al producto o servicio que se está produciendo. Esto se logra a través de la identificación y eliminación de procesos redundantes, actividades innecesarias y cualquier otra cosa que no contribuya al valor final del producto o servicio.

Reducción de la variabilidad

El cuarto principio de Lean Six Sigma es la reducción de la variabilidad. La idea es que una organización debe minimizar la variabilidad en sus procesos para lograr una mayor eficiencia y calidad. Esto se logra a través de la identificación y eliminación de cualquier fuente de variabilidad en el proceso de producción.

Mejora del rendimiento

El quinto principio de Lean Six Sigma es la mejora del rendimiento. La idea es que una organización debe medir y mejorar constantemente su rendimiento para lograr una mayor eficiencia y calidad. Esto se logra a través del seguimiento y medición de los indicadores clave de rendimiento y la implementación de mejoras en los procesos de producción.

Cómo aplicar los principios de Lean Six Sigma

Para aplicar los principios de Lean Six Sigma en una organización, se requiere un enfoque estructurado y sistemático. A continuación, se describen los pasos necesarios para aplicar estos principios en una organización.

Identificar los procesos clave

El primer paso para aplicar los principios de Lean Six Sigma es identificar los procesos clave de la organización que necesitan mejoras. Esto se puede lograr a través de la realización de un análisis de los procesos de producción, identificando aquellos que tienen mayores costos, mayor tiempo de ciclo o que presentan problemas de calidad.

Analizar los procesos

Una vez identificados los procesos clave, es necesario realizar un análisis detallado de los mismos para identificar los puntos de mejora. Esto se puede lograr a través de la realización de un diagrama de flujo de los procesos, identificando los puntos críticos y los problemas de calidad.

Identificar los desperdicios

Una vez que se han identificado los problemas y los puntos de mejora en los procesos, es necesario identificar los desperdicios en los mismos. Esto se puede lograr a través de la identificación de las actividades que no agregan valor al producto o servicio final y la eliminación de las mismas.

Reducir la variabilidad

Una vez identificados los desperdicios, es necesario reducir la variabilidad en los procesos para lograr una mayor eficiencia y calidad. Esto se puede lograr a través de la identificación y eliminación de las fuentes de variabilidad en el proceso de producción.

Medir y mejorar el rendimiento

Finalmente, es necesario medir y mejorar constantemente el rendimiento de los procesos para lograr una mayor eficiencia y calidad. Esto se puede lograr a través del seguimiento y medición de los indicadores clave de rendimiento y la implementación de mejoras en los procesos de producción.

Beneficios de la aplicación de los principios de Lean Six Sigma

La aplicación de los principios de Lean Six Sigma en una organización puede ofrecer una serie de beneficios, entre los que se incluyen:

Mejora de la calidad del producto o servicio.

Reducción de los costos de producción.

Aumento de la eficiencia y productividad.

Mejora de la satisfacción del cliente.

Reducción del tiempo de ciclo de los procesos de producción.

Aumento de la rentabilidad de la organización.

Conclusiones

El Lean Six Sigma es un enfoque de gestión que combina las metodologías Lean y Six Sigma para mejorar la calidad, reducir los costos y aumentar la eficiencia en una organización. Los principios de Lean Six Sigma se basan en la eliminación de desperdicios, la mejora continua y la reducción de la variabilidad en los procesos de producción. Para aplicar estos principios en una organización, se requiere un enfoque estructurado y sistemático que incluye la identificación de los procesos clave, el análisis de los mismos, la identificación de los desperdicios, la reducción de la variabilidad y la medición y mejora del rendimiento. La aplicación de los principios de Lean Six Sigma puede ofrecer una serie de beneficios para una organización, incluyendo la mejora de la calidad, la reducción de los costos, el aumento de la eficiencia y productividad, la mejora de la satisfacción del cliente y la rentabilidad.

ESTRUCTURA Y COMPONENTES DE LEAN SIX SIGMA

El Lean Six Sigma es una metodología que combina dos enfoques para mejorar los procesos empresariales y reducir los errores: el Lean Manufacturing y Six Sigma. La metodología se centra en la eliminación de los residuos y la reducción de la variación en los procesos. En este capítulo, analizaremos la estructura y componentes de Lean Six Sigma, que incluyen la filosofía Lean, la metodología Six Sigma y las herramientas que se utilizan en la implementación de esta metodología.

Filosofía Lean

La filosofía Lean se originó en Japón y se centró en la eliminación de los residuos en los procesos empresariales. Los residuos son cualquier cosa que no añade valor al producto o servicio, como el tiempo de espera, el exceso de inventario, la sobreproducción, el transporte innecesario, el exceso de procesamiento y los defectos. Al eliminar estos residuos, se mejora la eficiencia y se reducen los costos.

La filosofía Lean se basa en cinco principios:

Valor: el cliente es el que determina el valor de un producto o servicio.

Flujo de valor: los procesos se deben diseñar para crear un flujo de valor continuo desde la materia prima hasta el cliente.

Flujo continuo: los procesos deben diseñarse para minimizar los residuos y maximizar el flujo de valor.

Producción ajustada: se debe producir solo lo que se necesita, cuando se necesita y en la cantidad necesaria.

Perfección: el objetivo final es la perfección, es decir, la eliminación completa de los residuos.

La filosofía Lean se centra en la mejora continua y el aprendizaje organizacional. Los empleados son animados a identificar y eliminar los residuos en sus procesos y a buscar constantemente formas de mejorar. Esta filosofía se aplica no solo a la fabricación, sino también a los servicios y otras industrias.

Metodología Six Sigma

La metodología Six Sigma se centra en la reducción de la variación en los procesos empresariales. La variación es cualquier desviación del proceso estándar que puede conducir a errores o defectos en el producto o servicio. La metodología utiliza una serie de herramientas y técnicas estadísticas para identificar y reducir la variación en los procesos.

La metodología Six Sigma se basa en cinco fases:

Definir: en esta fase, se define el problema y se establece un equipo de proyecto.

Medir: se recopilan datos para comprender el proceso y cuantificar la variación.

Analizar: se analizan los datos para identificar las causas raíz de la variación.

Mejorar: se desarrollan soluciones para reducir la variación y se implementan los cambios.

Controlar: se establecen controles para garantizar que los cambios se mantengan y se miden los resultados para asegurar la mejora continua.

La metodología Six Sigma utiliza un enfoque basado en datos y hechos para la toma de decisiones y se centra en la satisfacción del cliente y la mejora continua. El objetivo es reducir la variación a un nivel de seis sigma, lo que significa que el proceso produce solo 3,4 defectos por millón de oportunidades.

Herramientas Lean Six Sigma

La metodología Lean Six Sigma utiliza una variedad de herramientas y técnicas para identificar y eliminar los residuos y reducir la variación en los procesos. A continuación, se presentan algunas de las herramientas más comunes utilizadas en Lean Six Sigma:

Mapa de flujo de valor: un mapa de flujo de valor es una herramienta visual que muestra el flujo de materiales e información en un proceso. Se utiliza para identificar los residuos en un proceso y para diseñar un flujo de valor más eficiente.

Análisis de Pareto: el análisis de Pareto es una técnica utilizada para identificar los problemas más comunes en un proceso. Se basa en el principio de que el 80% de los problemas provienen del 20% de las causas.

Diagrama de Ishikawa: también conocido como diagrama de espina de pescado, es una herramienta utilizada para identificar las posibles causas raíz de un problema. Se utiliza para identificar las diferentes categorías de causas que pueden contribuir a un problema.

Histograma: un histograma es un gráfico que muestra la distribución de los datos. Se utiliza para identificar la variación en un proceso y para determinar si los datos siguen una distribución normal.

Gráfico de control: un gráfico de control es una herramienta utilizada para monitorear un proceso y detectar cualquier variación no deseada. Se utiliza para identificar cuando un proceso está fuera de control y para tomar medidas para corregirlo.

Análisis de capacidad del proceso: el análisis de capacidad del proceso se utiliza para medir la capacidad de un proceso para cumplir con las especificaciones del cliente. Se utiliza para identificar si un proceso está produciendo productos o servicios que cumplen con los requisitos del cliente.

DMAIC: DMAIC es una herramienta utilizada en la metodología Six Sigma para identificar y reducir la variación en un proceso. Las cinco fases de DMAIC se describen anteriormente en este capítulo.

Roles y responsabilidades en Lean Six Sigma

Para implementar con éxito Lean Six Sigma en una organización, es importante asignar roles y responsabilidades claros a los empleados y líderes de la empresa. A continuación, se presentan algunos de los roles comunes en un equipo de Lean Six Sigma:

Líder de proyecto: el líder de proyecto es responsable de liderar el equipo de proyecto y asegurarse de que se cumplan los objetivos del proyecto.

Sponsor del proyecto: el sponsor del proyecto es un líder ejecutivo de la organización que proporciona apoyo y recursos al equipo de proyecto.

Champion de Lean Six Sigma: el champion de Lean Six Sigma es un líder que apoya la implementación de Lean Six Sigma en la organización y actúa como un defensor de la metodología.

Black Belt: el Black Belt es un experto en Lean Six Sigma que lidera proyectos complejos y trabaja con otros miembros del equipo para implementar soluciones.

Green Belt: el Green Belt es un miembro del equipo de proyecto que trabaja en proyectos menos complejos y proporciona soporte al Black Belt.

Yellow Belt: el Yellow Belt es un miembro del equipo de proyecto que tiene conocimientos básicos de Lean Six Sigma y puede ayudar con tareas específicas en un proyecto.

Equipo de proyecto: el equipo de proyecto está compuesto por personas de diferentes áreas de la organización que trabajan juntas para lograr los objetivos del proyecto. Cada miembro del equipo de proyecto tiene un rol específico y responsabilidades asignadas.

Es importante tener en cuenta que la implementación de Lean Six Sigma requiere un cambio cultural en la organización. Todos los empleados deben estar dispuestos a aprender y adaptarse a los nuevos procesos y técnicas. Los líderes de la organización deben proporcionar un ambiente de apoyo y motivación para asegurar el éxito de la implementación.

Beneficios de Lean Six Sigma

La implementación de Lean Six Sigma puede proporcionar una serie de beneficios para una organización. A continuación, se presentan algunos de los beneficios comunes de Lean Six Sigma:

Reducción de costos: la eliminación de residuos y la reducción de la variación en los procesos pueden ayudar a reducir los costos de producción y mejorar la eficiencia de la organización.

Mejora de la calidad: al reducir la variación en los procesos, la organización puede producir productos y servicios de mayor calidad que satisfagan mejor las necesidades de los clientes.

Aumento de la satisfacción del cliente: la mejora de la calidad y la eficiencia pueden aumentar la satisfacción del cliente y mejorar la imagen de la organización.

Aumento de la productividad: la eliminación de residuos y la reducción de la variación en los procesos pueden aumentar la productividad de la organización.

Mayor capacidad de innovación: al mejorar la eficiencia y la calidad, la organización puede dedicar más recursos a la innovación y el desarrollo de nuevos productos y servicios.

Mejora de la cultura organizacional: la implementación de Lean Six Sigma puede mejorar la cultura organizacional al fomentar la colaboración, la innovación y el aprendizaje continuo.

Conclusión

En resumen, Lean Six Sigma es una metodología poderosa que puede ayudar a las organizaciones a mejorar la eficiencia, reducir los costos y mejorar la calidad de sus productos y servicios. La metodología se basa en la eliminación de residuos y la reducción de la variación en los procesos, y utiliza una variedad de herramientas y técnicas para lograr estos objetivos.

Para implementar con éxito Lean Six Sigma en una organización, es importante asignar roles y responsabilidades claros a los empleados y líderes de la empresa. Además, la implementación de Lean Six Sigma requiere un cambio cultural en la organización, y todos los empleados deben estar dispuestos a aprender y adaptarse a los nuevos procesos y técnicas.

Los beneficios de Lean Six Sigma incluyen la reducción de costos, la mejora de la calidad, el aumento de la satisfacción del cliente, el aumento de la productividad, la capacidad de innovación y la mejora de la cultura organizacional.

En última instancia, la implementación de Lean Six Sigma puede ayudar a las organizaciones a lograr una ventaja competitiva en el mercado y mejorar su posición en la industria.

ROLES Y RESPONSABILIDADES DE UN EQUIPO DE LEAN SIX SIGMA

Lean Six Sigma es una metodología de mejora continua que se enfoca en la eliminación de desperdicios y la reducción de variabilidad en los procesos. Esta metodología se basa en la colaboración entre equipos de trabajo que están dirigidos por líderes de proyectos y apoyados por expertos en análisis de datos y herramientas estadísticas. En este capítulo se describen los roles y responsabilidades de los miembros de un equipo de Lean Six Sigma, incluyendo los líderes de proyectos y los miembros del equipo. También se discute el papel de los expertos en análisis de datos y herramientas estadísticas.

Roles y responsabilidades de un líder de proyecto

El líder de proyecto es el responsable de dirigir el equipo de Lean Six Sigma para lograr los objetivos del proyecto. Sus principales responsabilidades son las siguientes:

Definir el alcance del proyecto: El líder de proyecto debe definir el alcance del proyecto de manera clara y concisa, para que todos los miembros del equipo tengan una comprensión común de lo que se espera lograr. El alcance del proyecto debe incluir los objetivos, las metas y los plazos.

Identificar el equipo: El líder de proyecto debe seleccionar a los miembros del equipo adecuados para el proyecto. Los miembros del equipo deben tener habilidades y conocimientos complementarios que les permitan trabajar de manera efectiva juntos.

Facilitar la comunicación: El líder de proyecto debe facilitar la comunicación entre los miembros del equipo y otros interesados en el proyecto. La comunicación debe ser clara y efectiva, y el líder de proyecto debe asegurarse de que todos los miembros del equipo estén alineados en cuanto a los objetivos del proyecto.

Establecer un plan de proyecto: El líder de proyecto debe establecer un plan de proyecto que incluya las tareas, los plazos y los recursos necesarios para lograr los objetivos del proyecto. El plan de proyecto debe ser realista y tener en cuenta los recursos disponibles y las limitaciones.

Dirigir el equipo: El líder de proyecto debe dirigir el equipo de manera efectiva, motivando a los miembros del equipo y asegurándose de que se cumplan los plazos y los objetivos del proyecto. El líder de proyecto también debe asegurarse de que los miembros del equipo estén trabajando juntos de manera efectiva.

Medir y monitorear el progreso del proyecto: El líder de proyecto debe medir y monitorear el progreso del proyecto en relación con los plazos y los objetivos establecidos. El líder de proyecto debe identificar y abordar cualquier problema que pueda impedir el éxito del proyecto.

Presentar los resultados del proyecto: El líder de proyecto debe presentar los resultados del proyecto a los interesados en el proyecto. La presentación debe ser clara y concisa, y debe destacar los logros y las lecciones aprendidas durante el proyecto.

Roles y responsabilidades de los miembros del equipo Los miembros del equipo son responsables de realizar las tareas asignadas por el líder de proyecto y de trabajar juntos para lograr los objetivos del proyecto. Sus principales responsabilidades son las siguientes:

Contribuir al plan de proyecto: Los miembros del equipo deben contribuir al plan de proyecto establecido por el líder de proyecto. Los miembros del equipo deben asegurarse de que sus tareas estén alineadas con los objetivos del proyecto y deben informar al líder de proyecto si encuentran problemas o desafíos que puedan afectar el progreso del proyecto.

Realizar las tareas asignadas: Los miembros del equipo deben realizar las tareas asignadas por el líder de proyecto en el plazo establecido y de manera efectiva. Los miembros del equipo deben asegurarse de que sus tareas estén completas y bien documentadas.

Trabajar en equipo: Los miembros del equipo deben trabajar juntos de manera efectiva y colaborativa. Los miembros del equipo deben comunicarse de manera efectiva y resolver cualquier problema o conflicto de manera rápida y efectiva.

Identificar y abordar problemas: Los miembros del equipo deben identificar y abordar cualquier problema o desafío que puedan impedir el progreso del proyecto. Los miembros del equipo deben trabajar juntos para encontrar soluciones y tomar medidas correctivas.

Proporcionar datos y análisis: Los miembros del equipo deben proporcionar datos y análisis relevantes para apoyar el proyecto. Los miembros del equipo deben asegurarse de que los datos y análisis sean precisos y estén bien documentados.

Participar en la presentación de resultados: Los miembros del equipo deben participar en la presentación de resultados del proyecto. Los miembros del equipo deben estar preparados para presentar su trabajo y responder preguntas relacionadas con el proyecto.

Roles y responsabilidades de los expertos en análisis de datos y herramientas estadísticas Los expertos en análisis de datos y herramientas estadísticas son responsables de proporcionar asesoramiento y apoyo técnico al líder de proyecto y a los miembros del equipo. Sus principales responsabilidades son las siguientes:

Identificar y aplicar herramientas estadísticas: Los expertos en análisis de datos deben identificar y aplicar herramientas estadísticas relevantes para el proyecto. Los expertos en análisis de datos deben asegurarse de que las herramientas estadísticas sean aplicadas de manera efectiva y adecuada.

Proporcionar análisis de datos: Los expertos en análisis de datos deben proporcionar análisis de datos relevantes para apoyar el proyecto. Los expertos en análisis de datos deben asegurarse de que los análisis sean precisos y estén bien documentados.

Proporcionar asesoramiento técnico: Los expertos en análisis de datos deben proporcionar asesoramiento técnico al líder de proyecto y a los miembros del equipo. Los expertos en análisis de datos deben asegurarse de que el líder de proyecto y los miembros del equipo comprendan la aplicación de las herramientas estadísticas y los análisis de datos.

Participar en la presentación de resultados: Los expertos en análisis de datos deben participar en la presentación de resultados del proyecto. Los expertos en análisis de datos deben estar preparados para presentar su trabajo y responder preguntas relacionadas con el proyecto.

Conclusión

En resumen, los roles y responsabilidades de los miembros de un equipo de Lean Six Sigma son críticos para el éxito del proyecto. El líder de proyecto es responsable de dirigir el equipo y asegurarse de que se cumplan los objetivos del proyecto. Los miembros del equipo deben trabajar juntos de manera efectiva y completar las tareas asignadas. Los expertos en análisis de datos y herramientas estadísticas son responsables de proporcionar asesoramiento y apoyo técnico al líder de proyecto y a los miembros del equipo.

SELECCIÓN DE PROYECTOS LEAN SIX SIGMA

La selección de proyectos es una etapa fundamental en el proceso de implementación de Lean Six Sigma (LSS). En esta etapa se identifican los problemas críticos que afectan la calidad, los costos y los tiempos de entrega en una organización, se priorizan los proyectos que generan mayor impacto y se definen los objetivos de mejora. El éxito de la implementación de LSS depende en gran medida de la selección adecuada de proyectos.

En este capítulo se describe el proceso de selección de proyectos LSS, se presentan las herramientas y técnicas que se utilizan para la identificación y priorización de proyectos, se discuten los criterios de selección y se presentan algunos ejemplos prácticos.

Proceso de Selección de Proyectos LSS

El proceso de selección de proyectos LSS consta de varias etapas que se describen a continuación:

Identificación de problemas críticos: La primera etapa en el proceso de selección de proyectos es identificar los problemas críticos que afectan la calidad, los costos y los tiempos de entrega en una organización. Estos problemas se pueden identificar mediante diversas herramientas y técnicas, como el análisis de datos, el análisis de procesos, el análisis de causa raíz, entre otros.

Priorización de proyectos: Una vez que se han identificado los problemas críticos, es necesario priorizar los proyectos que generan mayor impacto en la organización. Para ello, se pueden utilizar diversas herramientas y técnicas, como la matriz de priorización, el análisis de costo-beneficio, el análisis de riesgos, entre otros.

Definición de objetivos de mejora: Una vez que se han priorizado los proyectos, es necesario definir los objetivos de mejora para cada proyecto seleccionado. Estos objetivos deben ser específicos, medibles, alcanzables, relevantes y oportunos (SMART, por sus siglas en inglés). Los objetivos de mejora deben estar alineados con la estrategia de la organización y deben contribuir a la mejora de los indicadores clave de desempeño (KPI, por sus siglas en inglés).

Selección de equipo de trabajo: Una vez que se han definido los objetivos de mejora, es necesario seleccionar un equipo de trabajo para cada proyecto seleccionado. Este equipo debe estar formado por personas con habilidades y conocimientos específicos para abordar el problema identificado y lograr los objetivos de mejora definidos.

Herramientas y Técnicas para la Identificación y Priorización de Proyectos

Existen diversas herramientas y técnicas que se pueden utilizar para la identificación y priorización de proyectos LSS. A continuación, se describen algunas de las más comunes:

Análisis de datos: El análisis de datos es una herramienta clave en la identificación de problemas críticos en una organización. Se pueden utilizar diversas técnicas estadísticas, como el análisis de varianza, el análisis de regresión, el análisis de tendencias, entre otros, para identificar patrones y tendencias en los datos que indiquen la presencia de problemas críticos.

Análisis de procesos: El análisis de procesos se utiliza para identificar problemas críticos en los procesos productivos o de servicios. Se pueden utilizar diversas herramientas, como el diagrama de flujo, el mapa de procesos, el análisis de valor agregado, entre otros, para identificar cuellos de botella, ineficiencias y oportunidades de mejora en los procesos.

Análisis de causa raíz: El análisis de causa raíz se utiliza para identificar las causas subyacentes de los problemas críticos. Se pueden utilizar diversas herramientas, como el diagrama de Ishikawa, el análisis de los 5 porqués, entre otros, para identificar las causas raíz de los problemas.

Matriz de priorización: La matriz de priorización es una herramienta que permite comparar diferentes proyectos y priorizarlos en función de su impacto en la organización y su factibilidad de implementación. Se pueden utilizar diversos criterios, como el impacto en la calidad, el impacto en los costos, el impacto en los tiempos de entrega, la complejidad de implementación, entre otros, para comparar y priorizar los proyectos.

Análisis de costo-beneficio: El análisis de costo-beneficio se utiliza para evaluar la rentabilidad de los proyectos. Se comparan los costos de implementación con los beneficios esperados y se determina si el proyecto es rentable. Esta herramienta es especialmente útil para evaluar proyectos de mejora que implican grandes inversiones.

Análisis de riesgos: El análisis de riesgos se utiliza para evaluar los riesgos asociados a los proyectos de mejora. Se identifican los riesgos potenciales, se evalúa su probabilidad de ocurrencia y su impacto en el proyecto, y se definen planes de contingencia para minimizar los riesgos.

Criterios de Selección de Proyectos LSS

Para seleccionar los proyectos LSS adecuados, es necesario tener en cuenta diversos criterios, como los siguientes:

Impacto en la organización: Los proyectos seleccionados deben tener un impacto significativo en la organización. Se deben priorizar los proyectos que generan mayor impacto en la calidad, los costos y los tiempos de entrega.

Factibilidad de implementación: Los proyectos seleccionados deben ser factibles de implementar. Se deben tener en cuenta factores como la complejidad de implementación, la disponibilidad de recursos y el tiempo requerido para implementar el proyecto.

Alineación con la estrategia de la organización: Los proyectos seleccionados deben estar alineados con la estrategia de la organización. Se deben priorizar los proyectos que contribuyen a la consecución de los objetivos estratégicos de la organización.

Rentabilidad: Los proyectos seleccionados deben ser rentables. Se deben evaluar los costos de implementación y los beneficios esperados y seleccionar los proyectos que tienen una rentabilidad adecuada.

Ejemplos Prácticos

A continuación, se presentan algunos ejemplos prácticos de selección de proyectos LSS:

Reducción de los tiempos de entrega: En una empresa de manufactura, los tiempos de entrega de los productos son largos y poco predecibles. Se realiza un análisis de proceso y se identifican diversas ineficiencias en el proceso de producción. Se selecciona un proyecto para reducir los tiempos de entrega mediante la implementación de mejoras en el proceso de producción. Se definen objetivos SMART para el proyecto, se selecciona un equipo de trabajo y se implementan las mejoras identificadas en el análisis de proceso.

Mejora de la calidad del producto: En una empresa de servicios de tecnología, se ha identificado una alta tasa de errores en el proceso de desarrollo de software. Se realiza un análisis de proceso y se identifican diversas ineficiencias en el proceso de desarrollo de software. Se selecciona un proyecto para mejorar la calidad del producto mediante la implementación de mejoras en el proceso de desarrollo de software. Se definen objetivos SMART para el proyecto, se selecciona un equipo de trabajo y se implementan las mejoras identificadas en el análisis de proceso.

Reducción de costos: En una empresa de servicios financieros, los costos de operación son muy altos. Se realiza un análisis de proceso y se identifican diversas ineficiencias en los procesos de operación. Se selecciona un proyecto para reducir los costos mediante la implementación de mejoras en los procesos de operación. Se definen objetivos SMART para el proyecto, se selecciona un equipo de trabajo y se implementan las mejoras identificadas en el análisis de proceso.

Conclusión

La selección adecuada de proyectos LSS es fundamental para el éxito de cualquier iniciativa de mejora continua en una organización. Para seleccionar los proyectos adecuados, es necesario realizar un análisis riguroso de los procesos, identificar las ineficiencias y oportunidades de mejora, y evaluar los criterios de selección adecuados. Además, es importante definir objetivos SMART, seleccionar un equipo de trabajo capacitado y comprometido, y asegurarse de contar con los recursos necesarios para la implementación del proyecto. Al seguir estas mejores prácticas, las organizaciones pueden mejorar su desempeño, aumentar su rentabilidad y fortalecer su posición en el mercado.

DEFINICIÓN Y MEDICIÓN DE PROBLEMAS

El Lean Six Sigma es un enfoque de gestión que se centra en la eliminación de desperdicios y la reducción de variaciones en los procesos de una empresa. Para ello, se utilizan herramientas y técnicas específicas que ayudan a identificar y solucionar problemas en la organización. En este capítulo, se abordará la definición y medición de problemas en Lean Six Sigma, lo que es fundamental para el éxito de cualquier iniciativa de mejora continua.

Definición de problemas en Lean Six Sigma

Antes de abordar la definición de problemas en Lean Six Sigma, es importante entender que la palabra "problema" puede tener diferentes significados según la cultura empresarial y el contexto. En Lean Six Sigma, un problema se define como cualquier situación que impide a una empresa cumplir con sus objetivos o que causa insatisfacción en los clientes. En otras palabras, un problema es cualquier brecha entre lo que se espera de un proceso y lo que realmente se obtiene.

Los problemas en Lean Six Sigma se clasifican en tres categorías principales: problemas crónicos, problemas agudos y oportunidades de mejora. Los problemas crónicos son aquellos que ocurren de manera constante y tienen un impacto significativo en el rendimiento de la empresa. Los problemas agudos, por otro lado, son aquellos que surgen de manera imprevista y requieren una acción inmediata para evitar daños mayores. Por último, las oportunidades de mejora son situaciones en las que se identifica un potencial para mejorar un proceso, pero no hay un problema real que deba ser solucionado.

Medición de problemas en Lean Six Sigma

Una vez que se ha definido un problema en Lean Six Sigma, es importante medirlo para entender su impacto en el rendimiento de la empresa y establecer un punto de partida para la mejora. La medición de problemas se realiza a través de diferentes técnicas y herramientas, que varían según el tipo de problema y la industria en la que se encuentra la empresa.

En general, la medición de problemas en Lean Six Sigma se lleva a cabo en tres fases: medición del problema actual, análisis de la causa raíz y medición del impacto de la solución. A continuación, se detallan cada una de estas fases.

Medición del problema actual

La medición del problema actual es la primera fase en la medición de problemas en Lean Six Sigma. En esta fase, se recopilan datos para entender el impacto del problema en el rendimiento de la empresa. Los datos se pueden recopilar de diferentes fuentes, como el sistema de gestión de calidad, el sistema de información de la empresa, las encuestas a clientes y empleados, entre otros.

Una herramienta comúnmente utilizada en esta fase es el diagrama de Pareto, que ayuda a identificar los problemas que tienen un impacto significativo en el rendimiento de la empresa. El diagrama de Pareto se construye ordenando los problemas de mayor a menor impacto y graficando la frecuencia de cada problema en un eje y la acumulación del impacto en el otro eje.

Análisis de la causa raíz

Una vez que se ha medido el problema actual, se procede al análisis de la causa raíz. En esta fase, se busca identificar las causas subyacentes del problema para poder abordarlas de manera efectiva. El análisis de la causa raíz se puede realizar utilizando diferentes herramientas, como el análisis de los 5 porqués, que consiste en hacerse preguntas sucesivas sobre el problema hasta llegar a su causa raíz. También se pueden utilizar herramientas más avanzadas como el diagrama de espina de pescado o diagrama Ishikawa, que ayudan a identificar diferentes causas del problema y agruparlas en categorías.

Una vez identificadas las causas raíz del problema, se puede utilizar un enfoque de análisis de costo-beneficio para determinar la mejor solución a implementar. Este enfoque compara el costo de implementar la solución con los beneficios que se obtendrán, para asegurarse de que la solución elegida sea rentable.

Medición del impacto de la solución

La última fase en la medición de problemas en Lean Six Sigma es la medición del impacto de la solución. Una vez que se ha implementado la solución, se deben medir los resultados para asegurarse de que el problema se ha resuelto de manera efectiva y que se han obtenido mejoras en el rendimiento de la empresa.

La medición del impacto de la solución se realiza utilizando los mismos indicadores que se utilizaron en la medición del problema actual. Si se han recopilado datos suficientes durante la fase de medición del problema actual, se pueden comparar los datos antes y después de la implementación de la solución para determinar el impacto de la mejora.

Conclusiones

La definición y medición de problemas en Lean Six Sigma es fundamental para el éxito de cualquier iniciativa de mejora continua en una empresa. La definición de problemas permite a la empresa identificar brechas entre lo que se espera de un proceso y lo que realmente se obtiene, mientras que la medición de problemas ayuda a establecer un punto de partida para la mejora y a medir el impacto de la solución.

La medición de problemas en Lean Six Sigma se lleva a cabo en tres fases: medición del problema actual, análisis de la causa raíz y medición del impacto de la solución. Cada una de estas fases utiliza diferentes herramientas y técnicas para lograr su objetivo, lo que permite un enfoque estructurado y eficiente para la solución de problemas.

En resumen, la definición y medición de problemas en Lean Six Sigma son herramientas poderosas para cualquier empresa que busque mejorar su rendimiento y reducir costos. Al utilizar estas herramientas de manera efectiva, una empresa puede identificar y solucionar problemas de manera proactiva, lo que la lleva a ser más eficiente y competitiva en el mercado.

ANÁLISIS DE DATOS Y HERRAMIENTAS ESTADÍSTICAS

En los últimos años, la utilización de herramientas y metodologías para el análisis de datos se ha convertido en una práctica común en las empresas que buscan mejorar su eficiencia y eficacia. Una de estas metodologías es Lean Six Sigma, la cual se enfoca en mejorar los procesos empresariales a través de la eliminación de desperdicios y la reducción de variabilidad en la producción.

En este capítulo, se abordará el análisis de datos y las herramientas estadísticas que se utilizan en Lean Six Sigma para mejorar la calidad de los procesos empresariales. Se explicará en detalle cómo se pueden utilizar estas herramientas para identificar los problemas en un proceso y cómo se pueden aplicar para reducir la variabilidad y mejorar la eficiencia en la producción.

Análisis de datos en Lean Six Sigma

El análisis de datos es una parte fundamental de Lean Six Sigma, ya que permite identificar los problemas en un proceso y encontrar soluciones para mejorar la calidad y eficiencia. En este proceso, se utilizan herramientas y técnicas estadísticas para analizar los datos y encontrar patrones que permitan tomar decisiones informadas sobre cómo mejorar el proceso.

La recopilación de datos es la primera etapa del análisis de datos en Lean Six Sigma. Los datos se pueden recopilar de diferentes maneras, incluyendo la observación directa del proceso, la revisión de registros y la realización de encuestas. Una vez que se han recopilado los datos, se pueden analizar utilizando diferentes técnicas estadísticas.

Una técnica común utilizada en Lean Six Sigma para analizar datos es el análisis de Pareto. Esta técnica se utiliza para identificar los problemas más comunes en un proceso y determinar las causas raíz de estos problemas. El análisis de Pareto se basa en el principio del 80/20, es decir, que el 80% de los problemas son causados por el 20% de las causas. Por lo tanto, al identificar y abordar estas causas raíz, se pueden solucionar la mayoría de los problemas en un proceso.

Otra técnica utilizada en el análisis de datos en Lean Six Sigma es el análisis de correlación. Esta técnica se utiliza para identificar la relación entre dos variables en un proceso. Por ejemplo, si se sospecha que la velocidad de producción está relacionada con el número de errores en el proceso, se puede utilizar el análisis de correlación para determinar si hay una relación entre estas dos variables. Si se encuentra una correlación positiva, es decir, que a medida que aumenta la velocidad de producción, aumentan los errores, entonces se puede tomar medidas para reducir la velocidad de producción y mejorar la calidad del proceso.

El análisis de regresión es otra técnica estadística utilizada en Lean Six Sigma para analizar datos. Esta técnica se utiliza para predecir el valor de una variable en función de otras variables. Por ejemplo, si se quiere predecir el número de productos defectuosos producidos en una semana, se puede utilizar el análisis de regresión para determinar si hay una relación entre el número de horas de trabajo y el número de productos defectuosos producidos. Si se encuentra una relación significativa, se pueden tomar medidas para reducir las horas de trabajo y mejorar la calidad del proceso.

Otras técnicas utilizadas en el análisis de datos en Lean Six Sigma incluyen el análisis de varianza, el análisis de series temporales y el análisis de capacidad. Estas técnicas permiten analizar los datos de diferentes maneras para identificar patrones y tendencias en el proceso, lo que puede ayudar a tomar decisiones informadas sobre cómo mejorar la calidad y eficiencia.

Herramientas estadísticas en Lean Six Sigma

Además de las técnicas estadísticas mencionadas anteriormente, Lean Six Sigma utiliza una serie de herramientas específicas para analizar datos y mejorar los procesos empresariales. A continuación, se describen algunas de estas herramientas.

Diagrama de Ishikawa

El diagrama de Ishikawa, también conocido como diagrama de espina de pescado o diagrama de causa-efecto, es una herramienta utilizada en Lean Six Sigma para identificar las causas raíz de un problema en un proceso. El diagrama se utiliza para visualizar las diferentes causas que pueden contribuir a un problema y para determinar cuáles son las más importantes. Las causas se agrupan en diferentes categorías, como mano de obra, maquinaria, materiales, métodos, entorno y medición. El diagrama de Ishikawa permite analizar el problema de manera estructurada y encontrar soluciones para resolverlo.

Diagrama de flujo

El diagrama de flujo es otra herramienta utilizada en Lean Six Sigma para analizar un proceso y determinar las áreas donde se pueden mejorar la eficiencia y la calidad. El diagrama se utiliza para visualizar el flujo del proceso, desde la entrada de materiales hasta la salida del producto final. Cada etapa del proceso se representa con un símbolo y se conecta con flechas para indicar el flujo del proceso. El diagrama de flujo permite identificar las áreas donde se pueden reducir los desperdicios y mejorar la eficiencia en el proceso.

Gráfico de control

El gráfico de control es una herramienta utilizada en Lean Six Sigma para monitorear un proceso y detectar cualquier cambio que pueda indicar una variabilidad en el proceso. El gráfico se utiliza para visualizar los datos del proceso a lo largo del tiempo y para determinar si los datos se encuentran dentro de los límites de control establecidos. Si los datos se desvían de los límites de control, se pueden tomar medidas para corregir el proceso y mejorar la calidad y eficiencia.

Matriz de correlación

La matriz de correlación es una herramienta utilizada en Lean Six Sigma para visualizar la relación entre múltiples variables en un proceso. La matriz se utiliza para visualizar la correlación entre las diferentes variables y para determinar cuáles son las variables más importantes en el proceso. La matriz de correlación permite identificar las variables que deben ser monitoreadas y controladas para mejorar la calidad y eficiencia en el proceso.

Análisis de capacidad

El análisis de capacidad es una herramienta utilizada en Lean Six Sigma para determinar la capacidad de un proceso para cumplir con las especificaciones del cliente. El análisis se utiliza para comparar la variabilidad del proceso con las especificaciones del cliente y para determinar si el proceso está produciendo productos dentro de las especificaciones. Si el proceso no cumple con las especificaciones del cliente, se pueden tomar medidas para reducir la variabilidad y mejorar la calidad del proceso.

Conclusiones

En conclusión, el análisis de datos y las herramientas estadísticas son fundamentales en Lean Six Sigma para mejorar la calidad y eficiencia en los procesos empresariales. Las diferentes técnicas estadísticas y herramientas permiten identificar las causas raíz de los problemas, reducir la variabilidad del proceso, optimizar la eficiencia y mejorar la satisfacción del cliente.

Es importante destacar que para implementar con éxito Lean Six Sigma, es necesario contar con un equipo altamente capacitado en la aplicación de estas técnicas y herramientas estadísticas. Además, es fundamental que la organización tenga un enfoque centrado en el cliente y en la mejora continua de los procesos.

En resumen, el análisis de datos y las herramientas estadísticas son un componente clave en Lean Six Sigma y son esenciales para la identificación y solución de problemas, reducción de la variabilidad y mejora de la eficiencia en los procesos empresariales. Si se aplican correctamente, estas técnicas pueden ayudar a las organizaciones a mejorar su rendimiento y a mantenerse competitivas en el mercado.

MEJORA DE PROCESOS UTILIZANDO LEAN SIX SIGMA

La mejora de procesos es un aspecto crítico de la gestión empresarial y la competitividad en el mercado actual. Los procesos empresariales ineficientes y poco efectivos pueden causar retrasos, errores, insatisfacción del cliente y pérdida de oportunidades de negocio. Por lo tanto, es importante que las empresas implementen estrategias y metodologías para mejorar continuamente sus procesos y aumentar su eficiencia y eficacia.

En este capítulo, se discutirá la metodología Lean Six Sigma (LSS) como una herramienta efectiva para la mejora de procesos. Se explicará en qué consiste LSS, cómo se aplica en la mejora de procesos, y se proporcionarán algunos ejemplos de cómo LSS ha sido implementado con éxito en diferentes empresas y organizaciones.

Qué es Lean Six Sigma

Lean Six Sigma (LSS) es una metodología que combina dos enfoques: Lean y Six Sigma. Lean se enfoca en la eliminación de desperdicios y mejora de la eficiencia, mientras que Six Sigma se enfoca en la mejora de la calidad y la reducción de la variabilidad. Juntos, estos enfoques ofrecen una metodología integral para la mejora de procesos empresariales.

La metodología LSS se basa en el ciclo PDCA (Plan-Do-Check-Act), que es un enfoque sistemático para la mejora continua de procesos. En este ciclo, primero se planifica el proceso, se ejecuta, se verifica el resultado y se toman medidas correctivas para mejorar el proceso. La metodología LSS utiliza herramientas y técnicas específicas en cada etapa del ciclo PDCA para lograr una mejora continua.

Aplicación de Lean Six Sigma en la mejora de procesos

La aplicación de la metodología LSS en la mejora de procesos implica una serie de pasos. A continuación, se describen los pasos típicos de la aplicación de LSS en la mejora de procesos:

Definición del problema: El primer paso en la aplicación de LSS es definir el problema. Es importante tener una comprensión clara del problema y cómo afecta el proceso empresarial. En este paso, se identifica el problema y se establecen los objetivos de mejora.

Medición: En esta etapa, se recopilan datos para comprender el proceso actual y determinar su rendimiento. Se utilizan herramientas como el análisis de flujo de valor, la medición de tiempos y la evaluación de la satisfacción del cliente para identificar los puntos débiles del proceso.

Análisis: En esta etapa, se analizan los datos recopilados para identificar las causas raíz del problema. Se utilizan herramientas como el diagrama de Ishikawa y el análisis de Pareto para identificar las causas principales del problema.

Mejora: En esta etapa, se desarrollan soluciones para abordar las causas raíz del problema. Se utilizan herramientas como el diseño de experimentos y la matriz de selección de soluciones para desarrollar y seleccionar las soluciones más efectivas.

Control: En esta etapa, se implementan las soluciones desarrolladas y se monitorea el proceso para asegurar que se mantenga en un estado de mejora continua. Se utilizan herramientas como los gráficos de control y la auditoría de procesos para asegurarse de que el proceso esté funcionando de manera efectiva y se mantenga dentro de los límites establecidos.

Ejemplos de aplicación de Lean Six Sigma en la mejora de procesos

A continuación, se presentan algunos ejemplos de cómo la metodología LSS ha sido implementada con éxito en diferentes empresas y organizaciones:

General Electric: GE ha sido uno de los líderes en la implementación de LSS. Han implementado LSS en toda la organización, desde la fabricación hasta los servicios financieros. Como resultado, han logrado reducir costos, mejorar la calidad y aumentar la satisfacción del cliente.

Ford: Ford ha utilizado LSS para mejorar sus procesos de fabricación de automóviles. Han logrado reducir el tiempo de ciclo en la producción de vehículos, reducir los defectos y mejorar la eficiencia de los procesos.

American Express: American Express ha utilizado LSS para mejorar su proceso de servicio al cliente. Han logrado reducir el tiempo de respuesta a los clientes, mejorar la satisfacción del cliente y reducir los costos de servicio.

Amazon: Amazon ha utilizado LSS para mejorar su proceso de gestión de inventario y entrega de productos. Han logrado reducir el tiempo de entrega de los productos, reducir el inventario no vendido y mejorar la eficiencia en la gestión de almacenes.

Conclusiones

La metodología Lean Six Sigma es una herramienta efectiva para la mejora continua de procesos empresariales. La combinación de Lean y Six Sigma permite una aproximación integral a la mejora de procesos, enfocándose tanto en la eficiencia como en la calidad. La aplicación de LSS en la mejora de procesos empresariales implica una serie de pasos que permiten una mejora continua y sistemática. Además, la metodología LSS ha sido implementada con éxito en diferentes empresas y organizaciones, lo que demuestra su efectividad en la mejora de procesos empresariales. En resumen, la metodología LSS es una herramienta valiosa para las empresas que buscan mejorar continuamente sus procesos y aumentar su competitividad en el mercado actual.

MÉTODOS DE CONTROL Y ASEGURAMIENTO DE CALIDAD EN LEAN SIX SIGMA

El control y aseguramiento de calidad son aspectos críticos en cualquier proceso de mejora continua, y no es diferente en Lean Six Sigma. Los métodos utilizados para controlar y asegurar la calidad son esenciales para garantizar que los resultados sean consistentes, confiables y estén alineados con los objetivos del proyecto. En este capítulo, exploraremos los métodos utilizados en Lean Six Sigma para el control y aseguramiento de calidad, incluyendo el control estadístico de procesos, el análisis de capacidad, la validación de medidas, la gestión de cambios y la revisión de procesos.

Control Estadístico de Procesos

El control estadístico de procesos (CEP) es un método utilizado para monitorear y controlar la variabilidad en un proceso. El CEP es una herramienta clave en Lean Six Sigma, ya que permite la identificación temprana de problemas en el proceso y la toma de medidas correctivas antes de que se produzcan problemas mayores. El CEP se basa en la recopilación y análisis de datos del proceso, utilizando gráficos de control para identificar cualquier variación que pueda estar fuera de los límites aceptables.

Existen varios tipos de gráficos de control que se utilizan en Lean Six Sigma, incluyendo gráficos de control de media y rango (Xbar-R), gráficos de control de media y desviación estándar (Xbar-S) y gráficos de control por atributos. Los gráficos de control se utilizan para monitorear las variables clave del proceso y para determinar si el proceso está dentro de los límites aceptables de variabilidad. Si se detecta alguna variación que esté fuera de los límites aceptables, se deben tomar medidas correctivas para corregir el problema.

El análisis de Capacidad

El análisis de capacidad es un método utilizado para determinar si un proceso es capaz de cumplir con las especificaciones del cliente. El análisis de capacidad se utiliza para evaluar la capacidad del proceso para producir productos o servicios dentro de los límites especificados. El análisis de capacidad se basa en el uso de datos estadísticos para determinar la capacidad del proceso, lo que permite la identificación temprana de problemas en el proceso y la toma de medidas correctivas para mejorar la capacidad del proceso.

Existen varios índices de capacidad que se utilizan en Lean Six Sigma, incluyendo el índice de capacidad del proceso (Cp), el índice de capacidad del proceso a corto plazo (Cpk) y el índice de capacidad del proceso a largo plazo (Ppk). Estos índices se utilizan para evaluar la capacidad del proceso para producir productos o servicios dentro de los límites especificados. Si el proceso no cumple con los requisitos de capacidad, se deben tomar medidas correctivas para mejorar la capacidad del proceso.

Validación de Medidas

La validación de medidas es un método utilizado para garantizar que las mediciones tomadas en el proceso sean precisas y confiables. La validación de medidas es esencial para garantizar que los resultados del proceso sean confiables y precisos. La validación de medidas se basa en la comparación de las mediciones tomadas con un estándar de referencia conocido.

Existen varios métodos utilizados en Lean Six Sigma para validar las medidas, incluyendo la repetibilidad y reproducibilidad (R&R) y los estudios de linealidad. El R&R se utiliza para evaluar la variación en las mediciones que se deben a la variación en el proceso y en el operador. Los estudios de linealidad se utilizan para evaluar la precisión de las mediciones en un rango específico de valores. Si se detectan problemas con la precisión de las mediciones, se deben tomar medidas correctivas para corregir el problema.

Gestión de Cambios

La gestión de cambios es un método utilizado para garantizar que los cambios en el proceso se realicen de manera controlada y efectiva. La gestión de cambios es esencial para garantizar que los cambios en el proceso no afecten negativamente la calidad del producto o servicio. La gestión de cambios se basa en la identificación de los cambios necesarios, la evaluación del impacto del cambio en el proceso y la implementación controlada del cambio.

Existen varios pasos que se deben seguir en la gestión de cambios, incluyendo la identificación del cambio, la evaluación del impacto del cambio, la aprobación del cambio y la implementación controlada del cambio. Si se detectan problemas con el cambio, se deben tomar medidas correctivas para corregir el problema.

Revisión de Procesos

La revisión de procesos es un método utilizado para evaluar el rendimiento del proceso y determinar si se están cumpliendo los objetivos del proyecto. La revisión de procesos se utiliza para identificar áreas que requieren mejora y para determinar si se están utilizando los métodos correctos para controlar y asegurar la calidad del proceso.

La revisión de procesos se basa en la recopilación y análisis de datos del proceso, la comparación de los resultados con los objetivos del proyecto y la identificación de áreas que requieren mejora. Si se identifican áreas que requieren mejora, se deben tomar medidas correctivas para corregir el problema.

Conclusiones

El control y aseguramiento de calidad son aspectos críticos en cualquier proceso de mejora continua, y no es diferente en Lean Six Sigma. Los métodos utilizados para controlar y asegurar la calidad son esenciales para garantizar que los resultados sean consistentes, confiables y estén alineados con los objetivos del proyecto. En este capítulo, exploramos los métodos utilizados en Lean Six Sigma para el control y aseguramiento de calidad, incluyendo el control estadístico de procesos, el análisis de capacidad, la validación de medidas, la gestión de cambios y la revisión de procesos.

El control estadístico de procesos es una herramienta clave en Lean Six Sigma, ya que permite la identificación temprana de problemas en el proceso y la toma de medidas correctivas antes de que se produzcan problemas mayores. El análisis de capacidad se utiliza para evaluar la capacidad del proceso para producir productos o servicios dentro de los límites especificados. La validación de medidas es esencial para garantizar que los resultados del proceso sean confiables y precisos. La gestión de cambios es esencial para garantizar que los cambios en el proceso no afecten negativamente la calidad del producto o servicio. La revisión de procesos se utiliza para identificar áreas que requieren mejora y para determinar si se están cumpliendo los objetivos del proyecto.

En general, la utilización efectiva de estos métodos de control y aseguramiento de calidad es esencial para garantizar el éxito del proyecto de mejora continua. La identificación temprana de problemas en el proceso y la toma de medidas correctivas para corregirlos puede ahorrar tiempo y recursos valiosos. Además, la evaluación constante del rendimiento del proceso y la identificación de áreas que requieren mejora pueden ayudar a garantizar que los objetivos del proyecto se cumplan de manera eficiente y efectiva.

Es importante destacar que estos métodos no son solo útiles en el contexto de Lean Six Sigma, sino que también se pueden aplicar en una amplia variedad de contextos y proyectos. Al utilizar estos métodos, las organizaciones pueden mejorar la calidad de sus productos y servicios, aumentar la satisfacción del cliente y mejorar la eficiencia y eficacia de sus procesos.

En resumen, el control y aseguramiento de calidad son aspectos esenciales en cualquier proyecto de mejora continua, y Lean Six Sigma no es una excepción. Los métodos utilizados en Lean Six Sigma para controlar y asegurar la calidad, como el control estadístico de procesos, el análisis de capacidad, la validación de medidas, la gestión de cambios y la revisión de procesos, son herramientas valiosas para garantizar que los objetivos del proyecto se cumplan de manera eficiente y efectiva. Al utilizar estos métodos, las organizaciones pueden mejorar la calidad de sus productos y servicios, aumentar la satisfacción del cliente y mejorar la eficiencia y eficacia de sus procesos.

IMPLEMENTACIÓN DE LEAN SIX SIGMA EN UNA ORGANIZACIÓN

La implementación de Lean Six Sigma en una organización es una estrategia popular para mejorar la eficiencia y la calidad de los procesos. Esta metodología combina la filosofía Lean, que se enfoca en eliminar desperdicios y aumentar la eficiencia, y Six Sigma, que se enfoca en reducir la variabilidad y mejorar la calidad. En este capítulo, se discutirán los conceptos básicos de Lean Six Sigma y se explicará cómo se puede implementar esta metodología en una organización.

¿Qué es Lean Six Sigma?

Lean Six Sigma es una metodología de mejora de procesos que combina los principios de Lean y Six Sigma. La filosofía Lean se enfoca en la eliminación de desperdicios y la mejora de la eficiencia, mientras que Six Sigma se enfoca en la reducción de la variabilidad y la mejora de la calidad. La combinación de estos dos enfoques crea una metodología poderosa que puede mejorar significativamente la eficiencia y la calidad de los procesos en una organización.

Beneficios de la implementación de Lean Six Sigma

La implementación de Lean Six Sigma puede proporcionar una serie de beneficios significativos para una organización. Algunos de estos beneficios incluyen:

Reducción de costos: Lean Six Sigma ayuda a identificar y eliminar desperdicios en los procesos, lo que puede resultar en una reducción significativa de costos.

Mejora de la calidad: Six Sigma se enfoca en la reducción de la variabilidad y la mejora de la calidad, lo que puede ayudar a reducir los defectos y mejorar la satisfacción del cliente.

Mayor eficiencia: Lean se enfoca en la mejora de la eficiencia y la eliminación de desperdicios, lo que puede resultar en procesos más rápidos y menos costosos.

Mayor satisfacción del cliente: La mejora de la calidad y la eficiencia pueden resultar en una mayor satisfacción del cliente, lo que puede ser beneficioso para la imagen de marca y las ventas.

Mayor implicación del personal: La implementación de Lean Six Sigma puede involucrar a los empleados en la mejora de los procesos, lo que puede mejorar la moral y el compromiso del personal.

Pasos para la implementación de Lean Six Sigma

La implementación de Lean Six Sigma implica una serie de pasos clave que deben seguirse para asegurar el éxito de la implementación. En este capítulo, se explicarán los pasos básicos que deben seguirse para implementar esta metodología en una organización.

Identificar los procesos clave

El primer paso para la implementación de Lean Six Sigma es identificar los procesos clave en la organización que necesitan mejora. Estos procesos deben seleccionarse cuidadosamente para asegurarse de que la mejora en estos procesos tenga un impacto significativo en la eficiencia y la calidad de la organización en general. Es importante involucrar a los miembros relevantes de la organización en este proceso de selección de procesos clave, ya que tienen una comprensión más profunda de los procesos y pueden proporcionar información valiosa.

Establecer un equipo de proyecto

Una vez que se han identificado los procesos clave, se debe establecer un equipo de proyecto para implementar Lean Six Sigma. Este equipo debe estar formado por miembros de diferentes áreas de la organización que tienen una comprensión profunda de los procesos seleccionados. El líder del equipo debe tener habilidades de liderazgo fuertes y experiencia en la implementación de Lean Six Sigma.

Realizar una evaluación del proceso

El siguiente paso es realizar una evaluación del proceso para comprender mejor los desafíos y las áreas de mejora. Esto puede implicar la recopilación de datos, la realización de entrevistas y el análisis de procesos. Es importante involucrar a los miembros relevantes de la organización en este proceso de evaluación del proceso para garantizar que se comprendan completamente todos los problemas y desafíos.

Establecer objetivos y métricas de mejora

Una vez que se han identificado los desafíos y las áreas de mejora, se deben establecer objetivos y métricas de mejora. Estos objetivos deben ser específicos, medibles, alcanzables, relevantes y oportunos (SMART) y deben reflejar los desafíos identificados en la evaluación del proceso. Las métricas de mejora deben ser utilizadas para medir el progreso hacia los objetivos y proporcionar retroalimentación sobre el éxito de la implementación.

Desarrollar un plan de implementación

El siguiente paso es desarrollar un plan de implementación detallado que incluya las acciones específicas que se deben tomar para alcanzar los objetivos establecidos. Este plan debe incluir un calendario de implementación, un presupuesto y un plan de gestión del cambio para garantizar que todos los miembros de la organización estén preparados para el cambio.

Implementar y monitorear el plan

Una vez que se ha desarrollado el plan de implementación, se debe implementar y monitorear el plan. Es importante involucrar a todo el equipo de proyecto y a otros miembros relevantes de la organización en este proceso de implementación y monitoreo para garantizar que se logren los objetivos establecidos.

Evaluar el éxito de la implementación

Una vez que se ha implementado el plan de implementación, se debe evaluar el éxito de la implementación. Esto puede implicar la realización de una evaluación de seguimiento para medir el progreso hacia los objetivos establecidos y para identificar cualquier área que necesite más mejora. Es importante utilizar las métricas de mejora establecidas en el paso 2.4 para evaluar el éxito de la implementación.

Consejos y sugerencias para la implementación exitosa de Lean Six Sigma

La implementación exitosa de Lean Six Sigma requiere más que simplemente seguir los pasos básicos. En este capítulo, se proporcionarán consejos y sugerencias adicionales para garantizar una implementación exitosa de Lean Six Sigma en una organización.

Obtener el apoyo de la alta dirección

La implementación exitosa de Lean Six Sigma requiere el apoyo de la alta dirección de la organización. Es importante que la alta dirección comprenda los beneficios potenciales de la implementación de Lean Six Sigma y esté comprometida con el proceso de implementación. Esto puede implicar la asignación de recursos financieros y humanos adecuados y la designación de un líder de proyecto experimentado.

Comunicar claramente el proceso de implementación

Es importante que todos los miembros relevantes de la organización comprendan claramente el proceso de implementación de Lean Six Sigma y estén preparados para el cambio. Esto puede implicar la realización de reuniones de información y capacitación para explicar el proceso de implementación y las ventajas potenciales. También es importante proporcionar una comunicación regular y transparente durante todo el proceso de implementación para mantener a los miembros de la organización informados sobre los progresos y los desafíos.

Establecer objetivos alcanzables

Es importante establecer objetivos alcanzables y realistas para la implementación de Lean Six Sigma. Los objetivos deben ser específicos, medibles, alcanzables, relevantes y oportunos (SMART) y deben reflejar los desafíos identificados en la evaluación del proceso. También es importante establecer un plan de acción detallado para alcanzar estos objetivos.

Involucrar a todos los miembros relevantes de la organización

Es importante involucrar a todos los miembros relevantes de la organización en el proceso de implementación de Lean Six Sigma. Esto puede implicar la formación de equipos de proyecto, la realización de entrevistas y la recopilación de comentarios de los miembros de la organización para identificar problemas y desafíos. También es importante proporcionar capacitación y apoyo continuo a todos los miembros de la organización para garantizar que estén preparados para el cambio.

Evaluar regularmente el progreso

Es importante evaluar regularmente el progreso hacia los objetivos establecidos y ajustar el plan de implementación según sea necesario. Esto puede implicar la realización de evaluaciones de seguimiento y la revisión regular de las métricas de mejora para garantizar que se estén logrando los objetivos. También es importante proporcionar retroalimentación y reconocimiento a los miembros de la organización que contribuyen al éxito de la implementación.

Beneficios de la implementación de Lean Six Sigma

La implementación de Lean Six Sigma puede proporcionar numerosos beneficios a una organización. En este capítulo, se discutirán algunos de los principales beneficios de la implementación de Lean Six Sigma.

Mejora de la calidad

Uno de los principales beneficios de la implementación de Lean Six Sigma es la mejora de la calidad de los productos y servicios de la organización. La metodología Lean Six Sigma se centra en la eliminación de defectos y la reducción de la variación en los procesos, lo que puede mejorar significativamente la calidad de los productos y servicios.

Reducción de costos

La implementación de Lean Six Sigma también puede ayudar a una organización a reducir costos al mejorar la eficiencia y la efectividad de los procesos. Al eliminar los procesos ineficientes y reducir la variación en los procesos, una organización puede reducir los costos de producción y mejorar la rentabilidad.

Aumento de la productividad

La mejora de la eficiencia y la efectividad de los procesos también puede conducir a un aumento de la productividad. Al reducir los tiempos de ciclo y mejorar la calidad de los productos y servicios, una organización puede aumentar su capacidad para producir más en menos tiempo.

Mayor satisfacción del cliente

La mejora de la calidad de los productos y servicios y la reducción de los tiempos de ciclo también pueden conducir a una mayor satisfacción del cliente. Los clientes pueden experimentar una mayor satisfacción al recibir productos y servicios de mayor calidad en menos tiempo.

Mejora de la cultura organizacional

La implementación de Lean Six Sigma también puede mejorar la cultura organizacional de una organización. Al involucrar a todos los miembros de la organización en el proceso de mejora continua, se puede fomentar un sentido de propiedad y responsabilidad por la calidad y la eficiencia de los procesos. Esto puede conducir a una cultura organizacional más positiva y colaborativa.

Ventaja competitiva

La implementación de Lean Six Sigma puede proporcionar una ventaja competitiva a una organización al mejorar la calidad, reducir los costos y aumentar la productividad. Las organizaciones que implementan Lean Six Sigma pueden tener una ventaja competitiva sobre las organizaciones que no lo hacen al ofrecer productos y servicios de mayor calidad a precios más competitivos.

Desafíos de la implementación de Lean Six Sigma

Aunque la implementación de Lean Six Sigma puede proporcionar numerosos beneficios, también puede presentar desafíos para una organización. En este capítulo, se discutirán algunos de los principales desafíos de la implementación de Lean Six Sigma.

Resistencia al cambio

Uno de los principales desafíos de la implementación de Lean Six Sigma es la resistencia al cambio por parte de los miembros de la organización. La implementación de Lean Six Sigma puede requerir cambios significativos en la cultura organizacional y los procesos de trabajo, y algunos miembros de la organización pueden resistirse a estos cambios.

Falta de compromiso de la alta dirección

La falta de compromiso de la alta dirección también puede ser un desafío para la implementación de Lean Six Sigma. Si la alta dirección no está comprometida con el proceso de implementación, puede ser difícil obtener los recursos y el apoyo necesarios para el éxito de la implementación.

Falta de habilidades y conocimientos

La falta de habilidades y conocimientos en la metodología Lean Six Sigma también puede ser un desafío para la implementación. Es importante proporcionar la capacitación y el apoyo adecuados a todos los miembros de la organización para garantizar que estén preparados para el cambio.

Falta de recursos financieros y humanos

La falta de recursos financieros y humanos también puede ser un desafío para la implementación de Lean Six Sigma. La implementación de Lean Six Sigma puede requerir una inversión significativa en recursos financieros y humanos, y puede ser difícil obtener los recursos necesarios si la organización tiene recursos limitados.

Conclusión

La implementación de Lean Six Sigma puede proporcionar numerosos beneficios a una organización, incluida la mejora de la calidad, la reducción de costos, el aumento de la productividad, la mayor satisfacción del cliente y la mejora de la cultura organizacional. Sin embargo, la implementación de Lean Six Sigma también puede presentar desafíos, como la resistencia al cambio, la falta de compromiso de la alta dirección, la falta de habilidades y conocimientos y la falta de recursos financieros y humanos.

Para garantizar el éxito de la implementación de Lean Six Sigma, es importante involucrar a todos los miembros de la organización, proporcionar la capacitación y el apoyo adecuados y garantizar el compromiso de la alta dirección. También es importante abordar los desafíos y problemas a medida que surjan para garantizar la continuidad del proceso de mejora continua.

En resumen, la implementación de Lean Six Sigma puede ser un proceso desafiante, pero los beneficios pueden ser significativos para una organización. Al centrarse en la mejora continua y el compromiso de todos los miembros de la organización, una organización puede mejorar su calidad, reducir sus costos, aumentar su productividad y proporcionar una mayor satisfacción al cliente.

COMUNICACIÓN Y LIDERAZGO EN PROYECTOS LEAN SIX SIGMA

La comunicación y el liderazgo son dos elementos esenciales en cualquier proyecto de mejora de procesos, especialmente en el marco del enfoque Lean Six Sigma. La comunicación efectiva es fundamental para asegurar que todas las partes interesadas comprendan los objetivos y las expectativas del proyecto, así como para mantener una comunicación constante y transparente durante todo el proceso. Por otro lado, el liderazgo efectivo es necesario para garantizar que el equipo del proyecto esté alineado en torno a los objetivos comunes y tenga la motivación y las habilidades necesarias para completar el proyecto de manera exitosa. En este capítulo, exploraremos la relación entre la comunicación y el liderazgo en proyectos Lean Six Sigma, y discutiremos algunas estrategias y mejores prácticas para mejorar ambos elementos en el contexto de una organización.

Comunicación en proyectos Lean Six Sigma

La comunicación es fundamental para el éxito de cualquier proyecto, pero es especialmente importante en proyectos Lean Six Sigma, donde los objetivos pueden ser altamente técnicos y los procesos pueden ser complejos. La comunicación efectiva es necesaria para asegurar que todas las partes interesadas, incluidos los líderes de la organización, el equipo del proyecto y los miembros de la comunidad afectada, comprendan los objetivos del proyecto y la forma en que se llevará a cabo. También es importante para mantener una comunicación constante y transparente durante todo el proceso del proyecto.

Una de las formas más efectivas de asegurar una comunicación efectiva en un proyecto Lean Six Sigma es establecer un plan de comunicación detallado y bien estructurado desde el principio. El plan de comunicación debe incluir una descripción de las audiencias clave, los mensajes clave y los canales de comunicación que se utilizarán para llegar a cada audiencia. También debe establecer claramente los objetivos de comunicación del proyecto y el calendario de las actividades de comunicación que se llevarán a cabo.

Además, es importante que los líderes del proyecto y los miembros del equipo de proyecto se comuniquen abierta y regularmente. Esto puede incluir reuniones periódicas de equipo, actualizaciones de estado regulares y una comunicación abierta y transparente sobre los desafíos y las oportunidades que surgen durante el proyecto.

Otra estrategia efectiva para mejorar la comunicación en proyectos Lean Six Sigma es utilizar herramientas de visualización de datos para comunicar los resultados del proyecto. Las herramientas de visualización de datos pueden ayudar a los miembros del equipo del proyecto y a las partes interesadas a comprender los resultados del proyecto de manera más clara y fácil de entender.

Liderazgo en proyectos Lean Six Sigma

El liderazgo efectivo es crucial en cualquier proyecto, y es particularmente importante en proyectos Lean Six Sigma, donde los procesos y los objetivos pueden ser altamente técnicos y complejos. Los líderes del proyecto deben tener la capacidad de motivar al equipo del proyecto y de guiarlos hacia la meta del proyecto de manera efectiva.

Una de las formas más efectivas de liderar un proyecto Lean Six Sigma es establecer una visión clara y compartida del proyecto desde el principio. Esto puede ayudar a alinear al equipo del proyecto en torno a los objetivos comunes del proyecto y a asegurar que todos los miembros del equipo estén motivados y trabajen juntos de manera efectiva.

Otra estrategia importante para liderar proyectos Lean Six Sigma es fomentar la colaboración y el trabajo en equipo. El enfoque Lean Six Sigma se basa en la idea de que el éxito del proyecto depende de la colaboración efectiva entre todas las partes interesadas. Los líderes del proyecto deben asegurarse de que los miembros del equipo del proyecto trabajen juntos de manera efectiva y de que se promueva una cultura de colaboración y apoyo mutuo.

Además, los líderes del proyecto deben tener habilidades de gestión de proyectos sólidas y estar familiarizados con las herramientas y técnicas Lean Six Sigma. Esto puede ayudar a asegurar que el proyecto se complete dentro del plazo y presupuesto previsto y que se alcancen los objetivos de mejora del proceso.

Otra habilidad importante que los líderes del proyecto deben tener es la capacidad de motivar al equipo del proyecto y de mantener su compromiso durante todo el proceso del proyecto. Esto puede incluir reconocer el buen trabajo del equipo, proporcionar retroalimentación y apoyo regularmente, y asegurarse de que los miembros del equipo tengan las herramientas y recursos necesarios para completar el proyecto de manera efectiva.

Estrategias para mejorar la comunicación y el liderazgo en proyectos Lean Six Sigma

Hay varias estrategias y mejores prácticas que las organizaciones pueden implementar para mejorar tanto la comunicación como el liderazgo en proyectos Lean Six Sigma.

Establecer un plan de comunicación detallado: Como se mencionó anteriormente, establecer un plan de comunicación detallado desde el principio del proyecto puede ayudar a asegurar una comunicación efectiva y constante durante todo el proceso del proyecto. El plan debe incluir una descripción de las audiencias clave, los mensajes clave y los canales de comunicación que se utilizarán para llegar a cada audiencia.

Proporcionar capacitación y desarrollo de liderazgo: La capacitación y el desarrollo de liderazgo pueden ayudar a los líderes del proyecto a desarrollar habilidades de liderazgo sólidas y a estar familiarizados con las herramientas y técnicas Lean Six Sigma. Esto puede mejorar su capacidad para liderar y motivar al equipo del proyecto de manera efectiva.

Fomentar la colaboración y el trabajo en equipo: Como se mencionó anteriormente, fomentar la colaboración y el trabajo en equipo es esencial para el éxito del proyecto Lean Six Sigma. Los líderes del proyecto deben asegurarse de que los miembros del equipo trabajen juntos de manera efectiva y de que se promueva una cultura de colaboración y apoyo mutuo.

Utilizar herramientas de visualización de datos: Las herramientas de visualización de datos pueden ayudar a comunicar los resultados del proyecto de manera más clara y fácil de entender. Los líderes del proyecto deben considerar el uso de herramientas de visualización de datos para comunicar los resultados del proyecto de manera efectiva.

Establecer objetivos claros y compartidos: Establecer objetivos claros y compartidos desde el principio del proyecto puede ayudar a alinear al equipo del proyecto en torno a los objetivos comunes del proyecto y a mantener su motivación y compromiso durante todo el proceso del proyecto.

Conclusión

La comunicación y el liderazgo son dos elementos esenciales en cualquier proyecto de mejora de procesos, especialmente en el marco del enfoque Lean Six Sigma. La comunicación efectiva es fundamental para asegurar que todas las partes interesadas comprendan los objetivos y las expectativas del proyecto, así como para mantener una comunicación constante y abierta durante todo el proceso del proyecto. Por otro lado, el liderazgo efectivo es clave para garantizar que el proyecto se complete dentro del plazo y presupuesto previsto, y que se alcancen los objetivos de mejora del proceso.

Para mejorar la comunicación y el liderazgo en proyectos Lean Six Sigma, las organizaciones deben establecer un plan de comunicación detallado, proporcionar capacitación y desarrollo de liderazgo, fomentar la colaboración y el trabajo en equipo, utilizar herramientas de visualización de datos y establecer objetivos claros y compartidos.

En resumen, el éxito de cualquier proyecto Lean Six Sigma depende en gran medida de la comunicación y el liderazgo efectivos. Los líderes del proyecto deben asegurarse de que la comunicación sea efectiva y constante, y de que se promueva una cultura de colaboración y trabajo en equipo. Además, deben tener habilidades sólidas de liderazgo y estar familiarizados con las herramientas y técnicas Lean Six Sigma. Al implementar las mejores prácticas y estrategias descritas en este capítulo, las organizaciones pueden mejorar la comunicación y el liderazgo en proyectos Lean Six Sigma y, en última instancia, mejorar los procesos y aumentar la satisfacción del cliente.

IDENTIFICACIÓN Y REDUCCIÓN DE DESPERDICIOS EN PROCESOS

En el mundo empresarial actual, la reducción de costos y la eficiencia en los procesos son claves para el éxito de una empresa. Una forma de lograr esto es a través de la implementación de metodologías de mejora continua, como Lean Six Sigma. En este capítulo, se discutirá la identificación y reducción de desperdicios en procesos utilizando la metodología de Lean Six Sigma.

Qué es Lean Six Sigma

Antes de entrar en detalles sobre cómo identificar y reducir desperdicios en procesos, es importante entender qué es Lean Six Sigma. Lean Six Sigma es una metodología de mejora continua que combina dos enfoques: Lean Manufacturing y Six Sigma.

Lean Manufacturing se enfoca en la eliminación de desperdicios en los procesos, mientras que Six Sigma se enfoca en la reducción de la variabilidad y la mejora de la calidad. La combinación de estos dos enfoques resulta en una metodología altamente efectiva para mejorar la eficiencia y calidad en los procesos.

La identificación de desperdicios en procesos

Antes de poder reducir desperdicios en un proceso, es importante identificarlos. Los desperdicios son cualquier actividad o proceso que no agrega valor al producto o servicio final. A continuación, se describen los ocho tipos de desperdicios identificados por Lean Manufacturing:

Sobreproducción: producir más de lo necesario o antes de lo necesario.

Tiempo de espera: tiempo que se pierde esperando por un proceso o recurso.

Transporte: movimiento innecesario de materiales o productos.

Exceso de procesamiento: hacer más de lo que se necesita para completar una tarea.

Inventario: tener más inventario del necesario.

Movimiento: movimiento innecesario de personas o recursos.

Defectos: errores en el proceso que resultan en productos defectuosos.

Subutilización del talento: no aprovechar al máximo el potencial de los empleados.

Para identificar desperdicios en un proceso, es importante realizar un análisis detallado del proceso y buscar áreas donde se puedan eliminar o reducir los desperdicios mencionados anteriormente. Esto se puede hacer a través de la realización de un mapa de flujo de valor, que muestra el flujo del proceso desde el inicio hasta el final.

Una vez que se han identificado los desperdicios, se pueden tomar medidas para reducirlos o eliminarlos por completo.

La reducción de desperdicios en procesos

Una vez que se han identificado los desperdicios en un proceso, es importante tomar medidas para reducirlos o eliminarlos por completo. A continuación, se describen algunas estrategias que se pueden utilizar para reducir desperdicios en procesos utilizando la metodología de Lean Six Sigma:

Implementar el flujo continuo: esto implica eliminar los cuellos de botella y tiempos de espera en el proceso. Al reducir los tiempos de espera y asegurarse de que los procesos se realicen en orden, se puede reducir el desperdicio de transporte, movimiento y sobreproducción.

Reducir la variabilidad: al reducir la variabilidad en el proceso, se puede reducir el desperdicio de exceso de procesamiento y defectos. Se pueden utilizar herramientas como Six Sigma para identificar y reducir la variabilidad en el proceso.

Implementar el sistema pull: esto implica producir solo lo que se necesita, en lugar de producir en exceso y crear inventario innecesario. Al utilizar el sistema pull, se puede reducir el desperdicio de sobreproducción e inventario.

Implementar el kanban: esto implica utilizar señales visuales para indicar cuándo se debe producir más de un producto o cuándo se debe mover un producto a la siguiente etapa del proceso. Al utilizar el kanban, se puede reducir el desperdicio de inventario y transporte.

Mejorar la eficiencia de los procesos: al mejorar la eficiencia de los procesos, se puede reducir el desperdicio de movimiento y subutilización del talento. Se pueden utilizar herramientas como el análisis de tiempo y movimiento para identificar áreas donde se puede mejorar la eficiencia del proceso.

Implementar la filosofía de Kaizen: esto implica la mejora continua del proceso a través de pequeñas mejoras en lugar de grandes cambios. Al implementar la filosofía de Kaizen, se puede reducir el desperdicio en múltiples áreas del proceso.

Capacitar a los empleados: al capacitar a los empleados en Lean Six Sigma, se les puede proporcionar las habilidades y herramientas necesarias para identificar y reducir desperdicios en los procesos. Esto puede conducir a una cultura de mejora continua en la empresa.

Ejemplo de aplicación de Lean Six Sigma en la reducción de desperdicios

Para ilustrar cómo se puede aplicar Lean Six Sigma en la reducción de desperdicios en un proceso, se utilizará el ejemplo de una empresa de fabricación de muebles. La empresa ha identificado que el proceso de ensamblaje de los muebles tiene un desperdicio significativo debido a la sobreproducción y el exceso de procesamiento.

Para reducir el desperdicio de sobreproducción, la empresa decide implementar el sistema pull y el kanban. Utilizan señales visuales para indicar cuándo se necesita producir más de un producto o cuándo se debe mover un producto a la siguiente etapa del proceso.

Para reducir el desperdicio de exceso de procesamiento, la empresa decide utilizar Six Sigma para reducir la variabilidad en el proceso. Utilizan herramientas de Six Sigma para identificar áreas donde se puede reducir la variabilidad y mejoran los procesos para reducir el exceso de procesamiento.

Para asegurarse de que el proceso se está llevando a cabo de manera eficiente, la empresa utiliza el análisis de tiempo y movimiento para identificar áreas donde se puede mejorar la eficiencia del proceso. También capacitan a los empleados en Lean Six Sigma para fomentar una cultura de mejora continua.

Conclusión

La identificación y reducción de desperdicios en procesos es clave para mejorar la eficiencia y reducir costos en una empresa. Lean Six Sigma es una metodología altamente efectiva para lograr esto. Al identificar los desperdicios en un proceso y tomar medidas para reducirlos o eliminarlos, se pueden mejorar la eficiencia y la calidad de los procesos en una empresa.

Además, la implementación de Lean Six Sigma puede conducir a una cultura de mejora continua en la empresa, lo que puede llevar a una mayor satisfacción del cliente y una ventaja competitiva en el mercado. Es importante destacar que la identificación y reducción de desperdicios en procesos no es un proceso único y continuo, sino que es un proceso iterativo que requiere una constante mejora y monitoreo.

IDENTIFICACIÓN Y ELIMINACIÓN DE CUELLOS DE BOTELLA EN PROCESOS

La identificación y eliminación de cuellos de botella en procesos es un tema clave para mejorar la eficiencia y la rentabilidad de una empresa. En la última década, se ha desarrollado una metodología muy efectiva para lograr esto: Lean Six Sigma. Este enfoque combina la metodología Lean, que se centra en la eliminación de desperdicios, con la metodología Six Sigma, que se centra en la reducción de la variación en los procesos. Juntas, estas metodologías permiten identificar y eliminar los cuellos de botella en los procesos para mejorar la calidad, reducir costos y aumentar la satisfacción del cliente.

En este capítulo, se presentarán los conceptos clave de Lean Six Sigma y se discutirá cómo se puede aplicar esta metodología para identificar y eliminar los cuellos de botella en los procesos. También se discutirán las herramientas y técnicas utilizadas en Lean Six Sigma para lograr estos objetivos.

Conceptos clave de Lean Six Sigma

Para entender cómo funciona Lean Six Sigma, es importante comprender los conceptos clave de ambas metodologías.

Metodología Lean

La metodología Lean se originó en la industria automotriz de Japón en los años 50 y se centró en la eliminación de desperdicios en los procesos de producción.

Los cinco principios de la metodología Lean son:

Valor: Identificar lo que el cliente considera valioso.

Flujo de valor: Identificar el flujo de valor en el proceso.

Flujo continuo: Crear un flujo continuo de trabajo para eliminar desperdicios.

Producción pull: Producir solo lo que se necesita, cuando se necesita.

Perfección: Buscar la perfección en el proceso.

La metodología Lean se centra en eliminar o reducir ocho tipos de desperdicios, que son:

Sobreproducción, espera, transporte, sobreprocesamiento, inventario, movimientos innecesarios, defectos, subutilización del talento.

Metodología Six Sigma

La metodología Six Sigma se desarrolló en Motorola en los años 80 y se centró en la reducción de la variación en los procesos de producción. La variación se define como cualquier cosa que pueda afectar negativamente la calidad del producto o servicio.

La metodología Six Sigma se basa en una estrategia llamada DMAIC, que significa:

Definir: Definir el problema o el proceso que se va a mejorar.

Medir: Medir el rendimiento actual del proceso.

Analizar: Analizar los datos para identificar las causas raíz del problema.

Mejorar: Desarrollar e implementar soluciones para abordar las causas raíz.

Controlar: Establecer controles para mantener el proceso mejorado.

El objetivo de Six Sigma es lograr un nivel de calidad de 3.4 defectos por millón de oportunidades (DPMO). Esto significa que el proceso produce productos o servicios de alta calidad con una tasa de error muy baja.

Combinación de Lean y Six Sigma

La combinación de Lean y Six Sigma en la metodología Lean Six Sigma permite aprovechar las fortalezas de ambas metodologías para mejorar la eficiencia y la calidad en los procesos. Al combinar estas dos metodologías, se puede:

Identificar y eliminar los ocho tipos de desperdicios identificados por Lean.

Reducir la variación en los procesos identificados por Six Sigma.

Mejorar la calidad de los productos o servicios.

Reducir los costos y aumentar la rentabilidad.

Aumentar la satisfacción del cliente.

La metodología Lean Six Sigma se basa en cinco fases: definir, medir, analizar, mejorar y controlar (DMAIC). Cada fase tiene un conjunto específico de actividades y herramientas que se utilizan para lograr los objetivos de la fase. A continuación, se describen cada una de las fases.

Fase Definir

La primera fase de la metodología Lean Six Sigma es la fase Definir. En esta fase, se identifica el problema o el proceso que se va a mejorar. Las actividades principales en esta fase incluyen:

Identificar el problema o el proceso a mejorar.

Definir el objetivo del proyecto.

Formar un equipo de trabajo.

Desarrollar un plan de proyecto.

Para lograr estos objetivos, se utilizan varias herramientas y técnicas, como la matriz de selección de proyectos, la carta del proyecto, el mapa de proceso y la definición del alcance del proyecto.

Fase Medir

La segunda fase de la metodología Lean Six Sigma es la fase Medir. En esta fase, se mide el rendimiento actual del proceso y se identifican los puntos de mejora. Las actividades principales en esta fase incluyen:

Identificar las métricas de rendimiento del proceso.

Medir el rendimiento actual del proceso.

Identificar los puntos de mejora del proceso.

Para lograr estos objetivos, se utilizan varias herramientas y técnicas, como el diagrama de flujo, el histograma, el gráfico de control y la capacidad del proceso.

Fase Analizar

La tercera fase de la metodología Lean Six Sigma es la fase Analizar. En esta fase, se analizan los datos para identificar las causas raíz del problema. Las actividades principales en esta fase incluyen:

Analizar los datos del proceso.

Identificar las causas raíz del problema.

Evaluar la importancia y la factibilidad de las soluciones propuestas.

Para lograr estos objetivos, se utilizan varias herramientas y técnicas, como el análisis de Pareto, el análisis de causa raíz, el diagrama de espina de pescado y la matriz de priorización.

Fase Mejorar

La cuarta fase de la metodología Lean Six Sigma es la fase Mejorar. En esta fase, se desarrollan e implementan soluciones para abordar las causas raíz identificadas en la fase Analizar. Las actividades principales en esta fase incluyen:

Generar soluciones potenciales para abordar las causas raíz.

Evaluar y seleccionar las mejores soluciones.

Desarrollar un plan de implementación.

Implementar las soluciones.

Para lograr estos objetivos, se utilizan varias herramientas y técnicas, como el diseño de experimentos, el análisis costo-beneficio, la implementación piloto y el plan de control.

Fase Controlar

La quinta y última fase de la metodología Lean Six Sigma es la fase Controlar. En esta fase, se asegura que las mejoras realizadas en la fase Mejorar se mantengan en el tiempo y se mejore el proceso continuamente. Las actividades principales en esta fase incluyen:

Establecer medidas de control y monitoreo del proceso.

Implementar un plan de control.

Capacitar al personal y documentar los cambios.

Realizar auditorías regulares para evaluar el rendimiento del proceso.

Para lograr estos objetivos, se utilizan varias herramientas y técnicas, como el plan de control, el análisis de tendencias, la capacitación del personal y la revisión de la documentación.

Identificación y eliminación de cuellos de botella

Una de las principales aplicaciones de Lean Six Sigma es la identificación y eliminación de cuellos de botella en los procesos. Un cuello de botella es una etapa en un proceso que limita la capacidad de producción del proceso. Es decir, es un punto en el proceso en el que la capacidad de producción es menor que la demanda del proceso.

La identificación y eliminación de cuellos de botella es esencial para mejorar la eficiencia y la rentabilidad del proceso. La eliminación de un cuello de botella aumenta la capacidad de producción del proceso y reduce el tiempo de espera, lo que mejora la calidad del servicio y la satisfacción del cliente.

Para identificar y eliminar los cuellos de botella en un proceso, se utilizan varias herramientas y técnicas, como el análisis del valor agregado, el análisis de capacidad, el análisis de flujo de proceso y el análisis de tiempo y movimiento.

Análisis del valor agregado

El análisis del valor agregado es una herramienta utilizada para identificar las actividades que agregan valor en el proceso y las actividades que no agregan valor. El objetivo del análisis del valor agregado es eliminar las actividades que no agregan valor para mejorar la eficiencia del proceso.

El análisis del valor agregado se divide en tres categorías: actividades que agregan valor, actividades que no agregan valor, pero son necesarias y actividades que no agregan valor y no son necesarias. Al eliminar las actividades que no agregan valor y no son necesarias, se pueden reducir los costos y mejorar la eficiencia del proceso.

Análisis de capacidad

El análisis de capacidad es una herramienta utilizada para evaluar la capacidad de producción de un proceso. El objetivo del análisis de capacidad es identificar los cuellos de botella en el proceso y mejorar la eficiencia del proceso.

El análisis de capacidad se divide en dos categorías: capacidad nominal y capacidad real. La capacidad nominal es la capacidad teórica del proceso, mientras que la capacidad real es la capacidad real del proceso. Al comparar la capacidad nominal y la capacidad real, se pueden identificar los cuellos de botella en el proceso.

Análisis de flujo de proceso

El análisis de flujo de proceso es una herramienta utilizada para identificar las etapas en un proceso y la secuencia de las etapas. El objetivo del análisis de flujo de proceso es identificar las etapas que agregan valor y las etapas que no agregan valor para mejorar la eficiencia del proceso.

El análisis de flujo de proceso se divide en dos categorías: flujo de proceso actual y flujo de proceso ideal. El flujo de proceso actual describe cómo se realiza el proceso actualmente, mientras que el flujo de proceso ideal describe cómo debería ser el proceso idealmente.

Al comparar el flujo de proceso actual y el flujo de proceso ideal, se pueden identificar las etapas en el proceso que no agregan valor y eliminarlas para mejorar la eficiencia del proceso.

Análisis de tiempo y movimiento

El análisis de tiempo y movimiento es una herramienta utilizada para evaluar el tiempo y los movimientos necesarios para realizar una tarea en un proceso. El objetivo del análisis de tiempo y movimiento es identificar las etapas en el proceso que requieren más tiempo y movimientos para realizar la tarea y mejorar la eficiencia del proceso.

El análisis de tiempo y movimiento se divide en dos categorías: tiempo de ciclo y tiempo de trabajo. El tiempo de ciclo es el tiempo necesario para completar una tarea, mientras que el tiempo de trabajo es el tiempo que se dedica a la tarea. Al reducir el tiempo de trabajo y el tiempo de ciclo, se puede mejorar la eficiencia del proceso.

Conclusión

La metodología Lean Six Sigma es una herramienta efectiva para identificar y eliminar cuellos de botella en los procesos. La metodología se divide en cinco fases: Definir, Medir, Analizar, Mejorar y Controlar.

En la fase Definir, se establece el alcance del proyecto y se identifican los objetivos y el equipo del proyecto.

En la fase Medir, se recopilan datos y se establecen medidas para evaluar el rendimiento del proceso.

En la fase Analizar, se analizan los datos recopilados para identificar los problemas en el proceso.

En la fase Mejorar, se identifican y se implementan soluciones para mejorar el proceso.

En la fase Controlar, se asegura que las mejoras realizadas en la fase Mejorar se mantengan en el tiempo y se mejore el proceso continuamente.

Para identificar y eliminar cuellos de botella en los procesos, se utilizan varias herramientas y técnicas, como el análisis del valor agregado, el análisis de capacidad, el análisis de flujo de proceso y el análisis de tiempo y movimiento.

Al identificar y eliminar los cuellos de botella en los procesos, se pueden mejorar la eficiencia y la rentabilidad del proceso, lo que se traduce en una mayor satisfacción del cliente y una mejora en la calidad del servicio.

DISEÑO DE EXPERIMENTOS Y ANÁLISIS DE VARIANZA

El Diseño de Experimentos (DOE, por sus siglas en inglés) es una técnica estadística que se utiliza para investigar la relación entre los factores de un proceso y los resultados del mismo. El DOE se puede utilizar para optimizar un proceso, identificar la causa raíz de un problema y mejorar la calidad del producto o servicio. La metodología Lean Six Sigma utiliza el DOE como una herramienta clave en su enfoque de mejora continua. En este capítulo, se explicará en detalle cómo se utiliza el DOE con Lean Six Sigma y cómo se lleva a cabo el análisis de varianza (ANOVA) para interpretar los resultados de un experimento.

Definición de Diseño de Experimentos

El DOE se refiere a una técnica estadística que se utiliza para determinar cómo los factores afectan los resultados de un proceso. Los factores pueden ser variables de entrada, tales como la temperatura, la velocidad, la presión, el tiempo, etc. Los resultados pueden ser cualquier cosa que se mida en el proceso, como la calidad del producto, el tiempo de ciclo, el rendimiento, etc. El objetivo del DOE es identificar qué factores son significativos y cuál es la mejor combinación de factores para obtener los resultados deseados.

Tipos de Diseño de Experimentos

Hay varios tipos de DOE que se pueden utilizar dependiendo del objetivo del experimento y de la complejidad del proceso. Algunos de los más comunes son:

Diseño de una sola variable: se utiliza para determinar el efecto de un solo factor sobre el resultado del proceso. Se varía un solo factor a la vez y se mide el resultado.

Diseño factorial: se utiliza para determinar el efecto de varios factores y sus interacciones sobre el resultado del proceso. Se varían varios factores al mismo tiempo y se mide el resultado.

Diseño Taguchi: se utiliza para mejorar la robustez del proceso frente a las variaciones en los factores. Se varían varios factores en combinaciones específicas y se mide el resultado.

Diseño de superficie de respuesta: se utiliza para optimizar los factores de entrada y encontrar la combinación que produce los mejores resultados. Se varían los factores en un rango y se mide el resultado en puntos seleccionados dentro del rango.

Pasos para el Diseño de Experimentos con Lean Six Sigma

El proceso de Diseño de Experimentos con Lean Six Sigma consta de los siguientes pasos:

Paso 1: Definir el objetivo del experimento En este paso, se define claramente el objetivo del experimento. Se identifican los resultados deseados y se determina qué factores pueden afectarlos.

Paso 2: Seleccionar el tipo de diseño de experimentos Una vez que se ha definido el objetivo del experimento, se selecciona el tipo de DOE que se utilizará. Se debe tener en cuenta la complejidad del proceso y el número de factores que se quieren analizar.

Paso 3: Seleccionar los factores y niveles En este paso, se seleccionan los factores que se analizarán en el experimento y se determinan los niveles de cada factor. Es importante seleccionar los factores que se cree que son más significativos y que tienen el mayor impacto en los resultados.

Paso 4: Diseñar el experimento Una vez que se han seleccionado los factores y los niveles, se diseña el experimento. Se establece un plan de experimentación que incluya los grupos de prueba y control, la forma en que se variarán los factores y la forma en que se medirán los resultados.

Paso 5: Realizar el experimento En este paso, se lleva a cabo el experimento según el plan de experimentación diseñado en el paso anterior. Es importante tomar medidas precisas y registrar los datos de forma adecuada.

Paso 6: Analizar los resultados Una vez que se han recopilado los datos, se realiza un análisis estadístico para determinar la relación entre los factores y los resultados. Se utiliza el ANOVA para determinar si hay diferencias significativas entre los grupos de prueba y control y para identificar los factores que tienen un impacto significativo en los resultados.

Paso 7: Interpretar los resultados y tomar medidas En este paso, se interpretan los resultados del análisis estadístico y se toman medidas para mejorar el proceso. Se pueden utilizar herramientas Lean Six Sigma como el Mapa de Proceso y el Análisis de Causa Raíz para identificar las áreas en las que se pueden realizar mejoras y para desarrollar planes de acción para implementar esas mejoras.

Análisis de Varianza (ANOVA)

El ANOVA es una técnica estadística que se utiliza para comparar la media de dos o más grupos y determinar si hay diferencias significativas entre ellos. En el contexto del DOE, el ANOVA se utiliza para analizar los resultados del experimento y determinar si hay diferencias significativas entre los grupos de prueba y control.

El ANOVA se basa en la hipótesis nula de que no hay diferencias significativas entre los grupos y la hipótesis alternativa de que hay al menos una diferencia significativa entre los grupos. El ANOVA calcula la suma de cuadrados total (SCT), que representa la variación total en los datos, y la suma de cuadrados entre grupos (SCG), que representa la variación entre los grupos. La diferencia entre SCT y SCG se llama suma de cuadrados dentro de los grupos (SCW), que representa la variación dentro de los grupos. El ANOVA también calcula el valor F, que es la relación entre la variación entre los grupos y la variación dentro de los grupos.

Si el valor F es mayor que el valor crítico, se rechaza la hipótesis nula y se concluye que hay al menos una diferencia significativa entre los grupos. En ese caso, se pueden realizar pruebas de comparación múltiple para determinar cuáles son los grupos que difieren significativamente entre sí.

Conclusiones

El Diseño de Experimentos y el Análisis de Varianza son técnicas estadísticas clave que se utilizan en Lean Six Sigma para mejorar la calidad del producto o servicio. El DOE permite determinar cómo los factores afectan los resultados del proceso y encontrar la mejor combinación de factores para obtener los resultados deseados. El ANOVA se utiliza para analizar los resultados del experimento y determinar si hay diferencias significativas entre los grupos de prueba y control. Ambas técnicas son fundamentales para el enfoque de mejora continua de Lean Six Sigma y son herramientas valiosas para cualquier organización que busque mejorar su calidad y eficiencia.

DESARROLLO DE SOLUCIONES INNOVADORAS UTILIZANDO LEAN SIX SIGMA

En el entorno empresarial actual, la innovación se ha convertido en una necesidad para las empresas que desean mantenerse competitivas en el mercado. El desarrollo de soluciones innovadoras implica la aplicación de metodologías y herramientas que permitan a las empresas identificar oportunidades de mejora y diseñar soluciones eficientes y efectivas. Entre estas metodologías destaca Lean Six Sigma, que combina los principios de Lean Manufacturing y Six Sigma para mejorar la calidad y eficiencia de los procesos empresariales. En este capítulo se explorará cómo las empresas pueden utilizar Lean Six Sigma para desarrollar soluciones innovadoras y cómo esta metodología puede ayudar a las empresas a mantenerse competitivas en el mercado actual.

¿Qué es Lean Six Sigma?

Lean Six Sigma es una metodología de mejora de procesos que combina los principios de Lean Manufacturing y Six Sigma. Lean Manufacturing se enfoca en eliminar el desperdicio y mejorar la eficiencia en los procesos, mientras que Six Sigma se enfoca en la reducción de la variabilidad y la mejora de la calidad de los procesos. La combinación de estas dos metodologías permite a las empresas mejorar la calidad de sus productos y servicios, reducir los costos y mejorar la satisfacción del cliente.

La metodología Lean Six Sigma se divide en cinco fases: definición, medición, análisis, mejora y control. Cada fase se enfoca en una parte específica del proceso de mejora y utiliza herramientas y técnicas específicas para lograr los objetivos de la fase. El objetivo final de Lean Six Sigma es crear un proceso más eficiente y efectivo, que produzca resultados consistentes y de alta calidad.

Desarrollo de soluciones innovadoras utilizando Lean Six Sigma

El proceso de desarrollo de soluciones innovadoras utilizando Lean Six Sigma comienza con la definición del problema o la oportunidad de mejora. Esta fase se enfoca en identificar el problema o la oportunidad de mejora, establecer los objetivos del proyecto y definir el alcance del proyecto. Una vez que se ha definido el problema, se procede a la siguiente fase: la medición.

La fase de medición se enfoca en recopilar datos sobre el proceso actual y establecer una línea base de desempeño. Esta línea base se utiliza para medir el éxito del proyecto y determinar si las soluciones propuestas han mejorado el proceso. Para recopilar datos, se utilizan herramientas como gráficos de control, diagramas de flujo y mapas de proceso.

La fase de análisis se enfoca en identificar las causas raíz del problema o la oportunidad de mejora. Se utilizan herramientas como diagramas de Ishikawa, análisis de Pareto y análisis de valor para identificar las causas subyacentes del problema. Una vez que se han identificado las causas raíz, se procede a la fase de mejora.

La fase de mejora se enfoca en desarrollar soluciones innovadoras para abordar las causas raíz identificadas en la fase de análisis. Las soluciones propuestas se prueban y se implementan en una pequeña escala antes de ser implementadas en todo el proceso. Se utilizan herramientas como la matriz de selección de soluciones y el plan de implementación para garantizar que las soluciones propuestas sean efectivas y eficientes.

Finalmente, la fase de control se enfoca en mantener y mejorar el proceso después de la implementación de las soluciones. Se establecen medidas de control y se monitorea el desempeño del proceso para asegurarse de que las mejoras se mantengan en el tiempo. Las herramientas utilizadas en esta fase incluyen planes de control, gráficos de control y auditorías de proceso.

Ejemplo de aplicación de Lean Six Sigma en el desarrollo de soluciones innovadoras

Para ilustrar el proceso de desarrollo de soluciones innovadoras utilizando Lean Six Sigma, se presenta un ejemplo de una empresa de fabricación de automóviles que desea mejorar la eficiencia de su línea de ensamblaje.

Definición: La empresa define el problema como una alta tasa de retrabajo en la línea de ensamblaje, lo que ha resultado en una disminución en la producción y un aumento en los costos.

Medición: La empresa recopila datos sobre el proceso de ensamblaje actual y establece una línea base de desempeño. Se utiliza un gráfico de control para monitorear la tasa de retrabajo y se identifica que el problema se concentra en una etapa específica del proceso.

Análisis: La empresa utiliza un diagrama de Ishikawa para identificar las posibles causas del problema. Se descubre que una de las causas es un problema con la herramienta de ensamblaje utilizada en esa etapa específica del proceso.

Mejora: La empresa desarrolla una solución innovadora que implica la creación de una herramienta de ensamblaje más eficiente y ergonómica. Se prueba la herramienta en una pequeña escala y se determina que mejora la eficiencia del proceso y reduce la tasa de retrabajo.

Control: La empresa implementa la herramienta de ensamblaje en toda la línea de ensamblaje y establece medidas de control para monitorear su desempeño. Se utiliza un plan de control para garantizar que se mantenga el desempeño mejorado y se monitorea el proceso a través de gráficos de control y auditorías de proceso.

Resultados: La empresa logra reducir significativamente la tasa de retrabajo y aumentar la producción en la línea de ensamblaje. Además, se logra un ahorro significativo en costos debido a la reducción en la tasa de retrabajo.

Conclusión

El uso de Lean Six Sigma para el desarrollo de soluciones innovadoras es una herramienta poderosa para las empresas que desean mantenerse competitivas en el mercado actual. Esta metodología permite a las empresas identificar oportunidades de mejora, desarrollar soluciones efectivas y eficientes, y mantener el desempeño mejorado en el tiempo. El proceso de desarrollo de soluciones innovadoras utilizando Lean Six Sigma se divide en cinco fases:

definición, medición, análisis, mejora y control. Cada fase utiliza herramientas y técnicas específicas para lograr los objetivos de la fase y lograr un proceso más eficiente y efectivo.

definición, medición, análisis, mejora y control. Cada fase utiliza herramientas y técnicas específicas para lograr los objetivos de la fase y lograr un proceso más eficiente y efectivo.

IDENTIFICACIÓN Y ANÁLISIS DE RIESGOS EN PROCESOS

La identificación y análisis de riesgos son procesos fundamentales para cualquier empresa que busque mejorar sus operaciones y reducir los riesgos asociados con sus procesos. En la actualidad, existen varias metodologías que se utilizan para identificar y analizar riesgos, entre las cuales destacan Lean Six Sigma.

Lean Six Sigma es una metodología que se utiliza para mejorar la calidad de los procesos empresariales. Se basa en la idea de que todas las empresas tienen procesos que contienen errores y que, por lo tanto, se pueden mejorar para reducir costos, aumentar la satisfacción del cliente y mejorar la calidad de los productos y servicios. En este capítulo, exploraremos cómo Lean Six Sigma se puede utilizar para identificar y analizar riesgos en los procesos empresariales.

Identificación de riesgos

La identificación de riesgos es el primer paso en el proceso de análisis de riesgos. El objetivo de la identificación de riesgos es identificar todos los riesgos potenciales asociados con un proceso específico. En este sentido, Lean Six Sigma se puede utilizar para identificar los riesgos en los procesos empresariales.

Para identificar los riesgos en los procesos empresariales, es necesario utilizar herramientas específicas de Lean Six Sigma, como el mapa de procesos, el análisis de Pareto y el análisis de causa y efecto. El mapa de procesos se utiliza para visualizar el proceso empresarial completo, incluyendo los inputs, los outputs y los subprocesos. El análisis de Pareto se utiliza para identificar los problemas más comunes en un proceso empresarial, y el análisis de causa y efecto se utiliza para identificar las causas raíz de los problemas.

Una vez que se han identificado los riesgos en el proceso empresarial, se debe crear una lista de los riesgos identificados. Esta lista debe incluir una descripción detallada del riesgo, así como el impacto potencial del riesgo en el proceso empresarial. Además, se deben clasificar los riesgos según su probabilidad de ocurrencia y su impacto potencial.

Análisis de riesgos

Una vez que se han identificado los riesgos en el proceso empresarial, es necesario realizar un análisis de riesgos para determinar la probabilidad de ocurrencia de cada riesgo y su impacto potencial en el proceso empresarial. El análisis de riesgos se realiza utilizando herramientas específicas de Lean Six Sigma, como el análisis de FMEA (Análisis de Modo y Efecto de Fallas) y la matriz de riesgos.

El análisis de FMEA es una herramienta que se utiliza para identificar y evaluar los efectos potenciales de las fallas en un proceso empresarial. Esta herramienta se utiliza para evaluar la probabilidad de que ocurra una falla, el impacto potencial de la falla en el proceso empresarial y la probabilidad de que la falla se detecte antes de que cause un impacto significativo en el proceso empresarial. La matriz de riesgos se utiliza para evaluar la probabilidad de que ocurra un riesgo y su impacto potencial en el proceso empresarial.

Una vez que se han realizado el análisis de FMEA y la matriz de riesgos, se deben priorizar los riesgos identificados en función de su probabilidad de ocurrencia y su impacto potencial. Los riesgos más críticos deben ser abordados primero para minimizar el impacto potencial en el proceso empresarial.

Gestión de riesgos

Una vez que se han identificado y analizado los riesgos en el proceso empresarial, es necesario implementar medidas para mitigar los riesgos identificados. En este sentido, Lean Six Sigma se puede utilizar para implementar medidas específicas para mitigar los riesgos identificados.

Para mitigar los riesgos identificados, es necesario desarrollar un plan de gestión de riesgos que incluya medidas específicas para mitigar los riesgos. Este plan debe incluir medidas preventivas, medidas de mitigación y medidas de contingencia.

Las medidas preventivas se utilizan para prevenir la ocurrencia de los riesgos identificados. Estas medidas se implementan antes de que el riesgo ocurra y pueden incluir la capacitación del personal, el mejoramiento de los procesos y la implementación de controles adicionales.

Las medidas de mitigación se utilizan para reducir el impacto potencial de los riesgos identificados. Estas medidas se implementan después de que el riesgo ha ocurrido y pueden incluir la implementación de planes de contingencia y la implementación de soluciones alternativas.

Las medidas de contingencia se utilizan para manejar los riesgos identificados en caso de que ocurran. Estas medidas se implementan después de que el riesgo ha ocurrido y pueden incluir la implementación de planes de emergencia y la asignación de responsabilidades específicas.

Monitoreo y control

Una vez que se han implementado las medidas de gestión de riesgos, es necesario monitorear y controlar los riesgos identificados para asegurarse de que las medidas implementadas sean efectivas. En este sentido, Lean Six Sigma se puede utilizar para monitorear y controlar los riesgos identificados.

Para monitorear y controlar los riesgos identificados, es necesario implementar medidas específicas de monitoreo y control. Estas medidas pueden incluir la revisión periódica de los riesgos identificados, la medición del impacto potencial de los riesgos y la implementación de medidas adicionales si se identifican nuevos riesgos.

Además, es necesario establecer un proceso de retroalimentación para asegurarse de que los riesgos identificados se manejen de manera efectiva. Este proceso de retroalimentación debe incluir la revisión periódica de los riesgos identificados, la identificación de nuevas medidas de mitigación si es necesario y la implementación de medidas de mejora continua.

Conclusión

En conclusión, Lean Six Sigma es una metodología efectiva para identificar, analizar y gestionar riesgos en los procesos empresariales. La identificación de riesgos es el primer paso en el proceso de análisis de riesgos y se utiliza para identificar todos los riesgos potenciales asociados con un proceso específico. Una vez que se han identificado los riesgos en el proceso empresarial, es necesario realizar un análisis de riesgos para determinar la probabilidad de ocurrencia de cada riesgo y su impacto potencial en el proceso empresarial.

Una vez que se han identificado y analizado los riesgos en el proceso empresarial, es necesario implementar medidas para mitigar los riesgos identificados. Estas medidas incluyen medidas preventivas, medidas de mitigación y medidas de contingencia. Es necesario monitorear y controlar los riesgos identificados para asegurarse de que las medidas implementadas sean efectivas y establecer un proceso de retroalimentación para asegurarse de que los riesgos identificados se manejen de manera efectiva.

ANÁLISIS DE LA CADENA DE VALOR Y REDUCCIÓN DE TIEMPOS DE ENTREGA

En el mundo empresarial, la eficiencia en la gestión de los procesos productivos es un factor clave para mantenerse competitivo en el mercado. Uno de los métodos más populares para mejorar la eficiencia es Lean Six Sigma, que combina los principios de Lean Manufacturing y Six Sigma para eliminar los desperdicios y reducir la variabilidad en los procesos. Además, una herramienta importante para mejorar la eficiencia es el análisis de la cadena de valor, que permite identificar los procesos clave en la producción y los puntos en los que se pueden reducir los tiempos de entrega.

En este capítulo se analizará la aplicación de Lean Six Sigma en la reducción de tiempos de entrega mediante el análisis de la cadena de valor. Se explicará en qué consiste la metodología Lean Six Sigma, cómo se puede aplicar el análisis de la cadena de valor para identificar los procesos críticos y cuáles son las herramientas de Lean Six Sigma que se pueden utilizar para mejorar la eficiencia de los procesos.

Metodología Lean Six Sigma

Lean Six Sigma es una metodología de mejora de procesos que combina los principios de Lean Manufacturing y Six Sigma. Lean Manufacturing se enfoca en la eliminación de los desperdicios en los procesos, mientras que Six Sigma se enfoca en la reducción de la variabilidad en los procesos. Al combinar estas dos metodologías, Lean Six Sigma busca eliminar los desperdicios y reducir la variabilidad en los procesos para mejorar la eficiencia y la calidad del producto.

La metodología Lean Six Sigma se compone de cinco fases:

Definición del problema: En esta fase se define el problema que se quiere resolver y se establecen los objetivos del proyecto.

Medición: En esta fase se recolectan datos para evaluar el desempeño actual del proceso.

Análisis: En esta fase se analizan los datos recolectados para identificar los puntos débiles del proceso y las causas de los problemas identificados en la fase anterior.

Mejora: En esta fase se implementan mejoras en el proceso para reducir los desperdicios y la variabilidad.

Control: En esta fase se establecen controles para asegurar que las mejoras implementadas se mantengan a largo plazo.

Análisis de la cadena de valor

El análisis de la cadena de valor es una herramienta que permite identificar los procesos clave en la producción y los puntos en los que se pueden reducir los tiempos de entrega. La cadena de valor se compone de todos los procesos necesarios para producir un producto, desde la adquisición de materias primas hasta la entrega del producto final al cliente.

El análisis de la cadena de valor se puede dividir en dos fases:

Identificación de los procesos clave: En esta fase se identifican los procesos que son críticos para la producción y los que tienen un mayor impacto en los tiempos de entrega.

Identificación de las oportunidades de mejora: En esta fase se identifican los puntos en los que se pueden reducir los tiempos de entrega mediante la eliminación de desperdicios y la reducción de la variabilidad.

Herramientas de Lean Six Sigma para mejorar la eficiencia

Existen varias herramientas de Lean Six Sigma que se pueden utilizar para mejorar la eficiencia de los procesos. Algunas de las herramientas más comunes son:

Mapa de procesos (Value Stream Mapping): El mapa de procesos es una herramienta que permite visualizar todos los procesos involucrados en la producción de un producto y los flujos de información y materiales entre ellos. Esta herramienta es útil para identificar los procesos que son críticos para la producción y los puntos en los que se pueden reducir los tiempos de entrega.

Kanban: Kanban es un sistema de control de inventario que se utiliza para reducir los inventarios y los tiempos de entrega. Este sistema se basa en el uso de tarjetas kanban que indican cuándo se debe producir un producto o cuándo se debe reabastecer un inventario.

Poka-Yoke: Poka-Yoke es una técnica que se utiliza para prevenir errores y reducir la variabilidad en los procesos. Esta técnica se basa en la incorporación de dispositivos o mecanismos que impiden que se produzcan errores en los procesos.

Análisis de causa raíz (Root Cause Analysis): El análisis de causa raíz es una técnica que se utiliza para identificar las causas fundamentales de un problema en los procesos. Esta técnica se basa en la identificación de las causas más profundas de un problema, en lugar de las causas superficiales.

5S: 5S es una técnica que se utiliza para mejorar la organización y la limpieza en los procesos. Esta técnica se basa en la implementación de cinco pasos: Clasificación, Orden, Limpieza, Estandarización y Disciplina.

Ejemplo de aplicación de Lean Six Sigma en la reducción de tiempos de entrega

Para ilustrar la aplicación de Lean Six Sigma en la reducción de tiempos de entrega, se presentará un ejemplo hipotético en el que se desea reducir los tiempos de entrega en la producción de piezas de automóviles.

Definición del problema: El problema a resolver es el largo tiempo de entrega de las piezas de automóviles.

Medición: Se recolectan datos sobre los tiempos de entrega actuales y se identifican los procesos que tienen un mayor impacto en los tiempos de entrega.

Análisis: Se utiliza el mapa de procesos para identificar los procesos críticos y se realiza un análisis de causa raíz para identificar las causas de los problemas identificados en los procesos críticos.

Mejora: Se implementan mejoras en los procesos críticos identificados en la fase de análisis, como la implementación de dispositivos Poka-Yoke para reducir la variabilidad en los procesos y la implementación del sistema Kanban para reducir los inventarios y los tiempos de entrega.

Control: Se establecen controles para asegurar que las mejoras implementadas se mantengan a largo plazo, como la implementación de la técnica 5S para mantener la organización y la limpieza en los procesos.

Conclusión

El análisis de la cadena de valor y la metodología Lean Six Sigma son herramientas poderosas para mejorar la eficiencia en los procesos productivos y reducir los tiempos de entrega. La combinación de estas herramientas permite identificar los procesos críticos en la producción y los puntos en los que se pueden reducir los tiempos de entrega mediante la eliminación de desperdicios y la mejora de la calidad de los productos.

La aplicación de estas herramientas puede generar importantes beneficios para las empresas, como la reducción de costos y tiempos de entrega, la mejora de la calidad de los productos, la reducción de errores y la mejora en la satisfacción de los clientes.

Sin embargo, la implementación de estas herramientas requiere de un compromiso a largo plazo por parte de la empresa y la capacitación de los empleados en su aplicación. Además, es importante que se realice un seguimiento y monitoreo continuo de los procesos para asegurar que las mejoras se mantengan en el tiempo.

En resumen, la combinación de la metodología Lean Six Sigma y el análisis de la cadena de valor puede ser una herramienta poderosa para la mejora de los procesos productivos y la reducción de los tiempos de entrega. La aplicación de estas herramientas puede generar importantes beneficios para las empresas, pero requiere de un compromiso a largo plazo y la capacitación de los empleados en su aplicación.

IMPLEMENTACIÓN DE SISTEMAS DE GESTIÓN DE CALIDAD

La gestión de calidad es una herramienta esencial para cualquier organización que busque mejorar la eficiencia y la eficacia de sus procesos. En este contexto, Lean Six Sigma se ha convertido en una metodología popular para implementar sistemas de gestión de calidad en organizaciones de todo tipo. Este capítulo proporcionará una visión general de la metodología Lean Six Sigma y su aplicación en la implementación de sistemas de gestión de calidad.

¿Qué es Lean Six Sigma?

Lean Six Sigma es una metodología de mejora de procesos que combina dos enfoques populares: Lean y Six Sigma. Lean se enfoca en la eliminación de desperdicios y la mejora continua, mientras que Six Sigma se enfoca en la reducción de la variabilidad y la mejora de la calidad. La combinación de estos enfoques permite a las organizaciones maximizar la eficiencia y la eficacia de sus procesos.

Los principios de Lean Six Sigma

La metodología Lean Six Sigma se basa en una serie de principios clave que guían su aplicación. Estos principios incluyen:

Enfoque en el cliente

El enfoque en el cliente es fundamental para Lean Six Sigma. Esto significa entender las necesidades del cliente y diseñar procesos que satisfagan esas necesidades.

Mejora continua

La mejora continua es un principio clave de Lean Six Sigma. Esto significa que la organización se esfuerza constantemente por mejorar sus procesos y reducir los desperdicios.

Reducción de variabilidad

Six Sigma se enfoca en la reducción de la variabilidad en los procesos. Esto significa que la organización busca minimizar las desviaciones de los procesos estándar para mejorar la calidad y la consistencia.

Procesos centrados en el valor

La metodología Lean Six Sigma se enfoca en los procesos que generan valor para el cliente. Esto significa identificar y mejorar los procesos críticos que tienen un impacto directo en la satisfacción del cliente.

Uso de datos y hechos

Lean Six Sigma se basa en datos y hechos para tomar decisiones informadas. Esto significa recopilar y analizar datos para identificar las causas raíz de los problemas y tomar medidas para resolverlos.

Enfoque en el trabajo en equipo

El trabajo en equipo es fundamental para la implementación de Lean Six Sigma. Esto significa involucrar a todos los miembros de la organización en el proceso de mejora continua y fomentar la colaboración y la comunicación entre ellos.

Beneficios de Lean Six Sigma

La metodología Lean Six Sigma ofrece una serie de beneficios para las organizaciones que la implementan. Algunos de estos beneficios incluyen:

Mejora de la eficiencia

Lean Six Sigma permite a las organizaciones mejorar la eficiencia de sus procesos al eliminar los desperdicios y reducir la variabilidad.

Mejora de la calidad

Six Sigma se enfoca en la mejora de la calidad de los procesos. Esto significa reducir los defectos y mejorar la consistencia de los productos y servicios.

Aumento de la satisfacción del cliente

La implementación de Lean Six Sigma permite a las organizaciones mejorar la calidad de sus productos y servicios, lo que a su vez puede aumentar la satisfacción del cliente. Al satisfacer las necesidades del cliente de manera efectiva, la organización puede mantener la lealtad y el compromiso del cliente.

Reducción de costos

La eliminación de desperdicios y la mejora de la eficiencia pueden ayudar a reducir los costos de la organización. Esto puede conducir a un aumento en la rentabilidad y la competitividad.

Fortalecimiento de la cultura organizacional

La implementación de Lean Six Sigma puede ayudar a fortalecer la cultura organizacional al fomentar la colaboración, el trabajo en equipo y la mejora continua en todos los niveles de la organización.

Implementación de sistemas de gestión de calidad con Lean Six Sigma

La implementación de sistemas de gestión de calidad con Lean Six Sigma se centra en la mejora de los procesos y la eliminación de los desperdicios para mejorar la calidad y la eficiencia. Al combinar la metodología Lean Six Sigma con los principios de la gestión de calidad, las organizaciones pueden mejorar significativamente sus procesos y ofrecer productos y servicios de alta calidad.

Planificación

El primer paso en la implementación de un sistema de gestión de calidad con Lean Six Sigma es la planificación. Esto implica definir los objetivos del proyecto y establecer un plan detallado para su implementación. Durante esta fase, también se identifican los recursos necesarios y se establecen los indicadores clave de rendimiento (KPI) para medir el éxito del proyecto.

Análisis

En la fase de análisis, se recopilan y analizan los datos para identificar los problemas y las oportunidades de mejora. Esto implica utilizar herramientas y técnicas de Lean Six Sigma para recopilar y analizar datos y determinar las causas raíz de los problemas. Algunas herramientas comunes utilizadas en esta fase incluyen el mapa del flujo de valor, el análisis de pareto y la herramienta de diagrama de Ishikawa.

Diseño

En la fase de diseño, se desarrollan soluciones para abordar los problemas identificados en la fase de análisis. Esto implica diseñar nuevos procesos y procedimientos que reduzcan los desperdicios y mejoren la calidad. Durante esta fase, también se realizan pruebas y simulaciones para garantizar que las soluciones propuestas sean efectivas y eficientes.

Implementación

En la fase de implementación, se implementan las soluciones desarrolladas en la fase de diseño. Esto implica la capacitación del personal y la implementación de nuevos procesos y procedimientos. Durante esta fase, también se establecen los controles necesarios para garantizar la consistencia y la calidad de los procesos.

Control

En la fase de control, se monitorean y miden los procesos para garantizar que se mantengan los niveles de calidad y eficiencia establecidos en la fase de diseño. Esto implica la implementación de sistemas de monitoreo y retroalimentación para detectar problemas y oportunidades de mejora. También se establecen planes de acción para abordar cualquier problema que surja durante esta fase.

Desafíos en la implementación de sistemas de gestión de calidad con Lean Six Sigma

Aunque la implementación de sistemas de gestión de calidad con Lean Six Sigma puede ofrecer muchos beneficios, también hay desafíos que pueden surgir durante el proceso de implementación. A continuación, se describen algunos de los desafíos comunes en la implementación de sistemas de gestión de calidad con Lean Six Sigma.

Resistencia al cambio

La resistencia al cambio es un desafío común en la implementación de sistemas de gestión de calidad con Lean Six Sigma. Los empleados pueden ser reacios a cambiar la forma en que se realizan las tareas y a adoptar nuevos procesos y procedimientos. Para superar este desafío, es importante comunicar claramente los beneficios del sistema de gestión de calidad y proporcionar capacitación y apoyo a los empleados durante todo el proceso de implementación.

Falta de liderazgo y compromiso

La falta de liderazgo y compromiso es otro desafío común en la implementación de sistemas de gestión de calidad con Lean Six Sigma. Si los líderes de la organización no están comprometidos con el proceso de implementación, es probable que los empleados también lo sean. Para superar este desafío, es importante que los líderes de la organización apoyen y promuevan activamente el sistema de gestión de calidad.

Falta de recursos

La implementación de un sistema de gestión de calidad con Lean Six Sigma puede requerir recursos significativos, como tiempo, dinero y personal capacitado. Si la organización no tiene suficientes recursos para implementar el sistema de gestión de calidad de manera efectiva, es posible que el proceso no tenga éxito. Para superar este desafío, es importante asignar los recursos adecuados y garantizar que se utilicen de manera efectiva.

Falta de alineación con la estrategia de la organización

Si el sistema de gestión de calidad no está alineado con la estrategia general de la organización, es posible que no se logren los resultados deseados. Es importante que la implementación del sistema de gestión de calidad esté alineada con la estrategia general de la organización y que se establezcan objetivos claros para medir el éxito del sistema.

Conclusiones

La implementación de sistemas de gestión de calidad con Lean Six Sigma puede ayudar a las organizaciones a mejorar la calidad y la eficiencia de sus procesos, lo que a su vez puede conducir a una mayor satisfacción del cliente, una mayor rentabilidad y una cultura organizacional más sólida. Sin embargo, la implementación de sistemas de gestión de calidad con Lean Six Sigma también puede presentar desafíos, como la resistencia al cambio, la falta de liderazgo y compromiso, la falta de recursos y la falta de alineación con la estrategia de la organización.

Para superar estos desafíos, es importante planificar cuidadosamente la implementación del sistema de gestión de calidad, comunicar claramente los beneficios del sistema a los empleados, asignar los recursos adecuados y garantizar que el sistema esté alineado con la estrategia general de la organización. Con el enfoque adecuado, la implementación de sistemas de gestión de calidad con Lean Six Sigma puede ser un proceso efectivo y beneficioso para la organización.

INTEGRACIÓN DE LEAN SIX SIGMA CON OTRAS METODOLOGÍAS DE MEJORA DE PROCESOS

En este capítulo, exploraremos cómo integrar Lean Six Sigma con otras metodologías de mejora de procesos como Total Quality Management (TQM), Business Process Reengineering (BPR), Kaizen, y Agile. Analizaremos los conceptos clave de cada metodología y cómo se pueden integrar para lograr resultados de mejora efectivos.

Total Quality Management (TQM)

Total Quality Management (TQM) es una metodología que se centra en la mejora continua de la calidad a través de la satisfacción del cliente, la eliminación de desperdicios y la mejora de los procesos empresariales. TQM se basa en el principio de que la calidad es una responsabilidad de todos en la organización y que se debe buscar continuamente la mejora en todos los aspectos del proceso empresarial.

Para integrar Lean Six Sigma con TQM, es importante entender cómo se superponen las metodologías y cómo pueden complementarse entre sí. Ambas metodologías se centran en la mejora continua de los procesos y la eliminación de desperdicios. Sin embargo, Lean Six Sigma se enfoca más en la reducción de variabilidad y la mejora de la eficiencia, mientras que TQM se enfoca en la satisfacción del cliente y la mejora de la calidad.

Una forma de integrar Lean Six Sigma con TQM es usar las herramientas Lean

Six Sigma para identificar las áreas de mejora en el proceso y luego utilizar los principios de TQM para implementar los cambios necesarios para mejorar la calidad y satisfacción del cliente. Además, la metodología de TQM puede ayudar a garantizar que los cambios implementados sean sostenibles a largo plazo al involucrar a todos en la organización en el proceso de mejora continua.

Business Process Reengineering (BPR)

Business Process Reengineering (BPR) es una metodología que se centra en la reestructuración radical de los procesos empresariales para lograr mejoras significativas en la eficiencia y la calidad. BPR se enfoca en la eliminación de actividades que no agregan valor, la simplificación de los procesos y la eliminación de barreras organizacionales.

Para integrar Lean Six Sigma con BPR, es importante entender cómo se superponen las metodologías y cómo pueden complementarse entre sí. Ambas metodologías se enfocan en la mejora de la eficiencia y la eliminación de desperdicios. Sin embargo, BPR se enfoca en la reestructuración radical de los procesos empresariales, mientras que Lean Six Sigma se enfoca en la reducción de la variabilidad y la mejora de la eficiencia.

Una forma de integrar Lean Six Sigma con BPR es utilizar las herramientas Lean Six Sigma para identificar los procesos que necesitan reestructuración radical y luego aplicar los principios de BPR para realizar cambios significativos en el proceso. Además, la metodología de Lean Six Sigma puede ayudar a garantizar que los cambios implementados sean efectivos y sostenibles a largo plazo al monitorear y medir continuamente el rendimiento del proceso.

Kaizen

Kaizen es una metodología japonesa de mejora continua que se centra en la mejora gradual y constante de los procesos empresariales a través de la participación de todos los miembros de la organización. Kaizen se basa en el principio de que las pequeñas mejoras continuas en el proceso pueden sumar grandes mejoras en el resultado final.

Para integrar Lean Six Sigma con Kaizen, es importante entender cómo se superponen las metodologías y cómo pueden complementarse entre sí. Ambas metodologías se enfocan en la mejora continua y la eliminación de desperdicios. Sin embargo, Kaizen se enfoca en la mejora gradual y constante, mientras que

Lean Six Sigma se enfoca en la reducción de la variabilidad y la mejora de la eficiencia.

Una forma de integrar Lean Six Sigma con Kaizen es utilizar las herramientas Lean Six Sigma para identificar las áreas de mejora en el proceso y luego aplicar los principios de Kaizen para realizar mejoras graduales y constantes en el proceso. Además, la metodología de Kaizen puede ayudar a garantizar que todos los miembros de la organización estén involucrados en el proceso de mejora continua y que se realicen mejoras en todos los aspectos del proceso empresarial.

Agile

Agile es una metodología de gestión de proyectos que se centra en la entrega rápida y continua de valor al cliente a través de la colaboración y la adaptación constante. Agile se basa en el principio de que los requisitos y objetivos del proyecto pueden cambiar a lo largo del tiempo y, por lo tanto, se deben adaptar continuamente para satisfacer las necesidades del cliente.

Para integrar Lean Six Sigma con Agile, es importante entender cómo se superponen las metodologías y cómo pueden complementarse entre sí. Ambas metodologías se enfocan en la mejora continua y la eliminación de desperdicios. Sin embargo, Agile se enfoca en la entrega rápida y continua de valor al cliente, mientras que Lean Six Sigma se enfoca en la reducción de la variabilidad y la mejora de la eficiencia.

Una forma de integrar Lean Six Sigma con Agile es utilizar las herramientas Lean Six Sigma para identificar las áreas de mejora en el proceso y luego aplicar los principios de Agile para adaptar y mejorar continuamente el proceso para satisfacer las necesidades del cliente. Además, la metodología de Agile puede ayudar a garantizar que el enfoque de mejora se mantenga en línea con las necesidades cambiantes del cliente y que se entregue valor de manera rápida y efectiva.

Conclusión

La integración de Lean Six Sigma con otras metodologías de mejora de procesos puede ayudar a lograr un enfoque holístico en la mejora del proceso empresarial. Al utilizar las herramientas y principios de múltiples metodologías, es posible lograr mejoras significativas en la eficiencia, la calidad y la satisfacción del cliente. Es importante entender cómo se superponen y complementan las metodologías y cómo se pueden aplicar en conjunto para lograr los mejores resultados. Al integrar Lean Six Sigma con TQM, BPR, Kaizen y Agile, es posible lograr una mejora continua y sostenible en el proceso empresarial.

Es importante recordar que la integración de estas metodologías no es un enfoque único para todas las situaciones. La selección de la metodología adecuada para una situación específica debe basarse en una comprensión profunda de los procesos empresariales, los desafíos y las necesidades del cliente. Es esencial involucrar a todos los miembros de la organización en el proceso de mejora continua y establecer un enfoque colaborativo para lograr los mejores resultados.

En resumen, la integración de Lean Six Sigma con otras metodologías de mejora de procesos puede proporcionar un enfoque holístico y efectivo para la mejora continua del proceso empresarial. La selección de la metodología adecuada debe basarse en una comprensión profunda de los procesos empresariales y las necesidades del cliente. Al involucrar a todos los miembros de la organización y establecer un enfoque colaborativo, es posible lograr mejoras significativas y sostenibles en la eficiencia, la calidad y la satisfacción del cliente.

RESOLUCIÓN DE PROBLEMAS COMPLEJOS UTILIZANDO LEAN SIX SIGMA

Lean Six Sigma es una metodología que ha evolucionado a lo largo de los años a partir de dos enfoques diferentes: Lean Manufacturing y Six Sigma. El enfoque de Lean Manufacturing se originó en Japón en la década de 1950 y se centró en la eliminación de desperdicios y la mejora continua. Por otro lado, Six Sigma se originó en Motorola en la década de 1980 y se centró en la mejora de la calidad mediante la reducción de la variación. La combinación de estos dos enfoques dio lugar a la metodología de Lean Six Sigma, que se ha utilizado en una amplia variedad de industrias, incluyendo la manufactura, la atención médica y los servicios financieros.

Principios básicos de Lean Six Sigma

Los principios básicos de Lean Six Sigma se basan en la mejora continua y la eliminación de desperdicios. Estos principios se aplican a través de cinco fases: Definir, Medir, Analizar, Mejorar y Controlar (DMAIC).

Definir

La primera fase de DMAIC consiste en definir el problema que se va a resolver y establecer los objetivos del proyecto. En esta fase, es importante identificar las partes interesadas y establecer una comprensión común del problema y de los objetivos del proyecto.

Medir

La segunda fase de DMAIC consiste en medir el proceso actual y recopilar datos relevantes. En esta fase, se pueden utilizar herramientas como los mapas de procesos y los gráficos de control para analizar los datos y establecer una línea base para el proyecto.

Analizar

La tercera fase de DMAIC consiste en analizar los datos recopilados y determinar las causas fundamentales del problema. En esta fase, se utilizan herramientas como el análisis de Pareto y el análisis de causa y efecto para identificar las causas fundamentales del problema.

Mejorar

La cuarta fase de DMAIC consiste en mejorar el proceso mediante la implementación de soluciones y la realización de pruebas piloto. En esta fase, es importante asegurarse de que las soluciones implementadas sean sostenibles a largo plazo y que no creen nuevos problemas.

Controlar

La quinta fase de DMAIC consiste en controlar el proceso mejorado y monitorear su desempeño a lo largo del tiempo. En esta fase, se utilizan herramientas como los gráficos de control y los planes de control para mantener el proceso en su nueva y mejorada condición.

Enfoque de Lean Six Sigma en la resolución de problemas complejos

La metodología de Lean Six Sigma se enfoca en la resolución de problemas complejos a través de la mejora continua. La metodología se centra en la identificación y eliminación de desperdicios en los procesos, lo que lleva a una mejora en la calidad, eficiencia y rentabilidad del negocio. La mejora continua es un proceso iterativo que implica la identificación de problemas y la implementación de soluciones para resolverlos.

La mejora continua se logra mediante la implementación de la metodología DMAIC de Lean Six Sigma. Esta metodología proporciona un marco estructurado para la resolución de problemas, lo que permite una mejor comprensión del problema y una implementación más efectiva de soluciones. Además, la metodología fomenta la colaboración entre las partes interesadas y la recopilación de datos relevantes para tomar decisiones informadas.

La metodología de Lean Six Sigma también se enfoca en la eliminación de desperdicios en los procesos. Los desperdicios son actividades que no agregan valor al proceso y que consumen recursos innecesarios. Al eliminar estos desperdicios, se mejora la eficiencia del proceso y se reduce el tiempo de ciclo, lo que a su vez aumenta la satisfacción del cliente y reduce los costos de producción.

Además, la metodología de Lean Six Sigma enfatiza la importancia de la mejora continua a lo largo del tiempo. La implementación de soluciones no es suficiente para resolver un problema de forma permanente. Es importante monitorear el desempeño del proceso y hacer ajustes según sea necesario para mantener la mejora continua.

En resumen, el enfoque de Lean Six Sigma en la resolución de problemas complejos se centra en la mejora continua y la eliminación de desperdicios. La metodología DMAIC proporciona un marco estructurado para la resolución de problemas, mientras que la eliminación de desperdicios mejora la eficiencia y la rentabilidad del proceso. La mejora continua a lo largo del tiempo es clave para mantener los beneficios de la implementación de soluciones y garantizar la satisfacción del cliente.

Aplicación de Lean Six Sigma en la práctica

En este capítulo, se explorará cómo se aplica Lean Six Sigma en la práctica para resolver problemas complejos en diferentes industrias. Se presentarán casos de estudio para ilustrar cómo la metodología de Lean Six Sigma se puede utilizar para resolver problemas complejos y mejorar la eficiencia y la calidad de los procesos.

Aplicación de Lean Six Sigma en la industria manufacturera

En la industria manufacturera, Lean Six Sigma se utiliza para mejorar la eficiencia de los procesos y reducir los costos de producción. Un ejemplo de esto es la implementación de Lean Six Sigma en una empresa de fabricación de componentes electrónicos. La empresa enfrentaba problemas de calidad y rechazo de productos, lo que resultaba en un aumento de los costos de producción.

Para abordar este problema, se utilizó la metodología DMAIC de Lean Six Sigma para identificar las causas fundamentales del problema y desarrollar soluciones efectivas. Se realizaron pruebas piloto para validar las soluciones antes de su implementación, lo que aseguró que las soluciones fueran efectivas a largo plazo.

La implementación de Lean Six Sigma en esta empresa resultó en una reducción del rechazo de productos en un 40% y una mejora significativa en la calidad del producto. Además, la eficiencia del proceso mejoró, lo que resultó en una reducción de los costos de producción.

Aplicación de Lean Six Sigma en la industria de servicios

En la industria de servicios, Lean Six Sigma se utiliza para mejorar la calidad del servicio y reducir los tiempos de espera. Un ejemplo de esto es la implementación de Lean Six Sigma en un hospital para mejorar la eficiencia en la atención al paciente.

El hospital enfrentaba problemas con el tiempo de espera para la atención al paciente y la falta de coordinación entre los departamentos. Se utilizó la metodología DMAIC de Lean Six Sigma para identificar las causas fundamentales del problema y desarrollar soluciones efectivas. Se implementaron cambios en la programación de las citas y en la asignación de tareas para mejorar la coordinación entre los departamentos.

La implementación de Lean Six Sigma en este hospital resultó en una reducción significativa del tiempo de espera para la atención al paciente y una mejora en la coordinación entre los departamentos. Además, la satisfacción del paciente mejoró, lo que resultó en una mejora de la reputación del hospital.

Aplicación de Lean Six Sigma en la industria de tecnología

En la industria de tecnología, Lean Six Sigma se utiliza para mejorar la eficiencia en el desarrollo de productos y reducir los tiempos de entrega. Un ejemplo de esto es la implementación de Lean Six Sigma en una empresa de software para mejorar el proceso de desarrollo de software.

La empresa enfrentaba problemas con el tiempo de entrega del software y la falta de calidad en el producto final. Se utilizó la metodología DMAIC de Lean Six Sigma para identificar las causas fundamentales del problema y desarrollar soluciones efectivas. Se implementaron cambios en el proceso de desarrollo de software para mejorar la calidad del producto y reducir los tiempos de entrega.

La implementación de Lean Six Sigma en esta empresa resultó en una mejora significativa en la calidad del producto y una reducción en los tiempos de entrega del software. Además, la eficiencia del proceso mejoró, lo que resultó en una reducción de los costos de producción.

Aplicación de Lean Six Sigma en la industria de la construcción

En la industria de la construcción, Lean Six Sigma se utiliza para mejorar la eficiencia del proceso de construcción y reducir los tiempos de construcción. Un ejemplo de esto es la implementación de Lean Six Sigma en un proyecto de construcción de un edificio de oficinas.

El proyecto enfrentaba problemas con el tiempo de construcción y la falta de coordinación entre los equipos de construcción. Se utilizó la metodología DMAIC de Lean Six Sigma para identificar las causas fundamentales del problema y desarrollar soluciones efectivas. Se implementaron cambios en la programación de la construcción y en la coordinación entre los equipos para mejorar la eficiencia del proceso.

La implementación de Lean Six Sigma en este proyecto resultó en una reducción significativa en los tiempos de construcción del edificio y una mejora en la coordinación entre los equipos de construcción. Además, la calidad del edificio final mejoró, lo que resultó en una mejora en la satisfacción del cliente.

En resumen, la aplicación de Lean Six Sigma en diferentes industrias demuestra su eficacia en la resolución de problemas complejos y la mejora de la eficiencia y la calidad de los procesos. La metodología DMAIC proporciona un marco estructurado para la identificación de problemas y la implementación de soluciones efectivas. La mejora continua es clave para mantener los beneficios de la implementación de soluciones y garantizar la satisfacción del cliente.

GESTIÓN DE PROYECTOS LEAN SIX SIGMA

La gestión de proyectos Lean Six Sigma se puede aplicar a cualquier tipo de proyecto, desde la fabricación hasta la atención al cliente, y puede ser utilizada por cualquier organización que busque mejorar su eficiencia y efectividad. En este capítulo, se describirá la metodología de gestión de proyectos Lean Six Sigma, sus herramientas y técnicas, y cómo se puede aplicar en diferentes contextos.

Lean Six Sigma: una breve introducción Lean Six Sigma combina dos enfoques: Lean y Six Sigma. Lean se centra en la eliminación de procesos innecesarios y en la reducción del tiempo de entrega, mientras que Six Sigma se centra en la mejora de la calidad de los productos y servicios. La combinación de ambos enfoques permite a las organizaciones mejorar la calidad de sus productos y servicios al mismo tiempo que reducen los costos y aumentan la eficiencia.

La metodología Lean Six Sigma se divide en cinco fases: Definir, Medir, Analizar, Mejorar y Controlar (DMAIC, por sus siglas en inglés). Cada fase tiene una serie de actividades y herramientas asociadas que se utilizan para identificar los problemas, medir el rendimiento actual, analizar los datos, identificar oportunidades de mejora, implementar soluciones y controlar el rendimiento a largo plazo.

La fase de Definir se centra en definir el problema y establecer el alcance del proyecto. En esta fase se establecen los objetivos del proyecto, se identifica el equipo de proyecto y se establece un plan de proyecto.

La fase de Medir se centra en medir el rendimiento actual y establecer una línea base. En esta fase se identifican los datos necesarios para medir el rendimiento actual y se recopilan y analizan estos datos.

La fase de Analizar se centra en analizar los datos recopilados en la fase anterior. En esta fase se identifican las causas raíz de los problemas identificados y se identifican oportunidades de mejora.

La fase de Mejorar se centra en implementar soluciones para mejorar el rendimiento. En esta fase se desarrollan soluciones potenciales y se selecciona la solución más adecuada. Luego se implementa la solución y se realiza un seguimiento del rendimiento.

La fase de Controlar se centra en controlar el rendimiento a largo plazo. En esta fase se establecen controles para garantizar que la solución implementada siga siendo efectiva y se siguen recopilando y analizando los datos.

Herramientas y técnicas de la metodología Lean Six Sigma La metodología Lean Six Sigma utiliza una serie de herramientas y técnicas para ayudar en cada fase del proyecto. Algunas de las herramientas más comunes incluyen:

Análisis de Pareto: esta herramienta se utiliza para identificar los problemas más importantes. El análisis de Pareto se basa en el principio de que el 80% de los problemas se deben al 20% de las causas.

Diagrama de Ishikawa: también conocido como diagrama de espina de pescado o diagrama de causa y efecto, esta herramienta se utiliza para identificar las causas raíz de un problema. El diagrama se divide en categorías y se utilizan flechas para mostrar la relación entre las causas y el problema.

Mapa de flujo de valor: esta herramienta se utiliza para visualizar el flujo del proceso y identificar los puntos de mejora. El mapa de flujo de valor muestra todos los pasos necesarios para entregar un producto o servicio, desde la materia prima hasta el cliente final.

Gráfico de control: esta herramienta se utiliza para monitorear el rendimiento del proceso a lo largo del tiempo. El gráfico de control muestra los límites superior e inferior de control y los datos del proceso se grafican en el tiempo.

Análisis de capacidad del proceso: esta herramienta se utiliza para medir la capacidad del proceso para producir productos o servicios dentro de las especificaciones. Se utiliza para determinar si el proceso está funcionando dentro de las especificaciones y si se requieren mejoras.

Análisis de regresión: esta herramienta se utiliza para identificar la relación entre dos variables. Se utiliza para determinar si una variable afecta el resultado de otra variable y en qué medida.

Aplicación de la metodología Lean Six Sigma en diferentes contextos

La metodología Lean Six Sigma se puede aplicar en una amplia gama de contextos, desde la fabricación hasta la atención al cliente. A continuación, se describen algunos ejemplos de cómo se puede aplicar la metodología Lean Six Sigma en diferentes contextos.

Fabricación

En el contexto de la fabricación, la metodología Lean Six Sigma se puede utilizar para mejorar la eficiencia y reducir los costos de producción. Por ejemplo, se puede utilizar la metodología para identificar los cuellos de botella en la línea de producción y mejorar la eficiencia de los procesos. También se puede utilizar para reducir el tiempo de ciclo de producción y mejorar la calidad del producto.

Servicios financieros

En el contexto de los servicios financieros, la metodología Lean Six Sigma se puede utilizar para mejorar la eficiencia de los procesos y reducir los costos. Por ejemplo, se puede utilizar para identificar los procesos innecesarios en la gestión de préstamos hipotecarios y eliminarlos para reducir los costos de procesamiento. También se puede utilizar para mejorar la calidad del servicio al cliente, reduciendo el tiempo de respuesta y aumentando la satisfacción del cliente.

Atención médica

En el contexto de la atención médica, la metodología Lean Six Sigma se puede utilizar para mejorar la calidad del cuidado del paciente y reducir los costos de atención médica. Por ejemplo, se puede utilizar para reducir el tiempo de espera en las salas de emergencia y mejorar la eficiencia de los procesos de admisión y alta hospitalaria. También se puede utilizar para mejorar la seguridad del paciente y reducir los errores médicos.

Conclusiones

La metodología de gestión de proyectos Lean Six Sigma es una poderosa herramienta para mejorar la eficiencia y la calidad en cualquier tipo de organización. Al combinar los enfoques Lean y Six Sigma, se pueden identificar y eliminar los procesos innecesarios y mejorar la calidad de los productos y servicios. La metodología se divide en cinco fases: Definir, Medir, Analizar, Mejorar y Controlar (DMAIC), y utiliza una serie de herramientas y técnicas para ayudar en cada fase del proyecto. La metodología Lean Six Sigma se puede aplicar en una amplia gama de contextos, desde la fabricación hasta la atención médica y los servicios financieros.

Una de las principales ventajas de la metodología Lean Six Sigma es que se enfoca en la mejora continua. Esto significa que los proyectos nunca se consideran "terminados", sino que se revisan y mejoran constantemente para garantizar que los procesos sigan siendo eficientes y de alta calidad. Además, al enfocarse en los datos y la medición, la metodología ayuda a las organizaciones a tomar decisiones basadas en hechos en lugar de suposiciones.

Sin embargo, la implementación exitosa de la metodología Lean Six Sigma requiere una planificación y capacitación adecuadas. Es importante que las organizaciones comprendan los principios y herramientas de la metodología, y que capaciten a su personal en su uso. También es esencial que las organizaciones asignen suficiente tiempo y recursos para el proyecto, y que cuenten con el apoyo de la alta dirección para garantizar su éxito.

En resumen, la metodología Lean Six Sigma es una herramienta poderosa para mejorar la eficiencia y la calidad en cualquier tipo de organización. Al combinar los enfoques Lean y Six Sigma, se pueden identificar y eliminar los procesos innecesarios y mejorar la calidad de los productos y servicios. La metodología se divide en cinco fases: Definir, Medir, Analizar, Mejorar y Controlar (DMAIC), y utiliza una serie de herramientas y técnicas para ayudar en cada fase del proyecto. La metodología Lean Six Sigma se puede aplicar en una amplia gama de contextos y se enfoca en la mejora continua a través de datos y medición. Para su implementación exitosa se requiere planificación, capacitación y apoyo de la alta dirección.

DESARROLLO Y GESTIÓN DE EQUIPOS LEAN SIX SIGMA

El desarrollo y gestión de equipos Lean Six Sigma es un proceso crítico para cualquier organización que busque mejorar sus procesos y aumentar la satisfacción del cliente. En este capítulo, discutiremos los aspectos clave del desarrollo y gestión de equipos Lean Six Sigma, incluyendo la formación de equipos, la gestión del cambio, la comunicación efectiva y la medición del rendimiento.

Formación de equipos

La formación de equipos es el primer paso crítico en el desarrollo de un equipo Lean Six Sigma efectivo. Los equipos Lean Six Sigma generalmente se componen de personas de diferentes departamentos y funciones, y pueden incluir tanto empleados de nivel operativo como de nivel de gestión. Es importante que los miembros del equipo tengan habilidades complementarias y que estén dispuestos a trabajar juntos para lograr los objetivos del proyecto.

La formación de equipos generalmente comienza con la selección de los miembros del equipo. Esto implica identificar a los empleados que tienen habilidades específicas y conocimientos en el área de enfoque del proyecto. Por ejemplo, si el proyecto se enfoca en mejorar la eficiencia de la cadena de suministro, es posible que se seleccione a miembros del equipo con experiencia en logística, compras y producción.

Una vez que se ha seleccionado al equipo, es importante que se les brinde la formación necesaria para que puedan entender los conceptos básicos de Lean Six Sigma y aplicarlos en el proyecto. Esto puede incluir cursos de formación en herramientas Lean Six Sigma, como diagramas de Ishikawa y mapas de flujo de valor, así como formación en habilidades blandas, como liderazgo y comunicación.

Gestión del cambio

La gestión del cambio es otro aspecto crítico del desarrollo y gestión de equipos Lean Six Sigma. Los proyectos Lean Six Sigma a menudo implican cambios significativos en los procesos, la tecnología y la cultura de una organización. La resistencia al cambio es común, y puede ser un obstáculo importante para el éxito del proyecto.

Para gestionar el cambio de manera efectiva, es importante comunicar claramente los objetivos del proyecto y los beneficios potenciales de la implementación de Lean Six Sigma. Esto puede incluir la reducción de costos, la mejora de la calidad y la satisfacción del cliente. Es importante involucrar a todos los empleados afectados por el proyecto y proporcionarles la formación y los recursos necesarios para que puedan contribuir al éxito del proyecto.

La comunicación efectiva

La comunicación efectiva es otro factor crítico en el desarrollo y gestión de equipos Lean Six Sigma. La comunicación efectiva es importante para asegurar que todos los miembros del equipo estén alineados en los objetivos del proyecto, comprendan sus roles y responsabilidades y estén dispuestos a trabajar juntos para lograr los objetivos.

La comunicación efectiva también es importante para mantener a todos los interesados informados sobre el progreso del proyecto. Esto puede incluir informes regulares de progreso, actualizaciones de correo electrónico y reuniones de equipo regulares. Es importante que la comunicación sea clara y concisa, y que se adapte al público adecuado. Por ejemplo, es posible que se necesite una comunicación diferente para los empleados de nivel operativo y los ejecutivos de alto nivel.

Medición del rendimiento

La medición del rendimiento es un aspecto crítico del desarrollo y gestión de equipos Lean Six Sigma. Es importante medir el rendimiento del proyecto y los resultados de manera efectiva para determinar si se han logrado los objetivos del proyecto y para identificar áreas de mejora para futuros proyectos.

La medición del rendimiento generalmente implica el seguimiento de las métricas clave del proyecto, como el tiempo de ciclo, el costo, la calidad y la satisfacción del cliente. Estas métricas deben ser medibles y cuantificables, y se deben establecer objetivos específicos para cada una de ellas.

Es importante utilizar herramientas Lean Six Sigma, como el control estadístico de procesos (SPC), para medir y analizar los datos. Esto puede ayudar a identificar patrones y tendencias, y permitir la toma de decisiones basadas en datos.

Además de medir el rendimiento del proyecto, también es importante medir el rendimiento del equipo. Esto puede incluir la medición de la satisfacción del equipo, la efectividad del equipo y el desarrollo de habilidades individuales.

Conclusión

En resumen, el desarrollo y gestión de equipos Lean Six Sigma es crítico para el éxito de cualquier proyecto de mejora de procesos. La formación de equipos efectivos, la gestión del cambio, la comunicación efectiva y la medición del rendimiento son aspectos clave que deben ser considerados para lograr los objetivos del proyecto y mejorar la satisfacción del cliente. Es importante que las organizaciones dediquen los recursos necesarios para desarrollar equipos Lean Six Sigma efectivos y apoyarlos a medida que implementan proyectos de mejora de procesos.

ENTRENAMIENTO Y CERTIFICACIÓN DE PROFESIONALES EN LEAN SIX SIGMA

Para implementar Lean Six Sigma de manera efectiva, es necesario contar con profesionales capacitados y certificados en la metodología. En este capítulo, exploraremos el proceso de entrenamiento y certificación de profesionales en Lean Six Sigma, desde los conceptos básicos hasta los niveles más avanzados de certificación.

Conceptos básicos de Lean Six Sigma

Antes de adentrarnos en el proceso de entrenamiento y certificación, es importante comprender los conceptos básicos de Lean Six Sigma. A continuación, presentamos una breve introducción a algunos de los términos más importantes:

Desperdicio: Cualquier actividad que no agrega valor a un proceso se considera un desperdicio. Los siete tipos de desperdicios más comunes en los procesos son el exceso de producción, el tiempo de espera, el transporte innecesario, el procesamiento innecesario, el inventario innecesario, los movimientos innecesarios y los defectos.

Variabilidad: La variabilidad se refiere a cualquier fluctuación en el proceso que puede afectar negativamente la calidad o la eficiencia. La reducción de la variabilidad es uno de los principales objetivos de la metodología Six Sigma.

DMAIC: DMAIC es la metodología principal utilizada en Lean Six Sigma. Significa Definir, Medir, Analizar, Mejorar y Controlar. Cada etapa del proceso se enfoca en un aspecto diferente de la mejora continua.

Black Belt: Un Black Belt es un profesional certificado en Lean Six Sigma que ha completado un nivel avanzado de entrenamiento y tiene la capacidad de liderar proyectos complejos de mejora continua.

Green Belt: Un Green Belt es un profesional certificado en Lean Six Sigma que ha completado un nivel intermedio de entrenamiento y tiene la capacidad de liderar proyectos simples de mejora continua.

Niveles de certificación en Lean Six Sigma

Existen varios niveles de certificación en Lean Six Sigma, cada uno con diferentes requisitos y habilidades necesarias. A continuación, presentamos los niveles de certificación más comunes:

Yellow Belt: Un Yellow Belt es un profesional que ha completado una capacitación básica en Lean Six Sigma. Los Yellow Belts tienen una comprensión básica de la metodología y pueden contribuir en proyectos simples de mejora continua.

Green Belt: Como se mencionó anteriormente, un Green Belt es un profesional que ha completado un nivel intermedio de entrenamiento en Lean Six Sigma. Los Green Belts tienen una comprensión más profunda de la metodología y pueden liderar proyectos simples de mejora continua.

Black Belt: Un Black Belt es un profesional que ha completado un nivel avanzado de entrenamiento en Lean Six Sigma. Los Black Belts tienen una comprensión completa de la metodología y pueden liderar proyectos complejos de mejora continua.

Master Black Belt: Un Master Black Belt es un profesional que ha completado un nivel de entrenamiento aún más avanzado en Lean Six Sigma. Los Master Black Belts tienen un conocimiento profundo de la metodología y pueden liderar múltiples proyectos y entrenar a otros profesionales en Lean Six Sigma.

Champion: Un Champion es un líder de la organización que apoya y promueve la implementación de Lean Six Sigma en toda la empresa. Los Champions no están necesariamente certificados en Lean Six Sigma, pero tienen un papel importante en el éxito de la metodología en la organización.

Cada nivel de certificación tiene diferentes requisitos en cuanto a horas de entrenamiento, experiencia práctica y habilidades necesarias para ser certificado. Además, cada nivel de certificación tiene diferentes responsabilidades y expectativas en cuanto a liderar proyectos de mejora continua.

Proceso de entrenamiento en Lean Six Sigma

El proceso de entrenamiento en Lean Six Sigma varía según el proveedor de entrenamiento y la organización que busca la certificación. Sin embargo, en general, el proceso de entrenamiento en Lean Six Sigma consta de los siguientes pasos:

Identificación de la necesidad de entrenamiento: La organización debe evaluar si necesita capacitación en Lean Six Sigma y qué nivel de certificación es necesario para cumplir con sus objetivos de mejora continua.

Selección del proveedor de entrenamiento: La organización debe seleccionar un proveedor de entrenamiento de confianza que ofrezca cursos de capacitación en Lean Six Sigma del nivel necesario.

Capacitación: Los profesionales que buscan la certificación deben completar las horas de entrenamiento requeridas y adquirir las habilidades necesarias para cumplir con los requisitos del nivel de certificación deseado.

Proyecto práctico: Los profesionales deben completar un proyecto práctico de mejora continua que demuestre su habilidad para aplicar la metodología en un entorno real.

Examen de certificación: Los profesionales deben aprobar un examen de certificación que evalúa su conocimiento y habilidades en Lean Six Sigma.

Certificación: Una vez que se cumplen todos los requisitos, el profesional recibe la certificación en Lean Six Sigma en el nivel deseado.

Es importante tener en cuenta que el proceso de entrenamiento y certificación en Lean Six Sigma es un compromiso a largo plazo y requiere una dedicación significativa de tiempo y recursos. Sin embargo, los beneficios de la metodología son igualmente significativos y pueden tener un impacto positivo en toda la organización.

Beneficios de la certificación en Lean Six Sigma

La certificación en Lean Six Sigma puede proporcionar varios beneficios para los profesionales y la organización en general. A continuación, presentamos algunos de los beneficios más comunes:

Mejora de la eficiencia: La metodología Lean Six Sigma se centra en la eliminación de desperdicios y la optimización de procesos, lo que puede resultar en una mayor eficiencia en todas las áreas de la organización.

Reducción de errores: Al enfocarse en la eliminación de variaciones y errores, Lean Six Sigma puede ayudar a reducir el número de errores en los procesos, lo que puede mejorar la calidad de los productos y servicios y reducir los costos asociados con la corrección de errores.

Mejora de la satisfacción del cliente: Al mejorar la calidad de los productos y servicios, Lean Six Sigma puede ayudar a mejorar la satisfacción del cliente y la lealtad a la marca.

Ahorro de costos: La mejora de la eficiencia y la reducción de errores pueden llevar a una reducción de los costos de operación y la mejora de la rentabilidad.

Mejora de la cultura organizacional: Al adoptar Lean Six Sigma como una metodología de mejora continua, las organizaciones pueden crear una cultura de mejora continua que fomente la innovación y la colaboración.

Desarrollo profesional: La certificación en Lean Six Sigma puede ser un valioso activo en el desarrollo profesional de un individuo, lo que puede mejorar sus perspectivas de carrera y oportunidades de crecimiento dentro de la organización.

Desafíos de la implementación de Lean Six Sigma

A pesar de los beneficios potenciales de Lean Six Sigma, la implementación de la metodología puede presentar varios desafíos para las organizaciones. A continuación, presentamos algunos de los desafíos más comunes:

Resistencia al cambio: La implementación de Lean Six Sigma puede requerir cambios significativos en la cultura organizacional y los procesos existentes, lo que puede provocar resistencia al cambio por parte de los empleados y líderes.

Falta de compromiso de la alta dirección: La implementación de Lean Six Sigma requiere el compromiso y el apoyo de la alta dirección para ser efectiva. Si los líderes no están comprometidos con la metodología, puede haber dificultades para implementarla de manera efectiva.

Falta de recursos: La implementación de Lean Six Sigma requiere recursos significativos en términos de tiempo, dinero y personal capacitado. Si una organización no está dispuesta o no tiene los recursos para invertir en la implementación de la metodología, puede ser difícil lograr los beneficios potenciales.

Falta de comprensión: Si los empleados no comprenden la metodología o su importancia para la organización, puede haber dificultades para implementarla de manera efectiva. La educación y la capacitación son fundamentales para garantizar que todos los empleados comprendan y apoyen la implementación de Lean Six Sigma.

Dificultades para medir el éxito: La implementación de Lean Six Sigma requiere una medición y evaluación constante de los procesos para identificar oportunidades de mejora. Si una organización tiene dificultades para medir el éxito o establecer objetivos claros, puede ser difícil implementar la metodología de manera efectiva.

Conclusión

La implementación de Lean Six Sigma puede ser una herramienta valiosa para mejorar la eficiencia, reducir errores, mejorar la calidad y aumentar la satisfacción del cliente. Sin embargo, la implementación exitosa de la metodología requiere un compromiso significativo de tiempo y recursos y puede presentar desafíos para las organizaciones.

La capacitación y certificación en Lean Six Sigma pueden ayudar a los profesionales a adquirir las habilidades necesarias para liderar proyectos de mejora continua y proporcionar un valioso activo en su desarrollo profesional. Además, la educación y la capacitación son fundamentales para garantizar que todos los empleados comprendan la metodología y apoyen su implementación.

Es importante tener en cuenta que Lean Six Sigma no es una solución única para todas las organizaciones o problemas. Cada organización es única y puede requerir una adaptación de la metodología para satisfacer sus necesidades específicas. Además, es importante recordar que la implementación exitosa de Lean Six Sigma requiere un compromiso continuo con la mejora continua y la cultura organizacional.

En conclusión, la implementación de Lean Six Sigma puede ser una herramienta valiosa para mejorar la eficiencia y la calidad de las operaciones empresariales, y la capacitación y certificación en la metodología pueden proporcionar beneficios significativos para el desarrollo profesional de los individuos y la cultura organizacional. Sin embargo, la implementación efectiva de Lean Six Sigma requiere un compromiso significativo de tiempo, recursos y liderazgo para superar los desafíos que pueden surgir durante el proceso de implementación.

IMPLEMENTACIÓN DE LEAN SIX SIGMA EN DIFERENTES SECTORES INDUSTRIALES: APLICACIONES Y CASOS DE ÉXITO

La implementación de Lean Six Sigma en la industria manufacturera ha sido ampliamente estudiada y documentada. En esta sección, exploraremos algunos casos de éxito en diferentes sub-sectores de la industria manufacturera.

Caso de éxito en la industria automotriz

Toyota es conocida por ser una de las empresas que lideró la adopción de la filosofía Lean en la producción de automóviles. La implementación de Lean Six Sigma en Toyota se centró en la mejora continua de los procesos de producción para reducir el desperdicio y mejorar la calidad de los vehículos.

El enfoque de Toyota en la mejora continua ha llevado a la empresa a convertirse en una de las más eficientes en la producción de automóviles. El enfoque de la empresa en la calidad y la eficiencia ha sido tan efectivo que se ha convertido en un modelo para otras empresas que buscan mejorar sus procesos.

Caso de éxito en la industria alimentaria

La implementación de Lean Six Sigma en la industria alimentaria se ha centrado en mejorar la calidad de los productos, reducir los tiempos de producción y minimizar el desperdicio. Un ejemplo de éxito en la implementación de Lean Six Sigma en la industria alimentaria es el caso de Heinz.

Heinz implementó la metodología Lean Six Sigma en su planta de producción en Escocia, lo que llevó a una reducción del 30% en los costos de producción y un aumento del 10% en la producción. La empresa también logró mejorar la calidad de sus productos, lo que resultó en un aumento de la satisfacción del cliente.

Caso de éxito en la industria farmacéutica

La implementación de Lean Six Sigma en la industria farmacéutica se ha centrado en mejorar la calidad de los productos y reducir los tiempos de producción. Un ejemplo de éxito en la implementación de Lean Six Sigma en la industria farmacéutica es el caso de GlaxoSmithKline (GSK).

GSK implementó Lean Six Sigma en su planta de producción en el Reino Unido, lo que llevó a una reducción del 25% en el tiempo de ciclo de producción y una reducción del 15% en los costos de producción. Además, la empresa logró mejorar la calidad de sus productos, lo que resultó en una mayor satisfacción del cliente.

Implementación de Lean Six Sigma en la industria de servicios

La implementación de Lean Six Sigma en la industria de servicios se ha centrado en mejorar la eficiencia y la calidad del servicio al cliente. En esta sección, exploraremos algunos casos de éxito en diferentes sub-sectores de la industria de servicios.

Caso de éxito en la industria de la banca

La implementación de Lean Six Sigma en la industria bancaria se ha centrado en mejorar la eficiencia del servicio al cliente y reducir los tiempos de espera. Un ejemplo de éxito en la implementación de Lean Six Sigma en la industria bancaria es el caso de Bank of America.

Bank of America implementó Lean Six Sigma en su departamento de préstamos hipotecarios, lo que llevó a una reducción del 30% en el tiempo de procesamiento de préstamos y una reducción del 50% en los costos de procesamiento. Además, la empresa logró mejorar la satisfacción del cliente al proporcionar un servicio más rápido y eficiente.

Caso de éxito en la industria de la atención médica

La implementación de Lean Six Sigma en la industria de la atención médica se ha centrado en mejorar la eficiencia del servicio al paciente y reducir los tiempos de espera. Un ejemplo de éxito en la implementación de Lean Six Sigma en la industria de la atención médica es el caso de Virginia Mason Medical Center.

Virginia Mason Medical Center implementó Lean Six Sigma en su departamento de atención médica, lo que llevó a una reducción del 50% en los tiempos de espera y una reducción del 30% en los costos de atención médica. La empresa también logró mejorar la satisfacción del paciente al proporcionar un servicio más rápido y eficiente.

Caso de éxito en la industria de la logística

La implementación de Lean Six Sigma en la industria de la logística se ha centrado en mejorar la eficiencia de la cadena de suministro y reducir los costos de producción. Un ejemplo de éxito en la implementación de Lean Six Sigma en la industria de la logística es el caso de DHL.

DHL implementó Lean Six Sigma en su departamento de logística, lo que llevó a una reducción del 20% en los costos de producción y una reducción del 30% en los tiempos de entrega. La empresa también logró mejorar la calidad de sus servicios, lo que resultó en una mayor satisfacción del cliente.

Desafíos y consideraciones en la implementación de Lean Six Sigma

Aunque Lean Six Sigma ha demostrado ser un enfoque efectivo para mejorar la calidad y la eficiencia en diferentes sectores industriales, también presenta algunos desafíos y consideraciones importantes que deben abordarse durante su implementación.

Desafíos en la implementación de Lean Six Sigma

Uno de los principales desafíos en la implementación de Lean Six Sigma es el cambio cultural necesario para adoptar esta metodología. Los empleados deben estar dispuestos a cambiar sus procesos y formas de trabajar para lograr los objetivos de mejora de Lean Six Sigma. Además, la implementación de Lean Six Sigma puede requerir una inversión significativa en tiempo y recursos.

Otro desafío en la implementación de Lean Six Sigma es la necesidad de una planificación y gestión cuidadosa para asegurar que los objetivos y resultados de mejora sean alcanzados de manera efectiva.

Consideraciones en la implementación de Lean Six Sigma

Al implementar Lean Six Sigma, es importante tener en cuenta el contexto y las necesidades específicas de cada industria y organización. La metodología debe ser adaptada y personalizada para satisfacer las necesidades únicas de cada empresa.

Además, la capacitación y el desarrollo de habilidades son esenciales para el éxito de la implementación de Lean Six Sigma. Los empleados deben estar capacitados en la metodología y las herramientas de Lean Six Sigma para asegurar que puedan participar efectivamente en el proceso de mejora continua.

Conclusión

La implementación de Lean Six Sigma ha demostrado ser efectiva para mejorar la calidad y eficiencia en diferentes sectores industriales, incluyendo manufactura, atención médica, banca, logística y muchos más. Los casos de éxito presentados en este libro demuestran el impacto positivo que Lean Six Sigma puede tener en la reducción de costos, el aumento de la eficiencia y la mejora de la satisfacción del cliente.

Sin embargo, también se presentan algunos desafíos y consideraciones importantes que deben tenerse en cuenta al implementar Lean Six Sigma. Es esencial que la metodología sea personalizada y adaptada para satisfacer las necesidades únicas de cada organización. Además, el cambio cultural y la inversión de tiempo y recursos pueden ser un desafío, pero son necesarios para alcanzar los resultados de mejora deseados.

En resumen, la implementación de Lean Six Sigma puede ser una herramienta poderosa para mejorar la calidad y eficiencia en cualquier sector industrial. Al abordar los desafíos y consideraciones y personalizar la metodología para satisfacer las necesidades de la organización, se puede lograr un impacto positivo en la satisfacción del cliente, la reducción de costos y la mejora de la eficiencia.

INTRODUCCIÓN A LA INGENIERÍA EN MANUFACTURA

La Ingeniería en Manufactura es una disciplina que se encarga de diseñar, desarrollar, implementar y mejorar los procesos de producción de bienes y productos. Su objetivo principal es optimizar la eficiencia, calidad y rentabilidad en la fabricación de productos, utilizando diferentes tecnologías, métodos y herramientas. La ingeniería en manufactura abarca una amplia gama de industrias, desde la automotriz hasta la farmacéutica, y desempeña un papel crucial en la economía global.

Historia de la Ingeniería en Manufactura

La historia de la ingeniería en manufactura se remonta a los albores de la civilización, cuando los seres humanos comenzaron a fabricar herramientas y utensilios utilizando técnicas rudimentarias. Con el paso del tiempo, estas técnicas evolucionaron, dando lugar a procesos más sofisticados y eficientes. Uno de los hitos más importantes en la historia de la manufactura fue la Revolución Industrial, que marcó el inicio de la producción en masa y el uso de maquinaria impulsada por vapor.

Principios Básicos de la Ingeniería en Manufactura

La ingeniería en manufactura se basa en una serie de principios fundamentales que guían el diseño y la implementación de procesos de producción. Algunos de estos principios incluyen:

Eficiencia

La eficiencia es un aspecto clave en la ingeniería en manufactura, ya que busca maximizar la producción utilizando la menor cantidad de recursos posible. Esto implica optimizar el uso de materiales, energía y mano de obra, así como minimizar los tiempos de ciclo y los desperdicios.

Calidad

La calidad es otro principio fundamental en la ingeniería en manufactura, ya que afecta directamente la satisfacción del cliente y la reputación de la empresa. Para garantizar la calidad de los productos, se deben implementar sistemas de control de calidad y realizar pruebas exhaustivas durante todo el proceso de producción.

Innovación

La innovación juega un papel crucial en la ingeniería en manufactura, ya que impulsa el desarrollo de nuevos procesos, materiales y tecnologías. Esto permite a las empresas mantenerse competitivas en un mercado en constante cambio y satisfacer las demandas cambiantes de los clientes.

Tecnologías en la Ingeniería en Manufactura

La ingeniería en manufactura se vale de una amplia gama de tecnologías para llevar a cabo sus procesos de producción. Algunas de las tecnologías más comunes incluyen:

Fabricación aditiva

La fabricación aditiva, también conocida como impresión 3D, es una tecnología que permite crear objetos tridimensionales mediante la superposición de capas sucesivas de material. Esta tecnología ofrece ventajas como la personalización de productos, la reducción de tiempos de producción y la optimización del uso de materiales.

Control numérico computarizado (CNC)

El control numérico computarizado es un sistema que utiliza computadoras para controlar máquinas herramienta, como tornos y fresadoras. Esto permite una mayor precisión y repetibilidad en los procesos de mecanizado, así como la automatización de tareas repetitivas.

Robótica industrial

La robótica industrial se encarga de diseñar, construir y programar robots para realizar tareas de fabricación en entornos industriales. Estos robots pueden realizar una amplia variedad de tareas, desde el ensamblaje de productos hasta el manejo de materiales pesados, lo que aumenta la eficiencia y la seguridad en la planta de producción.

Desafíos y Tendencias en la Ingeniería en Manufactura

A pesar de los avances tecnológicos, la ingeniería en manufactura enfrenta una serie de desafíos y tendencias que están dando forma al futuro de la industria. Algunos de estos desafíos incluyen:

Globalización

La globalización ha llevado a una mayor competencia en el mercado global, lo que ha obligado a las empresas a buscar formas de reducir costos y mejorar la eficiencia en la producción. Esto ha llevado a un aumento en la subcontratación y la deslocalización de la producción, así como a la adopción de tecnologías avanzadas para mantenerse competitivas.

Sostenibilidad

La sostenibilidad es un tema cada vez más importante en la industria manufacturera, ya que las empresas buscan reducir su impacto en el medio ambiente y cumplir con regulaciones ambientales cada vez más estrictas. Esto ha llevado a un mayor énfasis en la eficiencia energética, el reciclaje de materiales y el uso de procesos de producción más limpios.

Industria Moderna

La industria moderna se refiere a la integración de tecnologías digitales en los procesos de producción, lo que permite una mayor automatización, conectividad y análisis de datos en tiempo real. Esto está cambiando la forma en que se diseñan y operan las plantas de producción, permitiendo una mayor flexibilidad y eficiencia en la fabricación de productos.

Conclusión

La ingeniería en manufactura desempeña un papel fundamental en la economía global, impulsando la producción de bienes y productos en una amplia gama de industrias. A través de la aplicación de tecnologías avanzadas y la adopción de mejores prácticas, las empresas pueden mejorar la eficiencia, calidad y rentabilidad en sus procesos de producción, manteniéndose competitivas en el mercado.

FUNDAMENTOS DE PROCESOS DE MANUFACTURA

Los procesos de fabricación son la piedra angular de la industria moderna, desplegando una amplia gama de técnicas para transformar materias primas en productos finales. Desde la revolución industrial hasta la era digital, estos procesos han evolucionado continuamente para satisfacer las demandas de una sociedad en constante cambio. Este capítulo se adentra en los conceptos fundamentales que subyacen a los procesos de fabricación, explorando su importancia, clasificación y principios básicos.

Importancia de los Procesos de Fabricación

La importancia de los procesos de fabricación radica en su papel vital en la creación de bienes de consumo, componentes industriales y productos en una variedad de sectores. Desde la construcción de automóviles hasta la producción de dispositivos electrónicos, estos procesos son el alma de la fabricación moderna. Además de impulsar la economía global, los procesos de fabricación influyen en la calidad de vida, la innovación tecnológica y la sostenibilidad ambiental.

Clasificación de Procesos de Fabricación

Los procesos de fabricación se pueden clasificar de diversas maneras, dependiendo de varios criterios:

Por Formado: Este grupo incluye procesos como la fundición, la forja, la laminación y la extrusión, que implican dar forma al material mediante la aplicación de fuerzas mecánicas.

Por Remoción de Material: Engloba técnicas como el torneado, el fresado, el taladrado y el rectificado, donde se elimina material de una pieza para obtener la forma deseada.

Por Deformación sin Arranque de Viruta: Comprende procesos como el embutido, el estirado y el doblado, que alteran la forma del material sin eliminar material.

Por Solidificación: Implica la solidificación de materiales fundidos, como la fundición de metales y el moldeo por inyección de plástico.

Por Uniones: Incluye técnicas como soldadura, adhesión y ensamblaje mecánico para unir materiales y componentes.

Esta clasificación proporciona una visión general de la diversidad de técnicas disponibles en la fabricación moderna, cada una con sus propias aplicaciones y desafíos específicos.

Principios Básicos de Procesos de Fabricación

Materialización del Producto

La materialización del producto es el proceso de convertir una idea conceptual en un objeto físico. Requiere una cuidadosa selección de materiales, diseño de la geometría y elección de procesos de fabricación adecuados. Este proceso abarca desde la concepción inicial del producto hasta su fabricación y distribución.

Tecnologías de Fabricación Aditiva y Sustractiva

Fabricación Aditiva: Conocida también como impresión 3D, implica la construcción de objetos agregando material capa por capa. Esta técnica permite la creación de geometrías complejas y la fabricación de prototipos rápidos.

Fabricación Sustractiva: Consiste en eliminar material de una pieza para dar forma al producto final. Técnicas como el torneado, el fresado y el taladrado son ejemplos de este enfoque.

Selección de Materiales

La selección de materiales es un aspecto crucial de los procesos de fabricación, ya que afecta las propiedades y el rendimiento del producto final. Factores como la resistencia, la durabilidad, la conductividad y la apariencia estética deben tenerse en cuenta al elegir los materiales adecuados para una aplicación específica.

Diseño para la Fabricación

El diseño para la fabricación implica considerar la manufacturabilidad del producto desde las primeras etapas del proceso de diseño. Esto implica optimizar la geometría del producto para facilitar la fabricación, minimizar la complejidad y reducir los costos de producción.

Tecnologías Avanzadas en Procesos de Fabricación

Fabricación Digital

La fabricación digital integra tecnologías como la modelación computacional, la simulación y la fabricación aditiva para mejorar la eficiencia y la precisión en la producción. Esto incluye el uso de software de diseño asistido por computadora (CAD), simulación de procesos y control numérico computarizado (CNC).

Internet de las Cosas (IoT) en Fabricación

La integración de dispositivos conectados a internet en entornos de fabricación permite el monitoreo en tiempo real, la optimización de procesos y la detección temprana de fallas. Esto incluye sensores de temperatura, humedad, presión y movimiento, así como sistemas de gestión de datos en la nube.

Robótica y Automatización

El uso de robots y sistemas automatizados en los procesos de fabricación aumenta la velocidad, la precisión y la seguridad, además de reducir los costos laborales. Los robots industriales se utilizan para tareas como ensamblaje, soldadura, pintura y manejo de materiales en entornos de producción.

Fabricación Verde

La fabricación verde se enfoca en minimizar el impacto ambiental de los procesos de fabricación, mediante la reducción de residuos, el uso eficiente de recursos y la adopción de tecnologías limpias. Esto incluye prácticas como el reciclaje de materiales, la optimización del uso de energía y la reducción de emisiones de gases de efecto invernadero.

Conclusión

Los procesos de fabricación son esenciales para la creación de una amplia variedad de productos en la industria moderna. Desde los principios básicos hasta las tecnologías avanzadas, la comprensión de los fundamentos de estos procesos es crucial para optimizar la eficiencia, la calidad y la sostenibilidad en la fabricación. La continua evolución en este campo impulsa la innovación y el progreso en la industria manufacturera, contribuyendo al desarrollo económico y social a nivel mundial.

SELECCIÓN DE MATERIALES EN LA MANUFACTURA

La selección de materiales desempeña un papel crucial en el proceso de manufactura, determinando en gran medida las propiedades, la durabilidad, el rendimiento y la calidad del producto final. Desde la ingeniería de componentes hasta la fabricación de productos de consumo, la elección adecuada de materiales es fundamental para lograr los objetivos de diseño, optimizar los procesos de fabricación y satisfacer las necesidades del mercado. En este capítulo, exploraremos en detalle la importancia de la selección de materiales en la manufactura, los criterios clave que influyen en esta selección, las propiedades esenciales de los materiales y las tendencias emergentes en este campo en constante evolución.

Importancia de la Selección de Materiales

La selección de materiales es un aspecto crítico en la manufactura por varias razones fundamentales:

Impacto en las Propiedades del Producto: Los materiales elegidos influyen directamente en las propiedades del producto final, incluyendo su resistencia, ductilidad, dureza, conductividad, entre otras. La elección adecuada de materiales puede garantizar que el producto cumpla con los estándares de calidad y rendimiento requeridos.

Optimización del Proceso de Fabricación: La selección de materiales apropiados puede simplificar y optimizar los procesos de fabricación, reduciendo los tiempos de producción, minimizando los desperdicios y mejorando la eficiencia global del sistema de manufactura.

Consideraciones Económicas: La selección de materiales también tiene implicaciones económicas significativas, ya que los costos asociados con la adquisición, procesamiento y manipulación de los materiales pueden representar una parte importante del costo total de producción. La selección de materiales adecuados puede ayudar a reducir los costos y mejorar la rentabilidad.

Sostenibilidad y Responsabilidad Ambiental: En un contexto de creciente conciencia ambiental y regulaciones más estrictas, la selección de materiales sostenibles y respetuosos con el medio ambiente es cada vez más importante. Los fabricantes están buscando activamente materiales renovables, reciclables y de bajo impacto ambiental para sus productos y procesos de fabricación.

Criterios de Selección de Materiales

La selección de materiales en la manufactura se basa en una variedad de criterios interrelacionados, que deben ser considerados de manera integral para tomar decisiones informadas:

Propiedades Requeridas del Producto: La primera consideración al seleccionar materiales es identificar las propiedades físicas, mecánicas, térmicas, eléctricas y químicas que son requeridas para el producto final. Estas propiedades pueden variar según la aplicación específica del producto y deben ser cuidadosamente evaluadas.

Compatibilidad con el Proceso de Fabricación: Los materiales seleccionados deben ser compatibles con los procesos de fabricación utilizados para producir el producto. Esto incluye consideraciones como la temperatura de procesamiento, la facilidad de conformado, la resistencia a la corrosión durante los procesos químicos, entre otros.

Costo y Disponibilidad: El costo de los materiales y su disponibilidad en el mercado son factores críticos a tener en cuenta. Los materiales excesivamente costosos o difíciles de obtener pueden afectar negativamente la viabilidad económica del producto.

Desempeño y Durabilidad: Es fundamental seleccionar materiales que cumplan con los requisitos de desempeño y durabilidad del producto en su entorno de uso previsto. Esto puede implicar pruebas de resistencia, durabilidad a largo plazo y compatibilidad con condiciones ambientales específicas.

Aspectos Estéticos y de Diseño: En algunos casos, los aspectos estéticos y de diseño pueden influir en la selección de materiales, especialmente en productos de consumo donde la apariencia juega un papel importante en la percepción del cliente.

Impacto Ambiental y Regulatorio: La selección de materiales también debe considerar el impacto ambiental de los materiales a lo largo de su ciclo de vida, incluyendo la extracción, procesamiento, uso y disposición final. Además, los materiales deben cumplir con las regulaciones y normativas ambientales aplicables.

Reciclabilidad y Sostenibilidad: Con el aumento de la conciencia ambiental, la reciclabilidad y la sostenibilidad de los materiales se han vuelto aspectos cada vez más importantes en la selección de materiales. Los materiales reciclables y de origen sostenible están ganando popularidad en la industria manufacturera.

Propiedades de los Materiales

Al seleccionar materiales para la manufactura, es crucial comprender las propiedades clave que determinan su comportamiento y rendimiento en diversas condiciones. Algunas de las propiedades más importantes incluyen:

Resistencia Mecánica: La resistencia mecánica se refiere a la capacidad de un material para resistir cargas y deformaciones bajo tensiones aplicadas. Esta propiedad es esencial en aplicaciones donde se requiere resistencia estructural, como en la construcción de edificios, puentes, vehículos y maquinaria.

Dureza: La dureza es la resistencia de un material a la deformación plástica y al rayado. Los materiales más duros tienden a ser más resistentes al desgaste y a la abrasión, lo que los hace adecuados para aplicaciones donde se requiere resistencia a la abrasión, como en herramientas de corte y maquinaria.

Tenacidad: La tenacidad es la capacidad de un material para absorber energía antes de fracturarse. Esta propiedad es importante en aplicaciones donde se producen cargas de impacto o choque, como en componentes de vehículos y estructuras expuestas a condiciones severas.

Resistencia a la Corrosión: La resistencia a la corrosión es la capacidad de un material para resistir la degradación química causada por agentes corrosivos como agua, ácidos, bases y gases. Esta propiedad es crucial en aplicaciones expuestas a ambientes corrosivos, como en la industria química, marina y petrolera.

Conductividad Eléctrica y Térmica: La conductividad eléctrica y térmica son propiedades que determinan la capacidad de un material para transportar corriente eléctrica y calor, respectivamente. Estas propiedades son importantes en una amplia gama de aplicaciones, desde la electrónica hasta la generación de energía y la fabricación de dispositivos de calefacción y refrigeración.

Densidad: La densidad es la masa por unidad de volumen de un material y afecta directamente el peso y la masa de los productos fabricados. Los materiales de baja densidad son deseables en aplicaciones donde se requiere reducir el peso, como en la industria aeroespacial y automotriz.

Estabilidad Dimensional: La estabilidad dimensional es la capacidad de un material para mantener su forma y dimensiones bajo diversas condiciones de temperatura, humedad y carga. Esta propiedad es importante en aplicaciones donde se requiere precisión dimensional y resistencia a la deformación, como en la fabricación de componentes de precisión y moldes.

Tendencias Emergentes en Selección de Materiales

El campo de la selección de materiales está en constante evolución, impulsado por avances en ciencia de materiales, tecnología de fabricación y demandas cambiantes del mercado. Algunas tendencias emergentes en este campo incluyen:

Materiales Inteligentes: Los materiales inteligentes, también conocidos como materiales activos o adaptativos, pueden responder de manera dinámica a estímulos externos como temperatura, luz, presión y campos magnéticos. Estos materiales tienen aplicaciones potenciales en campos como la electrónica, la medicina, la construcción y la automoción.

Materiales Compuestos Avanzados: Los materiales compuestos, que consisten en la combinación de dos o más materiales para obtener propiedades mejoradas, están ganando popularidad en una amplia gama de aplicaciones. Los avances en la fabricación de materiales compuestos están abriendo nuevas oportunidades en la industria aeroespacial, automotriz, naval, deportiva y de construcción.

Materiales Biocompatibles: Con el crecimiento de la industria biomédica, hay una creciente demanda de materiales biocompatibles que sean seguros para su uso en el cuerpo humano y no provoquen reacciones adversas. Los avances en biomateriales están permitiendo el desarrollo de implantes médicos, prótesis, dispositivos de diagnóstico y medicamentos de administración controlada.

Materiales Sostenibles y Reciclables: En respuesta a las preocupaciones ambientales y la escasez de recursos naturales, los fabricantes están buscando activamente materiales sostenibles y reciclables para reducir el impacto ambiental de sus productos. Los materiales biodegradables, los materiales de origen renovable y los procesos de fabricación eco-amigables están siendo cada vez más adoptados por la industria.

Fabricación Aditiva y Personalización: La fabricación aditiva, también conocida como impresión 3D, está revolucionando la forma en que se seleccionan y utilizan los materiales en la manufactura. Esta tecnología permite la fabricación de productos altamente personalizados y complejos utilizando una amplia gama de materiales, incluyendo polímeros, metales, cerámicas y compuestos.

Conclusión

La selección de materiales en la manufactura es un proceso complejo que requiere un enfoque multidisciplinario y una comprensión profunda de las propiedades de los materiales, los procesos de fabricación y los requisitos del producto final. Los criterios de selección, que van desde las propiedades requeridas hasta consideraciones económicas y ambientales, deben ser cuidadosamente evaluados para tomar decisiones informadas y optimizar el desempeño global del sistema de manufactura. Con el surgimiento de nuevas tecnologías y materiales innovadores, el campo de la selección de materiales está evolucionando rápidamente, abriendo nuevas oportunidades y desafíos para la industria manufacturera.

PROCESOS DE MAQUINADO

Los procesos de maquinado representan un conjunto de técnicas fundamentales en la manufactura industrial. Estos procesos son esenciales para dar forma, dimensionar y dar acabado a una amplia variedad de piezas y componentes mecánicos. Desde la creación de superficies cilíndricas hasta la producción de formas complejas, los procesos de maquinado abarcan una gama diversa de operaciones que son cruciales en numerosas industrias. Este capítulo explora en detalle los diferentes tipos de procesos de maquinado, las máquinas herramienta involucradas, las operaciones comunes y las aplicaciones industriales.

Tipos de Procesos de Maquinado

Los procesos de maquinado se pueden clasificar en varios tipos principales, cada uno con sus propias características y aplicaciones específicas:

Torneado

El torneado es uno de los procesos de maquinado más fundamentales y ampliamente utilizados. Implica la rotación de una pieza de trabajo mientras una herramienta de corte se desplaza en una trayectoria lineal o circular para eliminar el material y dar forma a la pieza. El torneado se utiliza para crear piezas cilíndricas, cónicas, esféricas y otras formas similares. Las máquinas herramienta utilizadas en el torneado incluyen tornos de diferentes tipos, como tornos paralelos, tornos CNC y tornos automáticos.

Fresado

El fresado es otro proceso de maquinado esencial que implica el uso de una herramienta de corte giratoria para eliminar material de la superficie de una pieza de trabajo. Se pueden realizar una variedad de operaciones de fresado, como fresado frontal, fresado de ranuras, fresado de cavidades y fresado de superficies irregulares, utilizando diferentes tipos de fresas y configuraciones de máquinas. Las fresadoras pueden ser máquinas verticales u horizontales y pueden ser controladas manualmente o mediante sistemas CNC.

Taladrado

El taladrado es un proceso de maquinado que se utiliza para crear agujeros cilíndricos en una pieza de trabajo. Se realiza utilizando una broca giratoria que se mueve axialmente hacia abajo para cortar el material y formar el agujero deseado. Las taladradoras pueden ser máquinas de columna, máquinas de taladrado radial o máquinas de taladrado CNC, y están disponibles en una variedad de tamaños y capacidades.

Rectificado

El rectificado es un proceso de maquinado que se utiliza para obtener tolerancias dimensionales estrechas y un acabado superficial fino en piezas de trabajo. Se realiza utilizando una muela abrasiva giratoria que elimina material de la superficie de la pieza de trabajo mediante el corte y la abrasión. El rectificado es comúnmente utilizado en la fabricación de herramientas de corte, moldes, matrices y componentes de precisión. Las rectificadoras pueden ser rectificadoras cilíndricas, rectificadoras de superficies planas, rectificadoras sin centros o rectificadoras de herramientas, dependiendo de la aplicación específica.

Bruñido

El bruñido es un proceso de maquinado de acabado que se utiliza para mejorar la superficie de una pieza de trabajo y reducir la rugosidad superficial. Se realiza mediante el deslizamiento de una herramienta de bruñido a través de la superficie de la pieza de trabajo, que elimina las irregularidades microscópicas y produce un acabado suave y brillante. El bruñido se utiliza comúnmente en aplicaciones donde se requiere un acabado de alta calidad, como en la fabricación de cilindros hidráulicos, cojinetes y componentes de precisión.

Electroerosión

La electroerosión es un proceso de maquinado no convencional que utiliza descargas eléctricas para eliminar material de una pieza de trabajo. Se utiliza principalmente en materiales conductores, como metales, y es especialmente útil para fabricar formas complejas y realizar operaciones de acabado de alta precisión. La electroerosión puede ser electroerosión de corte por hilo (EDM) o electroerosión por penetración (EDM), dependiendo de la aplicación específica y el tipo de material utilizado.

Otros Procesos

Además de los procesos mencionados anteriormente, existen una variedad de otros procesos de maquinado que se utilizan en aplicaciones especializadas. Estos incluyen procesos como mandrinado, escariado, roscado, brochado, tallado y pulido, entre otros. Cada uno de estos procesos tiene sus propias características y aplicaciones específicas, y puede ser utilizado para crear una amplia gama de formas y geometrías en piezas de trabajo de diferentes materiales.

Máquinas Herramienta en Procesos de Maquinado

Las máquinas herramienta son equipos especializados utilizados en procesos de maquinado para realizar operaciones de corte, conformado, acabado y otras operaciones relacionadas. Algunas de las máquinas herramienta más comunes utilizadas en procesos de maquinado incluyen:

Torno

El torno es una máquina herramienta utilizada para realizar operaciones de torneado en piezas de trabajo cilíndricas. Puede ser utilizado para crear superficies exteriores, interiores, cónicas y roscadas, así como para realizar operaciones de taladrado, mandrinado y escariado. Los tornos están disponibles en una variedad de tipos y configuraciones, desde tornos manuales convencionales hasta tornos CNC altamente automatizados.

Fresadora

La fresadora es una máquina herramienta utilizada para realizar operaciones de fresado en una variedad de piezas de trabajo. Puede realizar fresado frontal, fresado de superficies planas, fresado de ranuras, fresado de engranajes y una variedad de otras operaciones utilizando diferentes tipos de fresas y configuraciones de máquinas. Las fresadoras pueden ser máquinas verticales u horizontales y pueden ser controladas manualmente o mediante sistemas CNC.

Taladradora

La taladradora es una máquina herramienta utilizada para realizar operaciones de taladrado en piezas de trabajo. Puede realizar taladrado en materiales metálicos, plásticos y otros materiales utilizando una variedad de brocas y configuraciones de máquinas. Las taladradoras pueden ser máquinas de columna, máquinas de taladrado radial o máquinas de taladrado CNC, y están disponibles en una variedad de tamaños y capacidades.

Rectificadora

La rectificadora es una máquina herramienta utilizada para realizar operaciones de rectificado en piezas de trabajo. Puede realizar rectificado cilíndrico, rectificado de superficies planas, rectificado de formas y una variedad de otras operaciones utilizando diferentes tipos de muelas abrasivas y configuraciones de máquinas. Las rectificadoras pueden ser rectificadoras cilíndricas, rectificadoras de superficies planas, rectificadoras sin centros o rectificadoras de herramientas, dependiendo de la aplicación específica.

Máquina de Electroerosión

La máquina de electroerosión es una máquina herramienta utilizada para realizar operaciones de electroerosión en piezas de trabajo. Puede realizar electroerosión de corte por hilo, electroerosión por penetración y una variedad de otras operaciones utilizando diferentes tipos de electrodos y configuraciones de máquinas. Las máquinas de electroerosión son especialmente útiles para fabricar formas complejas y realizar operaciones de acabado de alta precisión en materiales conductores.

Otras Máquinas

Además de las máquinas mencionadas anteriormente, existen una variedad de otras máquinas herramienta utilizadas en procesos de maquinado, como máquinas de mandrinado, máquinas de escariado, máquinas de brochado, máquinas de tallado y máquinas de pulido, entre otras. Cada una de estas máquinas tiene sus propias características y aplicaciones específicas, y puede ser utilizada para realizar una amplia gama de operaciones de maquinado en diferentes tipos de piezas de trabajo.

Operaciones Comunes en Procesos de Maquinado

Corte

El corte es una operación común en todos los procesos de maquinado, que implica la separación de material de la pieza de trabajo utilizando una herramienta de corte. Se pueden utilizar diferentes tipos de herramientas de corte, como cuchillas, fresas, brocas y muelas abrasivas, dependiendo de la aplicación específica y el material de la pieza de trabajo. El corte se utiliza para dar forma, dimensionar y dar acabado a una amplia variedad de piezas y componentes mecánicos en numerosas industrias.

Desbaste

El desbaste es una operación que se realiza para eliminar grandes cantidades de material de la pieza de trabajo de manera rápida y eficiente. Se realiza utilizando herramientas de corte con velocidades de avance y profundidades de corte elevadas para maximizar la tasa de remoción de material. El desbaste se utiliza comúnmente en la etapa inicial de la fabricación para eliminar el exceso de material y dar forma básica a la pieza de trabajo antes de realizar operaciones de acabado más precisas.

Acabado

El acabado es una operación que se realiza para mejorar la precisión dimensional y el acabado superficial de la pieza de trabajo. Se realiza utilizando herramientas de corte con velocidades de avance y profundidades de corte bajas, así como técnicas de bruñido, rectificado y pulido para obtener tolerancias estrechas y un acabado superficial fino. El acabado se utiliza para mejorar la precisión dimensional, reducir la rugosidad superficial y mejorar la apariencia estética de la pieza de trabajo antes de su uso final.

Roscado

El roscado es una operación que se realiza para crear roscas en la superficie de la pieza de trabajo. Se realiza utilizando herramientas de roscar, como machos y terrajas, que cortan el material para formar las roscas deseadas. El roscado se utiliza comúnmente en la fabricación de tornillos, pernos, tuercas y otros componentes roscados en una variedad de industrias, incluyendo la automotriz, la aeroespacial, la electrónica y la construcción.

Mandrinado

El mandrinado es una operación que se realiza para crear agujeros de precisión en la superficie de la pieza de trabajo. Se realiza utilizando herramientas de mandrinar, como mandriles y brocas de mandrinado, que se desplazan axialmente hacia abajo para cortar el material y formar el agujero deseado. El mandrinado se utiliza comúnmente para fabricar agujeros de gran tamaño, agujeros con tolerancias estrechas y agujeros con acabados superficiales precisos en una variedad de materiales y geometrías de piezas de trabajo.

Aplicaciones Industriales de los Procesos de Maquinado

Los procesos de maquinado tienen una amplia gama de aplicaciones en diversas industrias, incluyendo:

Automotriz: Fabricación de motores, transmisiones, ejes, frenos y otros componentes mecánicos.

Aeroespacial: Fabricación de estructuras de aeronaves, componentes de motores, sistemas de control y aviónica.

Electrónica: Fabricación de componentes de precisión, circuitos impresos, conectores y dispositivos semiconductores.

Médica: Fabricación de instrumentos quirúrgicos, implantes médicos, dispositivos de diagnóstico y equipos de laboratorio.

Metalúrgica: Fabricación de herramientas de corte, moldes, matrices, troqueles y piezas de máquinas industriales.

Los procesos de maquinado son fundamentales en la fabricación de una amplia variedad de productos y componentes en estas industrias, y desempeñan un papel crucial en la producción de productos de alta calidad, precisión y fiabilidad.

Conclusión

Los procesos de maquinado son técnicas esenciales en la manufactura industrial que permiten la creación de una amplia variedad de piezas y componentes mecánicos. Desde el torneado y el fresado hasta el taladrado y el rectificado, estos procesos ofrecen una gama diversa de opciones para dar forma, dimensionar y dar acabado a piezas de trabajo de diferentes materiales y geometrías.

PROCESOS DE CONFORMADO

Los procesos de conformado son fundamentales en la fabricación industrial, abarcando una amplia gama de técnicas que permiten la transformación de materiales en formas y geometrías específicas. Desde la producción de componentes simples hasta la fabricación de estructuras complejas, los procesos de conformado son indispensables en diversas industrias. En este capítulo, exploraremos con profundidad los diferentes tipos de procesos de conformado, las máquinas y herramientas utilizadas, las operaciones comunes y las aplicaciones industriales.

Tipos de Procesos de Conformado

Los procesos de conformado se clasifican en varias categorías, cada una adaptada para cumplir con requisitos específicos de fabricación. A continuación, se detallan algunos de los tipos más comunes:

Conformado en Frío

El conformado en frío implica la deformación plástica de materiales a temperatura ambiente o ligeramente elevada, sin la necesidad de aplicar calor adicional. Este proceso es común en la producción de piezas metálicas de pared delgada, como láminas y perfiles, y abarca técnicas como estampado, embutición, plegado y estirado en frío. Se utiliza ampliamente en industrias como la automotriz, la electrónica y la de electrodomésticos.

Conformado en Caliente

El conformado en caliente implica la deformación plástica de materiales a temperaturas elevadas, generalmente por encima de su temperatura de recristalización. Este proceso se utiliza para fabricar componentes con geometrías complejas y propiedades mecánicas mejoradas. Ejemplos de procesos de conformado en caliente incluyen la forja, laminación, extrusión y estampado en caliente. Es común en la fabricación de componentes para industrias como la aeroespacial, la construcción y la naval.

Conformado Incremental

El conformado incremental se basa en una serie de pasos de conformado progresivo para obtener la forma final de una pieza. Este proceso es ideal para la fabricación de componentes con geometrías complejas y tolerancias ajustadas, como engranajes y levas. Ejemplos de procesos de conformado incremental incluyen el estampado progresivo, conformación en rollo y formación en frío. Se emplea en la producción de piezas para la industria de la maquinaria, la aeroespacial y la automotriz.

Conformado Superplástico

El conformado superplástico se realiza a temperaturas elevadas y velocidades de deformación muy bajas. Este proceso permite la fabricación de componentes con formas y detalles altamente complejos, como los utilizados en aplicaciones aeroespaciales y biomédicas. Ejemplos de procesos de conformado superplástico incluyen el estirado superplástico y la hidroconformación superplástica.

Otros Procesos

Además de los mencionados anteriormente, existen una serie de procesos de conformado especializados utilizados en diversas aplicaciones. Estos incluyen el troquelado, la embutición profunda, el plegado de tubos, la forja en matriz cerrada y la formación de laminillas, entre otros.

Máquinas y Herramientas en Procesos de Conformado

Los procesos de conformado requieren una variedad de máquinas y herramientas especializadas para aplicar fuerzas controladas y dar forma a los materiales. Algunas de las máquinas y herramientas más comunes incluyen:

Prensas

Las prensas son máquinas utilizadas para aplicar fuerzas controladas en procesos de conformado como estampado, embutición y formación de tubos. Pueden ser mecánicas, hidráulicas o neumáticas, y están diseñadas para una variedad de capacidades y velocidades de operación.

Rodillos

Los rodillos son herramientas utilizadas en procesos de conformado para reducir el grosor de una pieza de material y darle forma. Los rodillos de laminación en frío y en caliente, así como los rodillos de estampado y perfilado, son comunes en la producción de láminas, perfiles y barras.

Troqueles y Moldes

Los troqueles y moldes son herramientas utilizadas en procesos de estampado, embutición y moldeo para dar forma a los materiales en la forma deseada. Pueden ser simples o complejos, dependiendo de la geometría de la pieza y los detalles del diseño.

Equipos de Calentamiento

Los equipos de calentamiento, como hornos de inducción y hornos de resistencia, se utilizan en procesos de conformado en caliente para elevar la temperatura de los materiales por encima de su temperatura de recristalización.

Equipos de Refrigeración

Los equipos de refrigeración se utilizan para controlar la temperatura de los materiales durante los procesos de conformado, evitando la deformación excesiva y la fractura. Los sistemas de enfriamiento por aire, agua u aceite son comunes en aplicaciones de conformado en frío y en caliente.

Operaciones Comunes en Procesos de Conformado

Estampado

El estampado implica el uso de una prensa para forzar una pieza de material a través de un troquel para obtener la forma deseada. Se utiliza en la producción de una amplia variedad de componentes, desde piezas automotrices hasta partes electrónicas.

Embutición

La embutición utiliza una prensa para formar una pieza de material en una cavidad de troquel, creando una forma tridimensional. Se emplea para fabricar componentes con paredes delgadas y geometrías complejas.

Laminación

La laminación utiliza rodillos para reducir el grosor de una pieza de material y darle forma. Se utiliza en la producción de láminas metálicas, láminas y perfiles.

Forja

La forja implica la deformación plástica de materiales calientes mediante la aplicación de fuerzas controladas. Se utiliza para fabricar componentes de alta resistencia y resistencia, como ejes y bielas.

Extrusión

La extrusión fuerza un material a través de un troquel para obtener una forma continua y uniforme. Se utiliza para fabricar componentes con secciones transversales uniformes, como tubos y perfiles.

Conformado por Explosión

El conformado por explosión utiliza explosivos para deformar plásticamente un material y crear formas complejas. Se utiliza en aplicaciones aeroespaciales y militares.

Hidroconformado

El hidroconformado utiliza un fluido a alta presión para forzar un material contra un molde y obtener la forma deseada. Se utiliza en la fabricación de carrocerías de automóviles y componentes de tuberías.

Otros Procesos

Otros procesos incluyen el plegado de tubos, el estirado de tubos, la expansión de tubos, la plegadora de chapa y la formación de laminillas, cada uno con sus propias aplicaciones y desafíos.

Aplicaciones Industriales de los Procesos de Conformado

Los procesos de conformado tienen una amplia gama de aplicaciones en diversas industrias, incluyendo:

Automotriz: Fabricación de carrocerías, chasis, suspensiones y componentes de motor.

Aeroespacial: Fabricación de estructuras de aeronaves, componentes de motores y sistemas de propulsión.

Electrónica: Fabricación de carcasas, chasis y componentes de montaje en superficie.

Médica: Fabricación de implantes, instrumentos quirúrgicos y dispositivos de diagnóstico.

Metalúrgica: Fabricación de herramientas, componentes de maquinaria y equipos de procesamiento.

Conclusión

Los procesos de conformado son esenciales en la fabricación de una amplia variedad de productos y componentes industriales. Desde la producción de piezas simples hasta la formación de componentes estructurales complejos, estos procesos ofrecen una variedad de opciones para dar forma, dimensionar y dar acabado a materiales metálicos y no metálicos. Con el avance de la tecnología y la innovación en materiales, se espera que los procesos de conformado continúen desempeñando un papel crucial en la fabricación moderna en el futuro.

SOLDADURA Y UNIÓN DE MATERIALES

La soldadura y unión de materiales representan un conjunto de técnicas esenciales en la fabricación moderna, permitiendo la conexión permanente de piezas metálicas y no metálicas en una amplia variedad de industrias, desde la construcción hasta la automotriz, pasando por la aeroespacial y la electrónica. Este capítulo se sumerge en los intrincados aspectos de los diferentes tipos de procesos de soldadura y unión, analiza las técnicas y equipos utilizados, explora los materiales involucrados y examina las aplicaciones industriales junto con los desafíos asociados.

Tipos de Procesos de Soldadura y Unión

Los procesos de soldadura y unión se subdividen en varias categorías, cada una adaptada para diferentes materiales, espesores y aplicaciones. A continuación, se detallan algunos de los tipos más comunes:

Soldadura por Arco Eléctrico

La soldadura por arco eléctrico es uno de los métodos más comunes, donde un arco eléctrico generado entre un electrodo y el material de trabajo funde ambos extremos, formando una unión sólida al enfriarse. Los subtipos incluyen:

Soldadura de Electrodo Revestido (SMAW): Utiliza un electrodo revestido que se funde durante la soldadura, creando un gas protector y escoria que protege la soldadura.

Soldadura con Gas de Tungsteno (GTAW o TIG): Emplea un electrodo de tungsteno no consumible y gas inerte para proteger la soldadura, ideal para aplicaciones de alta calidad.

Soldadura con Alambre Sólido (GMAW o MIG): Usa un alambre de soldadura continuo y gas de protección para unir los materiales.

Soldadura con Alambre Tubular (FCAW): Similar a GMAW, pero utiliza un alambre tubular relleno de flux para proteger la soldadura.

Soldadura por Resistencia

La soldadura por resistencia se basa en la generación de calor mediante la resistencia eléctrica entre las piezas a unir, formando la soldadura al enfriarse. Tipos comunes incluyen:

Soldadura por Puntos: Utiliza corriente eléctrica para fundir pequeñas áreas de los materiales a unir, formando puntos de soldadura.

Soldadura por Costura: Aplica una corriente continua a través de las piezas, creando una unión continua a lo largo de la costura.

Soldadura por Proyección: Utiliza electrodos especiales para concentrar la corriente eléctrica en áreas específicas de las piezas.

Soldadura por Fricción

La soldadura por fricción implica la generación de calor mediante fricción mecánica entre las superficies de las piezas, facilitando su unión plástica. Tipos destacados son:

Soldadura por Fricción-Agitación: Combina fricción y vibración para unir materiales, reduciendo la deformación y minimizando la formación de defectos.

Soldadura por Fricción Lineal: Aplica fricción y presión lineal para unir materiales, siendo útil para juntas lineales largas.

Soldadura por Fricción Rotativa: Gira una de las piezas mientras se aplica presión axial, generando calor por fricción y uniendo los materiales.

Soldadura por Láser

La soldadura por láser utiliza un haz de luz láser de alta intensidad para fundir y unir las piezas, ofreciendo alta precisión y control, así como una zona de calor reducida. Es ideal para aplicaciones sensibles al calor y de alta precisión.

Soldadura por Ultrasonido

La soldadura por ultrasonido aplica vibraciones ultrasónicas a las piezas, generando calor por fricción y formando una unión sólida al enfriarse. Es especialmente útil para materiales termoplásticos y aplicaciones que requieren una unión rápida y limpia.

Otros Procesos

Además de los mencionados, existen otros métodos de soldadura y unión, como la soldadura por haz de electrones, la soldadura por difusión, la soldadura por gas caliente y la soldadura por inducción, cada uno con sus propias aplicaciones y ventajas específicas.

Técnicas y Equipos Utilizados en Soldadura y Unión

Los procesos de soldadura y unión requieren una variedad de técnicas y equipos especializados para garantizar uniones de alta calidad y durabilidad. A continuación, se presentan algunos de los equipos comunes utilizados en estos procesos:

Fuentes de Energía

Las fuentes de energía son fundamentales en los procesos de soldadura y unión, proporcionando la potencia necesaria para generar calor y fundir los materiales. Estas pueden incluir fuentes de energía eléctrica, como generadores y transformadores, así como fuentes de energía térmica, como hornos y láseres.

Equipos de Soldadura

Los equipos de soldadura varían según el tipo de proceso utilizado y pueden incluir máquinas de soldadura por arco, soldadoras por resistencia, máquinas de soldadura láser, equipos de soldadura por ultrasonido y equipos de soldadura por fricción. Estos equipos están diseñados para proporcionar la potencia, precisión y control necesarios para lograr uniones de alta calidad.

Electrodos y Consumibles

Los electrodos y consumibles son componentes clave en muchos procesos de soldadura y unión. Estos pueden incluir electrodos revestidos, alambres de soldadura, gases de protección, flujo de soldadura, materiales de relleno y materiales de sellado. La selección adecuada de estos consumibles es crucial para garantizar la calidad y durabilidad de las uniones.

Herramientas de Sujeción

Las herramientas de sujeción son utilizadas para alinear y sujetar las piezas durante el proceso de soldadura y unión, asegurando una unión precisa y libre de deformaciones. Estas herramientas pueden incluir abrazaderas, mordazas, mesas de trabajo y dispositivos de fijación automáticos.

Equipos de Protección

La soldadura y unión de materiales pueden generar radiación, chispas, humos y calor, por lo que es fundamental utilizar equipos de protección personal adecuados. Estos pueden incluir cascos de soldadura, gafas de protección, guantes resistentes al calor, delantales de cuero y respiradores.

Materiales Utilizados en Soldadura y Unión

La selección de materiales es crucial en los procesos de soldadura y unión, ya que afecta la calidad, resistencia y durabilidad de las uniones. Algunos de los materiales comunes utilizados en estos procesos incluyen:

Metales

Los metales son los materiales más comúnmente soldados y unidos, debido a su amplia disponibilidad, conductividad térmica y conductividad eléctrica. Algunos de los metales más comunes utilizados en soldadura incluyen acero, aluminio, cobre, titanio y níquel.

Plásticos

Los plásticos son ampliamente utilizados en aplicaciones donde se requiere ligereza, resistencia a la corrosión y aislamiento eléctrico. Algunos de los plásticos más comunes soldados incluyen polietileno, polipropileno, PVC, ABS y policarbonato.

Cerámicos

Los materiales cerámicos son utilizados en aplicaciones que requieren alta resistencia al calor, la corrosión y la abrasión. La soldadura de cerámica es un proceso especializado que se utiliza en la fabricación de componentes electrónicos, catalizadores y productos cerámicos avanzados.

Compuestos

Los materiales compuestos están formados por la combinación de dos o más materiales diferentes para lograr propiedades específicas. Estos pueden incluir compuestos de fibra de carbono, fibra de vidrio, kevlar y resina epoxi, entre otros.

Aplicaciones Industriales de la Soldadura y Unión

La soldadura y unión de materiales tienen una amplia gama de aplicaciones en diversas industrias, incluyendo:

Construcción: Unión de estructuras metálicas, vigas y pilares.

Automotriz: Soldadura de carrocerías, chasis y componentes del motor.

Aeroespacial: Unión de componentes estructurales y sistemas de propulsión.

Electrónica: Soldadura de componentes electrónicos y cables.

Petróleo y Gas: Unión de tuberías, tanques y equipos de perforación.

Desafíos y Consideraciones

A pesar de los numerosos beneficios de la soldadura y unión de materiales, existen desafíos y consideraciones importantes a tener en cuenta, como la selección de materiales adecuada, la preparación de las superficies, el control de la temperatura y la calidad de la soldadura. Además, la seguridad del operador y la protección del medio ambiente son consideraciones clave en todos los procesos de soldadura y unión.

Conclusión

La soldadura y unión de materiales desempeñan un papel crucial en la fabricación moderna, permitiendo la creación de productos y estructuras complejas en una variedad de industrias. Con una amplia gama de procesos, técnicas y equipos disponibles, los fabricantes tienen la flexibilidad de elegir el método más adecuado para sus necesidades específicas. Sin embargo, es importante tener en cuenta los desafíos y consideraciones asociados para garantizar uniones de alta calidad, durabilidad y seguridad.

FUNDICIÓN Y MOLDEO

La fundición y el moldeo son procesos esenciales en la industria manufacturera, utilizados para producir una amplia gama de componentes metálicos y plásticos que son fundamentales en numerosas aplicaciones industriales y de consumo. Este capítulo explorará a fondo estos procesos, desde sus fundamentos hasta las últimas innovaciones tecnológicas, destacando su importancia y su impacto en la fabricación moderna.

Fundición

La fundición es un proceso de fabricación en el cual se vierte material fundido en un molde, donde se solidifica para formar una pieza sólida. Es uno de los métodos más antiguos de fabricación de componentes metálicos y sigue siendo ampliamente utilizado en diversas industrias.

La fundición desempeña un papel crucial en la fabricación de piezas complejas que no se pueden producir fácilmente por otros métodos de fabricación. Desde pequeñas piezas de joyería hasta componentes de motores de aviones, la fundición es fundamental en la producción industrial moderna.

Proceso de Fundición en Arena

La fundición en arena es uno de los métodos más comunes de fundición. Implica la creación de moldes de arena que se utilizan para verter metal fundido. El proceso consta de varias etapas, que incluyen la preparación de la arena, el moldeo, el colado, el enfriamiento y el desmoldeo.

En la preparación de la arena, se mezcla con un aglutinante para mejorar su cohesión y permeabilidad. Luego, se compacta alrededor de un modelo de la pieza a fundir para formar el molde. Una vez que el molde está listo, se vierte metal fundido en él y se deja enfriar hasta que se solidifica. Después del enfriamiento, se retira el molde y se realiza el acabado de la pieza fundida.

Otros Procesos de Fundición

Además de la fundición en arena, existen varios otros métodos de fundición utilizados en la industria. Estos incluyen la fundición a presión, la fundición centrífuga, la fundición a la cera perdida y la fundición de precisión, entre otros.

La fundición a presión es especialmente adecuada para la producción en masa de piezas de formas complejas y delgadas, mientras que la fundición a la cera perdida se utiliza para piezas de alta precisión que requieren detalles finos. Cada método de fundición tiene sus propias ventajas y aplicaciones específicas en términos de precisión, velocidad y costo.

Moldeo

El moldeo es el proceso de fabricación de moldes que se utilizan para dar forma a materiales fundidos durante el proceso de fundición. La calidad del molde es crucial para la calidad final de la pieza fundida, ya que determina la precisión y el acabado superficial de la misma.

Los moldes pueden estar hechos de una variedad de materiales, incluyendo arena, cerámica, yeso, metal y plástico. La elección del material del molde depende de varios factores, como el tipo de material fundido, la complejidad de la pieza y el volumen de producción.

Tipos de Moldes

Existen diferentes tipos de moldes utilizados en el proceso de fundición, cada uno con sus propias características y aplicaciones específicas. Algunos de los tipos de moldes más comunes incluyen:

Moldes de arena: utilizados en la fundición en arena, estos moldes se fabrican compactando arena alrededor de un modelo de la pieza.

Moldes de cerámica: fabricados a partir de materiales cerámicos que ofrecen una mayor resistencia al calor y una mejor precisión dimensional.

Moldes de yeso: hechos de yeso y utilizado en la fundición de metales no ferrosos y plásticos.

Moldes metálicos permanentes: fabricados de metal y reutilizables para producciones en serie.

Cada tipo de molde tiene sus propias ventajas y limitaciones, y la elección del molde adecuado depende de las especificaciones del producto y los requisitos de producción.

Técnicas de Moldeo

Existen diversas técnicas de moldeo utilizadas en la fabricación de moldes, cada una con sus propias ventajas y aplicaciones específicas. Algunas de las técnicas de moldeo más comunes incluyen:

Moldeo en arena verde: una técnica de moldeo en la que se utiliza arena húmeda mezclada con un aglutinante para formar el molde.

Moldeo en coquilla: una técnica de moldeo en la que se utiliza una cáscara de arena o metal para formar el molde.

Moldeo por inyección de plástico: una técnica de moldeo utilizada en la fabricación de piezas de plástico mediante la inyección de material fundido en un molde.

Moldeo por compresión: una técnica de moldeo en la que se aplica presión a un material fundido para darle forma.

Cada técnica de moldeo tiene sus propias ventajas en términos de precisión, velocidad y costo, y la elección de la técnica adecuada depende de las especificaciones del producto y los requisitos de producción.

Aplicaciones Industriales

Industria Metalúrgica

La fundición y el moldeo juegan un papel fundamental en la industria metalúrgica, donde se utilizan para fabricar una amplia gama de componentes metálicos utilizados en diversas aplicaciones. Algunos de los sectores industriales que dependen en gran medida de la fundición y el moldeo incluyen:

Industria automotriz: donde se utilizan para fabricar motores, carrocerías y otras piezas metálicas.

Industria aeroespacial: donde se utilizan para fabricar componentes de aviones y cohetes.

Industria naval: donde se utilizan para fabricar piezas de barcos y submarinos.

Industria de la construcción: donde se utilizan para fabricar piezas estructurales y componentes de maquinaria.

Industria Plástica

En la industria del plástico, el moldeo es esencial para la fabricación de una amplia gama de productos, desde envases hasta componentes electrónicos. Los procesos de moldeo de plástico, como la inyección y la extrusión, son utilizados en todo el mundo para producir productos plásticos de alta precisión.

Tendencias y Futuro

Avances Tecnológicos

Los avances tecnológicos están transformando la industria de la fundición y el moldeo, permitiendo una mayor precisión, eficiencia y personalización en la producción de piezas fundidas. Algunas de las tecnologías emergentes que están cambiando el panorama de la fundición y el moldeo incluyen:

Impresión 3D: que permite la fabricación de moldes y piezas de formas complejas con una precisión sin precedentes.

Simulación por computadora: que permite a los fabricantes predecir y optimizar el proceso de fundición y moldeo antes de la producción.

Automatización y robótica: que están siendo utilizadas para mejorar la eficiencia y la calidad en los procesos de fundición y moldeo.

Sostenibilidad y Eco-fundición

La sostenibilidad es una preocupación creciente en la industria manufacturera, y la fundición y el moldeo no son una excepción. Los fabricantes están buscando formas de reducir el impacto ambiental de estos procesos mediante la adopción de prácticas eco-amigables, como:

Reciclaje de materiales: que permite reutilizar los desechos de fundición y moldeo para reducir la cantidad de residuos generados.

Uso de energías renovables: que ayuda a reducir las emisiones de carbono asociadas con la fundición y el moldeo.

Diseño para la sostenibilidad: que implica diseñar productos y procesos de fabricación que minimicen el consumo de recursos naturales y la generación de residuos.

Conclusión

La fundición y el moldeo desempeñan un papel vital en la fabricación moderna, permitiendo la producción eficiente y rentable de una amplia variedad de componentes metálicos y plásticos. Con el continuo avance tecnológico y un enfoque renovado en la sostenibilidad, estos procesos seguirán evolucionando para satisfacer las demandas de la industria global.

FABRICACIÓN ADITIVA (IMPRESIÓN 3D)

La Fabricación Aditiva, también conocida como impresión 3D, ha emergido como una tecnología disruptiva que está transformando radicalmente la manera en que se fabrican y diseñan objetos en una amplia gama de industrias. Este capítulo explora en profundidad los fundamentos, los procesos, las aplicaciones y el futuro de la impresión 3D, destacando su importancia y su impacto en la fabricación moderna.

La Fabricación Aditiva es un proceso de fabricación por capas, en el cual los objetos tridimensionales se construyen añadiendo material capa por capa. A diferencia de los métodos tradicionales de fabricación, que son sustractivos, la impresión 3D es un proceso aditivo que ofrece una mayor libertad de diseño y una reducción de residuos.

Los principios fundamentales de la impresión 3D se basan en la digitalización de los diseños, la conversión de los modelos digitales en instrucciones de impresión y la deposición de material capa por capa para construir el objeto deseado.

Historia y Evolución

La historia de la impresión 3D se remonta a la década de 1980, cuando se desarrollaron los primeros prototipos de sistemas de fabricación aditiva. Desde entonces, la tecnología ha experimentado un rápido crecimiento y desarrollo, impulsado por avances en materiales, hardware y software.

Algunos hitos importantes en la evolución de la impresión 3D incluyen la invención de la estereolitografía (SLA) en la década de 1980, la patente de la impresión 3D por deposición de material fundido (FDM) en la década de 1990 y el desarrollo de tecnologías de impresión metálica en los últimos años.

Tipos de Tecnologías de Impresión 3D

Existen varios tipos de tecnologías de impresión 3D, cada una con sus propias características, ventajas y limitaciones. Algunas de las tecnologías de impresión 3D más comunes incluyen:

Estereolitografía (SLA): Utiliza un láser ultravioleta para solidificar capas de resina fotosensible.

Fusión por Láser Selectivo (SLS): Utiliza un láser para fusionar polvo de material en capas sucesivas.

Deposición de Material Fundido (FDM): Deposita filamentos de material termoplástico capa por capa.

Impresión 3D a Chorro de Tinta (MJM): Utiliza cabezales de impresión para depositar material líquido sobre un sustrato.

Cada tecnología tiene sus propias aplicaciones específicas, desde la producción de prototipos y herramientas hasta la fabricación de piezas finales y productos personalizados.

Procesos y Materiales

Proceso de Impresión 3D

El proceso de impresión 3D consta de varias etapas, que incluyen la preparación del modelo digital, la configuración de la impresora, la impresión del objeto capa por capa y el postprocesamiento.

La preparación del modelo digital implica la creación o descarga de un modelo tridimensional en un formato compatible con la impresora 3D. Luego, el modelo se procesa mediante software de slicing, que divide el objeto en capas y genera instrucciones de impresión para la impresora.

Una vez que el modelo se ha preparado, se carga en la impresora 3D y se configuran los parámetros de impresión, como la temperatura, la velocidad y la resolución. La impresora comienza entonces a construir el objeto capa por capa, depositando material según las instrucciones de impresión generadas por el software de slicing.

Una vez completada la impresión, el objeto puede requerir ciertas operaciones de postprocesamiento, como el lijado, el pulido, el recorte de soportes y el recubrimiento superficial, para mejorar su acabado y funcionalidad.

Materiales Utilizados

La impresión 3D utiliza una amplia variedad de materiales, que incluyen plásticos, metales, cerámicas, materiales biocompatibles y composites. Cada material tiene sus propias propiedades físicas y mecánicas, lo que lo hace adecuado para diferentes aplicaciones y requisitos de rendimiento.

Los plásticos son los materiales más comunes utilizados en la impresión 3D FDM, incluyendo PLA, ABS, PETG, nylon y resinas fotopolimerizables. Los metales, como el acero inoxidable, el aluminio y el titanio, son utilizados en la impresión 3D metálica mediante tecnologías como SLS y DMLS.

Los materiales biocompatibles son utilizados en aplicaciones médicas, como la impresión de implantes y prótesis personalizadas, mientras que los composites ofrecen propiedades mejoradas, como resistencia a la tracción y conductividad térmica.

Desafíos y Consideraciones

A pesar de sus numerosas ventajas, la impresión 3D también enfrenta desafíos y consideraciones importantes que deben ser tenidos en cuenta. Algunos de estos desafíos incluyen la precisión dimensional, la resistencia y durabilidad de las piezas impresas, la velocidad de impresión y el costo de los materiales y equipos.

Otros aspectos a considerar son la seguridad y la calidad del proceso de impresión, la optimización del diseño para la fabricación aditiva y la gestión de residuos y reciclaje de materiales.

Aplicaciones Industriales

Industria Aeroespacial

La industria aeroespacial es pionera en la adopción de la impresión 3D para la fabricación de componentes de aviones y cohetes. La impresión 3D permite la producción de piezas ligeras, complejas y personalizadas, reduciendo el peso total de las aeronaves y mejorando su rendimiento.

Ejemplos de aplicaciones incluyen la fabricación de turbinas de aviones, estructuras de ala, conductos de combustible y componentes de satélites.

Industria Médica

La impresión 3D está revolucionando la industria médica al permitir la fabricación de implantes personalizados, modelos anatómicos, instrumentos quirúrgicos y prótesis. La capacidad de crear dispositivos médicos personalizados a partir de imágenes de escaneo de pacientes ha abierto nuevas posibilidades en el campo de la medicina personalizada.

Aplicaciones destacadas incluyen la fabricación de prótesis de extremidades, implantes dentales, modelos de órganos para planificación quirúrgica y herramientas de formación para cirugías complejas.

Industria Automotriz

En la industria automotriz, la impresión 3D se utiliza para la fabricación de prototipos de diseño, herramientas de producción y piezas personalizadas. La capacidad de crear prototipos rápidos y iterar diseños de manera eficiente ha acelerado el desarrollo de nuevos vehículos y componentes.

Ejemplos de aplicaciones incluyen la fabricación de piezas de automóviles, como componentes de interiores, soportes de motor y conductos de refrigeración, así como la producción de herramientas de sujeción y moldes para la fabricación tradicional.

Tendencias y Futuro

Avances Tecnológicos

La impresión 3D sigue experimentando avances tecnológicos significativos, impulsados por la investigación y el desarrollo en curso en áreas como materiales, hardware y software. Algunas áreas de innovación incluyen la impresión 3D multimaterial, la impresión 3D a gran escala, la impresión 3D de alta velocidad y la impresión 3D de nanomateriales.

Los avances en la inteligencia artificial, la robótica y el aprendizaje automático también están transformando la impresión 3D al mejorar la precisión, la eficiencia y la automatización de los procesos de fabricación.

Impresión 3D a Gran Escala

Una tendencia emergente en la impresión 3D es la fabricación a gran escala de estructuras arquitectónicas, infraestructuras, vehículos y componentes industriales. La impresión 3D a gran escala ofrece ventajas en términos de velocidad de producción, personalización y reducción de costos.

Ejemplos de aplicaciones incluyen la construcción de viviendas asequibles, puentes y carreteras, la fabricación de vehículos eléctricos y la producción de componentes de energía renovable, como turbinas eólicas y paneles solares.

Sostenibilidad y Eco-impresión 3D

La sostenibilidad es una preocupación creciente en la industria de la impresión 3D, y se están desarrollando soluciones eco-amigables para abordar los desafíos ambientales asociados con la fabricación aditiva. Algunas iniciativas incluyen el uso de materiales biodegradables, el reciclaje de residuos de impresión y la optimización de los procesos de fabricación para reducir el consumo de energía y recursos naturales.

Conclusión

La Fabricación Aditiva, o impresión 3D, está redefiniendo la forma en que se fabrican y diseñan objetos en una amplia gama de industrias. Con su capacidad para crear objetos personalizados, complejos y funcionales de manera rápida y eficiente, la impresión 3D está en camino de convertirse en una tecnología dominante en la fabricación del siglo XXI.

AUTOMATIZACIÓN EN LA MANUFACTURA

La automatización en la manufactura ha sido un catalizador fundamental en la evolución de la industria, transformando los procesos de producción y mejorando la eficiencia, la calidad y la rentabilidad. En este capítulo, exploraremos en detalle los fundamentos, los tipos, las aplicaciones y el futuro de la automatización en la manufactura, destacando su importancia y su impacto en la fabricación moderna.

La automatización en la manufactura se refiere al uso de sistemas y tecnologías para realizar tareas de producción de forma autónoma, sin intervención humana directa. Los sistemas automatizados pueden incluir robots industriales, máquinas controladas por computadora, sistemas de control numérico y sistemas de gestión de procesos.

Los principios fundamentales de la automatización en la manufactura incluyen la sustitución de la mano de obra humana por máquinas, la optimización de los procesos de producción, la reducción de los costos operativos y la mejora de la calidad y la consistencia de los productos.

Historia y Evolución

La automatización en la manufactura tiene sus raíces en la Revolución Industrial, con la introducción de la maquinaria mecánica para realizar tareas previamente realizadas a mano. A lo largo del siglo XX, la automatización se ha ido desarrollando y refinando, con avances significativos en tecnologías como la electrónica, la informática y la robótica.

La introducción de la automatización programable en la década de 1970 marcó un hito importante en la evolución de la automatización en la manufactura, permitiendo la programación y reprogramación de sistemas automatizados para adaptarse a diferentes tareas y procesos.

Beneficios y Desafíos

La automatización en la manufactura ofrece una serie de beneficios significativos, incluyendo:

Aumento de la eficiencia y la productividad.

Mejora de la calidad y la consistencia de los productos.

Reducción de los costos laborales y operativos.

Mayor flexibilidad y capacidad de adaptación a cambios en la demanda del mercado.

Sin embargo, la automatización también plantea desafíos, como la inversión inicial en tecnología y capacitación, el riesgo de desplazamiento laboral y la necesidad de mantenimiento y actualización continuos de los sistemas automatizados.

Tipos de Automatización

Automatización Fija

La automatización fija implica el uso de equipos especializados diseñados para realizar tareas específicas de producción de manera repetitiva y constante. Los sistemas de automatización fija son adecuados para procesos de producción con alta demanda y poca variabilidad, donde la inversión en equipos especializados puede justificarse por el volumen de producción.

Ejemplos de sistemas de automatización fija incluyen líneas de ensamblaje automatizadas, células de fabricación y sistemas de transporte y manipulación automatizados.

Automatización Flexible

La automatización flexible implica el uso de sistemas que pueden adaptarse y reconfigurarse para realizar una variedad de tareas y procesos de producción. Los sistemas de automatización flexible son adecuados para entornos de producción con una alta variedad de productos y una demanda variable, donde se requiere una rápida reconfiguración de los equipos para adaptarse a cambios en la demanda del mercado.

Ejemplos de sistemas de automatización flexible incluyen robots industriales programables, sistemas de visión artificial y sistemas de control numérico.

Automatización Inteligente

La automatización inteligente implica el uso de sistemas avanzados que pueden aprender, adaptarse y tomar decisiones en tiempo real en función de datos y retroalimentación del entorno. Los sistemas de automatización inteligente están equipados con sensores, actuadores y algoritmos de control avanzados que les permiten operar de manera autónoma y optimizar continuamente sus operaciones.

Ejemplos de sistemas de automatización inteligente incluyen robots colaborativos, sistemas de control basados en inteligencia artificial y sistemas de gestión de la cadena de suministro basados en análisis predictivo.

Aplicaciones Industriales

Industria Automotriz

La industria automotriz ha sido pionera en la adopción de la automatización en la manufactura, utilizando sistemas automatizados para fabricar vehículos, motores, componentes y accesorios. Los robots industriales son ampliamente utilizados en líneas de ensamblaje para realizar tareas de soldadura, pintura, ensamblaje y manipulación de materiales.

Ejemplos de aplicaciones incluyen robots de soldadura en la fabricación de carrocerías de automóviles, sistemas de pintura automatizados en la aplicación de recubrimientos, y robots de ensamblaje en la fabricación de motores y transmisiones.

Industria Electrónica

La industria electrónica utiliza la automatización en la manufactura para producir componentes electrónicos, dispositivos y equipos. Los sistemas automatizados son utilizados en la fabricación de placas de circuito impreso, montaje de componentes, soldadura de precisión y pruebas de calidad.

Ejemplos de aplicaciones incluyen sistemas de colocación de componentes en la fabricación de tarjetas de circuito impreso, sistemas de inspección visual para detectar defectos de fabricación, y sistemas de prueba funcional para verificar la funcionalidad de los productos electrónicos.

Industria Alimentaria

La industria alimentaria utiliza la automatización en la manufactura para procesar, envasar y distribuir una amplia variedad de productos alimenticios. Los sistemas automatizados son utilizados en la manipulación de materias primas, el procesamiento de alimentos, el envasado y etiquetado, y la logística de distribución.

Ejemplos de aplicaciones incluyen sistemas de transporte automatizado en plantas de procesamiento de alimentos, sistemas de llenado y sellado en líneas de envasado, y sistemas de clasificación y distribución en almacenes y centros de distribución.

Tendencias y Futuro

Industria Moderna

La industria moderna representa una nueva era de la manufactura impulsada por la digitalización, la conectividad y la inteligencia artificial. En la industria moderna, los sistemas de automatización en la manufactura están interconectados y pueden comunicarse entre sí a través de Internet de las Cosas (IoT) y la nube.

Ejemplos de tecnologías en la industria moderna incluyen sistemas de fabricación aditiva, gemelos digitales de fábrica, sistemas de producción autónoma y sistemas de gestión de la cadena de suministro basados en blockchain.

Robótica Colaborativa

La robótica colaborativa, o cobots, representa una nueva generación de robots diseñados para trabajar de forma segura y colaborativa junto a los humanos en entornos de trabajo compartidos. Los cobots son capaces de realizar tareas de montaje, ensamblaje, manipulación y transporte de manera segura y eficiente.

Ejemplos de aplicaciones de cobots incluyen la colaboración entre humanos y robots en líneas de ensamblaje, operaciones de paletización y despaletización, y tareas de inspección y manipulación en entornos peligrosos.

Automatización en la Cadena de Suministro

La automatización en la cadena de suministro está transformando la forma en que se gestionan y operan las operaciones logísticas, desde el almacenamiento y la preparación de pedidos hasta el transporte y la entrega de productos. Los sistemas automatizados, como los almacenes automatizados, los sistemas de transporte autónomo y los drones de entrega, están mejorando la eficiencia y la precisión de la cadena de suministro.

Ejemplos de aplicaciones incluyen sistemas de gestión de almacenes automatizados, sistemas de picking y embalajes automatizados, y sistemas de seguimiento y localización en tiempo real de productos y envíos.

Conclusión

La automatización en la manufactura es un componente clave en la evolución de la industria, permitiendo la mejora continua de los procesos de producción y la optimización de la cadena de valor. Con el avance de la tecnología y la adopción de enfoques innovadores como la industria moderna y la robótica colaborativa, la automatización seguirá desempeñando un papel fundamental en la fabricación del futuro.

CONTROL DE CALIDAD EN LA MANUFACTURA

El control de calidad en la manufactura es un proceso vital que asegura la consistencia, fiabilidad y conformidad de los productos fabricados con los estándares de calidad establecidos. Este capítulo profundizará en los fundamentos, métodos, herramientas, implementación y tecnologías emergentes del control de calidad en la manufactura, destacando su impacto en la calidad del producto, la satisfacción del cliente y el éxito empresarial.

El control de calidad en la manufactura es el conjunto de actividades planificadas y sistemáticas implementadas en los procesos de producción para garantizar que los productos cumplan con los requisitos de calidad definidos. Los principios fundamentales del control de calidad incluyen la prevención de defectos, la detección temprana de problemas, la mejora continua y la satisfacción del cliente.

La calidad no es simplemente la ausencia de defectos, sino que implica la consistencia y la capacidad de cumplir con las expectativas y necesidades del cliente.

Importancia del Control de Calidad

El control de calidad desempeña un papel crítico en la manufactura por varias razones:

Garantiza la satisfacción del cliente al proporcionar productos que cumplen con sus expectativas y requisitos.

Reduce los costos asociados con los defectos de producción, como el retrabajo, los rechazos y las devoluciones.

Mejora la competitividad al diferenciar la empresa en el mercado y construir una reputación de calidad y fiabilidad.

Impulsa la mejora continua al identificar áreas de oportunidad para optimizar los procesos y aumentar la eficiencia.

El control de calidad es esencial para mantener la viabilidad a largo plazo de una empresa en un entorno competitivo y en constante cambio.

Ciclo de Control de Calidad

El ciclo de control de calidad, también conocido como ciclo PDCA (Planificar, Hacer, Verificar, Actuar), es un enfoque sistemático para la mejora continua de los procesos y la calidad de los productos. Este ciclo consta de las siguientes etapas:

Planificar: Establecer objetivos de calidad y desarrollar un plan detallado para alcanzarlos.

Hacer: Implementar el plan según lo diseñado durante la fase de planificación.

Verificar: Evaluar los resultados obtenidos mediante la comparación con los estándares de calidad definidos.

Actuar: Tomar medidas correctivas y preventivas para mejorar los procesos y evitar la recurrencia de problemas.

El ciclo PDCA es un enfoque iterativo que promueve la mejora continua al identificar y abordar áreas de oportunidad en cada ciclo.

Métodos y Herramientas de Control de Calidad

Inspección Visual

La inspección visual es uno de los métodos más comunes de control de calidad, que implica la evaluación visual de productos para detectar defectos o irregularidades. Esta técnica puede ser realizada por operadores humanos o mediante sistemas automatizados de visión artificial.

La inspección visual es particularmente efectiva para identificar defectos superficiales, como rayones, abolladuras, grietas o decoloraciones.

Pruebas de Funcionamiento

Las pruebas de funcionamiento son utilizadas para evaluar el rendimiento y la funcionalidad de los productos en condiciones reales de operación. Estas pruebas pueden incluir pruebas de resistencia, pruebas de durabilidad, pruebas de temperatura y pruebas de rendimiento eléctrico, entre otras.

Las pruebas de funcionamiento son esenciales para garantizar que los productos cumplan con los requisitos de rendimiento y seguridad especificados.

Control Estadístico de Procesos (CEP)

El Control Estadístico de Procesos (CEP) es una técnica utilizada para monitorear y controlar la variabilidad de un proceso de fabricación mediante el análisis de datos estadísticos. El CEP utiliza herramientas como gráficos de control, histogramas, diagramas de Pareto y análisis de capacidad para identificar patrones, tendencias y anomalías en los datos de producción.

El CEP es fundamental para identificar y corregir desviaciones en el proceso de fabricación antes de que afecten la calidad del producto final.

Planificación del Control de Calidad

La planificación del control de calidad es un paso crítico en el proceso de fabricación. Durante esta fase, se establecen los estándares de calidad, se definen los criterios de aceptación y se seleccionan los métodos y herramientas de control adecuados. También se desarrollan procedimientos de inspección y pruebas para garantizar que los productos cumplan con los requisitos de calidad especificados.

La planificación del control de calidad sienta las bases para el éxito del control de calidad en todo el proceso de fabricación.

Ejecución del Control de Calidad

La ejecución del control de calidad implica la implementación de los procedimientos y actividades planificados durante la fase de planificación. Durante esta etapa, se llevan a cabo inspecciones, pruebas y análisis de datos para verificar que los productos cumplan con los estándares de calidad definidos.

La ejecución del control de calidad es un proceso continuo que se realiza en todas las etapas del proceso de fabricación para garantizar la calidad del producto final.

Mejora Continua del Control de Calidad

La mejora continua del control de calidad es un objetivo clave para cualquier empresa orientada a la calidad. Esta fase implica la identificación de áreas de mejora a través de la retroalimentación del cliente, el análisis de datos y la aplicación de técnicas de resolución de problemas.

La mejora continua del control de calidad permite a las empresas optimizar sus procesos de fabricación y mejorar la calidad de sus productos de manera constante.

Tecnologías Emergentes en el Control de Calidad

Inteligencia Artificial (IA)

La inteligencia artificial (IA) está revolucionando el control de calidad en la manufactura al permitir la automatización de tareas de inspección y análisis de datos. Los sistemas de IA pueden procesar grandes volúmenes de datos y identificar patrones y anomalías con una precisión y velocidad sin precedentes.

La IA se utiliza en aplicaciones como sistemas de visión artificial, análisis de imágenes y diagnóstico de fallas para mejorar la eficiencia y precisión del control de calidad.

Internet de las Cosas (IoT)

El Internet de las Cosas (IoT) está permitiendo la monitorización en tiempo real de los procesos de fabricación y la recopilación de datos de sensores para el control de calidad. Los dispositivos IoT pueden recopilar datos sobre parámetros de producción, condiciones ambientales y rendimiento del equipo, y transmitir esta información a sistemas de análisis de datos en la nube.

El IoT se utiliza en aplicaciones como sensores de temperatura, monitoreo de vibraciones y seguimiento de activos para mejorar la calidad y eficiencia del control de calidad.

Fabricación Aditiva

La fabricación aditiva, también conocida como impresión 3D, está transformando el control de calidad al permitir la fabricación de prototipos y piezas personalizadas con una precisión y calidad excepcionales. Esta tecnología permite la producción de productos con geometrías complejas y detalles finos que pueden ser difíciles de lograr con métodos tradicionales de fabricación.

La fabricación aditiva se utiliza en aplicaciones como la fabricación de moldes de inspección, prototipos de productos y herramientas de fabricación personalizadas para mejorar la calidad y eficiencia del control de calidad.

Conclusión

El control de calidad en la manufactura es esencial para garantizar la calidad, fiabilidad y satisfacción del cliente. Con la implementación de métodos y herramientas adecuados, así como el aprovechamiento de tecnologías emergentes como la inteligencia artificial, el Internet de las Cosas y la fabricación aditiva, las empresas pueden mejorar la eficiencia y precisión de su control de calidad, lo que les permite ofrecer productos de alta calidad que cumplen con los estándares más exigentes.

LEAN MANUFACTURING Y MEJORA CONTINUA

En un mundo empresarial caracterizado por la competencia global y la búsqueda constante de eficiencia, el Lean Manufacturing y la Mejora Continua emergen como filosofías y prácticas esenciales para optimizar los procesos, reducir costos y mejorar la calidad. Este capítulo se adentrará profundamente en estos conceptos, explorando sus fundamentos, herramientas, técnicas y aplicaciones en la industria manufacturera y más allá.

Lean Manufacturing

El Lean Manufacturing, originario del Toyota Production System (TPS), es un enfoque holístico para la gestión de operaciones que busca la eliminación de desperdicios y la optimización de procesos para maximizar el valor para el cliente. Los principios fundamentales del Lean Manufacturing son la piedra angular de su filosofía:

Identificación del Valor: Comprender y definir qué es valioso desde la perspectiva del cliente.

Mapeo del Flujo de Valor: Analizar el flujo de trabajo desde la recepción de materiales hasta la entrega del producto final, identificando actividades que agregan valor y aquellas que no.

Creación de Flujo Continuo: Establecer un flujo de trabajo continuo y sin interrupciones para eliminar tiempos muertos y reducir el tiempo de entrega.

Producción Pull: Producir solo lo que se necesita, cuando se necesita, en respuesta a la demanda del cliente, evitando la sobreproducción.

Búsqueda de la Perfección: Buscar continuamente la mejora y la excelencia en todos los aspectos del negocio, nunca conformarse con el statu quo.

Herramientas y Técnicas del Lean

El Lean Manufacturing se apoya en una amplia gama de herramientas y técnicas para identificar y eliminar desperdicios en los procesos de producción. Estas incluyen:

Mapeo del Flujo de Valor (Value Stream Mapping): Visualizar y analizar el flujo de materiales y la creación de valor en toda la cadena de suministro.

Just in Time (JIT): Producir y entregar productos justo a tiempo para satisfacer la demanda del cliente, minimizando inventarios y costos.

5S: Una metodología para organizar y mantener un entorno de trabajo limpio, ordenado y eficiente.

Kaizen: Fomentar la mejora continua mediante la participación activa de los empleados en la identificación y resolución de problemas.

Poka-Yoke: Implementar dispositivos o mecanismos a prueba de errores para prevenir defectos en el proceso.

Beneficios del Lean Manufacturing

La implementación efectiva del Lean Manufacturing puede conducir a una serie de beneficios tangibles para las organizaciones, incluyendo:

Reducción de Costos: Eliminación de desperdicios y optimización de procesos que conducen a una reducción de costos operativos.

Mejora de la Calidad: Enfoque en la eliminación de defectos y la creación de procesos más eficientes y confiables.

Aumento de la Productividad: Simplificación de los procesos y reducción de los tiempos de ciclo que aumentan la eficiencia y la productividad.

Mejora de los Plazos de Entrega: Producción JIT que permite una respuesta más rápida a la demanda del cliente y una reducción de los tiempos de entrega.

Mejora de la Satisfacción del Cliente: Entrega de productos de alta calidad de manera oportuna que aumenta la satisfacción y la lealtad del cliente.

Mejora Continua

La Mejora Continua, también conocida como Kaizen, es un proceso sistemático y constante de mejora de los procesos, productos y servicios. Los principios fundamentales de la Mejora Continua incluyen:

Compromiso de la Dirección: La alta dirección debe liderar el camino y mostrar un compromiso claro con la mejora continua.

Participación de los Empleados: Todos los empleados deben estar involucrados en la identificación y resolución de problemas en sus áreas de trabajo.

Enfoque en la Mejora Incremental: Pequeñas mejoras graduales en lugar de grandes cambios disruptivos.

Medición y Evaluación Constantes: El progreso y los resultados deben ser medidos y evaluados regularmente utilizando datos y métricas clave.

Herramientas y Técnicas de Mejora Continua

La Mejora Continua se basa en una variedad de herramientas y técnicas para identificar, analizar y abordar problemas en los procesos de trabajo. Estas incluyen:

Diagrama de Ishikawa (Espina de Pescado): Identifica las posibles causas de un problema y visualiza sus relaciones.

Diagrama de Pareto: Prioriza los problemas identificados según su impacto en los resultados.

Análisis de Causa Raíz: Identifica las causas fundamentales de un problema y desarrolla soluciones efectivas.

Círculos de Calidad: Grupos de empleados que se reúnen regularmente para identificar y resolver problemas en sus áreas de trabajo.

Benchmarking: Comparación de procesos y resultados con otras organizaciones líderes en la industria.

Cultura de Mejora Continua

Una cultura de mejora continua es esencial para el éxito a largo plazo de cualquier iniciativa de mejora continua. Los elementos clave incluyen:

Liderazgo Inspirador: Los líderes deben inspirar a sus equipos a buscar la excelencia y la mejora constante.

Empoderamiento de los Empleados: Los empleados deben sentirse capacitados para proponer ideas y soluciones para mejorar los procesos.

Fomento de la Experimentación: La toma de riesgos controlados y la experimentación son fundamentales para la innovación y la mejora continua.

Reconocimiento y Recompensa: El reconocimiento y la recompensa del esfuerzo y los logros en la mejora continua son esenciales para mantener la motivación y el compromiso.

Aplicaciones y Casos de Estudio

Aplicaciones del Lean Manufacturing

El Lean Manufacturing se ha aplicado con éxito en una amplia gama de industrias y sectores, incluyendo la manufactura, la salud, los servicios financieros y la tecnología. Ejemplos de empresas que han implementado con éxito el Lean Manufacturing incluyen Toyota, GE, Amazon y Nike.

Casos de Éxito en Mejora Continua

Empresas de todo el mundo han utilizado con éxito la Mejora Continua para mejorar sus procesos y resultados. Ejemplos de casos de éxito incluyen la reducción del tiempo de ciclo en líneas de producción, la mejora de la calidad del producto y la optimización de los procesos logísticos.

Conclusión

El Lean Manufacturing y la Mejora Continua son enfoques poderosos para mejorar la eficiencia, la calidad y la competitividad en la industria manufacturera y más allá. Al adoptar estos enfoques y fomentar una cultura de mejora continua, las organizaciones pueden adaptarse con éxito a los desafíos del mercado y seguir siendo líderes en su entorno empresarial.

505

DISEÑO PARA LA MANUFACTURA

En el entorno competitivo de la industria manufacturera, el diseño de productos juega un papel crucial en el éxito empresarial. El Diseño para la Manufactura (DfM) emerge como una metodología esencial que busca integrar consideraciones de fabricación desde las etapas iniciales del proceso de diseño. Este capítulo proporciona una exploración exhaustiva de los principios, herramientas y técnicas del DfM, destacando su impacto en la eficiencia y competitividad de las empresas manufactureras.

Fundamentos del Diseño para la Manufactura

El Diseño para la Manufactura (DfM) se fundamenta en una serie de principios esenciales que guían la integración efectiva de consideraciones de fabricación en el proceso de diseño de productos. Profundicemos en cada uno de estos principios:

Simplicidad y Elegancia en el Diseño: La simplicidad en el diseño no solo reduce la complejidad de fabricación, sino que también mejora la usabilidad y la estética del producto. La elegancia en el diseño se refiere a la capacidad de lograr un equilibrio armonioso entre la forma y la función, optimizando tanto la estética como la funcionalidad del producto.

Optimización de Tolerancias y Especificaciones: Las tolerancias y especificaciones de diseño deben ser cuidadosamente evaluadas y optimizadas para garantizar la fabricabilidad del producto. Esto implica especificar tolerancias dimensionales y geométricas que sean adecuadas para los procesos de fabricación disponibles, evitando la sobre especificación que pueda conducir a costos innecesarios.

Selección Estratégica de Materiales: La selección de materiales es un aspecto crítico del diseño para la manufactura. Los diseñadores deben considerar no solo las propiedades mecánicas y químicas de los materiales, sino también su disponibilidad, costo y capacidad de fabricación. La elección de materiales adecuados puede tener un impacto significativo en la fabricabilidad, el rendimiento y la durabilidad del producto.

Consideraciones de Montaje y Desmontaje: El diseño de productos debe facilitar tanto el ensamblaje como el desmontaje, minimizando la necesidad de herramientas especializadas y simplificando el proceso de mantenimiento y reparación. Esto implica el diseño de interfaces de ensamblaje que sean intuitivas y accesibles, así como la minimización del número de componentes y la estandarización de las conexiones.

Factores a Considerar en el Diseño para la Manufactura

El proceso de diseño de productos debe tener en cuenta una amplia gama de factores que afectan la fabricación y calidad del producto final. Algunos de los factores más importantes a considerar incluyen:

Ergonomía y Experiencia del Usuario: El diseño de productos debe tener en cuenta las necesidades y preferencias del usuario final, garantizando que el producto sea cómodo, seguro y fácil de usar. Esto implica la consideración de factores ergonómicos como el tamaño, la forma y la ubicación de los controles, así como la optimización de la experiencia del usuario a través de interfaces intuitivas y eficientes.

Estándares de Calidad y Seguridad: Cumplir con los estándares de calidad y seguridad es fundamental para garantizar la satisfacción del cliente y la reputación de la marca. Los diseñadores deben tener en cuenta los requisitos reglamentarios y normativos aplicables, así como las mejores prácticas de la industria en términos de calidad y seguridad del producto.

Compatibilidad con Procesos de Fabricación: El diseño de productos debe ser compatible con los procesos de fabricación disponibles, minimizando así la necesidad de inversiones adicionales en equipos o tecnologías. Esto implica la selección de procesos de fabricación adecuados y la optimización del diseño para maximizar la eficiencia y la calidad del proceso de fabricación.

Análisis de Ciclo de Vida: Considerar el impacto ambiental de los productos a lo largo de su ciclo de vida es esencial para promover la sostenibilidad y la responsabilidad social corporativa. Esto implica la evaluación de los impactos ambientales asociados con la extracción de materias primas, la fabricación, el uso y el eventual desecho del producto, y la implementación de medidas para minimizar estos impactos en todas las etapas del ciclo de vida del producto.

Herramientas y Métodos para el Diseño para la Manufactura

Una variedad de herramientas y métodos están disponibles para ayudar a los diseñadores a optimizar el diseño de productos para la fabricación. Algunas de las herramientas y métodos más comunes incluyen:

Análisis de Valor (AV): El análisis de valor es una técnica que se utiliza para evaluar la relación entre el costo y el rendimiento de un producto, identificar áreas de mejora y optimizar el diseño para maximizar el valor percibido por el cliente.

Análisis de Modo y Efecto de Falla (AMEF): El análisis de modo y efecto de falla es una metodología que se utiliza para identificar posibles modos de falla en el diseño de productos y desarrollar medidas preventivas para mitigar su impacto.

Simulación de Procesos de Fabricación: La simulación de procesos de fabricación es una herramienta poderosa que se utiliza para predecir el comportamiento de los productos durante el proceso de fabricación y optimizar su diseño en consecuencia. Esto puede incluir la simulación de procesos de mecanizado, formado, ensamblaje y acabado para identificar posibles problemas y realizar mejoras antes de la producción en masa.

Prototipado Rápido: El prototipado rápido es una técnica que se utiliza para construir prototipos físicos de productos utilizando tecnologías de fabricación aditiva como la impresión 3D. Esto permite a los diseñadores evaluar la funcionalidad y manufacturabilidad del producto antes de la producción en masa, identificar posibles problemas y realizar ajustes en el diseño según sea necesario.

Optimización del Proceso de Fabricación

La optimización del proceso de fabricación es un aspecto clave del Diseño para la Manufactura que busca mejorar la eficiencia y reducir los costos de producción. Algunas estrategias comunes de optimización del proceso de fabricación incluyen:

Automatización y Robótica: La automatización y la robótica se utilizan para realizar tareas repetitivas y laboriosas de manera eficiente y precisa, reduciendo los tiempos de ciclo y mejorando la calidad del producto. Esto puede incluir la implementación de sistemas de automatización de ensamblaje, sistemas de manipulación robótica y sistemas de control de calidad automatizados.

Justo a Tiempo (JIT): El enfoque Justo a Tiempo (JIT) implica la entrega de materias primas, componentes y productos terminados en el momento exacto en que son necesarios, minimizando así el inventario y los tiempos de espera y reduciendo los costos asociados con el almacenamiento y la gestión de inventario.

Fabricación Celular: La fabricación celular implica la organización de la planta de fabricación en celdas de producción autónomas que pueden fabricar productos completos o subconjuntos de productos de manera eficiente y flexible. Esto puede mejorar la comunicación y coordinación entre los trabajadores, reducir los tiempos de ciclo y mejorar la calidad del producto final.

Mejora Continua: La mejora continua es un proceso sistemático que busca identificar y eliminar desperdicios y defectos en el proceso de fabricación. Esto puede incluir la implementación de programas como Lean Manufacturing y Seis Sigma, así como la realización de análisis de causa raíz y la implementación de medidas correctivas y preventivas para mejorar continuamente la eficiencia y calidad del proceso de fabricación.

Casos de Estudio y Ejemplos Prácticos

Para ilustrar la aplicación práctica de los conceptos y técnicas discutidos, presentaremos varios casos de estudio y ejemplos concretos de Diseño para la Manufactura en acción. Estos casos proporcionarán una visión detallada de cómo el DfM puede ser implementado con éxito en una variedad de industrias y contextos, destacando los beneficios tangibles que puede generar para las empresas manufactureras.

Retos y Futuras Tendencias en el Diseño para la Manufactura

Si bien el Diseño para la Manufactura ofrece numerosos beneficios, también enfrenta una serie de retos y debe adaptarse a las tendencias emergentes y las demandas cambiantes del mercado. Algunos de los retos y tendencias futuras más importantes incluyen:

Innovación Tecnológica: La rápida evolución de la tecnología está transformando la industria manufacturera, con avances en áreas como la inteligencia artificial, la fabricación aditiva y la Internet de las cosas que ofrecen nuevas oportunidades y desafíos para el Diseño para la Manufactura.

Globalización: La globalización está redefiniendo el panorama competitivo de la industria manufacturera, con cadenas de suministro cada vez más globales y una creciente competencia de empresas de todo el mundo. Los diseñadores deben adaptarse a este entorno cambiante y buscar oportunidades para colaborar con socios y proveedores internacionales.

Sostenibilidad y Responsabilidad Social: La sostenibilidad y la responsabilidad social están ganando cada vez más importancia en la industria manufacturera, con consumidores y reguladores que exigen productos y procesos de fabricación más sostenibles y respetuosos con el medio ambiente.

Personalización y Co-creación: La demanda de productos personalizados y la co-creación con los clientes están cambiando la forma en que se diseñan y fabrican los productos, con un énfasis creciente en la flexibilidad y la capacidad de respuesta a las necesidades individuales de los clientes.

Conclusión

El Diseño para la Manufactura es una disciplina fundamental en la industria manufacturera que busca optimizar el diseño de productos para facilitar su fabricación y mejorar su calidad y eficiencia. Al adoptar un enfoque sistemático y centrado en el cliente, las empresas pueden reducir costos, acelerar los tiempos de lanzamiento al mercado y mantenerse competitivas en un entorno empresarial cada vez más exigente. Al continuar explorando y adoptando las mejores prácticas en el Diseño para la Manufactura, las empresas pueden contribuir al avance de la industria manufacturera en general.

INGENIERÍA CONCURRENTE

En un entorno empresarial altamente competitivo y en constante evolución, la Ingeniería Concurrente (IC) se ha convertido en un enfoque fundamental para el desarrollo eficiente y efectivo de productos. Este enfoque estratégico busca reducir los tiempos de comercialización, optimizar los costos y mejorar la calidad al integrar simultáneamente actividades de diseño, fabricación y otras fases del ciclo de vida del producto. En este capítulo, exploraremos en profundidad los principios, estrategias, herramientas y aplicaciones de la Ingeniería Concurrente, destacando su importancia en la innovación y competitividad en la industria moderna.

La Ingeniería Concurrente se basa en una serie de principios fundamentales que guían su aplicación efectiva en el desarrollo de productos:

Integración de Procesos: En contraposición al enfoque tradicional secuencial, donde cada etapa del proceso de desarrollo de productos se realiza de forma independiente y secuencial, la IC promueve la integración simultánea de actividades. Esto significa que las diferentes etapas, como diseño, fabricación, ensamblaje y pruebas, se llevan a cabo de manera colaborativa y coordinada desde el principio hasta el final del proceso de desarrollo.

Comunicación y Colaboración: La IC enfatiza la importancia de una comunicación abierta y una colaboración efectiva entre los equipos multidisciplinarios involucrados en el desarrollo de productos. Al fomentar una cultura de trabajo en equipo y compartir conocimientos y recursos, se puede optimizar el proceso de toma de decisiones y minimizar los retrasos y errores.

Enfoque en el Cliente: Un aspecto fundamental de la IC es la orientación hacia el cliente. Esto implica comprender las necesidades, expectativas y deseos del cliente desde el principio y asegurarse de que el producto final cumpla con estos requisitos de manera efectiva. Al poner al cliente en el centro del proceso de desarrollo, se pueden crear productos que generen mayor satisfacción y lealtad.

Flexibilidad y Adaptabilidad: Dado el entorno empresarial dinámico y cambiante en el que operan las organizaciones, la IC reconoce la importancia de la flexibilidad y la adaptabilidad. Esto significa estar preparado para ajustar y modificar el proceso de desarrollo según sea necesario en respuesta a cambios en los requisitos del cliente, avances tecnológicos, fluctuaciones del mercado u otros factores externos.

Estrategias y Herramientas de la Ingeniería Concurrente

Para implementar con éxito la Ingeniería Concurrente, las organizaciones pueden recurrir a una variedad de estrategias y herramientas, entre las que se incluyen:

Equipos Multifuncionales: La formación de equipos multidisciplinarios que incluyan representantes de diferentes áreas funcionales, como diseño, ingeniería, fabricación, marketing y servicio al cliente, es fundamental para el éxito de la IC. Estos equipos colaborativos pueden trabajar juntos para abordar desafíos complejos y tomar decisiones informadas que beneficien al producto final.

Diseño para la Manufactura (DfM): Integrar consideraciones de fabricación en las primeras etapas del proceso de diseño es esencial para optimizar la fabricabilidad y la eficiencia de producción del producto. El DfM busca identificar y abordar posibles problemas de fabricación desde el principio, lo que ayuda a reducir costos y tiempos de desarrollo.

Prototipado Rápido y Simulación: El uso de técnicas de prototipado rápido, como la impresión 3D, permite a los equipos crear y probar rápidamente prototipos de productos antes de la producción en masa. Esto facilita la detección temprana de errores de diseño y la realización de ajustes necesarios. Además, la simulación de procesos y comportamientos del producto ayuda a prever y resolver problemas potenciales antes de que se conviertan en problemas reales durante la producción.

Gestión de la Cadena de Suministro: La IC requiere una cadena de suministro eficiente y bien gestionada para garantizar la disponibilidad oportuna de materias primas y componentes necesarios para la fabricación. La colaboración estrecha con proveedores y socios estratégicos es fundamental para optimizar la cadena de suministro y minimizar los riesgos de interrupciones.

Ventajas y Desafíos de la Ingeniería Concurrente

La Ingeniería Concurrente ofrece una serie de ventajas significativas para las organizaciones que la implementan, pero también presenta desafíos que deben ser abordados:

Ventajas:

Reducción del Tiempo de Lanzamiento al Mercado: La IC permite acortar el tiempo necesario para llevar un producto al mercado, lo que permite a las empresas responder más rápidamente a las demandas cambiantes del mercado y ganar una ventaja competitiva.

Reducción de Costos: Al integrar actividades y optimizar procesos, la IC puede ayudar a reducir los costos de desarrollo, fabricación y distribución de productos, mejorando así la rentabilidad y el retorno de la inversión.

Mejora de la Calidad: Al facilitar la comunicación y colaboración entre los equipos funcionales, la IC puede ayudar a identificar y resolver problemas de diseño y fabricación antes de que afecten la calidad del producto final.

Desafíos:

Cambio Cultural: Implementar la IC puede requerir un cambio cultural significativo dentro de la organización, ya que implica superar las barreras departamentales y fomentar la colaboración entre equipos que tradicionalmente han operado de manera independiente.

Coordinación y Gestión de Proyectos: Coordinar actividades y gestionar proyectos en un entorno de IC puede ser complejo y requerir habilidades de gestión avanzadas, así como el uso efectivo de herramientas de colaboración y seguimiento de proyectos.

Gestión de Riesgos: La IC puede aumentar la exposición a riesgos potenciales, como retrasos en el desarrollo, problemas de calidad y conflictos entre equipos, que deben ser identificados y gestionados de manera proactiva para minimizar su impacto en el proceso de desarrollo de productos.

Aplicaciones de la Ingeniería Concurrente

La Ingeniería Concurrente se aplica en una amplia variedad de industrias y contextos, incluyendo:

Automoción: En la industria automotriz, la IC se utiliza para acelerar el desarrollo de nuevos modelos de vehículos, reducir los costos de fabricación y mejorar la calidad y fiabilidad de los productos.

Electrónica de Consumo: En la electrónica de consumo, la IC se utiliza para desarrollar productos innovadores que se lancen al mercado rápidamente y cumplan con las expectativas de los consumidores en términos de diseño, rendimiento y funcionalidad.

Aeroespacial y Defensa: En la industria aeroespacial y de defensa, la IC se utiliza para desarrollar sistemas complejos y altamente integrados que cumplan con los requisitos de rendimiento, seguridad y confiabilidad en un entorno altamente regulado y exigente.

Tecnología de la Información: En la industria de la tecnología de la información, la IC se utiliza para desarrollar software y sistemas informáticos que se adapten rápidamente a las cambiantes demandas del mercado y proporcionen soluciones innovadoras y de alta calidad a los clientes.

Casos de Estudio y Ejemplos Prácticos

Para ilustrar la aplicación práctica de la Ingeniería Concurrente, presentaremos varios casos de estudio y ejemplos concretos en diversas industrias y contextos. Estos casos proporcionarán una visión detallada de cómo la IC puede ser implementada con éxito para acelerar el desarrollo de productos, reducir los costos y mejorar la calidad y la competitividad en el mercado.

Futuras Tendencias y Direcciones en la Ingeniería Concurrente

La Ingeniería Concurrente continúa evolucionando en respuesta a las tendencias emergentes y las demandas cambiantes del mercado. Algunas de las futuras tendencias y direcciones en la IC incluyen:

Integración de Tecnologías Emergentes: La integración de tecnologías emergentes como la inteligencia artificial, la realidad aumentada y la fabricación aditiva está transformando la forma en que se desarrollan y fabrican los productos, permitiendo un enfoque aún más integrado y colaborativo en la IC.

Enfoque en la Sostenibilidad: La creciente conciencia sobre los desafíos ambientales está impulsando un mayor enfoque en la sostenibilidad en el desarrollo de productos, lo que lleva a la integración de consideraciones ambientales y sociales en la IC para minimizar el impacto ambiental y promover la responsabilidad social corporativa.

Colaboración Global: La globalización está dando lugar a equipos de desarrollo de productos distribuidos geográficamente, lo que requiere una mayor colaboración y coordinación entre equipos en diferentes ubicaciones para implementar con éxito la IC a escala global.

Personalización y Co-creación: La demanda de productos personalizados y la co-creación con los clientes están impulsando un enfoque más centrado en el usuario en la IC, con un énfasis en comprender las necesidades individuales de los clientes y diseñar productos que se adapten a sus preferencias y requisitos específicos.

Conclusión

La Ingeniería Concurrente es una metodología poderosa que permite a las empresas acelerar el desarrollo de productos, reducir los costos y mejorar la calidad y la competitividad en el mercado. Al integrar actividades de diseño, fabricación y otros procesos relacionados de manera simultánea y colaborativa, la IC proporciona un marco efectivo para innovar y responder rápidamente a las demandas del mercado en constante cambio. Al adoptar la IC como parte de su enfoque de desarrollo de productos, las empresas pueden posicionarse de manera más efectiva para el éxito a largo.

SISTEMAS DE MANUFACTURA INTEGRADA

En la era actual de la industria, la competitividad y la eficiencia son elementos cruciales para el éxito empresarial. Los sistemas de manufactura integrada han emergido como una respuesta efectiva a la creciente demanda de optimización de procesos y recursos en la producción industrial. Este capítulo tiene como objetivo explorar en profundidad qué son los sistemas de manufactura integrada, cómo funcionan y cuáles son sus beneficios y desafíos.

Los sistemas de manufactura integrada son sistemas que combinan tecnologías, procesos y recursos humanos dentro de una organización para optimizar la producción y mejorar la eficiencia. Se centran en la integración y coordinación de todas las etapas del proceso de fabricación, desde la concepción y diseño del producto hasta su entrega al cliente final. La integración puede abarcar aspectos tanto físicos como virtuales de la producción, con el objetivo de lograr una operación sin problemas y altamente eficiente.

Componentes de los Sistemas de Manufactura Integrada

Automatización de Procesos

La automatización desempeña un papel central en los sistemas de manufactura integrada. Implica el uso de tecnologías avanzadas, como robots industriales, sistemas de control numérico computarizado (CNC), sistemas de visión artificial y sistemas de transporte automatizado, para realizar tareas repetitivas y tediosas de manera eficiente y precisa. La automatización no solo aumenta la velocidad y la precisión de la producción, sino que también reduce los errores humanos y el tiempo de inactividad, lo que lleva a una mejora general en la productividad.

Integración de Sistemas de Información

La integración de sistemas de información es otro componente clave de los sistemas de manufactura integrada. Implica la conexión y sincronización de diferentes sistemas de software, como el diseño asistido por computadora (CAD), la fabricación asistida por computadora (CAM) y los sistemas de planificación de recursos empresariales (ERP), para permitir el intercambio de datos en tiempo real. Esta integración facilita la coordinación de actividades en toda la cadena de suministro, desde la adquisición de materias primas hasta la distribución de productos terminados, lo que conduce a una mayor visibilidad, control y eficiencia en toda la operación.

Flexibilidad y Agilidad

Los sistemas de manufactura integrada están diseñados para ser flexibles y adaptables a los cambios en la demanda del mercado y los requisitos de producción. Esto se logra mediante la implementación de tecnologías como la fabricación aditiva (impresión 3D), la fabricación flexible y la producción bajo demanda. La fabricación aditiva, en particular, ha revolucionado la forma en que se diseñan y producen los productos, permitiendo la fabricación de piezas complejas y personalizadas con mayor rapidez y eficiencia.

Optimización de Procesos

La optimización de procesos es un objetivo fundamental de los sistemas de manufactura integrada. Esto implica la identificación y eliminación de cuellos de botella, redundancias y actividades no productivas en el proceso de fabricación. Mediante el uso de técnicas como la simulación de procesos, el análisis de datos y la optimización de la cadena de suministro, las organizaciones pueden mejorar continuamente la eficiencia y la rentabilidad de sus operaciones.

Colaboración Humano-Máquina

A pesar del énfasis en la automatización y la tecnología, los sistemas de manufactura integrada también reconocen la importancia de la colaboración entre humanos y máquinas. Los trabajadores siguen desempeñando un papel crucial en la supervisión, el mantenimiento y la optimización de los sistemas automatizados, así como en la resolución de problemas y la toma de decisiones que requieren juicio humano y experiencia.

Beneficios de los Sistemas de Manufactura Integrada

Mejora de la Eficiencia y la Productividad

La integración de sistemas y procesos permite una mayor eficiencia y productividad en la producción. La automatización de tareas repetitivas y la optimización de procesos reducen los tiempos de ciclo y los costos operativos, lo que lleva a una producción más rápida y rentable.

Mayor Calidad del Producto

La estandarización y la automatización de procesos contribuyen a una mayor consistencia y calidad del producto. La integración de sistemas de control de calidad y la retroalimentación en tiempo real permiten la detección temprana de defectos y la corrección rápida de problemas, lo que resulta en productos finales de alta calidad y satisfacción del cliente.

Reducción de Desperdicios y Costos

Los sistemas de manufactura integrada están diseñados para minimizar los desperdicios y optimizar el uso de recursos, lo que conduce a una reducción significativa de los costos operativos y ambientales. La optimización de la cadena de suministro y la gestión eficiente de inventario ayudan a evitar el exceso de existencias y reducir los costos asociados con el almacenamiento y el transporte.

Mayor Flexibilidad y Adaptabilidad

La capacidad de adaptarse rápidamente a los cambios en el mercado y los requisitos de producción es fundamental en un entorno empresarial dinámico y competitivo. Los sistemas de manufactura integrada permiten una producción ágil y flexible, que puede ajustarse según la demanda del cliente y las condiciones del mercado, lo que garantiza la competitividad a largo plazo de la organización.

Innovación y Diferenciación

La integración de tecnologías avanzadas y procesos innovadores en los sistemas de manufactura integrada permite a las organizaciones diferenciarse en el mercado y mantenerse a la vanguardia de la innovación. La capacidad de desarrollar y producir productos personalizados y de alta calidad de manera eficiente puede ser un factor clave para el éxito en industrias altamente competitivas.

Desafíos de los Sistemas de Manufactura Integrada

A pesar de los numerosos beneficios que ofrecen, los sistemas de manufactura integrada también enfrentan varios desafíos que deben abordarse:

Costo de Implementación y Mantenimiento

La implementación y el mantenimiento de sistemas de manufactura integrada pueden ser costosos, ya que requieren inversiones significativas en tecnología, capacitación de personal y reestructuración de procesos. Además, los costos asociados con el mantenimiento y la actualización continua de la tecnología pueden ser una carga financiera adicional para las organizaciones.

Complejidad Tecnológica y de Integración

La integración de múltiples sistemas y tecnologías puede resultar en una mayor complejidad técnica, lo que puede dificultar la implementación y el mantenimiento de los sistemas de manufactura integrada. La interoperabilidad entre diferentes sistemas y la estandarización de protocolos de comunicación son desafíos importantes que deben abordarse para garantizar una integración sin problemas.

Resistencia al Cambio y Capacitación del Personal

La adopción de nuevos sistemas y procesos puede encontrar resistencia por parte de los empleados que están acostumbrados a formas de trabajo más tradicionales. Es importante ofrecer capacitación y apoyo adecuados para garantizar una transición suave y exitosa hacia los sistemas de manufactura integrada. La capacitación del personal en el uso de nuevas tecnologías y procesos es fundamental para maximizar los beneficios y minimizar los riesgos asociados con la implementación de sistemas de manufactura integrada.

Seguridad y Ciberseguridad

La creciente interconexión de dispositivos y sistemas en los sistemas de manufactura integrada aumenta el riesgo de ciberataques y violaciones de seguridad. Es fundamental implementar medidas de seguridad robustas, como firewalls, cifrado de datos y protocolos de autenticación, para proteger los sistemas y datos críticos contra amenazas internas y externas.

Gestión del Cambio Organizacional

La implementación de sistemas de manufactura integrada no solo implica cambios tecnológicos, sino también cambios organizativos y culturales. Es importante contar con un liderazgo sólido y una estrategia de gestión del cambio efectiva para garantizar la aceptación y adopción exitosa de los nuevos sistemas y procesos por parte de todos los miembros de la organización.

Conclusiones

En resumen, los sistemas de manufactura integrada son una herramienta poderosa para mejorar la eficiencia, la calidad y la flexibilidad en los procesos de producción. Al integrar tecnologías avanzadas, procesos optimizados y colaboración humana-máquina, las organizaciones pueden lograr una mayor competitividad y éxito empresarial en un entorno empresarial en constante cambio. Sin embargo, la implementación exitosa de sistemas de manufactura integrada requiere una planificación cuidadosa, una inversión significativa y un enfoque centrado en las personas. Con el avance continuo de la tecnología y la evolución de las prácticas empresariales, se espera que los sistemas de manufactura integrada sigan desempeñando un papel crucial en la mejora de la competitividad y el éxito empresarial.

GESTIÓN DE LA CADENA DE SUMINISTRO EN LA MANUFACTURA

En el complejo panorama empresarial actual, la gestión efectiva de la cadena de suministro se ha convertido en un factor crítico para el éxito de las empresas manufactureras. Este capítulo aborda en profundidad la gestión de la cadena de suministro en el contexto de la manufactura, explorando su definición, importancia, procesos clave, estrategias de optimización y desafíos enfrentados.

Definición y Alcance de la Gestión de la Cadena de Suministro en la Manufactura

La gestión de la cadena de suministro en la manufactura abarca todas las actividades relacionadas con la adquisición, producción, almacenamiento y distribución de materias primas, productos semiacabados y productos terminados, desde los proveedores hasta los clientes finales. Este proceso implica la planificación, coordinación y control de las actividades a lo largo de toda la cadena de valor para garantizar la entrega oportuna de productos de calidad a los clientes.

Procesos Clave de la Gestión de la Cadena de Suministro en la Manufactura

Planificación de la Demanda y la Oferta

La planificación de la demanda y la oferta es un primer paso crítico en la gestión de la cadena de suministro en la manufactura. Implica la previsión de la demanda futura de productos y la planificación de la producción en consecuencia para satisfacer esa demanda. Esto se logra mediante el análisis de datos históricos de ventas, tendencias del mercado, pronósticos de la demanda y la colaboración con clientes y proveedores para desarrollar un plan de producción preciso y eficiente.

Gestión de la Relación con Proveedores

La gestión de la relación con proveedores es esencial para asegurar un suministro confiable y oportuno de materias primas y componentes. Esto implica la selección y evaluación de proveedores, la negociación de términos y condiciones de compra, la gestión de contratos y la colaboración en la mejora continua de la calidad y la eficiencia.

Gestión de Inventarios

La gestión de inventarios es un proceso fundamental en la gestión de la cadena de suministro en la manufactura. Implica el seguimiento y control de los niveles de inventario de materias primas, productos semiacabados y productos terminados para evitar escasez o exceso de existencias. Estrategias como el just-in-time (JIT), la gestión de inventarios basada en la demanda y el uso de sistemas de gestión de inventarios ayudan a minimizar los costos de almacenamiento y maximizar la disponibilidad de productos.

Producción y Fabricación

La producción y fabricación son procesos centrales en la gestión de la cadena de suministro en la manufactura. Implica la transformación de materias primas en productos terminados mediante procesos de fabricación eficientes y rentables. La optimización de la producción, la programación de la mano de obra y la maquinaria, y el control de calidad son aspectos clave de este proceso.

Logística y Distribución

La logística y distribución se refieren al transporte y almacenamiento de productos terminados desde la planta de fabricación hasta el cliente final. Esto incluye la gestión de almacenes, la planificación de rutas de transporte, la selección de transportistas y la entrega oportuna de productos a los clientes. La optimización de la logística y distribución es fundamental para garantizar la satisfacción del cliente y minimizar los costos operativos.

Estrategias Clave en la Gestión de la Cadena de Suministro en la Manufactura

Colaboración y Visibilidad en la Cadena de Suministro

La colaboración estrecha y la visibilidad en toda la cadena de suministro son fundamentales para una gestión efectiva. Esto implica compartir información en tiempo real con proveedores y clientes, establecer relaciones sólidas y trabajar en conjunto para mejorar la eficiencia y la calidad en toda la cadena de suministro.

Uso de Tecnología de la Información

El uso de tecnología de la información, como sistemas de planificación de recursos empresariales (ERP), sistemas de gestión de la cadena de suministro (SCM) y sistemas de gestión de inventarios, es esencial para optimizar los procesos y la visibilidad en la cadena de suministro. Estas herramientas proporcionan información en tiempo real sobre la demanda, el inventario y la producción, lo que permite una toma de decisiones más informada y ágil.

Implementación de Prácticas de Manufactura Lean

La implementación de prácticas de manufactura lean es una estrategia efectiva para eliminar desperdicios y mejorar la eficiencia en la cadena de suministro. Esto incluye la identificación y eliminación de actividades que no agregan valor, la reducción de los tiempos de ciclo, la optimización de los flujos de trabajo y la mejora continua de los procesos.

Gestión de Riesgos y Resiliencia de la Cadena de Suministro

La gestión de riesgos y la resiliencia de la cadena de suministro son aspectos críticos en un entorno empresarial cada vez más volátil y globalizado. Esto implica identificar y mitigar riesgos potenciales, como interrupciones en la cadena de suministro, cambios en las condiciones del mercado y desastres naturales, y desarrollar planes de contingencia para garantizar la continuidad del negocio.

Importancia de la Gestión de la Cadena de Suministro en la Manufactura

La gestión eficaz de la cadena de suministro en la manufactura es esencial por varias razones:

Mejora de la Eficiencia y la Productividad: Una gestión eficaz de la cadena de suministro permite una producción más eficiente y rentable al minimizar los tiempos de espera, reducir los costos de inventario y optimizar los flujos de trabajo.

Satisfacción del Cliente: Una cadena de suministro bien gestionada garantiza la disponibilidad oportuna de productos de alta calidad para satisfacer las necesidades y expectativas de los clientes, lo que contribuye a la lealtad del cliente y la reputación de la marca.

Reducción de Costos y Desperdicios: La optimización de la cadena de suministro ayuda a minimizar los costos operativos y los desperdicios al eliminar actividades innecesarias, reducir los excesos de inventario y mejorar la eficiencia en toda la cadena de valor.

Agilidad y Adaptabilidad: Una cadena de suministro ágil y adaptable puede responder rápidamente a los cambios en la demanda del mercado, las condiciones económicas y los eventos imprevistos, lo que permite a las organizaciones mantenerse competitivas en un entorno empresarial dinámico y cambiante.

Desafíos en la Gestión de la Cadena de Suministro en la Manufactura

A pesar de su importancia, la gestión de la cadena de suministro en la manufactura enfrenta varios desafíos:

Complejidad y Fragmentación: Las cadenas de suministro en la manufactura suelen ser largas y complejas, con múltiples proveedores, ubicaciones de producción y canales de distribución, lo que dificulta la coordinación y el control de extremo a extremo.

Volatilidad y Riesgos: La volatilidad en los mercados globales, los cambios en la demanda del mercado, los problemas políticos y económicos, y los desastres naturales representan riesgos significativos para la gestión de la cadena de suministro, que deben ser gestionados y mitigados de manera efectiva.

Tecnología y Transformación Digital: Si bien la tecnología de la información puede mejorar la eficiencia y la visibilidad en la cadena de suministro, la implementación y adopción de nuevas tecnologías pueden ser costosas y complejas, y requerir una curva de aprendizaje significativa para el personal.

Gestión del Cambio Organizacional: La implementación de nuevas estrategias y procesos en la gestión de la cadena de suministro puede encontrar resistencia por parte de los empleados y requerir una gestión cuidadosa del cambio para garantizar una adopción exitosa y una mejora continua.

Sostenibilidad y Responsabilidad Social Corporativa: El aumento de la conciencia ambiental y social ha llevado a una mayor presión sobre las empresas manufactureras para adoptar prácticas sostenibles y éticas en su cadena de suministro. Esto incluye la reducción de emisiones de carbono, la gestión responsable de recursos naturales y el respeto de los derechos humanos en toda la cadena de suministro.

Conclusión

En resumen, la gestión efectiva de la cadena de suministro en la manufactura es fundamental para el éxito empresarial en el entorno empresarial actual. Al optimizar los procesos, mejorar la colaboración y la visibilidad, y abordar los desafíos existentes, las organizaciones pueden mejorar la eficiencia, reducir los costos y satisfacer las demandas cambiantes del mercado. Sin embargo, la gestión de la cadena de suministro en la manufactura enfrenta desafíos significativos que requieren un enfoque estratégico y una gestión proactiva para superarlos con éxito. Con una estrategia sólida, colaboración con socios de la cadena de suministro y enfoque en la innovación y la mejora continua, las organizaciones pueden aprovechar al máximo su cadena de suministro y mantenerse competitivas.

TECNOLOGÍAS EMERGENTES EN LA MANUFACTURA

La manufactura moderna está experimentando una revolución impulsada por avances tecnológicos innovadores. En este capítulo, exploraremos en profundidad las tecnologías emergentes que están transformando el panorama de la manufactura. Desde la producción aditiva hasta la inteligencia artificial, estas tecnologías están redefiniendo los procesos de fabricación y abriendo nuevas oportunidades para la eficiencia, la calidad y la innovación en la industria.

Producción Aditiva (Impresión 3D)

La producción aditiva, comúnmente conocida como impresión 3D, ha ganado prominencia en la industria manufacturera en las últimas décadas. Esta tecnología revolucionaria permite la fabricación de objetos tridimensionales capa por capa a partir de una variedad de materiales, incluyendo plástico, metal y cerámica. La producción aditiva ofrece numerosos beneficios, como la capacidad de crear piezas complejas con geometrías personalizadas, la reducción de costos y tiempos de producción y la optimización del diseño y la fabricación de prototipos.

La versatilidad de la producción aditiva la hace aplicable en una amplia gama de industrias, incluyendo la automotriz, aeroespacial, médica y de bienes de consumo. En la industria aeroespacial, por ejemplo, la producción aditiva se utiliza para fabricar componentes ligeros y resistentes, reduciendo el peso de los aviones y mejorando la eficiencia del combustible. En la industria médica, se utiliza para fabricar prótesis personalizadas, implantes y dispositivos médicos específicos para cada paciente.

Robótica Avanzada

Los avances en robótica están transformando los procesos de fabricación al mejorar la velocidad, precisión y flexibilidad en la producción. Los robots industriales son utilizados en una amplia gama de aplicaciones, incluyendo soldadura, ensamblaje, manipulación de materiales y inspección de calidad. La integración de sensores, visión artificial y aprendizaje automático permite a los robots adaptarse a entornos cambiantes y realizar tareas más complejas con mayor eficiencia.

La robótica colaborativa, donde los robots trabajan en estrecha colaboración con los humanos, está ganando popularidad en la manufactura. Estos sistemas permiten una colaboración segura y eficiente entre humanos y robots, mejorando la productividad y la seguridad en el lugar de trabajo. Además, los exoesqueletos robóticos están siendo utilizados para mejorar la ergonomía y reducir la fatiga de los trabajadores en tareas físicamente exigentes.

Internet de las Cosas (IoT) y Fabricación Conectada

El Internet de las Cosas (IoT) está revolucionando la manufactura al permitir la conexión y comunicación entre dispositivos, máquinas y sistemas en tiempo real. Esto facilita la monitorización y control remoto de procesos de producción, el mantenimiento predictivo de equipos, la optimización de la cadena de suministro y la personalización de productos.

La fabricación conectada aprovecha el poder del IoT para crear fábricas inteligentes y adaptativas. Los sensores integrados en equipos y máquinas recopilan datos en tiempo real sobre el rendimiento y el estado de los activos. Estos datos son analizados utilizando análisis avanzados y aprendizaje automático para identificar patrones, predecir fallos y optimizar procesos. Esto permite a las empresas tomar decisiones informadas y mejorar continuamente la eficiencia y la calidad en toda la cadena de valor.

Inteligencia Artificial y Aprendizaje Automático

La inteligencia artificial (IA) y el aprendizaje automático están transformando la manufactura al ofrecer capacidades avanzadas de análisis y toma de decisiones.

Estas tecnologías permiten la predicción de fallas de equipos, la optimización de procesos de producción, la personalización de productos y la detección de anomalías en la calidad.

Los sistemas de IA y aprendizaje automático pueden analizar grandes volúmenes de datos para identificar patrones y tendencias, proporcionando información valiosa para mejorar la eficiencia y la rentabilidad en la manufactura. Por ejemplo, en la industria automotriz, se utilizan algoritmos de aprendizaje automático para optimizar la programación de la producción y predecir la demanda de vehículos, reduciendo los costos de inventario y mejorando la planificación de la cadena de suministro.

Realidad Virtual y Aumentada

La realidad virtual (RV) y aumentada (RA) están siendo utilizadas en la manufactura para mejorar la capacitación de empleados, el diseño de productos y la visualización de procesos de producción. La RV permite a los trabajadores entrenar en entornos virtuales simulados, mientras que la RA proporciona información contextual y visualización de datos en tiempo real durante las operaciones de fabricación.

Estas tecnologías mejoran la comprensión y eficacia de los trabajadores, reduciendo errores y tiempos de capacitación, y facilitando la colaboración entre equipos distribuidos geográficamente. Por ejemplo, en la industria aeroespacial, se utilizan sistemas de RV para simular montajes complejos y entrenar a los técnicos en procedimientos de ensamblaje de manera segura y eficiente.

Implicaciones de las Tecnologías Emergentes en la Manufactura

Mejora de la Eficiencia y la Productividad: Las tecnologías emergentes permiten una producción más eficiente y rentable al reducir los tiempos de ciclo, minimizar los desperdicios y optimizar los procesos de fabricación.

Mejora de la Calidad y la Innovación: La adopción de tecnologías como la producción aditiva, la IA y el aprendizaje automático permite la fabricación de productos de mayor calidad y la introducción de innovaciones en el diseño y la producción.

Personalización y Flexibilidad: Las tecnologías emergentes facilitan la personalización de productos y la adaptación rápida a las demandas cambiantes del mercado, permitiendo a las empresas satisfacer las necesidades individuales de los clientes y competir en un entorno empresarial dinámico.

Reducción de Costos y Tiempos de Producción: La automatización y optimización de procesos mediante tecnologías emergentes conducen a una reducción de costos operativos y tiempos de producción, mejorando la competitividad y rentabilidad de las empresas manufactureras.

Mejora de la Seguridad y Salud Laboral: La implementación de robots colaborativos y tecnologías de realidad virtual/aumentada en la manufactura mejora la seguridad y salud laboral al reducir la exposición a entornos peligrosos y la realización de tareas repetitivas y físicamente exigentes.

Desafíos y Consideraciones

A pesar de sus numerosos beneficios, la adopción de tecnologías emergentes en la manufactura también presenta desafíos y consideraciones importantes:

Costo de Implementación: La implementación de tecnologías emergentes puede ser costosa, especialmente para pequeñas y medianas empresas (PYMEs), que pueden enfrentar desafíos financieros y de recursos para adoptar nuevas tecnologías.

Gestión del Cambio: La introducción de tecnologías emergentes requiere una gestión cuidadosa del cambio y la capacitación del personal para garantizar una adopción exitosa y una integración efectiva en los procesos existentes.

Seguridad y Privacidad de Datos: La conectividad y el intercambio de datos en la manufactura conectada pueden plantear preocupaciones sobre la seguridad y privacidad de los datos, especialmente en lo que respecta a la propiedad intelectual y la protección de la propiedad industrial.

Impacto en el Empleo y la Fuerza Laboral: Si bien las tecnologías emergentes pueden mejorar la eficiencia y productividad en la manufactura, también plantean preocupaciones sobre el impacto en el empleo y la necesidad de reentrenamiento y desarrollo de habilidades para los trabajadores afectados.

Conclusión

En conclusión, las tecnologías emergentes están transformando la manufactura y ofreciendo nuevas oportunidades para mejorar la eficiencia, la calidad y la innovación en la industria. Desde la producción aditiva hasta la inteligencia artificial, estas tecnologías están revolucionando los procesos de fabricación y cambiando la forma en que las empresas diseñan, producen y entregan productos. Si bien enfrentan desafíos y consideraciones, el potencial de las tecnologías emergentes para impulsar el crecimiento y la competitividad en la manufactura es innegable. Con una planificación estratégica y una implementación cuidadosa, las empresas pueden capitalizar el poder de estas tecnologías para mantenerse a la vanguardia en una realidad en constante evolución.

ROBÓTICA INDUSTRIAL

La robótica industrial ha sido un catalizador clave en la transformación de la manufactura moderna. En este capítulo, exploraremos a fondo la robótica industrial, desde sus fundamentos y aplicaciones hasta sus impactos en la eficiencia, la productividad y la seguridad en el entorno fabril. Al analizar detalladamente esta disciplina, se destacará su importancia en la evolución de la industria manufacturera y su papel en el desarrollo económico global.

Fundamentos de la Robótica Industrial

La robótica industrial se define como el campo de la ingeniería que se encarga del diseño, construcción, operación y aplicación de robots en entornos industriales. Estos robots están diseñados para ejecutar tareas específicas, con un alto grado de precisión y repetibilidad, lo que los hace ideales para una amplia gama de aplicaciones en la producción y fabricación. Los principales componentes de un sistema de robótica industrial incluyen el propio robot, sensores, actuadores, controladores y software de programación.

Tipos de Robots Industriales

Existen diversos tipos de robots industriales, cada uno diseñado para desempeñar funciones específicas en el proceso de manufactura:

Robots Manipuladores: Estos robots son los más comunes en la robótica industrial y se utilizan para manipular objetos en entornos controlados, como ensamblaje, soldadura, pintura y manejo de materiales.

Robots Móviles: Equipados con ruedas, orugas o patas, estos robots pueden moverse libremente por el entorno de trabajo para realizar tareas como transporte de materiales, inspección de seguridad y vigilancia.

Robots Colaborativos: También conocidos como cobots, están diseñados para trabajar de manera segura y colaborativa junto a los humanos en entornos compartidos. Estos robots pueden detectar la presencia humana y detenerse o ralentizarse para evitar colisiones.

Robots Autónomos: Capaces de operar de forma autónoma sin intervención humana, estos robots utilizan sensores avanzados y sistemas de navegación para tomar decisiones y adaptarse a cambios en el entorno.

Aplicaciones de la Robótica Industrial

La robótica industrial se utiliza en una amplia gama de aplicaciones en la manufactura y producción:

Ensamblaje: Los robots manipuladores son utilizados para ensamblar productos complejos, como automóviles, dispositivos electrónicos y muebles, con alta precisión y velocidad.

Soldadura: Los robots soldadores realizan soldaduras de alta calidad en componentes metálicos, como carrocerías de automóviles, estructuras metálicas y tuberías.

Pintura: Los robots pintores aplican pintura en componentes y productos con una cobertura uniforme y consistente, minimizando el desperdicio y mejorando la calidad del acabado.

Manipulación de Materiales: Los robots se encargan de cargar, descargar y trasladar materiales en la línea de producción, optimizando los flujos de trabajo y reduciendo los tiempos de ciclo.

Inspección y Control de Calidad: Equipados con sensores de visión y sistemas de inspección, los robots detectan defectos y realizan controles de calidad en productos manufacturados.

Impacto de la Robótica Industrial

La robótica industrial tiene un impacto significativo en la eficiencia, la productividad y la seguridad en el entorno fabril:

Eficiencia y Productividad Mejoradas: Los robots realizan tareas repetitivas con una precisión y velocidad constantes, lo que aumenta la producción y reduce los tiempos de ciclo en la fabricación.

Reducción de Costos Laborales: La automatización de tareas mediante robots reduce la dependencia de la mano de obra humana y, por ende, los costos asociados con salarios, beneficios y capacitación.

Mejora de la Calidad y Consistencia: Los robots realizan tareas con una precisión y consistencia inigualables, lo que conduce a una mejora en la calidad del producto y una reducción en la variabilidad del proceso de fabricación.

Mayor Seguridad Laboral: La introducción de robots en entornos de trabajo peligrosos o físicamente exigentes reduce el riesgo de lesiones y accidentes para los trabajadores humanos, mejorando la seguridad y salud laboral.

Flexibilidad y Adaptabilidad: Los robots industriales son fácilmente reprogramables y reconfigurables para adaptarse a cambios en la demanda del mercado, introducción de nuevos productos o modificaciones en el proceso de fabricación.

Desafíos y Consideraciones

A pesar de sus numerosos beneficios, la implementación de robótica industrial también presenta desafíos y consideraciones importantes:

Costo Inicial y Retorno de la Inversión: El costo inicial de adquisición e implementación de robots puede ser elevado, lo que requiere una evaluación cuidadosa del retorno de la inversión a largo plazo.

Gestión del Cambio y Capacitación: La introducción de robots en el lugar de trabajo requiere una gestión cuidadosa del cambio y la capacitación del personal para garantizar una transición suave y una adopción exitosa.

Integración con Sistemas Existentes: La integración de robots en sistemas de fabricación existentes puede ser compleja y requerir modificaciones en la infraestructura, equipos y procesos existentes.

Seguridad y Colaboración Humano-Robot: Es crucial implementar medidas de seguridad adecuadas para prevenir colisiones y lesiones en entornos de trabajo compartidos entre humanos y robots.

Consideraciones Éticas y Sociales: La automatización de tareas mediante robots plantea preocupaciones sobre el impacto en el empleo y la necesidad de garantizar una transición justa y equitativa para los trabajadores afectados.

Conclusión

La robótica industrial desempeña un papel fundamental en la evolución de la manufactura moderna. Desde la automatización de tareas repetitivas hasta la mejora de la eficiencia y la seguridad en el lugar de trabajo, los robots industriales ofrecen numerosos beneficios para las empresas manufactureras. Sin embargo, la implementación exitosa de robótica industrial requiere una planificación cuidadosa, una gestión proactiva y una consideración de los desafíos y consideraciones asociados. Con una estrategia sólida y una implementación cuidadosa, las empresas pueden aprovechar al máximo el potencial de la robótica industrial para mantenerse competitivas en el mercado global.

INGENIERÍA DE PROCESOS EN LA MANUFACTURA

La ingeniería de procesos constituye el núcleo de la eficiencia y la optimización en la manufactura moderna. Este capítulo se sumerge en los meandros de la ingeniería de procesos, desde sus conceptos básicos hasta su implementación en la industria manufacturera. Exploraremos en detalle cómo esta disciplina impulsa la mejora continua, la calidad del producto y la competitividad en un entorno empresarial en constante evolución.

La ingeniería de procesos se erige como un conjunto de prácticas, métodos y técnicas utilizadas para diseñar, optimizar y gestionar los procesos de producción en la industria manufacturera. Su propósito primordial es maximizar la eficiencia operativa, minimizar los costos y asegurar la calidad del producto final. Para alcanzar tales metas, la ingeniería de procesos se fundamenta en una comprensión profunda de los procesos de fabricación y en el empleo de herramientas y análisis especializados.

Fases de la Ingeniería de Procesos

La ingeniería de procesos abarca un ciclo de vida completo de los procesos de manufactura, desde la concepción hasta la mejora continua:

Planificación y Diseño del Proceso: En esta etapa inicial, se delinean los objetivos del proceso, se eligen los métodos de fabricación y se trazan los flujos de trabajo y la distribución de la planta. Se realizan análisis de viabilidad y se llevan a cabo estudios de mercado para detectar las necesidades del cliente y las oportunidades de mejora.

Desarrollo y Diseño Detallado: En esta fase, se elaboran los planos y especificaciones pormenorizadas del proceso, se seleccionan y dimensionan los equipos y se definen los parámetros operativos. Se realizan pruebas piloto y se optimizan los procesos para asegurar su eficiencia y calidad.

Implementación y Puesta en Marcha: Una vez completado el diseño del proceso, se procede a su implementación en el entorno de producción. Se instalan los equipos, se capacita al personal y se realizan pruebas de funcionamiento para asegurar la integración adecuada y el rendimiento óptimo del proceso.

Monitoreo y Control: Durante la operación del proceso, se lleva a cabo un monitoreo continuo para garantizar que se cumplan los estándares de calidad y eficiencia. Se utilizan sistemas de control y automatización para ajustar y optimizar los parámetros del proceso en tiempo real.

Mejora Continua: La ingeniería de procesos es un proceso iterativo que implica la identificación de oportunidades de mejora y la implementación de cambios para aumentar la eficiencia y la rentabilidad. Se utilizan técnicas como el análisis de causa raíz, el diseño de experimentos y la metodología Seis Sigma para optimizar los procesos y reducir la variabilidad.

Herramientas y Técnicas de Ingeniería de Procesos

La ingeniería de procesos se apoya en una amplia gama de herramientas y técnicas para analizar, diseñar y optimizar los procesos de fabricación:

Diagramas de Flujo y Layouts de Planta: Estas herramientas se utilizan para visualizar y diseñar los flujos de trabajo y la distribución física de la planta de producción, lo que permite identificar cuellos de botella y optimizar el flujo de materiales y operaciones.

Análisis de Valor Agregado (AVA): El AVA es una técnica utilizada para identificar actividades que agregan valor al producto final y eliminar aquellas que no lo hacen. Esto ayuda a reducir el desperdicio y mejorar la eficiencia en el proceso de fabricación.

Simulación de Procesos: La simulación de procesos permite modelar y analizar el comportamiento de los sistemas de producción en un entorno virtual. Esto facilita la evaluación de diferentes escenarios y la identificación de oportunidades de mejora antes de la implementación en el entorno real.

Análisis de Causa Raíz: Esta técnica se utiliza para identificar las causas subyacentes de problemas o defectos en el proceso de fabricación. Al abordar las causas fundamentales, se pueden implementar soluciones efectivas para prevenir la recurrencia de problemas.

Metodología Seis Sigma: Seis Sigma es un enfoque estructurado para mejorar la calidad y reducir la variabilidad en los procesos de fabricación. Utiliza un conjunto de herramientas estadísticas y metodologías, como DMAIC (Definir, Medir, Analizar, Mejorar, Controlar), para identificar y eliminar defectos y desperdicios.

Aplicaciones de la Ingeniería de Procesos

La ingeniería de procesos encuentra aplicación en una multitud de industrias y sectores:

Automotriz: En la industria automotriz, la ingeniería de procesos se utiliza para optimizar la fabricación de vehículos, desde la estampación de piezas metálicas hasta el ensamblaje final.

Electrónica: En la fabricación de productos electrónicos, como teléfonos móviles y computadoras, la ingeniería de procesos se emplea para garantizar la calidad y confiabilidad de los productos.

Alimentos y Bebidas: En la industria de alimentos y bebidas, la ingeniería de procesos se emplea para mejorar la eficiencia de la producción y asegurar el cumplimiento de los estándares de seguridad alimentaria.

Farmacéutica: En la industria farmacéutica, la ingeniería de procesos es fundamental para asegurar la calidad y consistencia de los productos farmacéuticos, así como para cumplir con las regulaciones de la FDA y otras agencias de salud.

Aeroespacial: En la fabricación de componentes aeroespaciales, la ingeniería de procesos se utiliza para garantizar la precisión y confiabilidad de los productos, así como para cumplir con los estándares de seguridad y calidad de la industria aeroespacial.

Impacto de la Ingeniería de Procesos

La ingeniería de procesos tiene un impacto trascendental en diversos aspectos de la manufactura:

Eficiencia Operativa Mejorada: Al optimizar los procesos de fabricación, la ingeniería de procesos permite reducir los tiempos de ciclo, aumentar la producción y minimizar el desperdicio de materiales y recursos.

Mejora de la Calidad del Producto: Al identificar y eliminar defectos y variabilidad en el proceso de fabricación, la ingeniería de procesos garantiza la calidad y consistencia del producto final, lo que mejora la satisfacción del cliente y reduce los costos de garantía.

Reducción de Costos: Al eliminar actividades que no agregan valor y optimizar el uso de recursos, la ingeniería de procesos ayuda a reducir los costos de producción y mejorar la rentabilidad de la empresa.

Flexibilidad y Adaptabilidad: La ingeniería de procesos permite a las empresas adaptarse rápidamente a cambios en la demanda del mercado, introducción de nuevos productos o modificaciones en el proceso de fabricación, lo que aumenta la competitividad y agilidad en un entorno empresarial dinámico.

Desafíos y Consideraciones

La implementación de la ingeniería de procesos puede enfrentar una serie de desafíos y consideraciones:

Complejidad del Proceso: La optimización de procesos puede ser compleja y requerir un profundo conocimiento de la tecnología y los sistemas de fabricación, así como el uso de herramientas y técnicas especializadas.

Costo de Implementación: La implementación de mejoras en los procesos puede requerir inversiones significativas en equipos, tecnología y capacitación de personal, lo que puede plantear desafíos financieros para las empresas.

Gestión del Cambio: La introducción de cambios en los procesos de fabricación puede encontrar resistencia por parte del personal y requerir una gestión cuidadosa del cambio y la comunicación para garantizar una adopción exitosa.

Cumplimiento Regulatorio: En industrias altamente reguladas, como la farmacéutica y la alimentaria, es crucial cumplir con las regulaciones y normativas gubernamentales, lo que puede agregar complejidad y costos adicionales a la ingeniería de procesos.

Tecnología y Automatización: Con el avance de la tecnología y la automatización, es importante mantenerse actualizado con las últimas tendencias y herramientas en ingeniería de procesos para mantener la competitividad y eficiencia en la fabricación.

Conclusión

En resumen, la ingeniería de procesos desempeña un papel vital en la optimización y mejora continua de los procesos de fabricación en la industria manufacturera. Desde la planificación y diseño hasta la implementación y mejora continua, la ingeniería de procesos impulsa la innovación, la eficiencia y la competitividad en la manufactura moderna. Con una comprensión profunda de los procesos de fabricación y el uso de herramientas y técnicas especializadas, las empresas pueden aumentar la eficiencia operativa, mejorar la calidad del producto y reducir los costos de producción. A pesar de los desafíos inherentes, la ingeniería de procesos ofrece un camino claro hacia la excelencia en la manufactura, asegurando así un futuro próspero y competitivo para las empresas en un mundo globalizado y en constante evolución.

SIMULACIÓN Y MODELADO EN LA MANUFACTURA

La simulación y el modelado se han convertido en pilares fundamentales de la ingeniería de manufactura moderna. Estas herramientas ofrecen a los ingenieros la capacidad de prever, analizar y optimizar una amplia gama de procesos y sistemas en la industria manufacturera. Desde la concepción y el diseño hasta la operación y la mejora continua, la simulación y el modelado proporcionan una visión invaluable que impulsa la eficiencia, la calidad y la competitividad en la producción industrial. Este capítulo profundiza en la importancia, los tipos, las aplicaciones, las herramientas y tecnologías, el impacto y los desafíos de la simulación y el modelado en la manufactura.

La simulación y el modelado en la manufactura implican la creación de representaciones virtuales de sistemas y procesos de fabricación para comprender su comportamiento y rendimiento. Estas representaciones se basan en modelos matemáticos y algoritmos que capturan las interacciones entre variables y componentes del sistema. Al simular y modelar procesos de manufactura, los ingenieros pueden realizar análisis predictivos, evaluar diferentes escenarios y optimizar el rendimiento del sistema antes de la implementación en el entorno real.

Tipos de Simulación y Modelado

Existen diversos tipos de simulación y modelado utilizados en la manufactura:

Simulación de Procesos: Esta técnica recrea los procesos de fabricación, desde el flujo de materiales hasta las operaciones de ensamblaje, utilizando modelos computacionales. Permite prever el rendimiento del proceso, identificar cuellos de botella y optimizar la configuración del sistema.

Simulación de Sistemas de Fabricación: Enfocada en modelar sistemas completos de fabricación, incluyendo la maquinaria, el flujo de materiales, la logística y la mano de obra. Esta simulación ayuda a diseñar y optimizar la disposición de la planta, la programación de la producción y la gestión de la cadena de suministro.

Simulación de Comportamiento del Producto: Permite simular el comportamiento y rendimiento de un producto durante su ciclo de vida, desde el diseño hasta el uso final. Ayuda a identificar problemas de diseño y evaluar el impacto de cambios en el producto.

Modelado de Sistemas Discretos: Se centra en el modelado y simulación de sistemas en los que los eventos ocurren en momentos discretos, como el flujo de trabajo en una línea de ensamblaje o el movimiento de piezas en un almacén.

Modelado de Eventos Discretos: Utilizado para modelar sistemas en los que los eventos ocurren en momentos específicos e instantáneos, como el flujo de tráfico en una red de transporte o el movimiento de clientes en un supermercado.

Aplicaciones de Simulación y Modelado en la Manufactura

La simulación y el modelado se aplican en una variedad de áreas en la manufactura:

Diseño de Procesos: Permite diseñar y optimizar procesos de fabricación antes de su implementación, reduciendo costos y tiempos de desarrollo.

Planificación de la Producción: Facilita la programación y secuenciación de órdenes de producción para optimizar la capacidad y la utilización de recursos.

Diseño de Sistemas de Manufactura: Ayuda a diseñar y optimizar sistemas de fabricación, incluyendo la disposición de la planta, la logística interna y la automatización.

Optimización de Inventarios: Permite optimizar los niveles de inventario y la gestión de la cadena de suministro para reducir costos y mejorar la eficiencia.

Análisis de Riesgos y Seguridad: Permite simular escenarios de riesgo y evaluar la seguridad de los procesos y sistemas de fabricación.

Herramientas y Tecnologías de Simulación y Modelado

Una variedad de herramientas y tecnologías se utilizan para llevar a cabo la simulación y el modelado en la manufactura:

Software de Simulación: Herramientas como Arena, Simul8, AnyLogic y MATLAB/Simulink se utilizan para modelar y simular sistemas complejos en una amplia gama de industrias, incluyendo la manufactura.

Tecnologías de Realidad Virtual (RV) y Aumentada (RA): Estas tecnologías permiten crear entornos virtuales que simulan procesos de fabricación, facilitando la capacitación, el diseño de productos y la planificación de la producción.

Modelado 3D y Diseño Asistido por Computadora (CAD): Software como AutoCAD, SolidWorks y CATIA se utilizan para crear modelos 3D de productos y sistemas de fabricación, que luego pueden ser importados a herramientas de simulación para análisis más detallados.

Internet de las Cosas (IoT): La integración de sensores y dispositivos IoT en los sistemas de fabricación permite recopilar datos en tiempo real sobre el rendimiento y la operación del sistema, que luego pueden ser utilizados para mejorar la precisión y validez de los modelos de simulación.

Computación en la Nube: La computación en la nube proporciona recursos informáticos escalables y flexibles para ejecutar simulaciones de gran escala, lo que permite a las empresas realizar análisis más detallados y completos sin la necesidad de inversiones costosas en infraestructura de TI.

Impacto de la Simulación y el Modelado en la Manufactura

La simulación y el modelado tienen un impacto significativo en la eficiencia, la calidad y la rentabilidad en la manufactura:

Optimización de Procesos y Sistemas: La simulación y el modelado permiten identificar y eliminar cuellos de botella, reducir tiempos de ciclo y mejorar la eficiencia operativa en la producción.

Reducción de Costos: Al simular diferentes escenarios y optimizar la operación de los sistemas, las empresas pueden reducir costos de producción, inventario y transporte, lo que aumenta la rentabilidad.

Mejora de la Calidad del Producto: La simulación y el modelado ayudan a identificar posibles problemas de calidad antes de la producción en masa, lo que reduce el desperdicio y los costos asociados con la reparación o retrabajo de productos defectuosos.

Agilidad y Flexibilidad: Al simular diferentes configuraciones y escenarios, las empresas pueden adaptarse rápidamente a cambios en la demanda del mercado, introducción de nuevos productos o modificaciones en los procesos de fabricación, lo que aumenta la competitividad y la agilidad empresarial.

Innovación y Desarrollo de Productos: La simulación y el modelado permiten a las empresas probar y validar nuevas ideas y conceptos de productos de manera rápida y económica, lo que acelera el proceso de innovación y desarrollo de productos.

Desafíos y Consideraciones

A pesar de sus numerosos beneficios, la simulación y el modelado en la manufactura también enfrentan desafíos y consideraciones importantes:

Complejidad y Precisión de los Modelos: La creación de modelos precisos y realistas puede ser compleja y requerir una comprensión profunda de los procesos de fabricación y sistemas industriales.

Recopilación de Datos: La recopilación de datos precisos y confiables para alimentar los modelos de simulación puede ser un desafío, especialmente en entornos de fabricación complejos y dinámicos.

Validación y Verificación: Los modelos de simulación deben ser validados y verificados antes de su uso para garantizar que reflejen con precisión el comportamiento real del sistema.

Costo y Capacidad Computacional: La ejecución de simulaciones complejas puede requerir una gran cantidad de recursos computacionales y tiempo, lo que puede ser costoso y limitar la capacidad de análisis de las empresas.

Gestión del Cambio: La implementación de resultados de simulación puede requerir cambios significativos en los procesos de fabricación y sistemas empresariales, lo que puede encontrar resistencia por parte del personal y requerir una gestión cuidadosa del cambio y la comunicación.

Conclusión

En resumen, la simulación y el modelado son herramientas esenciales en la industria manufacturera moderna, proporcionando una visión invaluable que impulsa la eficiencia, la calidad y la competitividad en la producción industrial. Desde el diseño y la planificación hasta la operación y la mejora continua, estas herramientas desempeñan un papel fundamental en todos los aspectos del ciclo de vida de los procesos y sistemas de fabricación. Con la creciente disponibilidad de tecnologías avanzadas y herramientas de software, la simulación y el modelado están cada vez más integrados en los procesos de toma de decisiones y diseño en la industria manufacturera, allanando el camino para la innovación, la agilidad y el éxito empresarial en un entorno empresarial global y competitivo.

SOSTENIBILIDAD EN LA MANUFACTURA

En la actualidad, la sostenibilidad se ha convertido en un tema de creciente importancia en todos los sectores industriales, y la manufactura no es una excepción. Este capítulo profundizará en el concepto de sostenibilidad en el contexto de la manufactura, explorando sus múltiples dimensiones y abordando cómo las empresas pueden integrar prácticas sostenibles en sus operaciones para promover un desarrollo económico, social y ambiental equilibrado.

La Importancia de la Sostenibilidad en la Manufactura

La manufactura es un sector que históricamente ha tenido un gran impacto en el medio ambiente y en las comunidades locales. La extracción de recursos naturales, el uso intensivo de energía y agua, la generación de residuos y las emisiones contaminantes son solo algunos de los aspectos que han contribuido a la degradación ambiental y social asociada con esta industria. Sin embargo, en un mundo donde la preocupación por el cambio climático, la escasez de recursos y la justicia social está en aumento, las empresas manufactureras están siendo cada vez más presionadas para adoptar prácticas más sostenibles.

La sostenibilidad en la manufactura no solo implica reducir el impacto ambiental de las operaciones, sino también mejorar las condiciones laborales, promover la equidad social y contribuir al bienestar de las comunidades locales. Además, las empresas están comenzando a reconocer que la sostenibilidad puede ser un motor para la innovación, la eficiencia operativa y la creación de valor a largo plazo.

Dimensiones de la Sostenibilidad en la Manufactura

La sostenibilidad en la manufactura abarca tres dimensiones principales: ambiental, social y económica. En términos ambientales, implica la reducción del consumo de recursos naturales, la minimización de la generación de residuos y la disminución de las emisiones de gases de efecto invernadero. Esto puede lograrse a través de la adopción de tecnologías más limpias, la optimización de los procesos de producción y la implementación de prácticas de reciclaje y reutilización.

Desde una perspectiva social, la sostenibilidad en la manufactura implica garantizar condiciones laborales seguras y justas, promover la diversidad y la inclusión en el lugar de trabajo y contribuir al desarrollo de las comunidades locales a través de iniciativas de responsabilidad social corporativa (RSC) y programas de inversión comunitaria.

En cuanto a la dimensión económica, la sostenibilidad en la manufactura implica mejorar la eficiencia energética, reducir los costos operativos y crear valor compartido para todas las partes interesadas. Esto puede lograrse a través de la optimización de la cadena de suministro, la implementación de prácticas de producción just-in-time y la adopción de modelos de negocio circulares que fomenten la reutilización y el reciclaje de materiales.

Herramientas y Métodos para la Sostenibilidad en la Manufactura

Existen diversas herramientas y métodos que las empresas manufactureras pueden utilizar para avanzar hacia la sostenibilidad. Esto incluye la adopción de certificaciones de sostenibilidad como ISO 14001, que establece estándares para la gestión ambiental, y LEED (Leadership in Energy and Environmental Design), que promueve la construcción y operación de edificios verdes. Además, las empresas pueden utilizar herramientas como el análisis del ciclo de vida (ACV) para evaluar el impacto ambiental de sus productos y procesos a lo largo de todo su ciclo de vida, desde la extracción de materias primas hasta su disposición final.

El diseño para el medio ambiente (DfE) es otra herramienta importante que las empresas pueden utilizar para integrar consideraciones ambientales en todas las etapas del ciclo de vida del producto. Esto implica seleccionar materiales y procesos de fabricación que minimicen el uso de recursos naturales y reduzcan el impacto ambiental, así como diseñar productos que sean duraderos, reparables y reciclables.

Además de estas herramientas específicas, las empresas manufactureras también pueden aprovechar tecnologías limpias y procesos sostenibles para reducir su huella ambiental. Esto incluye la adopción de energías renovables como la solar y la eólica, la implementación de sistemas de gestión de energía eficientes y la optimización de los procesos de producción para reducir el consumo de recursos y minimizar los residuos.

Casos de Estudio y Ejemplos Prácticos

Para ilustrar cómo la sostenibilidad se está integrando en la manufactura en la práctica, consideremos algunos casos de estudio y ejemplos prácticos de empresas que están liderando el camino en términos de prácticas sostenibles:

Interface: Esta empresa de fabricación de alfombras ha sido pionera en prácticas sostenibles en toda su cadena de suministro, desde la selección de materiales reciclados y biodegradables hasta la implementación de procesos de fabricación más eficientes en términos de energía y recursos. Interface también ha establecido objetivos ambiciosos para reducir su huella ambiental y alcanzar la neutralidad de carbono para el año 2040.

Patagonia: Esta empresa de ropa outdoor ha sido reconocida por su compromiso con la sostenibilidad y la responsabilidad social corporativa. Patagonia utiliza materiales reciclados en muchos de sus productos y ha implementado programas de comercio justo para garantizar condiciones laborales justas en su cadena de suministro. Además, la empresa ha invertido en tecnologías sostenibles, como la fabricación de tejidos a partir de plásticos reciclados, y ha promovido la reparación y el reciclaje de prendas usadas a través de su programa "Worn Wear".

Tesla: Aunque es más conocida por sus vehículos eléctricos, Tesla también está innovando en términos de sostenibilidad en la fabricación. La compañía ha implementado prácticas de fabricación avanzadas en su planta Gigafactory, incluyendo el uso de energía renovable y la minimización de residuos. Tesla también está trabajando en el desarrollo de baterías más eficientes y sostenibles para sus vehículos, utilizando materiales reciclados y reduciendo el uso de metales raros.

Estos casos de estudio demuestran que la sostenibilidad en la manufactura no solo es posible, sino también beneficiosa en términos de eficiencia operativa, innovación y reputación de la marca. Al adoptar prácticas sostenibles, las empresas pueden no solo reducir su impacto ambiental y social, sino también crear valor a largo plazo para sus accionistas, empleados y comunidades en las que operan.

Desafíos y Barreras para la Implementación de la Sostenibilidad en la Manufactura

A pesar de los numerosos beneficios de la sostenibilidad en la manufactura, existen varios desafíos y barreras que las empresas enfrentan al intentar implementar prácticas sostenibles. Algunos de estos desafíos incluyen:

Resistencia cultural y organizacional: Muchas empresas enfrentan resistencia interna a la hora de implementar cambios en sus prácticas de negocio, especialmente si estos cambios implican costos adicionales o interrupciones en la producción.

Inversión inicial y retorno de la inversión (ROI): La implementación de prácticas sostenibles a menudo requiere una inversión inicial significativa en tecnologías y procesos nuevos o mejorados. Aunque estas inversiones pueden generar ahorros a largo plazo, puede ser difícil justificar el gasto inicial para algunas empresas, especialmente aquellas con márgenes de beneficio ajustados.

Falta de regulaciones y estándares claros: Aunque cada vez más gobiernos están implementando regulaciones ambientales y sociales más estrictas, todavía hay un vacío en términos de estándares claros y consistentes para la sostenibilidad en la manufactura. Esto puede dificultar que las empresas establezcan objetivos y métricas claras para medir su desempeño en términos de sostenibilidad.

Complejidad en la cadena de suministro: Las cadenas de suministro globales cada vez más complejas pueden dificultar la implementación de prácticas sostenibles, especialmente cuando se trata de garantizar el cumplimiento de los estándares ambientales y sociales en todos los niveles de la cadena.

Gestión de riesgos asociados: La adopción de prácticas sostenibles puede plantear nuevos riesgos para las empresas, incluyendo riesgos operativos, financieros y reputacionales. Por ejemplo, la transición a fuentes de energía renovable puede aumentar la dependencia de ciertos recursos, mientras que la adopción de materiales alternativos puede afectar la calidad o el rendimiento de los productos.

El Futuro de la Sostenibilidad en la Manufactura

A medida que avanzamos hacia un futuro cada vez más sostenible, se espera que la sostenibilidad juegue un papel cada vez más importante en la industria manufacturera. Con el aumento de la conciencia ambiental y las regulaciones más estrictas, se espera que las empresas continúen invirtiendo en prácticas sostenibles y adoptando tecnologías limpias y procesos más eficientes.

En particular, se espera que la tecnología juegue un papel clave en la transformación de la manufactura hacia la sostenibilidad. La inteligencia artificial (IA) y el aprendizaje automático pueden ayudar a optimizar los procesos de producción y reducir el desperdicio, mientras que la fabricación aditiva (impresión 3D) puede permitir la fabricación de productos más ligeros, duraderos y personalizados.

Además, se espera que las regulaciones ambientales se vuelvan más estrictas en los próximos años, lo que impulsará aún más la adopción de prácticas sostenibles en la manufactura. Esto incluye regulaciones relacionadas con las emisiones de gases de efecto invernadero, el uso de productos químicos peligrosos y la gestión de residuos, entre otros aspectos.

En resumen, el futuro de la sostenibilidad en la manufactura es prometedor, pero también presenta desafíos significativos que deben ser abordados de manera colaborativa por empresas, gobiernos y la sociedad en su conjunto. Al trabajar juntos para promover prácticas sostenibles, podemos crear un futuro más equitativo, saludable y próspero para las generaciones futuras.

Conclusión

En conclusión, la sostenibilidad en la manufactura es fundamental para garantizar un desarrollo económico, social y ambiental equilibrado en el siglo XXI. Al adoptar prácticas sostenibles, las empresas pueden reducir su impacto ambiental y social, mejorar su eficiencia operativa y crear valor a largo plazo para todas las partes interesadas. Si bien existen desafíos significativos en el camino hacia la sostenibilidad, también hay muchas oportunidades para la innovación, la colaboración y el progreso. Al trabajar juntos, podemos construir un futuro más sostenible y resiliente para todos.

ECONOMÍA Y FINANZAS EN LA INDUSTRIA MANUFACTURERA

La industria manufacturera es uno de los pilares fundamentales de la economía global, representando un sector vital que impulsa el crecimiento económico, la innovación y el empleo. En este capítulo, exploraremos en profundidad la intersección entre la economía y las finanzas en el contexto de la manufactura, analizando los factores que influyen en la industria y las estrategias clave que las empresas emplean para prosperar en un entorno competitivo y dinámico.

Ciclos Económicos y su Impacto en la Industria Manufacturera

La industria manufacturera está intrínsecamente ligada a los ciclos económicos, que consisten en períodos de expansión y contracción en la actividad económica. Durante los períodos de expansión, la demanda de productos manufacturados tiende a aumentar a medida que los consumidores y las empresas gastan más, lo que impulsa la producción y la inversión en el sector manufacturero. Por el contrario, durante las recesiones económicas, la demanda puede disminuir, lo que lleva a una reducción en la producción y la inversión en la industria manufacturera.

Impacto de los Ciclos Económicos en la Inversión y la Innovación

Durante los períodos de expansión económica, las empresas manufactureras tienden a aumentar sus inversiones en capacidad productiva y en investigación y desarrollo (I+D), aprovechando la creciente demanda y buscando ganar una ventaja competitiva a largo plazo. Sin embargo, en tiempos de recesión, las empresas pueden enfrentar presiones financieras y reducir sus inversiones en innovación, lo que puede afectar su capacidad para competir en el futuro.

Gestión de la Demanda en Ciclos Económicos

Una gestión efectiva de la demanda es crucial para las empresas manufactureras durante los ciclos económicos. Durante los períodos de alta demanda, las empresas deben ser capaces de satisfacerla sin comprometer la calidad o aumentar excesivamente los costos. Por otro lado, durante los períodos de baja demanda, las empresas deben ser ágiles y flexibles para ajustar la producción y los inventarios, evitando el exceso de capacidad y los costos operativos innecesarios.

Factores de Producción en la Industria Manufacturera

La producción manufacturera depende de una combinación de factores de producción, que incluyen mano de obra, capital, materias primas, tecnología y acceso a mercados. La eficiencia en la utilización de estos factores es esencial para la competitividad de una empresa manufacturera.

Tecnología y Automatización

La tecnología y la automatización están transformando la industria manufacturera, mejorando la eficiencia, la precisión y la calidad de los procesos de producción. Las empresas están invirtiendo en tecnologías avanzadas, como la robótica y la inteligencia artificial, para optimizar la producción y reducir los costos laborales. Sin embargo, la adopción de tecnología también plantea desafíos, como la necesidad de capacitar a los empleados y garantizar la ciberseguridad de los sistemas.

Innovación en la Cadena de Suministro

La gestión eficiente de la cadena de suministro es crucial para la competitividad en la industria manufacturera. Las empresas están adoptando prácticas innovadoras, como la colaboración con proveedores y la implementación de sistemas de gestión de inventario en tiempo real, para mejorar la visibilidad y la eficiencia de la cadena de suministro. Al optimizar la cadena de suministro, las empresas pueden reducir los costos, mejorar la calidad del producto y responder de manera más ágil a las fluctuaciones en la demanda del mercado.

Comercio Internacional y Globalización en la Manufactura

La globalización ha redefinido el panorama de la industria manufacturera, facilitando el comercio internacional de bienes y servicios. Si bien esto ha creado oportunidades para la expansión de los mercados y la reducción de costos a través de la externalización y la deslocalización, también ha aumentado la competencia y la volatilidad en la cadena de suministro.

Tendencias en la Externalización y la Deslocalización

La externalización y la deslocalización han sido tendencias importantes en la industria manufacturera en las últimas décadas, con muchas empresas trasladando parte o la totalidad de su producción a países con costos laborales más bajos y regulaciones menos estrictas. Sin embargo, esta estrategia también ha llevado a preocupaciones sobre la pérdida de empleos en los países desarrollados y la vulnerabilidad de las cadenas de suministro a interrupciones geopolíticas y desastres naturales.

Cadena de Suministro Global y Resiliencia

La cadena de suministro global presenta desafíos únicos en términos de resiliencia y gestión de riesgos. Las empresas deben ser capaces de identificar y mitigar los riesgos potenciales, como los problemas políticos, las fluctuaciones en los precios de las materias primas y los desastres naturales, que pueden afectar la disponibilidad y el costo de los productos y componentes.

Estructura de Costos en la Manufactura

La gestión eficaz de los costos es fundamental para la rentabilidad de las empresas manufactureras. Los costos en la manufactura pueden dividirse en fijos, variables y semivariables, cada uno con su propio impacto en la estructura de costos y la rentabilidad.

Estrategias para la Reducción de Costos

Las empresas manufactureras están implementando una variedad de estrategias para reducir los costos y mejorar la rentabilidad, que incluyen la optimización de la cadena de suministro, la mejora de la eficiencia energética, la inversión en tecnologías de fabricación avanzadas y la negociación de precios con proveedores.

Análisis de Costo-Beneficio en Inversiones

El análisis de costo-beneficio es una herramienta importante para evaluar las inversiones en la industria manufacturera. Al evaluar los costos y beneficios potenciales de un proyecto de inversión, las empresas pueden tomar decisiones informadas sobre dónde asignar sus recursos limitados y maximizar el retorno de su inversión.

Gestión del Capital en la Industria Manufacturera

La gestión del capital es un aspecto crítico de la planificación financiera en la industria manufacturera. La disponibilidad de capital de trabajo influye en la capacidad de una empresa para financiar sus operaciones diarias, mantener la liquidez y financiar el crecimiento futuro.

Financiamiento y Capital de Trabajo

El financiamiento y el capital de trabajo son elementos clave de la gestión del capital en la industria manufacturera. Las empresas pueden recurrir a una variedad de fuentes de financiamiento, que incluyen préstamos bancarios, líneas de crédito y capital de inversión, para cubrir sus necesidades de capital de trabajo y financiar proyectos de inversión.

Riesgo y Rentabilidad en Inversiones

La evaluación del riesgo y la rentabilidad es fundamental para la gestión del capital en la industria manufacturera. Las empresas deben considerar una variedad de factores, incluyendo el riesgo operativo, el riesgo financiero y el retorno potencial, al tomar decisiones sobre dónde invertir su capital y cómo estructurar su financiamiento.

Inversiones en Tecnología e Innovación en la Manufactura

La inversión en tecnología y la innovación son motores clave de la competitividad en la industria manufacturera. Las empresas que adoptan tecnologías avanzadas pueden mejorar la calidad, la eficiencia y la flexibilidad de sus operaciones, ganando una ventaja competitiva en el mercado.

Transformación Digital en la Manufactura

La transformación digital está cambiando fundamentalmente la forma en que se fabrican los productos en la industria manufacturera. Las empresas están implementando tecnologías como la Internet de las cosas (IoT), la inteligencia artificial (IA) y el análisis de datos para optimizar los procesos de producción, mejorar la calidad del producto y personalizar las ofertas para satisfacer las demandas individuales de los clientes.

Investigación y Desarrollo en Innovación

La investigación y el desarrollo (I+D) son fundamentales para la innovación en la industria manufacturera. Las empresas están invirtiendo en I+D para desarrollar nuevos productos y procesos, mejorar la eficiencia operativa y diferenciarse en un mercado cada vez más competitivo. Al colaborar con instituciones académicas y de investigación, las empresas pueden acceder a conocimientos y recursos adicionales para impulsar la innovación.

Conclusión

En conclusión, la industria manufacturera enfrenta una serie de desafíos y oportunidades en el panorama económico y financiero actual. Desde la gestión de los ciclos económicos hasta la optimización de la cadena de suministro y la inversión en tecnología e innovación, las empresas deben adoptar un enfoque estratégico y proactivo para mantener su competitividad y liderazgo en el mercado global. Al comprender los factores que influyen en la industria y las estrategias clave para abordarlos, las empresas pueden posicionarse para el éxito a largo plazo.

TENDENCIAS FUTURAS EN LA MANUFACTURA

La manufactura es un sector dinámico que ha experimentado un constante flujo de cambios y evoluciones a lo largo de su historia. Desde la revolución industrial hasta la era digital, la industria manufacturera ha estado en constante transformación, impulsada por avances tecnológicos, cambios en la demanda del mercado y la búsqueda continua de eficiencia y calidad. En este capítulo, exploraremos en detalle las tendencias futuras que están moldeando el futuro de la manufactura. Desde la automatización avanzada hasta la fabricación aditiva y la sostenibilidad, analizaremos cómo estas tendencias están transformando la forma en que se diseñan, producen y entregan los productos en todo el mundo.

Automatización Avanzada

La automatización ha sido un componente fundamental de la industria manufacturera durante décadas, pero su papel está evolucionando con el tiempo. Con los avances en robótica e inteligencia artificial (IA), estamos viendo una nueva ola de automatización avanzada que está transformando radicalmente los procesos de producción. Los robots colaborativos, también conocidos como "cobots", están diseñados para trabajar junto a los humanos de forma segura y eficiente. Estos robots pueden realizar una amplia gama de tareas, desde el ensamblaje hasta el manejo de materiales, liberando a los trabajadores humanos para que se centren en tareas de mayor valor añadido.

La integración de sistemas ciberfísicos también está desempeñando un papel importante en la automatización avanzada. Estos sistemas combinan componentes físicos con componentes virtuales, permitiendo una mayor conectividad y control en toda la cadena de producción. Desde máquinas que se autoajustan para optimizar la eficiencia hasta sistemas de monitorización en tiempo real que predicen y previenen fallos, los sistemas ciberfísicos están mejorando la agilidad y la capacidad de respuesta de las operaciones de fabricación.

La automatización avanzada no solo está mejorando la eficiencia y la calidad del producto, sino que también está abriendo nuevas oportunidades en términos de flexibilidad y personalización. Al permitir cambios rápidos en la configuración de la línea de producción y la capacidad de adaptarse a la demanda del mercado en tiempo real, la automatización avanzada está permitiendo a las empresas ser más ágiles y receptivas a las necesidades cambiantes de los clientes.

Fabricación Aditiva (Impresión 3D)

La fabricación aditiva, más comúnmente conocida como impresión 3D, ha sido una de las tendencias más emocionantes en la industria manufacturera en los últimos años. A diferencia de los métodos tradicionales de fabricación, que implican la eliminación de material para crear un objeto, la fabricación aditiva construye objetos capa por capa a partir de materiales como plástico, metal o cerámica.

Los avances en la tecnología de impresión 3D están expandiendo rápidamente las aplicaciones de esta técnica en la industria manufacturera. Desde la creación de prototipos rápidos hasta la producción de piezas finales, la impresión 3D está revolucionando la forma en que se diseñan y fabrican los productos. Además de ofrecer tiempos de desarrollo más rápidos y costos reducidos, la fabricación aditiva también está allanando el camino para la personalización masiva y la producción bajo demanda. Al permitir la creación de piezas únicas y complejas con facilidad, la impresión 3D está cambiando fundamentalmente la forma en que pensamos sobre el diseño y la fabricación de productos.

Internet de las Cosas (IoT) y Fabricación Conectada

El Internet de las Cosas (IoT) está desempeñando un papel cada vez más importante en la industria manufacturera, impulsando lo que se conoce como fabricación conectada. Al conectar máquinas, sensores y dispositivos inteligentes en toda la cadena de producción, el IoT está permitiendo una mayor visibilidad, control y optimización de los procesos de fabricación.

Los sensores instalados en equipos de producción pueden recopilar datos en tiempo real sobre el rendimiento y el estado de la maquinaria, permitiendo una monitorización continua y la detección temprana de problemas potenciales. Estos datos pueden ser analizados utilizando algoritmos de aprendizaje automático para identificar patrones y tendencias, proporcionando información valiosa para mejorar la eficiencia y la calidad.

La fabricación conectada también está facilitando la integración de la cadena de suministro, permitiendo una colaboración más estrecha entre los fabricantes, proveedores y distribuidores. Al compartir información en tiempo real sobre la demanda del mercado, los niveles de inventario y los tiempos de entrega, las empresas pueden optimizar sus operaciones y responder rápidamente a los cambios en el entorno empresarial.

Manufactura Sostenible

La sostenibilidad se ha convertido en una preocupación cada vez más importante para la industria manufacturera, impulsada por la creciente conciencia sobre los impactos ambientales y sociales de la producción industrial. En respuesta a esta preocupación, estamos viendo un enfoque renovado en la fabricación sostenible, que busca minimizar el desperdicio, reducir la huella ambiental y promover prácticas éticas en toda la cadena de suministro.

Una de las tendencias más importantes en la fabricación sostenible es la adopción de prácticas de economía circular. En lugar de seguir un modelo lineal de "extraer, fabricar, usar y desechar", la economía circular promueve la reutilización, el reciclaje y la remanufactura de productos y materiales para minimizar el desperdicio y conservar los recursos naturales. Desde la fabricación de productos a partir de materiales reciclados hasta el diseño de productos modulares que pueden ser desmontados y reparados fácilmente, la economía circular está cambiando la forma en que pensamos sobre el ciclo de vida de los productos.

La adopción de energías renovables también está desempeñando un papel importante en la fabricación sostenible, ayudando a reducir las emisiones de carbono y la dependencia de los combustibles fósiles. Desde la instalación de paneles solares en las instalaciones de producción hasta el uso de energía eólica para alimentar la cadena de suministro, las empresas están buscando activamente formas de reducir su impacto ambiental y promover la transición hacia una economía más verde.

Personalización y Producción Bajo Demanda

La demanda de productos personalizados está en aumento, impulsada por una creciente preferencia de los consumidores por productos únicos y adaptados a sus necesidades individuales. En respuesta a esta tendencia, la industria manufacturera está adoptando estrategias de personalización masiva y producción bajo demanda que permiten la creación de productos únicos y personalizados de manera eficiente y rentable.

La fabricación aditiva está desempeñando un papel clave en la personalización masiva, permitiendo la creación de productos altamente personalizados sin los costos y tiempos de producción asociados con los métodos tradicionales. Desde zapatillas de deporte personalizadas hasta prótesis médicas adaptadas a las necesidades específicas de cada paciente, la impresión 3D está abriendo nuevas posibilidades en términos de diseño y fabricación de productos.

La producción bajo demanda también está ganando popularidad, ya que permite a las empresas fabricar productos en función de la demanda del mercado en lugar de producir grandes volúmenes de inventario. Al utilizar tecnologías como la fabricación aditiva y la fabricación conectada, las empresas pueden reducir los costos de almacenamiento y minimizar el riesgo de obsolescencia de inventario, al tiempo que mejoran la capacidad de respuesta a las fluctuaciones en la demanda del mercado.

Colaboración Hombre-Máquina

A medida que la automatización se vuelve más omnipresente en la industria manufacturera, la colaboración hombre-máquina está emergiendo como una tendencia importante. En lugar de reemplazar completamente a los trabajadores humanos, los avances en la interfaz hombre-máquina están permitiendo una colaboración más estrecha entre humanos y robots en el lugar de trabajo.

Los robots colaborativos, o "cobots", están diseñados para trabajar de forma segura y eficiente junto a los humanos, realizando tareas que complementan las habilidades humanas en lugar de reemplazarlas por completo. Desde el transporte de materiales pesados hasta el ensamblaje de piezas delicadas, los cobots están ayudando a mejorar la productividad y la seguridad en el lugar de trabajo al tiempo que permiten a los trabajadores humanos centrarse en tareas de mayor valor añadido.

La realidad aumentada también está desempeñando un papel importante en la colaboración hombre-máquina, al proporcionar a los trabajadores humanos información visual y contextual en tiempo real para ayudarles en sus tareas. Desde instrucciones de montaje superpuestas en piezas de trabajo hasta la detección de errores en la producción, la realidad aumentada está mejorando la eficiencia y la precisión de las operaciones de fabricación al tiempo que reduce la necesidad de formación especializada.

Conclusión

La industria manufacturera está en un punto de inflexión, impulsada por una serie de tendencias futuras que están transformando la forma en que se diseña, produce y entrega los productos. Desde la automatización avanzada hasta la fabricación aditiva y la sostenibilidad, estas tendencias están abriendo nuevas posibilidades y desafíos para las empresas en todo el mundo.

La capacidad de adaptarse y evolucionar será clave para el éxito futuro de la manufactura, y aquellos que puedan aprovechar estas tendencias emergentes estarán mejor posicionados para prosperar en el futuro. Al abrazar la automatización avanzada, la fabricación aditiva, la fabricación conectada y otras tendencias futuras, las empresas pueden mejorar su eficiencia, calidad y agilidad, y satisfacer las demandas de un mercado cada vez más exigente y diverso. Con una mentalidad abierta a la innovación y la colaboración, la industria manufacturera puede enfrentar los desafíos del futuro y seguir siendo un motor de crecimiento y desarrollo económico en todo el mundo.

DESAFÍOS Y OPORTUNIDADES EN LA INDUSTRIA MANUFACTURERA

La industria manufacturera ha sido durante mucho tiempo un pilar fundamental de la economía mundial, proporcionando empleo, innovación y productos que satisfacen las necesidades básicas y avanzadas de la sociedad. Sin embargo, en el complejo panorama actual, la industria manufacturera enfrenta una serie de desafíos que requieren respuestas estratégicas y oportunidades que pueden ser aprovechadas para impulsar el crecimiento y la sostenibilidad a largo plazo. En este capítulo, exploraremos en detalle los desafíos y oportunidades más relevantes que enfrenta la industria manufacturera en la actualidad.

La globalización ha transformado radicalmente la industria manufacturera, creando nuevas oportunidades de mercado, pero también intensificando la competencia. Los fabricantes ahora compiten en un mercado global, enfrentando desafíos como la presión de reducir costos, mantener altos estándares de calidad y cumplimiento, y adaptarse a las regulaciones y estándares internacionales en constante evolución. La competencia de países con costos laborales más bajos y la necesidad de mantenerse al día con la innovación tecnológica son desafíos críticos.

Avances Tecnológicos y Automatización

Los avances tecnológicos están revolucionando los procesos de fabricación, impulsando la adopción de la inteligencia artificial (IA), la robótica, la fabricación aditiva y otras tecnologías emergentes. Si bien estas innovaciones ofrecen oportunidades para mejorar la eficiencia, la calidad y la personalización de los productos, también plantean desafíos en términos de inversión en tecnología, reentrenamiento de la fuerza laboral y la posible obsolescencia de habilidades tradicionales. La implementación exitosa de estas tecnologías requiere una cuidadosa planificación y gestión del cambio.

Sostenibilidad y Responsabilidad Social

La creciente conciencia ambiental y social está impulsando la demanda de prácticas de fabricación más sostenibles y éticas. Los fabricantes enfrentan la presión de reducir su huella ambiental, minimizar el desperdicio de recursos y garantizar condiciones laborales justas en toda la cadena de suministro. La implementación de estrategias de sostenibilidad, como la eficiencia energética, el uso de materiales reciclados y la adopción de prácticas comerciales éticas, puede requerir inversiones significativas y cambios culturales dentro de las organizaciones.

Escasez de Habilidades y Desarrollo de la Fuerza Laboral

La industria manufacturera enfrenta una creciente escasez de habilidades, exacerbada por el envejecimiento de la fuerza laboral y la falta de interés en las carreras relacionadas con la fabricación entre los jóvenes. Para abordar esta brecha de habilidades, los fabricantes deben promover programas de educación técnica, colaborar con instituciones académicas y gubernamentales, y desarrollar estrategias efectivas de atracción y retención de talento. El reentrenamiento de la fuerza laboral y el fomento de una cultura de aprendizaje continuo son fundamentales para garantizar la competitividad a largo plazo.

Cadenas de Suministro Globales

Las cadenas de suministro en la industria manufacturera son cada vez más complejas y vulnerables a interrupciones. Los fabricantes enfrentan desafíos para gestionar eficazmente la cadena de suministro global, incluida la gestión de proveedores internacionales, la mitigación de riesgos asociados con desastres naturales o conflictos políticos, y la necesidad de mantener altos estándares de calidad y cumplimiento en toda la cadena de suministro. La colaboración y la transparencia son esenciales para construir cadenas de suministro resilientes y sostenibles.

Oportunidades en la Industria Manufacturera

Innovación y Desarrollo de Productos

La innovación es esencial para la competitividad y el crecimiento en la industria manufacturera. Las empresas que fomentan una cultura de innovación pueden desarrollar productos y procesos más eficientes, diferenciarse en el mercado y anticiparse a las necesidades cambiantes de los clientes. La inversión en investigación y desarrollo (I+D), la colaboración con socios externos y la adopción de enfoques ágiles de desarrollo de productos son fundamentales para estimular la innovación continua.

Tecnologías Emergentes

Las tecnologías emergentes, como el Internet de las cosas (IoT), la realidad aumentada (RA) y la fabricación aditiva, ofrecen oportunidades para optimizar la producción, mejorar la personalización de productos y desarrollar nuevos modelos de negocio. Las empresas que adoptan estas tecnologías pueden mejorar su eficiencia operativa, reducir los tiempos de comercialización y diferenciarse en un mercado cada vez más competitivo. La inversión en tecnología y la capacitación de la fuerza laboral son críticas para aprovechar al máximo estas oportunidades.

Personalización y Fabricación a Demanda

La creciente demanda de productos personalizados está impulsando la adopción de modelos de fabricación a demanda. La fabricación ágil y flexible permite a las empresas adaptarse rápidamente a las preferencias de los clientes, reducir los costos asociados con el inventario excesivo y mejorar la satisfacción del cliente. Las tecnologías como la impresión 3D y la personalización en masa están transformando la forma en que se diseñan, producen y entregan los productos, creando oportunidades para la diferenciación y la innovación.

Economía Circular y Reciclaje

La transición hacia una economía circular ofrece oportunidades para reducir el desperdicio, optimizar el uso de recursos y desarrollar nuevos productos a partir de materiales reciclados. Las empresas pueden explorar nuevas fuentes de ingresos a través del reciclaje y la reutilización de materiales, al tiempo que reducen su impacto ambiental y mejoran su reputación corporativa. La colaboración con socios de la cadena de suministro y el diseño de productos con criterios de circularidad en mente son clave para aprovechar estas oportunidades.

Colaboración y Alianzas Estratégicas

La colaboración entre empresas, instituciones académicas y organizaciones gubernamentales puede generar innovación y crear valor de manera más efectiva. Las alianzas estratégicas pueden facilitar el acceso a recursos compartidos, conocimientos especializados y nuevos mercados, permitiendo a las empresas ampliar su alcance y fortalecer su posición competitiva. La colaboración puede tomar muchas formas, desde la investigación conjunta y el desarrollo de productos hasta la colaboración en la cadena de suministro y la expansión internacional.

Conclusión

La industria manufacturera enfrenta una serie de desafíos complejos en un entorno empresarial cada vez más dinámico y globalizado. Sin embargo, también está llena de oportunidades para la innovación, el crecimiento y la creación de valor a largo plazo. Al abordar los desafíos con determinación y aprovechar las oportunidades con visión de futuro, las empresas pueden fortalecer su posición competitiva y contribuir al progreso económico, social y ambiental en la industria manufacturera y más allá.

CONCLUSIONES Y REFLEXIONES SOBRE LA INGENIERÍA EN MANUFACTURA

La ingeniería en manufactura es un campo multidisciplinario que desempeña un papel crucial en la producción y fabricación de bienes en todas las industrias. A lo largo de este estudio, se ha explorado en profundidad la naturaleza, los desafíos y las oportunidades de la ingeniería en manufactura, con el objetivo de comprender mejor su impacto en la sociedad y la industria del siglo XXI. En este capítulo, se presentan las conclusiones y reflexiones obtenidas a partir de este análisis exhaustivo.

Recapitulación de los Objetivos de la Investigación

Desde el inicio de la investigación, se establecieron varios objetivos con el fin de orientar el estudio hacia un análisis integral de la ingeniería en manufactura. Entre estos objetivos se encontraban la identificación de tendencias emergentes en el campo, la evaluación de su impacto en la industria y la sociedad, y la exploración de posibles áreas de desarrollo futuro. A lo largo del estudio, se ha trabajado diligentemente para alcanzar estos objetivos y se han obtenido resultados significativos que serán discutidos en las siguientes secciones.

Síntesis de los Resultados

Durante el desarrollo de la investigación, se han obtenido una serie de resultados que arrojan luz sobre diversos aspectos de la ingeniería en manufactura. Entre los hallazgos más destacados se incluyen:

La creciente adopción de tecnologías avanzadas, como la fabricación aditiva y la inteligencia artificial, está transformando radicalmente los procesos de producción, permitiendo una mayor personalización, eficiencia y flexibilidad en la fabricación de bienes.

La globalización y la digitalización están redefiniendo las cadenas de suministro y la logística de manufactura, facilitando una mayor colaboración entre empresas y una distribución más eficiente de los recursos a nivel mundial.

La sostenibilidad se ha convertido en un tema central en la ingeniería en manufactura, con un enfoque creciente en la reducción de residuos, la eficiencia energética y el uso de materiales ecoamigables en los procesos de producción.

La industria moderna está impulsando la convergencia de tecnologías digitales, físicas y biológicas, dando lugar a fábricas inteligentes y sistemas de producción autónomos que pueden adaptarse y responder en tiempo real a las demandas del mercado.

Estos resultados subrayan la importancia y la relevancia continua de la ingeniería en manufactura en el mundo moderno, así como los desafíos y oportunidades que enfrenta en un entorno en constante cambio.

Reflexiones sobre la Evolución de la Ingeniería en Manufactura

La ingeniería en manufactura ha experimentado una evolución significativa a lo largo de la historia, desde sus primeros rudimentos hasta las complejas tecnologías y metodologías actuales. A medida que la demanda de bienes manufacturados ha crecido y se ha diversificado, la ingeniería en manufactura ha tenido que adaptarse y evolucionar para satisfacer las necesidades cambiantes de la sociedad y la industria. Desde la revolución industrial hasta la era de la información, la ingeniería en manufactura ha sido impulsada por avances tecnológicos, innovaciones en procesos y cambios en el mercado global. Hoy en día, nos encontramos en medio de una nueva revolución industrial, caracterizada por la convergencia de tecnologías digitales, físicas y biológicas, que está transformando radicalmente la forma en que producimos y consumimos bienes. Esta evolución continua presenta tanto desafíos como oportunidades para la ingeniería en manufactura, y es crucial que los profesionales en este campo estén preparados para enfrentar los cambios y aprovechar las nuevas posibilidades que surgen.

Impacto de la Ingeniería en Manufactura en la Industria

La ingeniería en manufactura desempeña un papel fundamental en la industria, ya que es responsable de la producción eficiente y rentable de bienes en una amplia variedad de sectores. Su impacto se extiende a lo largo de toda la cadena de valor, desde el diseño y desarrollo de productos hasta la fabricación y distribución. Algunos de los principales impactos de la ingeniería en manufactura en la industria incluyen:

Mejora de la eficiencia y productividad: La aplicación de técnicas y tecnologías avanzadas en la manufactura permite una mayor eficiencia en los procesos de producción, lo que se traduce en una mayor productividad y rentabilidad para las empresas.

Innovación y competitividad: La ingeniería en manufactura impulsa la innovación en productos y procesos, lo que permite a las empresas mantenerse competitivas en un mercado en constante cambio y satisfacer las demandas de los consumidores.

Creación de empleo y desarrollo económico: La industria manufacturera es un importante motor de crecimiento económico y desarrollo, ya que genera empleo, fomenta la inversión en infraestructura y estimula la innovación y la creatividad.

Reducción del impacto ambiental: A medida que la conciencia sobre la sostenibilidad aumenta, la ingeniería en manufactura juega un papel crucial en la reducción del impacto ambiental de la producción, mediante la implementación de prácticas y tecnologías ecoamigables.

Desafíos y Obstáculos en la Ingeniería en Manufactura

A pesar de los numerosos beneficios que ofrece, la ingeniería en manufactura también enfrenta una serie de desafíos y obstáculos que pueden obstaculizar su desarrollo y adopción. Algunos de los principales desafíos incluyen:

Resistencia al cambio: La implementación de nuevas tecnologías y metodologías en la manufactura puede encontrarse con resistencia por parte de los trabajadores y las empresas, que pueden temer la pérdida de empleo o la interrupción de los procesos existentes.

Complejidad tecnológica: Las tecnologías avanzadas utilizadas en la ingeniería en manufactura pueden ser complejas y costosas de implementar, lo que puede limitar su adopción por parte de empresas más pequeñas o con recursos limitados.

Escasez de talento: La industria manufacturera enfrenta una escasez de talento calificado, especialmente en áreas como la ingeniería, la programación y la gestión de proyectos, lo que puede dificultar la implementación de nuevas tecnologías y la mejora de los procesos.

Desafíos regulatorios: La industria manufacturera está sujeta a una amplia gama de regulaciones y normativas, que pueden variar según la ubicación geográfica y el sector, lo que puede dificultar la implementación de nuevas tecnologías y la adopción de prácticas más sostenibles.

Oportunidades y Perspectivas Futuras

A pesar de los desafíos que enfrenta, la ingeniería en manufactura también presenta numerosas oportunidades y perspectivas futuras emocionantes. Algunas de las áreas clave de desarrollo incluyen:

Fabricación aditiva: La fabricación aditiva, también conocida como impresión 3D, está emergiendo como una tecnología revolucionaria que tiene el potencial de transformar radicalmente la forma en que se producen y diseñan bienes.

Internet de las cosas (IoT): El Internet de las cosas está permitiendo la creación de fábricas inteligentes y sistemas de producción autónomos que pueden monitorear y controlar los procesos de fabricación en tiempo real, optimizando la eficiencia y reduciendo los costos.

Inteligencia artificial (IA): La inteligencia artificial está siendo utilizada en la manufactura para mejorar la automatización, la planificación de la producción y el mantenimiento predictivo, lo que permite una mayor eficiencia y fiabilidad en los procesos.

Sostenibilidad: La creciente conciencia sobre la sostenibilidad está impulsando la demanda de prácticas de manufactura más ecoamigables, lo que está creando nuevas oportunidades para la innovación en materiales, procesos y tecnologías.

Estas son solo algunas de las áreas de oportunidad que están surgiendo en la ingeniería en manufactura, y es probable que muchas más emerjan a medida que la tecnología continúe avanzando y la sociedad evolucione.

Consideraciones Éticas y Sociales

A medida que la ingeniería en manufactura continúa avanzando, es importante tener en cuenta las consideraciones éticas y sociales asociadas con su desarrollo y aplicación. Algunos de los aspectos a tener en cuenta incluyen:

Impacto en el empleo: La automatización y la robotización en la manufactura pueden tener un impacto significativo en el empleo, lo que plantea preguntas sobre la equidad laboral y la distribución de la riqueza en la sociedad.

Privacidad y seguridad de datos: La creciente interconexión de sistemas en la manufactura puede plantear desafíos en cuanto a la privacidad y seguridad de los datos, lo que requiere un enfoque cuidadoso para proteger la información sensible.

Equidad y accesibilidad: Es importante garantizar que los beneficios de la ingeniería en manufactura sean accesibles para todos, independientemente de su origen socioeconómico o geográfico, y que no se perpetúen desigualdades existentes en la sociedad.

Estas consideraciones éticas y sociales son fundamentales para garantizar que la ingeniería en manufactura se desarrolle de una manera ética y responsable que beneficie a toda la sociedad.

Recomendaciones para Futuras Investigaciones

Dada la naturaleza dinámica y multifacética de la ingeniería en manufactura, hay muchas áreas de investigación que merecen una mayor exploración y estudio. Algunas recomendaciones para futuras investigaciones incluyen:

Investigación sobre tecnologías emergentes: Se necesita más investigación sobre tecnologías emergentes como la fabricación aditiva, la inteligencia artificial y el Internet de las cosas para comprender mejor sus aplicaciones potenciales en la manufactura y los desafíos asociados con su implementación.

Estudios sobre sostenibilidad: Se necesita más investigación sobre prácticas y tecnologías de manufactura sostenible para desarrollar soluciones efectivas para abordar los desafíos ambientales y sociales asociados con la producción de bienes.

Investigación sobre el impacto social y económico: Se necesita más investigación sobre el impacto social y económico de la ingeniería en manufactura, incluyendo su efecto en el empleo, la distribución de la riqueza y la equidad en la sociedad.

Estas son solo algunas de las áreas de investigación que podrían beneficiar a la ingeniería en manufactura en el futuro, y se espera que surjan muchas más a medida que el campo continúe evolucionando.

Conclusión

En conclusión, la ingeniería en manufactura desempeña un papel crucial en la producción y fabricación de bienes en la sociedad moderna. A lo largo de este estudio, se han explorado diversos aspectos de este campo, desde su evolución histórica hasta sus impactos actuales y futuros en la industria y la sociedad. Si bien enfrenta una serie de desafíos y obstáculos, también presenta numerosas oportunidades emocionantes para la innovación y el desarrollo futuro. Es crucial que los profesionales en este campo estén preparados para enfrentar los desafíos y aprovechar las oportunidades que surgen, con un enfoque en la ética, la sostenibilidad y el impacto social positivo.

En última instancia, la ingeniería en manufactura continuará desempeñando un papel vital en la economía global y en la vida cotidiana de las personas en todo el mundo. Es fundamental que los profesionales en este campo sigan colaborando, innovando y adaptándose a medida que avanzamos hacia un futuro cada vez más tecnológico y conectado.

ACERCA DEL AUTOR

Ingeniero Industrial y de Sistemas

Maestría en Administración con Calidad y Productividad

3 Certificaciones

2 Estudios Técnicos

Más de 20 cursos de capacitación

Ganador del Singapore Cooperation Programme (ITE)

Instructor, ingeniero, creador de contenido y escritor.
Descubre la industria moderna de la mano del ingeniero más polémico.
Taller del inge

I. Laisequilla

Author / Engineer